新大话信息通信丛书

大话通信

（第2版）

杨波　王元杰　周亚宁◎编著　　插画师◎纪旻旻

人民邮电出版社

北京

图书在版编目（CIP）数据

大话通信 / 杨波，王元杰，周亚宁编著. -- 2版
. -- 北京 : 人民邮电出版社，2019.6
（新大话信息通信丛书）
ISBN 978-7-115-50990-1

Ⅰ. ①大… Ⅱ. ①杨… ②王… ③周… Ⅲ. ①通信技
术 Ⅳ. ①TN91

中国版本图书馆CIP数据核字（2019）第051632号

内 容 提 要

本书从通信发展的历程切入，从人们熟知的通信手段着手，以独特的视角说明通信的目的和方式。本书作者用独特、风趣的写作方式，从通信网络的基础架构到先进的技术，从通信的服务和运营到通信在人们生活中的应用，从基础设施建设到产品开发基础，通俗地诠释了现代通信的主要技术。

本书的主要读者为信息行业中的非技术部门的管理人员、前端的服务人员和销售人员，以及初入信息行业的非通信专业毕业的员工等。本书还可用作通信知识培训的辅助阅读材料。当然，本书作为一本科普读物，适合所有对通信感兴趣的读者。

◆ 编　　著　杨　波　王元杰　周亚宁
　责任编辑　李　强
　责任印制　彭志环

◆ 人民邮电出版社出版发行　　北京市丰台区成寿寺路 11 号
　邮编　100164　　电子邮件　315@ptpress.com.cn
　网址　http://www.ptpress.com.cn
　北京七彩京通数码快印有限公司印刷

◆ 开本：800×1000　1/16
　印张：26.75　　　　2019 年 6 月第 2 版
　字数：460 千字　　　2025 年 1 月北京第 31 次印刷

定价：119.00 元

读者服务热线：(010)53913866　印装质量热线：(010)81055316
反盗版热线：(010)81055315
广告经营许可证：京东市监广登字20170147号

导　言

在快乐中学习

先问你一个问题。你知道中国有多少人在干通信这一行么？ 10万？ 20万？不，粗略估计，应该有几百万人！你和老杨都属于这个人群中的一员。随着信息技术与通信技术的融合，越来越多的人已经分不清自己是不是干通信的，但日常工作都要和通信网络打交道，如果这么算来，人数会更多。

就说传统的“通信领域”，在这个庞大的行业中，大大小小的你和大大小小的“老杨们”被分工细化为无数工种：软件工程师、硬件工程师、安装工程师、维护工程师、测试工程师、售前工程师、优化工程师、培训师、管理者、美工师、系统分析员、编辑、记者、教师、咨询师、销售等，我们所在的单位可能是工业和信息化部或者下属机构、广电总局或者下属机构、三大电信运营商、铁塔公司、各个行业的网管中心、网络公司，或者是设备制造商、代理商、服务商、渠道商、增值服务提供商、虚拟运营商（VNO）、互联网服务提供商（ISP）、互联网内容提供商（ICP）、网络服务商（NSP）、应用服务提供商（ASP）、系统集成商（SI）、媒体、展商、咨询公司、出版商、研究院、设计院、学校、招投标公司、进出口贸易商，等等。还有在这个领域中的许多岗位，如财务、商务、采购、人力资源、行政、库管，甚至是公司的前台、助理、秘书、打字员，这些岗位本身和通信技术的关系并不是很大，但不可避免地要与各种通信技术打交道，不可避免地要接触大量难以记忆或理解的词汇。遇到陌生的词——中文词组或者英文简写——查教科书吧，枯燥的语言和冰冷的公式又让人望而却步，去“某某百科”？广告充斥，商贾云集，鱼目混珠，真假难辨。“耳濡目染”固然可以，但是要想真正较为系统地了解通信的全貌，还不得不从理论上开始学习。

相对而言，通信专业毕业的人应该是理论最扎实的，但其人数却远远无法满足行业的巨大需求。琳琅满目的新技术、新术语、新概念、新知识、新产品带来了欣欣向荣的新形势、新思路、新理念、新方法、新领域！即使是通信专业的学生，都已经应接不暇，其他专业的学生更是无从下手！因此，中国的信息技术类企业里面充斥着大量“菜鸟级”员工，很多甚至占据着重要的工作岗位。这是事实，绝不是耸人听闻！于是，问题就来了——很多甲方中参与招标选型的员工不懂要选的产品，很多设备供应商中的员工弄不明白自己的方案，很多贸易公司的商务专员只会处理合同金额及付款方式，很多系统集成商的销售人员只会像卖白菜一样推销自己的产品，许多软件提供商的售前人员只能默写自己产品的技术细节而对整个行业缺乏基本的理解和认知，对行业中的替代型技术不够了解，甚至一无所知，许多技术服务工程师只会安装和配置自己企业的产品而对其实现原理一窍不通，以致遇到稍微复杂点的故障就束手无策、四处求人……诸如此类的事情，在行业内屡见不鲜。这些问题的出现，会影响企业中个人的长期发展，对企业本身的创造力也是一种巨大的束缚。为此，老杨决心用最切实可行的方法把自己所熟悉的通信专业知识传授给从业人员。

那么，究竟采用何种途径和方式呢？老杨从自身多年的学习经验中得出了一个结论：最好的方法，就是采用轻松、愉快的方式学习知识，并在学习知识的过程中，学习“掌握知识的方法”。我喜爱的《数理化通俗演义》的作者梁衡老师对学习给出了以下建议：将枯燥的知识包上一层“薄薄的糖衣”。如何帮助从业人员建立通信网络的基础知识结构，并为非行业人士提供一些有关通信的科普知识呢？

经过两年的努力，《大话通信》第 1 版于 2009 年出版了。让我没有想到的是，接近 10 年时间，这本书竟然卖掉了几万本！占据了通信专业类书籍除课本外的首位！这种意想不到让我们诚惶诚恐，多年来不断有读者通过邮件联系我，提出自己的问题，有技术方面的，也有事业方面的，我在能力范围内尽可能一一作答。2013 年以后，第 1 版中的知识逐渐跟不上时代脉搏，出版社编辑李强建议我再版，但由于通信行业发展迅猛，我创立的公司一直在努力寻找新的业务突破口，忙得昏天黑地，而夫人一直在忙于工作的同时照看孩子，也没有了闲情逸致，于是这件事就一直处于搁浅状态。

2018 年年初，就职于中国运营商多年的传输网络专家、我们的老朋友王元杰，和人民邮电出版社的新老编辑都给我们提意见，说 10 年过去了，老版本还在卖，你有义务再版一本。

我吃了一惊，如果不是版税从未间断地打过来，我几乎都忘了这件事。10 年前是什么样子，3G 还是“未来”，云计算还是“探索”，IMS“将要”占据移动网核心，ADSL 以 2 ~ 8Mbit/s“为主”……这类的话还在书里写着，关键是书还在书店里或者淘宝、京东上摆着！书架上摆着的那本，没事我翻一翻，就翻出一身冷汗——这让我这个第一作者情何以堪？

10 年，这 10 年通信业发生的变化可谓天翻地覆！ 10 年前我们在头痛 3G 上了以后还能挖掘出什么新业务，现在还需要讨论吗？ 10 年前我们在争议云计算何时才能落地，现在还需要讨论吗？ 10 年前我们说手机将支持类似对讲机的按键通话（Push to Talk）功能，可今天，你按下微信的“按住说话”按钮，应该知道这是在干什么了吧？ 10 年前我们在分析语音的全 IP 化还要多久，今天看来，我们还是保守了！

10 年来的读者都成长起来了，并成为 ICT 领域的中坚力量。对于通信新人，我们这些

通信“老革命”是要讲点什么给他们的。

于是，我们和元杰商议，合作出第2版。在第1版的基础上，我们大量删减了已经过时的内容，个别过时的内容我们做了简化，做了少许保留，毕竟先进离不开“先驱”，如果不了解前面的，就没办法理解后面的。另外，我们根据当前行业的新趋势、新技术、新动向，增加了不少更具现实意义的部分，也对与通信关系并不十分直接的大数据、云计算、AR/VR、人工智能等，有了一定篇幅的描述。能力有限，但初心不改，愿以文飨读者，以文交挚友，岂不快哉！

10年前，我们写这本书的目的，就是让初涉通信的人远离复杂的公式、抛开大段大段晦涩的专业论述，放松心情，愉快地接受通信技术这一人类文明的瑰宝。让我们放眼看看各种各样的通信技术，它们距离现实世界原来是这么近，并不是那么神秘兮兮、遥不可及。对于初学者而言，复杂的公式和烦琐的图表都一样面目可憎，而对于大多数人而言，这些公式和图表对他们的实际工作并非刚需。为了不让读者感到枯燥乏味，我们花了大量的心思，用普通的生活常识来类比复杂的通信知识，并且让任何学到的知识具有可延展性而不是简单地就事论事。也许这就是“授人以渔”吧！

10年后，我们依然不指望任何人读完这本书就能成为通信专家，但是希望读者通过阅读这本书，对通信世界的复杂概念有更加清晰的理解，认识到大量的通信术语其本身的设计思想并没有想象中那样难以理解，同时能够认识到通信技术的一脉相承，认识到中国通信业发展的艰辛和坚强。

在这一方面，我们仍信心满怀！

如果你是通信爱好者而非通信专业人士，也可以把它理解为一本通信科普读物，任何你认为复杂的部分，都可以略过，只阅读对你有价值、有帮助的部分。

总结一下本书的特点：

- 全书没有繁杂的公式、没有对某个技术细节长篇大论的描述，强调定性而非定量，当然也是不可避免的，本书有三处有公式的地方，我们尽可能写得浅显易懂；
- 对通信技术中比较难理解的细节，用生活中的例子来做比较，尽可能用生活语言描述晦涩的术语和复杂的逻辑；
- 尽可能涵盖通信、IT行业最主流的技术和最新的成果，但都不会涉足太深；
- 用类比诠释理论，本书有部分图单拉出来你可能看不出与通信有何关系，通过讲解你就会明白其中的关联；
- 对通信的历史和现状，以“我们”或者“老杨”的视角发表观点和看法，期待与读者共同思考，其实书中的“老杨”代表我们所有主创人员。

从第一版创意之初，我们就知道这几乎是一个前无古人的创意，想把复杂的问题简单化，有可能词不达意，想用比喻来描述某项技术，有可能只是用喻体的某个方面而非全部。

通信技术的每个细节不可能都拿来做比喻，专业人员如果需要更深入了解某个技术领域，还需要阅读专门针对这方面的资料或书籍。道理浅显，这里不再赘述。

总之，初学者能够在快乐中学习，在轻松中提高，在提高中有所思考，是本书希望达到的目标。良药未必苦口，忠言未必逆耳。这，也许是我们的自负吧！不管实际上是否能够完美地达到预期的目标，我们都将为之不懈努力，这就开始吧！

前言

话说“通信”的基本概念

我们正处在一个高速变革的时代。信息技术、通信技术和数据技术的发展，改变了全人类的经济、政治、军事、工作、生活、娱乐以及你能想到的和想不到的所有领域。我们身在其中，每天感同身受。而如果你手里正捧着这本书，恭喜你，你和我们一样，是这个大行业中的一员，而正是这个行业，充当着这次科技浪潮的中流砥柱。

中国人流行谈论计算机的发展，老杨也经常给朋友们讲，本人当年买过 CPU 主频 133MHz、硬盘 1.2GB、内存 32MB 的计算机，这样的配置足以把同宿舍的人羡慕得要死。每个人都能如数家珍地聊自己用过的手机，无论是 N 牌、E 牌还是 M 牌，那些曾经带给我们无数惊喜的新手机，如今它们都哪里去了？那些当年高贵的“奢侈品”，今天大部分已经成为“电子垃圾”。如今我们广泛应用的最新科技产品，很可能在几年后又成为新的垃圾，无论你手上、桌面上、客厅里的电子产品在今天看来有多么炫酷。“摩尔法则”一次又一次被验证。

10 多年前，中国人流行谈论电话号码的不断升位和手机的更新换代。然后是计算机的更新换代，然后是手机的屏幕大小变化——越来越小，然后越来越大，屏幕上角的显示，从 GSM 到 3G 到 4G 再到 5G 字样。我们曾经为拥有第一部手机欣喜若狂，后来为能春节群发短信热泪盈眶，再后来为拥有一个 QQ 号与朋友天南海北地聊天、没事发个表情觉得难以置信，而今天抱着手机看着抖音、快手，聊着微信、陌陌，看着微博、朋友圈，没事上美团、饿了么订个餐，到京东、天猫下个单，出远门用滴滴打个车，路上顺便玩一玩《绝地求生》或者《王者荣耀》，休息前听一听罗辑思维或者喜马拉雅，这都是通信技术带给这个社会的变化。

这 10 年，越来越多的企业开始谈论云计算、大数据、人工智能、物联网、AR/VR。这些都深刻改变着所有企业的生产经营方式。企业的服务器，要虚拟化、云化、资源池化，企业的市场营销手段，越来越多地需要大数据支撑，企业的决策机制，需要人工智能，各个领域都可能需要 AR/VR，企业的生产、制造、销售全过程需要物联网，企业的门禁系统需要人脸识别，企业的网络安全需要态势感知，企业的个性化需求需要按需定制网络、定制服务……

计算机技术和通信技术在飞速发展，它们的结合具有划时代的意义。以计算机为代表的 IT 产业和以语音、数据通信为代表的 CT 产业，在进入 21 世纪后，融合为 ICT 产业，

这是IT和CT产业融合的新产业。近10多年又有数据技术（DT）的发展，DICT成为新的行业总称号。DICT带来了一切可能带来的东西，不管这些东西是好的还是坏的。

通信人在不经意间成为历史的见证者。通信与每个人关系最密切的，应该就是各种通信终端了，如手机、电话机、PAD、电视机，当然也包括计算机。本书除了介绍这些大家都能见到的“终端”外，还要介绍让这些终端成为通信手段和工具的“背后”的东西——通信网！

本书就将专注于通信网的发展变迁及实用技术的讲解。

让我们暂时放下你手上的所有通信设施，放下手机、计算机，放下微信、“吃鸡”游戏，放下微博、抖音，从头开始梳理人类“沟通”这一最原始的诉求。

所有人与人之间近距离的直接交流，要么通过面对面地说话，要么用体态（如手势、身形等）表示。如果两个人之间隔着一定距离，那么方法无非以下两种：要么把要表达的内容写到纸上寄给对方，于是从信鸽发展到了邮政业；要么把需要表达的内容转换为文字、声音、标识，再通过某种装置变成电磁信号，通过光纤、铜线、无线等传送方式，从地球的某个角落传送到另外一个角落，于是，从烽火台、信号灯开始，发展到近现代通信业。

我们常常感到，越是简单的词汇越难以解释：它可能随着岁月的流逝而不断演进，比如“宽带”一词，最早带宽高于64kbit/s就算“宽带”，现在恐怕100Mbit/s带宽在很多企业都不够用；有的词汇也可能在某个历史瞬间就被人们摒弃了，比如“宽带综合业务数字网”（B-ISDN）；还可能被其他技术所替代，如“步进制交换机”早已被“程控交换机”所取代，而下一代网络（NGN）、IP多媒体子系统（IMS）又在逐步替换程控交换机。现在这些名词，在不久的将来被演进、替代或者干脆彻底消失，这只是个时间问题。

要研究通信，就要先了解最简单的、最常用的沟通表现形式——就是两个人的交谈。两个人站在那里，你一言，我一语，说得不亦乐乎——千万别小看这生活中每天都发生无数次的细节，里面蕴含着通信的诸多要素呢。首先，通话至少需要甲乙双方（一个人的自言自语当然不能归结为“通信”的范畴），甲说一句话，乙听到了，甲就是信息的源头，而乙呢，是信息的“宿”，就是信息“目的地”。甲的声带、腹腔、胸腔的振动，通过声波传到乙的耳朵里，乙接收；接着乙做相同的动作，发出声波并在空气中传到甲的耳朵里，甲接收。当然，假如甲在讲台上做报告，乙、丙、丁等人坐在下面听，这也是一种沟通交流的方式。甲对乙说话叫作“单播”，甲对一群人说话叫作“广播”。假如甲是老师，他对教室里喊一句：“所有男生请起立！”这种情况叫作“组播”。因为他并不是给每个人说话，教室里坐的有男生，也有女生，他说话的对象是人群的一部分（“男生”）。沟通的目标对象不同，在通信技术中采用的技术制式就有可能有差异（如图1所示）。

通信技术研究的就是从信息的源头到信息的目的地整个过程的技术问题。但是不管什么情况，你都可以把通信的源头和目的地分别想象为一个人群或者物群，比如想象成两个人、三个人或者一万个人，两个物体、三个物体或者一万个物体。

图 1　单播、组播与广播

如果本书研究上面所提到的所有沟通过程，恐怕会成为一部鸿篇巨著！因为需要研究的方向太多了！信件、书法、口才、邮路、声波的传送、声带的构造、耳朵的构成、大脑皮层的工作原理等，恐怕都得成为我们的研究内容。而实际上，本书要探讨的仅仅是上述诸多研究对象中的一小部分，从严格意义上说，应该叫"电信"。其他大部分内容，应该在生理学、解剖学、社会学、物理学、文学、流体力学、邮政学中进行探讨，不属于本书的讨论范畴。

上面的内容并不难理解，难理解的是我们经常遇到的一些词义的混乱。比如"通信""电信"两者经常混为一谈。"电信"是什么？专家如是说：通过电磁信号传送媒体情报的方式叫作电信。简单讲，可以说电信就是用电或者磁信号，把要表达的信息传递到目的地去。在这里，老杨不想过多地解释"媒体情报"是什么，因为人人都知道通过通信网要传送、能传送什么信息，但是为了规范化，专家们用这么一个稍显神秘的词汇来表示，是为了涵盖所有可能传送的信息以及规避那些钻牛角尖的人的发问。若干年前就有人提出，用手电筒开关打出"三长两短"算不算电信呢？如果这"三长两短"是从灯塔向外发出的信号，表示发送人正处于危险的状态，那么当然算电信，并且还算光通信呢！因为它的确利用了电磁信号（光也是一种电磁信号），并且传递了"媒体情报"！专业化术语，可能会让初学者感到茫然和不知所云，但也许当你再深入学习一段时间后，你会认为这样的定义其实是有价值的。

在工程实践中，人们常说的"通信"和"电信"已经混乱了。"通信原理"其实应该是"电信原理"，"通信网"其实应该是"电信网"。我们只能按照人们的一般习惯，继续使用"通信"这个词，但是大家一定要知道，本书涉及的所有内容，都与电磁信号传送媒体情报有关。

研究通信的人不得不研究网络，因为通信要将信息从源头送达目的地，信息就必须通过中间的各种线路、设备、转换装置等，或者通过空气进行传送。而这些线路、设备等连接在一起就构成了网络，来满足信息传递的相关条件。

我们举个例子来说明通信网络到底是怎么回事，对读者会有所帮助。生活中与通信学类比最好的例子，是道路交通。本书很多通信的概念，都会用道路交通来做比对。繁忙的

城市，货物要被运送，人要去往自己的目的地，整个城市的交通道路网络是极其重要的。城市就好比整个通信系统，货物、人就像通信系统要传递的信息，道路交通设备就像通信系统中的传送网、交换网、路由网等各种技术体系的网络架构，道路交叉点就是通信网络中的交换机、路由器等。当然，道路交通中的交叉点，也就是十字路口、丁字路口、多岔路口等，我们是不需要购买的，而通信网络中的这些“交叉点”，是价格昂贵的通信设备。

在交通规划中，必须保证任何地点出发的交通工具（无论装载着货物还是人）都能安全、顺利、完整地到达目的地。如果是运送货物，你需要将货物拆分、打包；如果是运送人，你要将人群分组。接着，就要选择合适的交通工具，比如选择大型货车、小型货车、公交车、出租车或是地铁。交通工具不能超载，要严格遵守交通规则……这就是通信网中的编解码以及数据分组格式的选择。当然，通信网与道路交通网的另一大区别是，如果在道路交通中丢失了货物或者人，“补办”成本非常高，有的甚至无法补办。但在通信网络中，通过合理的握手协议的设置，在丢失了信息后，接收端或者中间节点可以要求发送端重新发送一份一模一样的信息，而这个成本，是很低的。

好，假设你开车从王府井去鸟巢，你可以根据自己的经验或查看地图来选择最畅通的道路行驶，也可以收听 FM103.9 北京交通台，实时获取最新的路况信息来选择路径。在通信网中，这就是路由协议、流量工程等涉及的知识了。

形象地说，通信人不断地进行通信中的“道路”“车辆”以及“信号灯装置”和“交通规则”的标准定义、设计、开发、制造、建设、维修及维护，并向有运送需求的人提供有偿服务，如图 2 所示。

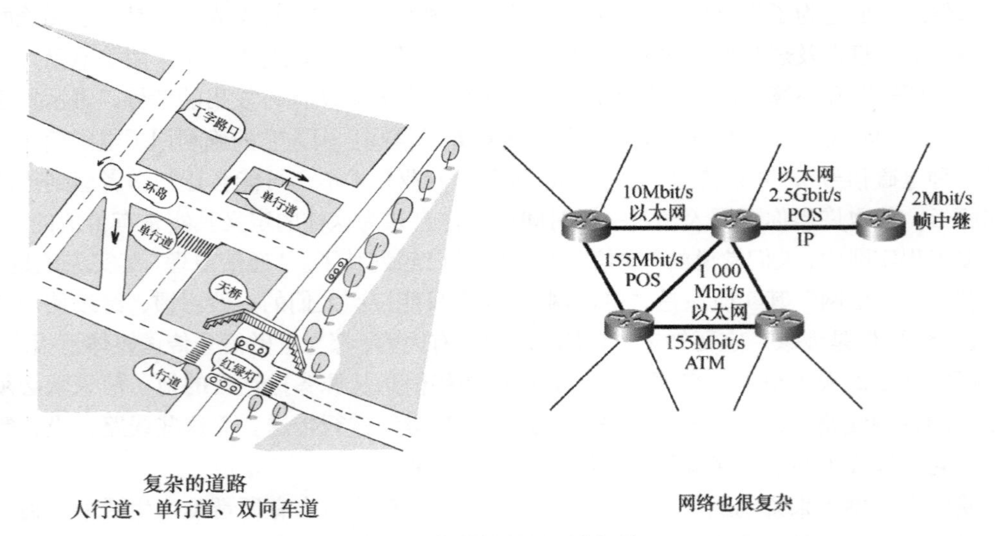

图 2　道路交通和网络架构

这时候我们发现了一个重大问题：我们人与人之间的沟通，有特定的语言，比如中国人之间说话用汉语，双方能够比较好地表达思想。但是，通信过程中涉及的都不是生物，除了通信终端边上的人以外。带有路由、交换、传输、转换、复用功能的通信设备，都没有真正意义上的智能，最多也就是“人工智能”。在科技还没发达到人工智能完全代替人类的时候（当然，人类是否愿意被完全替代，还要另议，这也不属于本书的讨论范围），通信各个环节之间的沟通是靠什么？靠信号！而这些信号必须具备一些基本的规则，比如我告诉你我正在吃饭，我可以直接用嘴告诉你。可是如果我不想说话呢？我可以左手端在下巴下 20cm 处，手心朝上，右手握成窝状，频繁在左手和嘴之间上下移动，对方看到后就知道，这大概是表示吃饭的动作。你的眼睛要根据看到的东西判断我表达的意思。通信各个环节之间的沟通也是一样的，手机如何告诉基站其所在的位置？电话机如何告诉对方“我摘机了，准备拨号”？如何向对方表达我正在拨号？交换机 A 怎么知道交换机 B 是北京的交换机，而自己身处上海呢？有大量的消息要在人所发明的机器之间相互传送。一方要表达的含义，另外一方如何能接收并且接受？很简单，我们要设置一些让对话双方都看得懂或者理解得了的“消息”。在通信技术中，如果 A 告诉 B 一件事情，它们之间必须预置共同的、双方都能理解的语言。这种语言，在通信技术中被称作“通信协议”。通信信号所经过的所有节点设备，都要通过硬件和软件的配合，让它们都“内置”相关的通信协议，这就是通信产品开发人员及安装配置人员所要做的事情。

虽然现代通信技术的发展时间在人类整个历史中的占比非常小，但是人类创造出的通信协议却非常多，它们互相继承、竞争、取代，也经常互相配合、互相取长补短，共同发展。很多通信专业书籍，都在讲通信协议的创建目的、创建过程、协议本身以及由此带来的新问题。在本书中，我们将为各位读者描述当代最流行的众多通信协议究竟要解决哪些问题，以及它们是如何解决这些问题的。

对于新入门的读者，一定要明确：通信和数学不同。数学是诠释大自然普遍规律的基础学科，任何定律，虽然是人发现的，但没有人感性的成分存在。而通信则不同，通信中的大量协议，是在科学基础上人为定义的，比如 IP 数据包的长度范围，它符合科学规律，能够提高效率，但并非只能是这个范围，当然，在人们定义明确以后，就不能再去随意更改和调整了；再比如 PCM 编码，就是打电话的声音在铜线上传送时编成的二进制码，就像发电报要用电报码一样，也是人定义的，你当然可以自己做一套新的编码方式，但是必须让国际标准化机构认可，否则你无法与其他厂家的产品进行互连互通，如若不然，再好的编码方式，恐怕都不会被大众所应用。这就像人类的语言，我们有科学的、合理的部分，但有些也是人类约定俗成的，为什么英语疑问句要倒装，为什么汉语多个字可以是同一个音？这是人类自己定义的，只要大家都遵守即可，无须过度纠结。

上述状况，造就了在同一个技术规范下，不同的标准化组织可能会定义不同协议的情况，就像同是汉语的同一个词，不同方言的读法、用法也未必完全相同一样。本书中会提到很多这样的案例。所有的通信协议都是通过通信标准进行定义和规范的。通信标准是各个国家之间、机构之间、企业之间或者国家内部协商确定的。这就好比每个国家都要指定各自的官方语言，以统一各种方言一样，中国就要推广普通话，这是所有中国人沟通和交流的基础。当然，也有一些行业自己定义了自己的标准，我们一般称之为“行业标准”。

上述内容，虽然描述啰唆一些，但对后续章节的理解有益。接下来，老杨需要对通信中诸多基本技术术语进行简要解释。这些解释，很遗憾，就像新华字典的词条一样，很多都属于“自己解释自己”，如果读者仍无法完全理解下面所谓的“基本概念”，不妨去查查相关资料，或者硬着头皮背下来，并在后面文字中提到这些词汇的时候多思考，以期领悟并最终融会贯通。

- 信号：通信信道上传输的电编码、电磁编码或光编码叫作信号。信号分为模拟信号和数字信号两类。
- 信道：信道是传送信号的通路。信道本身可以是模拟方式的，也可以是数字方式的。用以传输模拟信号的信道叫作模拟信道，用以传输数字信号的信道叫作数字信道。
- 信息：这是一个人人都知道是什么但要严格表达其概念又十分困难的术语。从哲学的观点看，信息是一种带普遍性的关系属性，是物质存在方式及其运动规律、特点的外在表现；从通信的角度考虑，可以认为是生物体通过感觉器官或具有一定功能的机器通过特定装置同外界交换的内容的总称。信息的含义是信息科学、情报学等学科中广泛讨论的问题。一般认为，信息是客观世界内同物质、能源并列的三大基本要素之一。信息总是与一定的形式相联系，就像是灵魂，需要搭载在不同的载体上，这些载体可以是语音、图片、文字、视频等，信息是通过通信系统传递的内容。好了，有人问，孩子的哭声是不是信息？回答：是的。因为孩子的哭声是孩子通过感觉器官（喉咙、嘴巴）同外界交换的内容（要吃饭、要睡觉等），只是这个信息不容易被常人理解罢了，做了父亲的老杨当然还是有些研究的。
- 数据：它是任何描述物体概念、情况、形势的事实、数字、字母和符号。可以说，数据是传递信息的实体，而信息是数据的内容或表达形式。在通信中传递的信息一定要“数据化”，无论什么内容，一定要通过某种数据的形式传递到对端，无法用数据描述的信息是无法传递的，比如至今人类还无法通过电信网传递的气味、直觉等。数据的形式要明确，但数据本身未必是明确的。这仿佛有点逻辑混乱，我们举例说明：A通过电话告诉B，他不一定有空赴宴——其表达的意义是模糊的、不确定的，但是其数据形式是清楚的、确定的——因为A赴宴的可能性有3种，我们用3个数字表示：一定不去（“00”），不一定去（“01”），一定去（“11”），而A告诉B的，是第二种（“01”），这是非常明确的。因此，在A表达了此意以后，B

获得的消息是“A 对赴宴的选择是 01”。

通信网中的很多概念其实是模糊的，比如有了异步转移模式（ATM）技术之后，把以前的同步数字序列叫作同步转移模式（STM），但是，分组交换（如 IP 交换）是哪种转移模式？很遗憾，没人把 IP 称为“异步转移”。HFC 本来是混合光纤同轴技术，应该说所有“光纤 + 同轴”传送技术都应该被称为 HFC，但是现在却被特指为双向改造后广电网络的“光纤 + 同轴”技术了。

历史变革形成了复杂的、多样的技术体制，产生了数不清的名词术语，这让初学者们叫苦不迭，很多传统的学习方法不能有效利用，很多“举一反三”往往得到错误的结论，看似不合理的设计其实是有无数苦衷的。造成这种情况的原因，老杨归纳如下。

- 我们要用发展的眼光看待这种状况。任何时代都不可能忽略过去多年的技术积累和资本投入，去重新设计一套与原有技术毫不相干的革命性技术并付诸实践。
- 由于电信概念、机理和技术发展太快，专家们来不及仔细考虑某个标准定义可能带来的后果；工作在一线的人因为工作繁忙，来不及理解透彻，而工作在二线的人因为离开了一线，未必能认识到讨论某些概念有何意义。
- 某些企业出于商业运作的考虑，不断推陈出新，这些概念，有些成长起来了，而有些中道夭折了，但也带来了学习中的困难。
- 相互替代性较强的概念，有的定义比较含糊，如雾计算和边缘计算，它们其实是有一定区别的，必须深入了解才能得其详。
- 通信专家的工作习惯和命名时存在的某些缺陷扩大了概念混淆，如前文提到的 ATM 和 STM，又比如接入网（AN，Access Network）仅指语音网的 V5 接入系统，很少用 AN 来表示数据接入网。

总之，很多通信概念的模糊，都是事出有因的。概念模糊和混淆不可能完全澄清，但也不能放任自流。人们可以识别一些一时出现的概念混淆，却不能脱离永恒的技术融合与技术发展，而在此过程中又不断产生新的、混淆的概念。这种“大体的平衡”将在通信行业或者电信行业中长期存在。

目 录

Chapter 1

第 1 章 通信发展史

残阳如血，飞鸟归巢，远处山口突然尘土飞扬。你看到了成群的敌人从山那头层层逼近。你直起身，规整好有些凌乱的铠甲，放下那柄随身带的刀，从箭楼下面的火堆中拿出一根正在激烈燃烧的树枝，走到那一堆干柴和动物粪便混合而成的什物中间，点燃了它们。少顷，滚滚浓烟直插云霄！你站起来，拿好你的刀，望着这黑烟，祈祷上苍尽快把救兵派到，你很清楚，如果稍有差池，你将永远无法回到你日夜思念的亲人面前……你是这个地球上最早的通信人，你升起的那注狼烟就是人类远程通信的鼻祖。虽然你对此毫不知情，但这并不妨碍几千年后，中国一家知名通信设备制造商用它的名字命名自己的企业。这自你开始一站一站向你的都城传递的狼烟，有一个专有名词，叫作“烽火”。

2018年某座城市高楼林立的街角，你坐在星巴克品一口卡布奇诺，用右手食指在智能手机上点击“下单”，那只被你仔细研究并看好的蓝筹股立刻被委托买入。3 ~ 5分钟的焦急等待，股市开盘了，系统提示交易成功！你长舒一口气，顷刻间，大盘飙红，你买的那只股票已涨停！你通过钉钉给公司发了消息，又抿了一口咖啡，突然觉得这场景似曾相识。几千年前，烽火台上的将士也是这样长舒一口气，呷一口烈酒，仰天长啸！因为他看到救兵汹涌而来，敌人已闻风而逃！

开始，人类认为世界是由物质构成的；到了20世纪，爱因斯坦将质量和能量统一了，因此人类又说，世界应该是能量的，因为物质从本质上讲就是由能量构成的。于是我们意识到，过去常常说的信息，其实就是组织和调动能量的法则。人类发明语言、文字、信件、烽火台，并发明了纸张、印刷术、打字机、计算机，都是为了便于信息传播的。正是有了语言和文字，人类才与其他生物逐渐产生了区别，并逐渐成为地球的主人。今天我们知道，科学的本质就是通过一套有效的方法去发现这样一些特殊的信息。现代通信就是运用科学，将这些信息从人和自然界中发掘出来并传送到人类希望到达的任何地方，于是有了电报、电话、广播、电视、雷达、计算机、互联网、移动通信，以及云计算、量子计算机和量子通信。信息及其传递，是贯穿整个人类历史的一条主线。

让我们看看人类通信的发展史。

- 古代通信，人类基于最原始的需求，利用自然界的基本规律和人的基础感官可达性建立通信系统，人们最熟悉的要算“烽火传讯”和“信鸽传书”了。
- 近、现代通信，从电磁技术引入通信开始，人们尝试使用电话、电报、传真，到成规模地建设各种电信网络和专网网络，并创造了性能更强、质量更好、效率更高的数字通信、光纤通信。
- 当代通信，是指在前人基础上创造的移动通信、互联网通信、物联网和融合技术的发展历程。
- 未来通信，是在目前人类文明和科技发展的基础上，在可以预见和不可预见的未来，

更加强大的通信工具变革和更加广阔的通信发展前景。

前文说过，要拿具体的“大事件”来进行清晰地分界是不太现实的。比如当代通信，一般被认为是从1996年至今的20多年间，其主要的特征是移动通信和互联网的高速发展，但是早在1979年，摩托罗拉就在芝加哥建成并试运行了高级移动电话业务（AMPS，Advanced Mobile Phone Servic）。有趣的是，通信界任何一个时代里，都有专家把当前最先进的技术称为Advanced技术，孰不知，很快，这种先进技术会被更先进的技术所取代）。互联网则是源于美国军方1969年开始建设的基于分组交换技术的网络——ARPAnet。因此，无论采用何种分类方式，都不可避免地要模糊边界，强调技术的最强盛状态。

另外，本文的“古代”“近、现代”和“当代”与任何国家的历史教科书中所定义的相同名词不完全相同。我们这样命名，是希望从通信的眼光看历史，不要过分拘泥于特定日期发生在特定历史阶段的事件。

古代通信：信息沟通的起步

动物之间也是有沟通的，但不能称之为“通信”。蚂蚁通过互相碰触角、狼嚎时会发出不同的声音、鸟通过各种叫声来向同伴表达不同的含义，也许是发现了一块不错的食物要与同伴共飨，也许是发现了敌情通知同伴做好战斗准备。

通信本就是人类的本能，但远距离通信则起始于文明时代。人类最早有记录的用于远距离通信的工具之一，就是本章开始时讲述的烽火，用于“发送”烽火的设施，就是“烽火台”。

用当前的分类方式去理解，烽火通信是典型的“存储—转发”模式的、半双工模式的（两个相邻烽火台可以互相传递但不能同时互相传递信息）、广播模式的（传递给所有可看到的地方）、可视模式的（必须视线可达）、无线模式的（没有连接线）、数字化的（只有两种状态“无”和“有”）通信手段。

当最临近敌人的烽火台的守候部队发现敌情，守兵会点着狼烟。古人用“狼烟四起”来形容到处都在爆发战争，说明国家危机，百姓要遭殃！距离这支发现敌情的部队比较近的烽火台守候部队接着燃起狼烟，逐步向国内扩散，很快，国家中枢机构就得知前线有敌情，要么派兵增援，要么赶快挑几个王昭君这样的美女去议和。中国历史上著名的昏君周幽王，一手导演了“烽火戏诸侯”的闹剧（见图1-1），就是利用诸侯国对烽火系统的敏感，在无敌情的状况下点燃狼烟，等各路诸侯派兵救驾，当诸侯们火速赶来，却发现这不过是个玩笑，周幽王的目的只是为了博得褒姒开颜一笑，却因此失去了诸侯们的信任，在真有敌情的时候却无人来救驾。这个故事给了通信人几点启示：

第一，古代的军事通信工具简陋而有效，传送介质可以借助一切自然力量和周边环境；

第二，再先进的通信工具，也需要合适的人使用它，才能发挥效能；

第三，千万别拿两样东西开玩笑：一个叫作战争机器，一个叫作通信设施。而周幽王，都违反了。

图 1-1　烽火戏诸侯

人类发展几百万年，是通过几个网络而发展起来的。最早是水网。西亚的两河流域、印度的两河流域、中国的黄河流域，淡水养育了勤劳、勇敢、智慧的人类，孕育了光辉、灿烂的古代文明；接着是路网，驿路、驿站以及当代的公路、铁路和飞机航路的使用让人与人之间的沟通越来越密切，有了路网，人类创造了一种文本语言的通信手段，也就是我们常说的“信件”；到了当代，电话网、互联网、移动互联网等通信网的发展，让人类进入新的历史阶段。因此可以说，人类的文明史，就是网络的发展史。

近现代通信：电磁通信和数字时代的起步

利用电和磁的技术，实现通信目的，被称为“电信”。近代通信起始的标志，就是开始应用“电信技术”。而电磁技术最早的电信应用，就是电报。人类发电报的历史已有170多年。

电报的原理是人们用长、短音电信号来标识文字或者词汇，相当于给每个字（或字母）做了一个编码，发报员只要按照编码把文字或者词汇翻译并通过专用的发报装置发送出去即可。在20世纪90年代以前，企业在邮电部门（那时候国内邮政和电信还没分家）注册后可获取一个“电报挂号”。

任何时代通信技术的发展都会受制于当时的科学基础。而在 100 多年前整个通信行业还未体系化、专业化，因此最初的技术突破是众多散乱的点，相互之间联系并不紧密，而其发展规律也不够清晰。

为了让读者更容易理解，让我们看看西方科技高速发展的同时，中国正在做着什么。通过这种对比，一方面让读者感性地了解一下中国的通信技术发展为什么暂时落后于西方发达国家水平；另一方面，也希望中国当代通信人“知耻而后勇”，为我国通信技术的发展尽快赶超世界先进水平而努力！

1835 年，美国雕塑家、画家、科学爱好者莫尔斯先生发明了有线的电磁电报。莫尔斯发明了以他自己名字命名的莫尔斯电码——利用“点”“划”和“间隔”，实际上就是时间长短不一的电脉冲信号的不同组合来表示字母、数字、标点和符号。（5 年后，中国结束了长达 2000 多年的封建社会。）

1860 年，意大利人安东尼奥 · 梅乌奇（Antonio Meucci）首次向公众展示了他的电话发明，并在纽约的意大利语报纸上发表了关于这项发明的介绍。美国国会 2002 年 6 月 15 日的 269 号决议确认梅乌奇为电话的发明人。

1875 年，苏格兰青年亚历山大 · 贝尔（A.G.Bell）发明了电话机，并于 1878 年在相距 300km 的波士顿和纽约之间进行了首次长途电话实验，获得了成功，后来就成立了著名的贝尔电话公司。

真正被公认的第一次电话通信是 1892 年纽约到芝加哥的线路开通当天实现的。贝尔因此被认为是现代电信的鼻祖，以其名字命名的实验室和电信运营商至今还活跃在美国以至全世界的电信领域。（1881 年，英籍电气技师皮晓浦在上海十六铺沿街架起一对露天电话，付 36 文制钱可通话一次，被认为是中国的第一部电话。）

1878 年，磁石电话和人工电话交换机诞生。

1880 年，发明了供电式电话机，通过二线制模拟用户线与本地交换机接通。

1885 年，发明步进制交换机。

1892 年，那个著名的殡仪馆老板史瑞乔发明了步进制自动电话交换机。（中国历史上，6 年后的 1898 年，戊戌变法开始并迅速失败。）

电报和电话开启了近代通信的历史，但是当时都是小范围的应用，在第一次世界大战以后，发展速度有所加快。

1893 年，美籍塞尔维亚裔科学家尼古拉 · 特斯拉（Nikola Tesla）首次公开展示了无线电通信，他所制作的仪器包含电子管发明之前无线电系统的所有基本要素。

1895 年 5 月 7 日，俄国物理学家亚历山大 · 波波夫在圣彼得堡俄国物理化学会的物理分会上宣读了论文《金属屑同电振荡的关系》，并且表演了他发明的无线电接收机。为了纪念波波夫在无线电方面的卓越贡献，1945 年 5 月 7 日，苏联政府将 5 月 7 日规定为苏联无线电节，俄罗斯人一致尊波波夫为无线电发明人。

1895 年，意大利工程师古列尔莫 · 马可尼（Guglielmo Marconi）发明了无线电报，并于 1896 年在英国获得了无线电技术的专利。1901 年 12 月，马可尼将无线电信息成功地穿越大西洋，从英格兰传到加拿大的纽芬兰省。1909 年 11 月，马可尼因为发明无线电的功绩，荣获了诺贝尔物理学奖。

1904 年，美国专利局将特斯拉 1897 年在美国获得的无线电技术专利撤销，转而授予马可尼发明无线电的专利，据说这一举动可能是受到托马斯 · 爱迪生、安德鲁 · 卡耐基等马可尼在美国的经济后盾人物的影响。1943 年 6 月 21 日，在特斯拉去世后不久，美国最高法院宣布，尼古拉 · 特斯拉提出的基本无线电专利早于其他竞争者，无线电专利发明人是尼古拉 · 特斯拉（无线电发明之时正处于清朝末期，无线电技术发展落后，但其开始应用的时间几乎与世界同步。1899 年，清政府购买了几部马可尼猝灭火花式无线电报机，安装在广州两广总督督署和马口、威远等要塞以及南洋舰队各舰艇上，供远程军事指挥之用。这是无线电报业务在中国的首次使用）。

1919 年，发明纵横式自动交换机。（中国革命史的重要篇章——五四运动爆发。）

1930 年，发明传真、超短波通信。（第二年，“九 · 一八”事变爆发。）

20 世纪 30 年代，信息论、调制论、预测论、统计论获得了一系列的突破。

1935 年，发明频率复用技术，发明模拟黑白广播电视。（一年后，红军长征胜利结束；两年后，七七事变，抗日战争全面爆发。）

1947 年，发明大容量微波接力。（两年后的 10 月 1 日，中华人民共和国成立。）

1956 年，发明欧美长途海底电话电缆传输系统。

1957 年，发明电话线数据传输。

1958 年，发明集成电路（IC）。

20 世纪 50 年代以后，元器件、光纤、收音机、电视机、计算机、广播电视、数字通信业大发展。

1962 年，发射同步卫星。（两年后，中国的第一颗原子弹爆炸试验成功。）

1972 年，发明光纤。

1972 年以前，只存在一种基本的网络形态。这就是基于模拟传输、采用确定复用、有连接操作寻址和同步转移模式（STM）的公众交换电话网（PSTN）形态。这些技术体系和网络形态至今还有使用。

中国的电信网是从电话网开始的。1880 年，由丹麦人在上海创办的第一个电话局，开创了中国通信历史的重要一页。

1939 年，世界上第一台电子计算机的试验样机 ABC 开始运转。1946 年，莫克利和艾克特制造的电子计算机 ENIAC 诞生，它采用了更多的电子管、运算能力更强大，高速计算能力成为现实，二进制的广泛应用触发了更高级别的通信机制——“数字通信”，加速了通信技术的发展和应用。

1972 年光纤的发明和 CCITT（ITU 的前身）通过 G.711 建议书（语音频率的脉冲编码调制——PCM）及 G.712 建议书（PCM 信道音频四线接口间的性能特征），标志着电信网络开始进入数字化发展历程。

1972 年到 1980 年的 8 年间，国际电信界集中研究电信设备数字化，这一进程，提高了电信设备的性能，降低了成本，并改善了电信业务的质量。最终，在模拟 PSTN 形态的基础上，形成了综合数字网（IDN）的形态。在此过程中有一系列成就值得我们关注：

- 统一了语音信号数字编码标准；
- 用数字传输系统代替模拟传输系统；
- 用数字复用器代替载波机；
- 用数字电子交换机代替模拟机电交换机；
- 发明了分组交换机。

这个时代是中国命运的转折点。应该说，就是因为改革开放，彻底解放的生产关系带来了生产力的巨大发展，才让今天的中国人几乎与世界同步地享受着高科技的通信技术带来的全新体验，也让中国人感受到了全球移动通信和互联网时代一日千里的变化。

当代通信：移动通信和互联网时代

目前全球范围内，语音业务占比不断下降，数据业务成为主流。随着超高清视频（4K）、虚拟现实、智慧家庭、云计算、物联网、大数据等创新业务的兴起，用户对于网络带宽的需求持续爆发式增长。如果我们非要给当今时代命一个名的话，那么我们认为应该称为“全连接时代”。

看过中国香港电影的人，说起对 20 世纪 80 年代末、90 年代初中国香港社会的印象，大家会不约而同地提到“大哥大”。“大哥大”在当时是身份、地位、财富的象征。中国内地近几十年受到中国香港文化的影响可谓很深。中国香港无线电视台的电视剧、成龙的电影、“四大天王”的歌曲和中国香港的“大哥大”，影响了一代中国人。而中国内地的移动通信就是从那时候开始逐步发展起来的。

让我们看看这个时代全球通信界标志性的里程碑事件。

1982 年，发明了第二代蜂窝移动通信系统，分别是欧洲标准的 GSM、美国标准的 D-AMPS 和日本标准的 D-NTT（3 年后中兴通讯成立）。

1988 年，“欧洲电信标准协会”（ETSI）成立（华为公司成立）。

1990 年，GSM 标准冻结（北京亚运会成功举办）。

1992 年，GSM 被选为欧洲 900MHz 系统的商标——“全球移动通信系统”。

2000 年，提出第三代多媒体蜂窝移动通信系统标准，其中包括欧洲的 WCDMA、美国的 cdma2000 和中国的 TD-SCDMA（中国的第一次电信体制改革已经完成，中国移动通信集团成立）。

2007 年，ITU 又将 WiMAX 补选为第三代移动通信标准（第二年，北京奥运会成功举办）。

2012 年，ITU 将 LTE-Advanced 和 WirelessMAN-Advanced（802.16m）技术规范确立为第四代移动通信技术（简称 4G）国际标准（中国主导制定的 TD-LTE-Advanced 和 FDD-LTE-Advance 同时并列成为 4G 国际标准）。

2018 年，第五代移动通信技术（简称 5G）独立组网标准正式确立。

而随着互联网爆发性增长，更是彻底改变了人的工作方式和生活习惯。看看一些标志性的里程碑。

1964 年，美国 Rand 公司的 Baran 提出无连接操作寻址技术，目的是在战争残存的通信网中，不考虑时延限制，尽可能可靠地传递数据报。

1969 年，美军 ARPANET 问世。

1979 年，局域网诞生（两年前中国刚刚恢复高考）。

1983 年，TCP/IP 成为 ARPANET 的唯一正式协议，伯克利大学提出内含 TCP/IP 的 UNIX 软件协议。

1989 年，欧洲核子研究组织（CERN）发明万维网（WWW）。

1996 年，美国克林顿政府提出“下一代 Internet 计划”（NGI）。

随后的 20 年，一大批太阳、月亮和星星一样的企业横空出世，一大批业界精英粉墨登场，一大批新技术、新思路、新理念、新思维风起云涌、叱咤风云……

2005 年，在突尼斯举行的信息社会峰会上，国际电信联盟（ITU）发布了《ITU 互联网报告 2005：物联网》，正式提出了物联网的概念。

同一年，亚马逊发布 AmazonWebServer（AWS）云计算平台，云计算的序幕正式拉开。

2008 年，史蒂夫•乔布斯向全球发布了新一代的智能手机 iPhone3G，从此开创了移动互联网蓬勃发展的新时代，移动互联网以摧枯拉朽之势迅速席卷全球。同年，中国 3G 牌照发放。

2008 年，《自然》杂志专刊提出了 BigData 的概念，大数据进入公众视野。

2012 年，4G 国际标准确立。

2013 年，工业和信息化部向三大电信运营商发放了 4G 牌照。

2017 年，华为超过爱立信，成为全球第一大通信设备制造商。

进入 21 世纪以来，互联网深刻改变着人们的生产和生活方式，互联网的终端正在迅速扩展开来，除了最常用的计算机、电视之外，利用手机、无线上网卡、PAD 等移动终端接入互联网的情况也越来越普遍，我国网民规模在 2017 年年底接近 8 亿人。未来家用电器、家居设施、交通工具也都会接入互联网，移动终端几乎成为人们身体功能的延伸，人类真正进入完全意义的网络时代。

新技术的探索是随着经济的发展、各种自然基础学科的发展、人们生活方式的改变而不断深入的。既然是探索，就很难一帆风顺，许多被看好的技术惨遭淘汰，而很多不被看好的技术却异军突起。

未来通信：大融合时代

通信技术是以现代的声、光、电技术为硬件基础，辅以相应软件来达到信息交流的目的。20 世纪末开始，多媒体的广泛推广、互联网的应用、移动通信的蓬勃发展，极大地推动了通信业的发展，现代物理学家和通信专家将不断提高声、光、电的传送能力。再加上以大数据、云计算、物联网、人工智能、融合通信、智慧城市 / 社区为代表的新的 IT 架构，极大地刺激了通信业新一轮的技术演进和产业升级。可以预见，未来的通信行业，将向着速度更快、损耗更低、移动性更强、连接性更快捷、融合性更彻底的方向发展。无处不在的通信网络，将在人与人、人与群体、群体与群体、人与物、物与物之间建立起井然有序的纽带，数据在光纤上、空气中有条不紊地传送，在每个节点的 CPU 里不断被运算、在磁盘里被存储、在交换芯片上被转发、在终端上被展示，这所有的一切，都将为几十亿人类提供更大的便利、谋求更大的福祉。

我们可以自豪地说，未来的电信网络一定是朝着技术融合、业务融合的方向发展，全面连接人和物，并最终全面融入人类生产生活的每个角落。

然而未来的通信究竟是什么样？通信终端是什么样？路由器将何时退出历史舞台？5G后面还有6G、7G吗？先别急，看看我们老祖宗留下的警世恒言："道可道，非常道。"规律总是有的，是可以描述的，但也是要用心去体会的。今天人类的预测能力，还远远没有达到准确预测未来的地步。那么我们就更不敢无端猜测了。

与其盲目地预测明天，倒不如多发现一些规律来推演未来。我们知道，任何科学技术都有其"先修课"。贝尔固然伟大，但他也是站在巨人的肩膀上。如果没有数学、物理学、电磁波原理、几何学、材料学、电力学等学科的长足进展，没有牛顿、富兰克林、瓦特、爱迪生、贝尔等一大批先驱科学家、工程师的不断探索，绝不可能有世界上的第一部电话，也绝不会有通信高度发达的今天！未来的通信技术，绝对不会脱离今天的科技水平而"横空出世"，通信技术，只是人类智慧的结晶，没有社会的进步、科技的发展，通信不可能脱离当时的社会历史条件独立发展起来。然而，通信技术又是人类社会发展到一定阶段的必然产物，没有通信技术的不断进步，也不会有其他学科的高速发展。沟通，是提高效率的基本要素。

未来通信将会如何，期待广大读者们来勾画！宽带、多媒体、云计算、移动、人工智能、大数据……这些关键词的任意组合，都可以造就无数让我们热血澎湃的通信业未来的图景！套用一句广告词："一切皆有可能！"

Chapter 2

第 2 章 用什么实现通信

贝尔和他的助手华生，又一次失败了。是设计不对？还是制作有误？也许用电传递声音本身就是不可能的？1876年这个宁静的傍晚，注定要改变人类。然而这时，贝尔根本不可能对未来有什么期待。正当他静静地坐在躺椅上苦思冥想时，一阵吉他弹奏打破了他的思绪。声音优美而响亮。为什么吉他声音如此大，而电流传导到对面的声音却如此之小？

突然，他意识到，送话器和受话器的灵敏度太低，所以声音微弱，如果像吉他一样，利用音箱产生共鸣，就一定能听到声音！他和华生连夜用床板制作音箱，改装实验装置，然后回到各自屋子开始实验。这时，贝尔不小心把桌上的一瓶酸性溶液碰翻了，溶液洒在西装上，已经有些穷困的贝尔懊恼地大叫"华生，我需要你马上过来！"想不到这句普通得不能再普通的话，竟成为世界上第一次用电传送的人类的声音（见图2-1）。

图2-1　贝尔发明电话

当代的通信系统已经基本满足了人们生产生活的需要。传送声音的，有了；传送图像的，有了；传送文件的，有了；传送视频的，有了。电话、传真、手机、计算机、互联网、电子邮件、PAD、微信……在通信业高速发展的今天，很多手段之间的边界已经淡化，形形色色的通信终端，你中有我，我中有你。作为通信人，要学会在这种情况下清晰地剥离出它们原本的特色。虽然我们知道嫁接的水果营养可能更丰富、味道更鲜美，但是为了吃到更好的水果，我们必须学习被嫁接前这两种水果的自然特性。

人类最大的缺点就是永不满足，人类最大的优点也是永不满足，人类能够不断进步，其源动力也是永不满足。今天丰富多样的通信手段，让我们的世界绚丽多姿，让人类生活便捷而富有乐趣。我们可以预见，未来的通信手段将更加多姿多彩且不拘一格。

我们常用什么东西进行通信？我们常常看到的、常常看不到的、昨天能看到的、今天能看到的、明天可能会看到的，在此给各位列举几例。我们后面谈论的所有通信技术原理、

协议、规范、术语，都是为这些通信手段服务的。历史上的“通信”方式如图 2–2 所示。

图 2-2　历史上的“通信”方式

在通信技术开始进入人类社会以后，电报、传真、电话、传呼机、手机、计算机、可视电话、电视机，成为现代人类远距离沟通的基本工具（见图 2–3）。

图 2-3　近现代的通信方式

电信网中的通信工具

1. 电话机——通信网昔日第一终端

电话机是指“固定电话”，曾经是人类最普遍使用的通信终端，统治全球的通信界近 100 年的时间。电话机被人称为普通老式电话系统（POTS，Plain and Old Telephone System）——

这说不定是手机的发明者起的名字——普通、老式，极尽奚落之词。而普通电话却并不以为然，百年沉淀，让它深入人心，政府、企业，要彻底放弃电话机，恐怕不是短期能实现的事。我们对电话机应该再熟悉不过了吧！一根从运营商那里拉过来的铜线，连接到电话机的插孔上，接头插入接口时会发出清脆的“咔嘣”声。有的固定电话还带有子母机功能，母机带有发射装置，可以带多部无线子机，在距离几十米以内，子机可以像手机一样拿在手里，并在移动中通话。这就是无绳电话，它是利用无线信号将固定电话扩展，从而实现家庭内的“移动通信”。

电话机是将声音和电磁信号互相转换的最常用的工具。别小看电话机，人类自从有了文字，经历几千年才发明了电话。电话机的各个模块都体现了人类的智慧。无论从电子学、通信学还是机械学看，电话机都是人类的经典发明！

2. 传真——不可或缺的通信配角

传真最有价值的地方在于能够将印章、签名通过网络传送到对端。传真件在绝大部分国家的法律上是具有效力的。自诞生之日起，传真在通信行业中的地位始终是配角，电话盛行的时代，传真终端的数量远远小于电话机的数量，但它仍是不可或缺的通信手段。政府机关、商务企业，都会安装传真机传送和接收重要文件。

传统的传真终端是传真机，两台传真机分别连接到电话交换网上，通过拨打对方的电话号码，就可以相互收发传真了。现在，越来越多的人通过互联网发送传真，有的根本不用传真机，而是用计算机上的传真软件收发传真。

传真机的发明构思形成在160多年前。1843年，英国人亚历山大 · 贝恩（Alexander Bain）就申请了传真机的专利，它比电话专利整整早了30年！但是直到1925年才由美国贝尔实验室利用电子管和光电管制造成世界上第一台传真机，使传真技术进入到实用阶段。

传真机将需发送的原件按照规定的顺序，通过光学扫描系统分解成许多微小单元（称为像素），然后将这些微小单元的亮度信息由光电变换器件顺序地转变成电信号，经放大、编码或调制后转化为一种被称为“霍夫曼编码”的数字信号送至信道。接收机将收到的信号放大、解码或解调后，按照与发送机相同的扫描速度和顺序，以记录的形式复制出原件的副本。传真机按其传送色彩，可分为黑白传真机和彩色传真机；按占用频带可分为窄带传真机（占用一个话路频带）和宽带传真机（占用12个话路、60个话路或更宽的频带）。

3. 手机——时尚先锋

手机，也称移动电话，严格地说应该叫作“个人手持移动终端”，这是学名，学习才用的名，生活中千万别这么叫，否则会被别人笑话。固定电话是通信网昔日的第一终端，手机是通信网当今第一终端，截止到2018年4月末，中国3家基础电信运营商的手机用户数达到14.8亿，而固定电话用户数不足2亿。

人类通信史上的第一次手机通话是在1973年4月3日，摩托罗拉前高管马丁 · 库珀用自己研发的手机在街上给竞争对手贝尔实验室打了一个电话，这一天也被后人定为手机

的“生日”，马丁 · 库珀成为令人敬仰的“手机之父”。所有的通信技术和手段都在融合，手机也不例外。传统手机厂家制造的常规意义上的“手机”，无论是在界面上，还是在功能上，越来越多地学习 PDA，形成了智能手机，像个人电脑一样，具有独立的操作系统、独立的运行空间，可以由用户自行安装软件、游戏、导航等第三方服务商提供的程序，并可以通过移动通信网络来实现无线网络的接入。智能手机的鼻祖是摩托罗拉公司 1999 年推出的一款名为 A6188 的手机，它支持无线上网，是全球第一部触摸屏手机、第一部中文手写识别输入的手机。而把智能手机发扬光大的，无疑是苹果公司创始人史蒂芬 · 乔布斯。

目前，全面屏、双摄 / 四摄、高像素摄影摄像、指纹 / 人脸识别、人工智能（AI）正在成为手机产品的新标配。

4. 寻呼——大盛大衰的落魄平民

“手机、呼机、商务通，一个都不能少”，这是 20 年前非常流行的广告语。那时，拥有一台寻呼机是很多人的梦想。呼机在身边不断响起的声音清脆而震撼，因此人们根据这个声音给呼机起了个别名，叫作 “BP 机”。“请您速回电话”，是那个时代寻呼机收到的最多的内容了；“呼我”，是那个时代最流行的广告语。随着手机的普及，寻呼迅速退出了通信业主流市场，全国成千上万家寻呼公司一转眼烟消云散。

5. 电报——逐渐消逝的电波

想起 20 世纪 80 年代初的电视广告，经常会看见“该厂生产的 *** 牌 **，质量可靠，实行三包，电话：12345，电报挂号：0123。”

电报挂号！ 20 世纪 80 年代前的人恐怕对这个词都不会太陌生。这是百年来通信常青树——电报业务——地址码。对于时间敏感型通信要求而言，在电话不够发达、互联网还在实验室里的年代，电报是企业之间、个人和家庭之间极为重要的通信手段。电报的实时性比较强，这边发出去立刻抵达对方，比信函速度快很多。电报是按字收费的，于是人们就尽量减少字数，从而节约费用。

就有这么一个小故事，出差在外的老公发电报问妻子，“知道我行李箱的密码吗”，妻子回答，“知道”。笑话归笑话，但也反映出人们在电报内容上惜字如金的情形。比较一下现在通过电子邮件发消息的长篇大论，今天的人们是多么幸福啊！

当然，随着电话的迅速普及，互联网的高速发展，新的通信工具逐步取代了电报，电报业务已退出了大众市场。2017 年，北京电报大楼营业厅正式宣布停业。

互联网的通信手段

互联网是近十几年高速发展起来的通信手段。互联网的终端正在迅速扩展，除了最常用的计算机之外，利用手机、无线上网卡、MiFi、PAD 等移动终端接入互联网的情况也越来越普遍，很多家用电器也都接入到互联网上了。大家平时上网所使用的万维网（WWW，World Wide Web）是最基础的应用，在互联网上衍生的各种应用，如电子邮件、网络电话、网络传真、即时通信（IM，Instant Message）、网上购物、电子商务、网络游戏、网络聊天等，都是基于互联网通信手段的。就连千百年来人们读书的习惯，都发生了巨大的变化。有人形象地说："过去人们习惯在文字的海洋里潜水，现在则在奔腾的信息海洋上冲浪！"

互联网正在彻底地改变着人们的生活。电子邮件逐步代替了普通信函，网络新闻对传统的报刊发行量造成了很大影响，日记变成了微博或朋友圈，知识付费如火如荼……当然，网络对一些青少年太有吸引力了，以致于把过去玩沙包、踢毽子的时间挤出来用于网络游戏，这都是不争的事实。

很多人说互联网是潘多拉的盒子，打开的未必都是好事。那么如何管理互联网内容，如何让互联网向着对人类有利的方向发展，将是未来互联网研究的重要课题之一。

接下来让我们看看互联网通信的常用工具。

1. 计算机——人类最伟大的生产工具

技术的融合已经说不清很多东西。计算机是什么？仿佛每个人都可以指着自己的计算机说，就是它。但是要给计算机这个名词一个极准确的定义，却很不容易。从字面意思上讲，能运算的机器就是计算机，那么，游戏机、电子表、计算器、数控机床、带有智能芯片的家用电器，都是计算机——这只是广义的"计算机"。本节所说的"计算机"是一般意义上大家理解的狭义的"计算机"，带有Intel或者AMD的CPU，带有内存、磁盘，安装操作系统和应用软件的计算机。它可能以台式机的形式存在，也可能是笔记本、上网本，还有可能是服务器或者工控机。

迄今为止，计算机是人类发明的最伟大的生产工具。

计算机在通信网络中用于接入互联网，它所涉足的通信方式非常多。如WWW、电子邮件、网络传真、即时通信、网络电话（如软电话）、办公自动化、呼叫中心、电子商务，等等。最为明显的例子是，互联网的内容信息，都是在计算机中进行存储的。

计算机的CPU是核心处理部件，一块网卡（或者无线网卡）是通信的必备武器，硬盘或者光盘是其存储媒介。鉴于大家都熟悉计算机，我们就不多讲了，但还是要注意，它是个很宽泛的名词，有时候你分不清一部PAD或手机和一台计算机的区别，在未来的某一天，这些差异也许会完全消失。

在通信技术里面，尤其是电信设备里面，计算机可能以很多形式出现，比如一块板卡，你可能根本看不出来，但是它的确是一台计算机，因为它也有CPU、内存，可能还有硬盘或者Flash存储设备，也许没有声卡、显卡和显示器，但是你不能否认它具有很强的运算功能，甚至软硬件的设计架构都与普通PC一模一样。

与"狭义的"计算机系统相对应的，是一种被称为"嵌入式系统"的东西。嵌入式

系统绝大部分也有 CPU、存储设备（如硬盘或者 Flash）等，但是其 CPU 一般采用专用的 CPU，价格与 Intel 或者 AMD 制造的 CPU 相比便宜很多（有的只有几十元），专门服务于某种特定应用，如电视机顶盒、微波炉温控系统，整体价格低廉很多。其实，嵌入式系统是一种专用的计算机系统，是广义的“计算机”的一种，而我们平时所说的“计算机系统”则是通用的系统。我们将在第 20 章向读者讲述嵌入式系统。

我国的计算机行业在努力追赶世界潮流。很多知名企业都已在市场中建立起自己的品牌。2005 年，联想收购 IBM 的笔记本事业部，成为全球 IT 行业的重大事件。但是，我国的计算机行业技术含量依然不高，核心的技术，如 CPU、内存、显卡等计算机主要部件都不得不依赖进口，一直处于能被人卡脖子的状况。

计算机软件方面，我国也处于较弱势的地位，除了杀毒软件和一部分财务软件外，在操作系统、办公软件、游戏、图形图像处理、监控和管理软件方面，都达不到国际先进水平。应该说，在这方面，中国依然有很长的路要走。结合通信领域，目前我国自主知识产权的通用软件非常匮乏，绝大部分通信软件都是专用定制的软件，如电信 BOSS 系统、DNS 系统、网管系统、云管平台、DPI 系统、大数据分析平台等。

2. 电子邮件——逐步取代普通信函

电子邮件，不知道这个词在名词分阴阳性的语言里，是否属于阴性，刚刚普及时，很多年轻人喜欢把它叫作“伊妹儿”，“她”是企业办公自动化最基础的应用，也是个人用户最青睐的互联网应用之一。这个“伊妹儿”出现后，纸介质的信函，除了明信片、公函外，流行了上千年的“家书”一下子消失了（见图 2-4）。编辑方便、传送速度快、无纸化、成本低是电子邮件相比于纸介质邮件最大的特点，是她最惹人喜爱的地方。

图 2-4 电子邮件替代了过去的信件

要实现电子邮件功能，每个人都需要拥有一个邮件账号，或者叫作“邮箱地址”，形式为 name@domain.xxx，name 为个人的姓名标识，domain 为域标识，对企业而言是企业的公司名称，如 mike@microsoft.com；对 ICP 而言是 ICP 的名称，如 abc@263.net；xxx 是组织或者企业，如 net、com、org 等。电子邮箱有一定的磁盘存储空间。虽然叫作“邮箱账号”，实际上并不存在这么一个“箱子”，但是通过电子邮件地址，可以精确地把信息传送到目标接收者。电子邮件有单发、群发等功能，由于几乎没有传递成本（除了宽带费用以外不需要邮筒和邮差），于是也变成了广告推销、信息发布的上选平台，全世界

30% 的邮件都是企业或个人群发的广告邮件，其中的绝大部分我们不得不称为“垃圾邮件”。

3. 即时通信——时尚年代的通信新贵

自 ICQ 开始，网络上流行着诸如微信、QQ、Skype、陌陌、淘宝旺旺之类的软件，用户需要下载软件，注册账号。登录到网络中以后，可以添加好友，和好友文本聊天，有的还可以视频聊天、群聊、发送文件等。这些软件有一个专业的名称——即时通信。

现在常用的即时通信软件，还带有其他信息频道，如游戏、购物、广告等。

MSN 是美国微软公司（Microsoft）提供的，后来更名为 Windows Live Messager，2014 年微软关闭了 Windows Live Messenger 并引导用户迁移至 Skype。

QQ 是腾讯公司提供的，前身是 OICQ，在美国版的 ICQ 前面加了一个字母“O”。最早叫 OICQ 的意思是：Oh，I Seek You！（哦，我找你！）。

2011 年，腾讯推出一款通过网络快速发送语音短信、视频、图片和文字，支持多人群聊的手机聊天软件——微信。用户可以通过微信与好友进行形式上更加丰富的类似于短信、彩信等方式的联系，而微信更成为一个集即时通信、生活服务、朋友圈、支付、游戏等内容为一体的综合系统。2018 年，微信的全球用户数已经达到惊人的 11 亿之多!

钉钉是阿里巴巴集团为企业打造的一款集商务办公、沟通会议为一体的通信平台，很多商务应用功能也确实颇具特色。

专业领域的通信工具

1. 对讲机——我服务于专网应用

对讲机是用途很广的专网通信工具，是“专用”工具。说其“专用”，是因为其客户群主要是政府机构或大企业的专用系统，如公安、保安、公路、石油开采、工厂调度等，很多车友会也采用对讲机来相互联系，并非是对大众提供普遍服务的系统。

对讲机的使用主要是一对多的通话，选择群组很方便，一个地方有情况，只要一个人通过对讲机发布出去，群组中的其他人都可以听到，这样便于快速地开展工作。只要把一个群组使用的机器调整为一个频率就可以了。

对讲机的工作方式比手机略微复杂，不按住“通话”键时只能听，要说话时按住“通话”键，同一个群组的人都能听到，这个功能叫作“Push To Talk（PTT）”。对讲机也可以单独通话，但必须两人约定转换同一个频率。对讲机的缺点是通话内容不够安全，在一定的范围内，只要有另一个频率相同的对讲机，就可以听到通话内容。

2. 视频通信——沟通看得见

视频通信是用可见的方式进行远程通信。一根网线（甚至连网线基本都不需要了）、一个屏幕、一个摄像头，齐活啦！今天，视频通信系统已经广泛地应用在各个行业中——会议、

娱乐、监控、医疗、教育，从 QQ、微信上的视频对聊，到网络直播间的在线直播，到高分辨率大型视频会议系统，都可以归为“视频通信”（见图 2–5）。

图 2-5　视频通信，大有文章可做

自远古以来，人们就有随时能看到对方的冲动。“我住长江头，君住长江尾，日日思君不见君，共饮长江水”，古人思念的哀怨，引发了人类不懈的努力。人们从发明照相机开始，就知道可以将自然景观和图像存储下来；从贝尔发明了电话开始，人们就知道可以把声音从天涯发送到海角；接着，人们又将看到的图像通过与照相机类似的镜头，经过数学家创造的处理算法后，经过物理学家研究的导线或者光纤传送到对端，并在显示器上显现出来。你在长江头莞尔一笑，长江尾的张三冲你点头招手，古人的梦想，在现代人的智慧面前成为现实！利用视频通信，你很难再有“一日不见，如隔三秋”的惆怅，很难再有“士隔三日，当刮目相看”的必要。有了视频通信，地球就真的成了同一个“村落”，天涯和海角的距离，恐怕也只能用带宽来测量了。

在电力、石油、仓库、机房、社区、道路应用中，随处可以请一个“千里眼”帮人视察机器、库存、管道、车辆、访客的一举一动，这些“千里眼”把看到的景物通过通信网传送到服务器、磁盘、屏幕，最终射入监视者的眼帘，它是忠实的看门人。这叫“视频监控”。

在教室里、讲桌前，摄像头和电视大屏幕分别对着教授、讲师、学生，教授的答疑解惑、讲师的谆谆教导、学生的好奇提问，相映成趣。这叫“远程教学”。

在办公室，摄像头对着老板、经理、员工、客户、合作伙伴，老板的发号施令、员工的紧张述职、客户的疑惑、合作伙伴的建议，都被对方尽收眼底。这叫“视频会议”。

在医院、病房、诊所，摄像头对着病患和CT、屏幕对着专家和医生，专家和医生们共同会诊、反复论证，而病患则在千里之外。这叫“远程医疗”。

在你家里的写字台上，摄像头对着你，你在北京，你的朋友在遥远的纽约、巴黎或者佛罗伦萨、夏威夷或者世界的任何一个角落，他在那边冲你哈哈大笑，还是那个童年的伙伴，还是那么意气风发！这叫“视频聊天”。

这就是视频通信，是当今社会重要的通信手段。安防行业、远程教育行业，视频通信都是重要的技术基础。“沟通看得见”，不仅仅完成的是人类长久以来的夙愿，更是人类提高自身、改造自然界的重大突破！

家电中的通信工具

1. 特殊的通信工具——电视机

1883年圣诞节，德国电气工程师尼普科夫用他发明的“尼普科夫圆盘”、使用机械扫描方法，进行了首次发射图像的实验。每幅画面有24行线，且图像相当模糊。1908年，英国的肯培尔 · 斯文顿、俄国的罗申克夫提出电子扫描原理，奠定了电视技术的理论基础。

如果说电视机是通信终端，通信行业的人总是不太情愿，广电行业的人也总是不冷不热。其实，我们来分析一下，电视机有作为通信终端的一切必备要素——信息源、目的地、传送线路、内容、终端、协议，历史让这本属于通信技术的事物归为专门的一类——广播电视，因内容的特殊性而造就了广电行业，而在今天技术和业务的融合、内容的共享，让广电与电信又一次重逢。这次的见面，会带给用户更多的喜悦！

电视只是一个大屏幕，屏幕尺寸、分辨率、清晰度、色彩仿真度是其主要的技术指标，这些内容与通信并没有直接关系。这几十年来，背投、液晶、等离子、LED、3D电视、裸眼3D电视、4K/8K电视，不断给人们带来新的感官体验。电视机的进步，除了其本身显像技术的进步外，电视信号的接入方式也在不断发生变化。早期的电视是通过天线接收节目，由于频率限制，电视清晰度普遍较差。后来有了同轴电缆，有了HFC（光纤同轴混合）网，也就是“有线电视”，清晰度大幅度提高。近10多年来，随着用户接入带宽的提高，电视节目可以直接通过IP网络传送了，市场上有各种各样的IPTV盒子，就是通过互联网接收

电视节目，并在电视机上呈现图像的。只要有足够的带宽，传送的图像、声音可以更加逼真，于是才有了不断发展的各种电视显示新技术。如 4K 电视，即（UHDTV，Ultra High Definition Television），代表“超高清电视”，是 HDTV 的下一代技术，其分辨率是 3 840×2 160，总像素达到 830 万，比 1 080P 全高清电视高 4 倍，要传送这样的节目，在压缩的情况下需要 50Mbit/s 左右的带宽。4K 电视目前正在普及过程中，由于受到接入带宽的限制，用户量还不足，但可以看到的趋势是 4K 的节目源未来将爆发式增长。如任何能够提高生产力、提高生活品质的新生事物一样，随着国家“提速降费”战略的深入实施，4K 电视很快就能走进千家万户。

2. 智能家电

冰箱、空调、音响、汽车、电视，都可以成为通信的手段，它们内置智能的通信芯片或者模块，通过有线或者无线网络与目前的任何通信网络连接，实现远程控制、监控家用电器的目的。随着人工智能时代的到来，它们已经从若干年前的“信息家电”蜕变为“智能家电”，即将微处理器、传感器技术、网络通信技术引入家电设备后形成的家电产品，具有自动感知住宅空间状态和家电自身状态、家电服务状态，能够自动控制及接收住宅用户在住宅内或远程的控制指令（见图 2-6）。

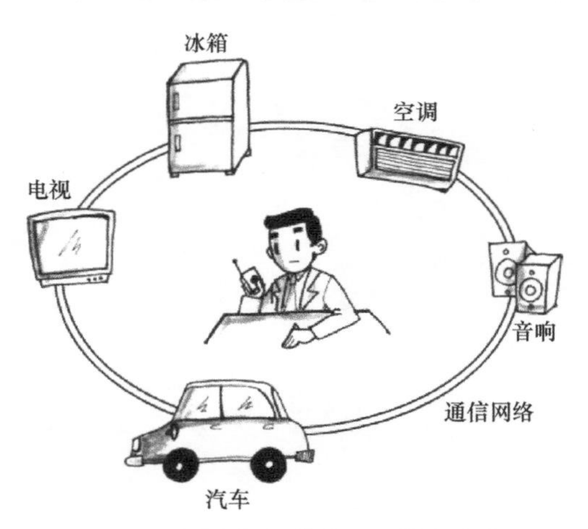

图 2-6　家电的智能化——信息家电

3. 智能穿戴设备

除了家庭里“摆”的产品，还有我们身上穿的东西，都可以实现智能化，这就是穿戴智能设备。苹果的智能手表、小米的智能手环、谷歌的智能眼镜，都被年轻人疯狂地追捧。手表、手环、眼镜、服饰，只要内置智能芯片，可以测量运动距离、可以定位，智能眼镜可以识别不同类型的动植物、识别各种物品等，智能服饰能够感受体温，根据环境做出颜色调整，等等。随着智能芯片的日臻成熟，人工智能在穿戴设备中将发挥更大的作用，除了日常穿着，在特殊环境从事特殊工作的人还可以利用智能穿戴产品实现安全保护、环境数据获取等功能。

穿戴式智能设备时代的来临意味着人的智能化延伸，通过这些设备，人可以更好地感知外部与自身的信息，能够在计算机、网络或者其他工具的辅助下更为高效率地处理信息，能够实现人与人、人与自然界更为无缝的交流。

[illegible] 4K [illegible]

2．智能家居

[illegible] 智能家居 [illegible]

图2-5 [illegible]的智能化——智能家[illegible]

3．可穿戴设备

[illegible] 可穿戴设备 [illegible]

Chapter 3

第3章 通信到底是干嘛的

第二次世界大战期间，贝尔实验室里有一位喜爱杂耍的年轻人名叫香农。他常常手里抛着 3 个球来到实验室的大厅，有时踩着高跷骑摩托横冲直撞，令同事害怕不已。但这位小哥十分了得，在战火纷飞的年代，他和他的破译团队追踪德国飞机，在德国对英国进行闪电战期间，为英国成功对抗德国立下了汗马功劳。第二次世界大战胜利后 3 年，他发表了一篇著名的论文——《通信原理的数学方法》，这篇论文是建立在他对通信的观察上，即“通信的根本问题是报文的再生，在两个端点上报文应该精确地或者近似地重现”。香农奠定了现代电信信息论的理论基础。

当我们在互联网上享受冲浪的乐趣，或者夜半时分抱着手机和密友在微信聊天，你可曾想过，你正在进行的通信过程有多复杂？我们先看看和通信技术有关的英文字母的组合吧！通信行业中大量术语都采用字母和数字的组合，它们简化了协议或者技术的称谓，但也让初学者陷入迷茫之中。TCP/IP、ICMP、QoS、SDH、V5、V.35、TD-SCDMA、WAPI、DWDM、IPRAN、RFID、LTE、OSS、NB-IoT……很多人之所以害怕学习通信技术，从某种角度上来说，就是被这些貌似简单却又极易混淆的术语吓怕了！这些字母数字组合的泛滥，常常违背了其容易记忆的初衷。

这个难题如何解决呢？如果掌握了一些基本的学习方法，把通信的名词、术语、概念、定义、推论等有机地“串”起来，其结果就未必再让你头痛了。所有的困难就怕“方法”二字，学习通信知识也不例外。

通信技术有其自身的规律，是前人在了解世界、认识世界和改造世界的过程中逐渐成熟起来的一门实用性技术。任何人在初学通信技术时，都应该先放下任何已经听到的各种专业词汇，把自己变成只看得懂报纸、只了解基本生活常识的人。然后，我们按照事物的基本发展轨迹来分析：通信技术要做什么？能解决什么问题？如何解决这些问题？解决了这些问题以后还会出现什么新问题？逐次追问，不断探求，才能让信息交互起来，最终做到融会贯通。知识不是一摊泥，而应该是一串糖葫芦，是一张蜘蛛网。梳理好基本的知识架构，把握基础的逻辑关系，再去理解日新月异的技术革新，就会水到渠成、事半功倍。

专家是什么？专家与普通人相比，不是有什么特殊才能，只是他们比别人考虑问题更仔细、更透彻，把别人忽略的东西拿起来当宝贝，利用别人喝咖啡的时间来研究人们习以为常的东西，发现其中的规律，并在实践中运用，于是他们成为了某个领域的专家。他们不但“知其然”，还能“知其所以然”（见图 3-1）。科技是什么？这很难用一个定义来说明这一包罗万象的概念，但科学技术中任何一个推理过程都是严谨的，当然，也是富有想象力的。它们都是脚踏实地、符合自然发展规律，符合辩证法，可以被引用并被反复论证的，甚至，是可以“证伪”的。在科学的征途中，永远没有“水变油”的神话，没有似是而非，只有残酷的逻辑和冰冷的推演。当你深入这一领域多年，你才会慢慢感受到科学的温度和技术的美。

掌握真理的人，永远是暖洋洋的。

上面的描述有助于你建立信心，并掌握方法去学习通信知识，用常规思维去分析和思考任何你见到的外表冷漠、内心火热的所有科学规律，你会快速获得对自己有用的知识并可以举一反三。我们不会白说这么多题外话，希望你从中受益。

下面言归正传。

图 3-1　被大量术语搞晕的菜鸟

通信既然是要把信息通过某种方式传递给对方，那么不可避免地要研究以下几个问题：用什么方式传递给对方？如何找到对方？有没有信息传递的额外要求，如安全、便捷、节约、多需求的并行处理？那么，我们对通信进行研究的几个问题如下所述。

首先，用什么信息格式传递给对方——编码问题。研究类似人类“语言学”的问题，用什么样的表达方式“表述”信息，通过什么媒介将表述内容传递到对方（假设已经能够确定找到对方），对方能够接收并接受？

其次，如何找到对方（就是“首先”里面的那个假设）——寻址问题。研究类似门牌号码规划、寻找道路等问题。

最后，信息传递的额外要求，如安全、快捷、高效、低成本等——优化问题。研究加密、节省成本、提高效率、增强管理、方便运营等问题。

第 1 个问题：用什么信息格式传递给对方——编码

我们从最基本的语音通信开始讲什么是“编码”。形容某地比较贫穷，“交通基本靠走，治安基本靠狗，通信基本靠吼”——这段极具戏谑色彩的文字，却道出了没有现代化工具，社会生活的真实状况。两个人说话，没有现代化通信手段，该怎么做？就是那句话——“通信基本靠吼”，在这一方面，我们只能说，生理学会给你满意的解释。

现代社会中两个人说话，方法就多了。除了“吼”之外，人类还发明了麦克风、扩音喇叭等工具，借助于它们将音量放大，那是物理学、声学的范畴。我们单说两个人远距离通话，也就是两人“吼”不到的地方，用麦克风和扩音喇叭也传递不到的地方，怎么做呢？首先，你要解决传送问题。这么远的距离，用电磁信号传送是个好的选择，电信号在金属介质上传送最好，而你总不能用一根钢管来传送吧？那样投入太大且很不实际。我们需要用合适的铜丝来解决电磁信号的传送。那么如何把一个人的语音变成电磁信号呢？抛开一切你知道的东西，我们从头开始想象——在信息的源头，需要一个盒子，这个盒子里有能够把人的说话声音变成电磁信号的装置，并且有一个出口，以防止其成为“孤岛”；而在信息目的地，放另外一个盒子，这个盒子里有能够把电磁信号还原成人声音的装置。考虑信息双向传递，也就是“你说给我听，我说给你听”，那么两边的盒子各自都应带有声音和电磁信号互相转换的装置。如果你生活在 18 世纪或者更早，你会给这个盒子起什么名字呢？很不幸，你生活在 21 世纪，已经失去了对此盒子的命名权，因为这个盒子就叫作“电话机”！

前面我们讲过，“通信”，也就是“电信”，是用电磁信号传送媒体情报信息，那么通信第一个要解决的问题是，如何把声音、图像、文字等信息变成电磁信号，如何把一系列的电磁信号有效地传送到对方，又如何在对端还原为声音、图像和文字？对于语音通信，从这部电话机开始，信息开始进入“编码之旅”，声音信息通过整个通信网，被数次变换编码样式，最终成功到达彼岸。就像人的出行，坐火车也好，坐飞机也罢，坐船也有可能，其间还不可避免地要走几步路，最终到达目的地。而通信中的每一种编码，都必须有非常严格、规范的定义，都要考虑诸多因素。本书中的若干章节，我们都会提到与编码有关的技术，而本节，只探讨编码技术的总体概念。

我们把编码问题用货物运输的例子来做类比。“编码”过程就像是将货物拆分和打包，以利于货物通过交通工具和道路进行安全运输的全过程。

货物根据体型、重量、客户要求的到货时间、价格等因素考虑，需要用火车、飞机、汽车还是轮船来运输？有些命题更加复杂，比如货物要运送到一个地方，必须经过陆路和水路，那么采取何种方式的组合才是最佳的运输路径？

一件形状复杂的物品，比如复杂的数控机床，你可以把它拆成若干份，物品到达目的地以后，是不是还要考虑组装？别指望组装的人对这个货物很了解，你只有把每个部件做好编号，两个货栈协商好拆包、组装规则（也许是一张图纸），才能把货物拆散、打包。同时，你要考虑通过哪种交通工具在特定的轨道上传输？是不是要考虑在外包装上标注“轻放”“向上”“防潮”？到达目的地后还要检查是否所有部件都已经安全到达，若没有安全到达，你还要考虑，如何以最小的代价重新发送一个新的部件？

任何选择都是适应需求的，“绝对适合”任何场景和需求的选择是不存在的。任何编码都是为了适应不同的传送需求，这一点和货运的例子如出一辙。

飞机是迄今为止人类最快捷的交通工具（火箭的运输性太过特殊这里不讲），但其运输成本也是最高的，如果运输货物从北京到天津，你大可不必用飞机来“摆谱”。轮船是大宗货物的上佳选择，但要运输新鲜瓜果蔬菜的话，你千万不要指望它，希望在船上腌酱菜除外。再比如，有的货物运输要求实时性很高，而体积较大，那么你就要考虑如何把货物拆得大小得体，并通过较快的交通工具和轨道进行运输。太大的包会需要很大的车（如火车和卡车，如果有水路，还需要考虑轮船航运），而很大的交通工具，其运送时间会较长；拆分后的包如果很大，丢失一个包造成的影响将会很大；而太小的包又会增加你的打包时间，并且

会增加额外的开销。比如要考虑货物打包后的外包装，既占用体积又增加重量，可能还要多印刷几个“轻放”之类的标签呢。另外，包多了以后，车的数量也要增加，你又需要增加司机和押运员，所有成本都会不同程度地增加。除此之外，有的包丢失一个两个没有关系，就像公路上运输煤，丢一包煤，并不会影响其他煤的使用（如图3–2所示）；而有的货物，比如运送一台数控机床，一旦拆开，必须保证每个部件都送达对方，少一个包（就是少若干部件），会造成整台机床无法使用。总之，货物需要根据自身特点打包，然后选择合适的交通工具运输。

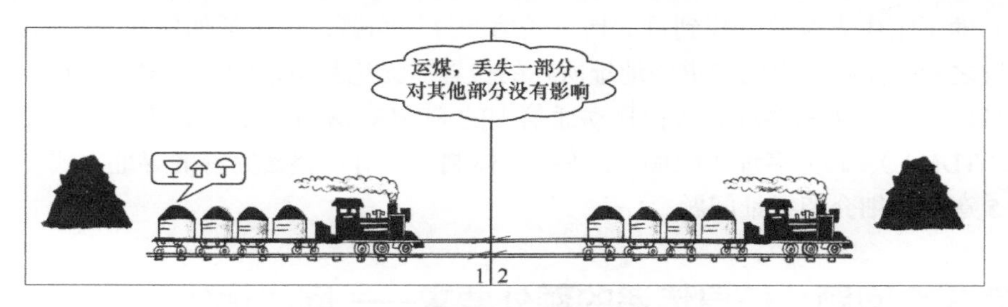

图 3-2　交通运输的拆包合包示例

当然，通信和货运还是有很大区别的。货物和汽车，绝对不会有人把这两者弄混，用肉眼就能区别出来。而通信中，传送的信息和承载这些信息的额外“包装”是组合在一起的，要区分它们，就没这么容易了。比如铜线上传送的是电压的高低，无论是信息开销（“包装”），还是信息本身，都类似于0、1这样的状态电压，如果不用特定的技术，你是没办法区分出来的。后面讲到的每种技术体制，以太网、IP、ATM、MPLS、SDH、PPP，都有专门的技术把“开销”和“信息”区别开来。前文已经提过，通信中的信号还有一些特性是货运不具备的，那就是电磁信号的可复制性和可再生性。货运中，货物如果丢失，你只能重新购买一份相同的，因为货物无法复制和再生。而在通信网中，如果某个信号丢失，从信息源处可以很容易复制出一个一样的信号再次发送，而整个通信系统的设计，只要考虑如何侦测是否有信号丢失，若有丢失，如何通知信息源重传送该信号即可。

第4章将详细介绍编码问题。

第2个问题：如何找到对方——寻址

第2个要解决的问题是给任何信息的出发点和目的地做个编号，通过编号可以识别世界上任何一个出发点和目的地，并通过相关机制，使信息依照一定的路径在这两者之间传送。

要想寻址，首先得有地址，因此“寻址”的第一个课题是如何分配地址，接着才是让信号通过特定规则找到目的地地址。如何传递，那是上一节所讲的编码的事情了。

这里我们先说说什么是“地址”？电话号码、电报挂号、IP地址、邮箱账号，这些都是“地址”，在各类通信手段中，“地址”的定义是完全不相同的，相对应地就有各种各样的寻找地址的方式。比如用信令寻址后自动建立专门的通道；比如在路由器上做好路由策略，让数据包根据这些策略寻找到达目的地的路径；比如将目的地址在全网做广播宣告，真正的目的地址给出回应；或者在出发地和目的地之间人工建立一条专门的通道等。数据网常说的“路由策略”，就是描述寻址问题的。而寻址又和地址编号有着密切关系。如果地址编号合理，寻址就会快捷而准确，这和我们日常生活中的门牌号码多么相似！合理定义的门牌号码，有助于陌生人快速寻找到目的地。通信的寻址问题，还包括如何在一个局部区域分配了地址之后，能够让全网知道该地址所在的位置。无论是电话网、传输网，还是数据网，都各有各的编址方法和寻址方法；移动通信中的FDMA（频分多址，如TACS、AMPS）、时分多址（TDMA）、码分多址（CDMA）等技术体制，都有一整套完善的寻址方式。

第5章将详细介绍寻址问题。

第3个问题：信息传递的额外要求——网络优化

第3个问题是网络优化。人们改造世界的过程总是这样——先保证解决基本问题，再思考如何用更好的方法解决问题。在温饱问题解决之前，我们讨论鱼香肉丝的新做法，是不合时宜的。网络优化，就是在基本的通信问题（如连通性、信息还原能力）得以解决后，如何更方便、快捷、安全、经济地规划网络、建设网络、使用网络的问题。

我们先列举一个简单的例子。在两个人的语音通信中，两人之间直接拉一根电缆就可以使二者之间的通信成为可能。那么如果不是简单的两个人通话，而是无数人互相通话，每两个人之间都拉一条线，现实吗？如果世界上有10部终端，按照某种通信协议进行信息交互，为了保证任何两者之间都能互通，我们可以在任何两个人之间都建立连线，这样需要9+8+7+……+1=10×9/2=45条连接。事实上，任何一部终端连接10条线是不现实的，如果是1亿部终端，全世界岂不都布满了电缆？更加可怕的是，每增加1部终端，都需要将这部终端通过1亿根线缆连接到已经存在的1亿部终端上，这样根本行不通！好，我们换一种方式：在这10个终端中间加一个盒子，每个终端都连接到这个盒子上，任何两个点互通，让这个盒子把这两个点的线缆连接起来，一共只需要10根线缆，要增加一部终端，只增加一根线缆就够了。线缆数量大幅减少，扩展难度也大幅降低！

用什么方式能让许多人都能同时通话而投入的平均成本不会大幅度增加？有没有方法让很多人共用中间的传送线缆？这就是优化问题中最经典的“*N*平方问题”（如图3-3所示）。

网络优化是通信永恒的主题。节约成本、提高安全性，是网络优化的本职工作。一种新的技术，未必非要带给客户新的体验，而通过降低成本，可能让各种新的业务迅速普及。

从一般意义上讲，新的技术都比旧的技术更具有竞争力，用新的技术替代旧的技术，

本身就是一种优化。通信技术的快速迭代，就是对原有技术不断优化的过程。

比如，早期技术只能实现一条线路在两个用户之间传递信息。后来有了复用技术，多个用户逻辑线路共用一条物理线路，原理是将信号汇聚到某一条特定物理线路上传送，比如通信技术中常见的时分复用（TDM）、频分复用（FDM）和波分复用（WDM）。而复用有两种：确定复用和统计复用。这两种复用方式，分别应用于不同的业务场景，紧密结合各种业务类型的实时性、便捷性、经济性的特点。当然，最终，不同的方式都是为了满足不同人群和业务类型的需求。

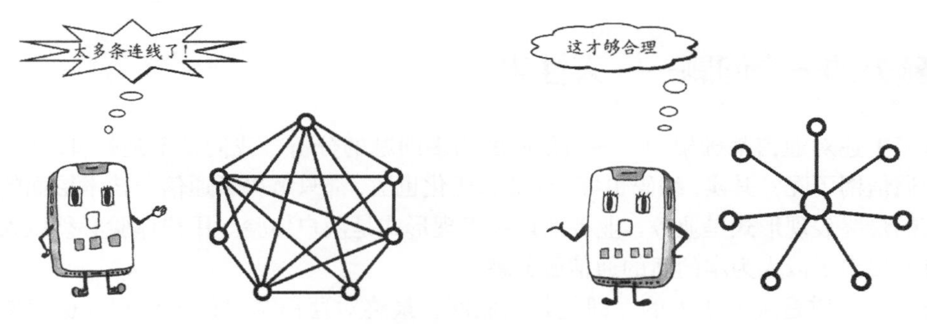

图 3-3　*N* 平方问题

从信息实时性角度考虑，任何终端间的信息交互都可以采用两种方式：一种是先建立一条确定的线路然后传送信息，比如全封闭的高速公路，从北京出发，只要进入京津塘高速，收费站出来就到了天津；另一种是让每个信息源发出的信息包“一跳一跳”（Hop–Hop）向下一个网络节点迈进，即采用“存储—转发”模式，就像从天安门到鸟巢，在每个路口都需要选择是直行、左转、右转还是掉头。前一种方式组成的通信网络我们称为“面向连接”的网络，如 PSTN、帧中继、ATM、MPLS 网络等；而后一种方式组成的通信网络则是“无连接”网络，最典型的是传统 IP 网络（如图 3–4 所示）。从唯美的角度看，面向连接更让人赏心悦目，因为一切都遵循计划，按部就班，循规蹈矩。但在实际应用中，以 IP 为代表的无连接技术却占了上风。

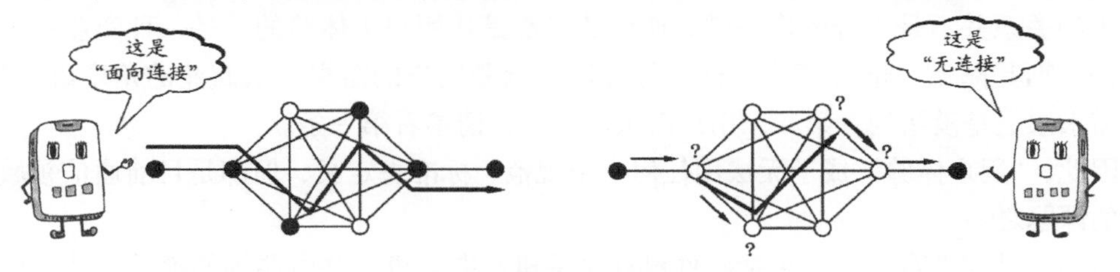

图 3-4　面向连接和无连接的对比

在网络进化过程中，IP 技术更符合人们对便捷接入、区域自治、开放标准、统一接口、成本低廉、业务丰富的要求。通信发展 100 多年来，无数经验教训一再证明，通信是一门实用性技术，它无法超脱于人类的生产实践，否则，是否对其委以重任，它都无法在激烈的竞争中生存下来。

密码的暗文传送，网页的防篡改，带宽的灵活控制，无线网络的频谱规划、天线方位角的调整、数据流按质量要求被分门别类并被区别对待等，这些也都是优化的范畴。

网络优化使社会资源大幅节省。比如在公众网络上建立专用网络的虚拟专用网（VPN）技术。在互联网上，将几个企业的分支机构互连。如果没有 VPN，分支机构也能实现各种数据的传送，但是有了 VPN 以后，就能在公共网络上开展企业专用的数据交换，避免企业支付高昂的成本来建立单独的物理链路，这对节省社会资源意义极其重大。

额外的一个问题——人性化

有了上述对通信基础架构——通信网的诸多问题的分析，我们是不是就可以组建一张完美的通信网了呢？其实，编码也好，寻址和优化也罢，都只解决了通信业技术层面的需求。而通信的最终表现形式是业务，业务的最终表现形式是用户体验。用户体验必须以人为本，因此有人提出了以人为本的新的通信服务理念。

通信的本质是服务于人的，即使是物联网，最终对通信结果做出评判的也依然是人，因此通信本就应该以人为本。任何通信协议，最高层都是应用层，也就是说，通信介质最终要和人有接口，这种接口一定要具有美学完整性、界面一致性、操作便捷性、用户控制能力，也就是“人性化”。

通信理念发展的进程，可以用这句话来表述：前人无，我有；前人有，我优；前人优，我人性化。“人性化”是优化问题的高级阶段。

人性化是一个很难标准化的东西。不同地区、不同年龄、不同性格的人群，对人性化的要求不完全相同，这与宗教、人文、风土、传统、时尚潮流、审美等社会科学密切相关。那么，通信网如何更加人性化、更容易让客户接受呢？这个问题在本书并不进行详细介绍，因为这可能与通信技术本身的关系并不是十分密切，就像图书的封面设计，和文字本身如何组织的关系并不是十分密切一样。通信业务都是让用户去体验的，是一种商业行为，你很难用“斯是陋室，惟吾德馨”这样的古训来批驳用户的需求。从商业的角度讲，第一，用户需求永远是没错的；第二，用户需求若有错，请参看第一条。

因此，“用户体验”成了无法用任何一个规范、标准去定义，但却是目前通信领域中最重要的课题之一。

通信产品的外观设计，包括硬件设计（手机、电话机、路由器等的模具设计，机架线缆的梳理方式）、软件界面设计（界面外观、操作方法、表单展现设计）等，都是人性化的具体表现形式。通信的这个额外问题，更多的是人文科学，如美工、装饰、色彩搭配等，有自然科学的成分但不全是自然科学。

Chapter 4

第4章 说说"编码"

宇宙中承载光传播的是什么物质？19世纪的物理学家百思不得其解，于是“发明”了一个假设的媒体术语——“以太”，后来的研究证明，以太并不存在。有趣的是，“以太”这个词在1973年，被一个叫作施乐的美国公司使用了。这家公司不断拓展新的领域，开发了不少先锋项目。其中一个项目由27岁的罗伯特·梅特卡夫负责，他在做了大量研究后，给老板写了一篇一种新型网络的设想，对“以太网”的潜力进行了描述，但老板对此并不感冒。

1979年，梅特卡夫为了开发个人电脑和局域网，离开施乐，成立了3Com公司。正是这家公司，把以太网的事业做大做强，并在这个市场中大赚一笔，可谓“名利双收”。

梅特卡夫还创造性地提出了一个著名的定律：网络价值与用户数的平方成正比。网络使用者越多，价值就越大。换句话说，某种网络，比如电话网的价值会随着用户数量的增加而增大。现在几乎所有的互联网巨头，都在实践着这一定律的正确性。

即网络的价值 $V=K\times N$;（K 为价值系数，N 为用户数量。）

编码是通信的基本组成部分，是通信里面的“语文课”。从小我们就学习语文，学拼音、认识汉字、遣词造句并学写作文。没有语文，我们就无法理解基本的词语、句子的表达方式，所有自然科学和社会科学知识我们都无法传播，前人的研究成果我们也无法理解，我们的研究成果几乎无法传承给后人。语文是所有学科中的基础学科，而编码则是通信专业里面的基础课程。

开场白

几乎所有通信原理的教材，都会从香农的“信息论”开始讲起，把通信系统抽象成如图4–1所示的一般模型。

香农提出并严格证明了“在被高斯白噪声干扰的信道中，计算最大信息传送速率 C 的公式”：$C=B\log_2(1+S/N)$。式中，B 是信道带宽（Hz），S 是信号功率（W），N 是噪声功率（W），$\log_2$ 就是以2为底的对数——这就是著名的香农公式。显然，信道容量 C 与信道带宽 B 成正比，同时还取决于系统信

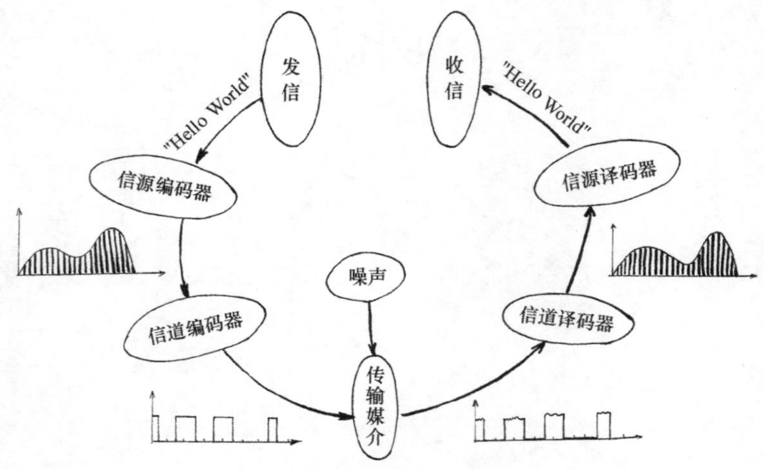

图4-1 通信系统的一般模型

噪比以及编码技术种类。这一公式也是本书中最复杂的公式，各位只需要有一个大概的了解。

香农公式中的 S/N 是信号与噪声的功率之比，没有量纲单位。比如，如果 S/N=1 000，那么就是指信号功率是噪声功率的 1 000 倍。

但是，当讨论“信噪比”时，常以分贝（dB）为单位。公式如下：

SNR（信噪比，单位为dB）=10lg（S/N）

上述公式表明，信道带宽 B 限制了比特率的增加，信道容量 C 还取决于系统信噪比（SNR）以及编码技术。

这里发信的东西就是“信源”，是指人、生物、机器以及自然界一切其他发送信息的事物。信源编码器、信道编码器是把“信息”变成信号的各种设施；信道译码器、信源译码器则是将信号还原为自然界信息的各种设施。这是人类对通信系统的高度总结，无论是电报、电话、电视、广播、数据通信、遥测、遥控、雷达、导航，都是该模型在各种应用场景的具体实现。

本章所指的“编码”问题，是更广泛范围的“编码”问题，可以归纳为“信息用什么信息格式传送到目的地”的问题的集合，包括信息论中的信源编码和信道编码过程，包括数模、模数转换、抽样、复用解复用，也包括各种数据帧、分组、信元等数据报文的封装格式。

通过电话线传送人发出的声音信息，是个漫长的过程——从时间长短来说，“漫长”似乎有点言过其实，因为每个波形传递到对方一般都以“毫秒”甚至“微秒”计，但是整个路程中的复杂程度，足以覆盖电信理论中几乎所有最基础的技术！从电话机接收人的声音，进行基本的信号变换开始，通过模拟电话线传送到电信机房的交换机，经过一系列转换、传输、交换后到达其目的地，把编码信号再进行相反的变换，再送到另外一部电话机使之还原成为声音，通过空气传送到接收人的耳朵里。

我们可以想象，用一根 1km 长的金属线伸直铺在间隔 1km 的两个房子之间，你能对着一端说话，指望对端有人能听到吗？从生活常识来看，金属线不是“听诊器”，上述情况，声音本身根本无法通过这种“传导”方式传递。

再来看看另外一个问题，你研究过计算机录音吗？不管录成什么格式，.mp3 也好，.avi 也好，.wav 也好，都是数字格式的文件，而声音本身是“模拟”的、连续的，这就要用到“模数转换”（A/D）的技术。把模拟信号通过某种方式变成数字信号，到了接收端再转换成模拟信号，这并不是通信行业的专利，但是却很大程度上影响了现代通信的发展历程，成就了通信领域的重大进步。

“模拟信号”和“数字信号”，所有初学者都会遇到这样的术语。用形象的比喻有助于我们更快速地理解。我们一般形容一个东西很大，说它“非常大”，不难让别人接受，因为你形容它的时候加入了个人感情，写散文、小说，这类口语化语言会更受欢迎。但是假如这句话在人群中传来传去，一定会变味儿的。因为“非常大”无法精准表述到底有多大，转述的人很可能把意思理解错，造成混乱，以讹传讹随处可见。如何让信息在人群中精确传送呢？一般情况下，我们应该说这个东西有几平方米大，或者说比同类东西大几倍，这个精确的数字不容易传错。数字的东西，更精确，更便于传播，也更便于存储、检索和分析。

我们应该知道，任何一种通信编码都不是凭空定义的，都是为了更好地在网络上传送信号。而每种原始信号的情况又千差万别：人发出的声音、计算机保存的文档、大自然的景色，这些信息本身都有特点，对传送的要求也不完全相同，如实时性、准确度、信息量的大小、压缩的可能性等，它们决定了网络技术体制、网络拓扑结构、带宽等的规划和设计。这都造成了编码形式的多样性。

那么我们就来说说各种编码及其转换。

从声音到模拟信号

声音是自然界最美妙的事物之一。很难想象没有声音，自然界将是何种景象。

语音通信中第一个要解决的问题就是如何把声音变成电信号。很早以前，人们就希望把声音保留下来，古人早就有“余音绕梁三日而不绝”的美好愿望，然而这种“绕梁三日”只能是梦想、幻想和空想。在留声机发明之前，人类曾不断试图使用各种方法来达成这个美好的愿望。19世纪，人们开始尝试用机器记录振动来记录声音。随着录音机、点唱机、电视机等的发明，人类实现了梦寐以求的“人机交互”。接着，永远不满足现状的人们又有了新的需求：将信息实时地与别人分享。如何来达到这个目的呢？贝尔解决了这个问题，他发明了碳粒电话机。

我们现在不再使用碳粒电话机了。但当前无论如何高级、如何先进、如何昂贵的电话，也都是碳粒电话原理的变形：把话筒内振膜的振动转化成强弱不同的电流。而这个电流信号，就是我们所说的“模拟”信号，它和振膜的振动规律是完全一致的。

“模拟”是Analog的翻译名，它不属于我们常规思维模式内的东西，以后我们可能还要碰到很多这样的概念和名称，你不能用中国文化中的东西去理解它，就像外国人很难理解什么叫“道”，什么叫“太极”一样。

在物理学上，语音是一种声波，它是由人的声带生理运动所产生的。声波的传播就像水波的扩张。空气压力的影响有点类似于水波起伏，气压在某一平均值上下波动，就像水波的高低起伏。能振动的物体在空气中都能发出声音，而几乎所有的物体都能振动。人耳感受到的音量与压力振动的振幅有关。振动越大，声音越强。同时，声音还与频率有关，频率变化越大，声音越尖锐，能量越大。女性的声音频率较高，因此声音比较尖；而男性则相反，如图4-2所示。

人的耳朵能听到的声音频率范围是20Hz ~ 20kHz，如图4-3所示。而实际上，人们只需要3.4kHz电周期的可用和可理解信息，这也是电话线路的语音信号带宽。当然，对人耳可分辨的范围，频率的提高意味着质量的提高，如普通声道的带宽是11kHz，立体声的带宽

是 22kHz，高保真立体声的带宽是 44kHz。当然，带宽越大，对传递信号的介质要求越高。经济学理论告诉我们，实现的代价越大，需要的一般人类劳动也越多，价值也就越高，很可能价格也会越高。这可能就是高保真立体声音响价值不菲的原因所在吧！

让我们看看声音是如何转化为电话系统能够接收的模拟信号吧。一般来讲，这个转换设备就是我们最常使用的通信设备——电话机。

图 4-2 女歌唱家和男歌唱家声音频率有所不同

贝尔发明的碳粒电话机，是基于振膜对碳粒造成忽紧忽松的压力引起其电阻大小的变化，我们学过的最简单的电路公式，电流 = 电压 / 电阻，在电阻变化而电压不变的情况下，电流就会发生线性变化。忽大忽小的电流，就是我们未来要讲述的希望传输到世界上任何角落的电信信号。我们先假设这些信号已经陆续传送到对方的听筒。听筒内有一电磁铁随电流大小而磁性不同，它对埋有金属丝的薄膜时吸时放，薄膜便发出了像人说话一样的声音。

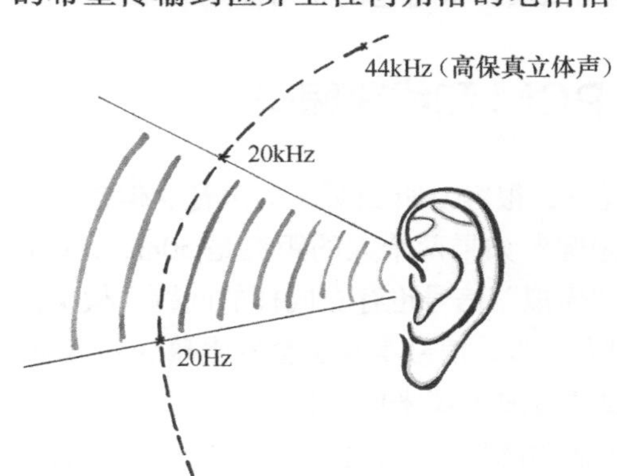

图 4-3 耳朵听到的声音的分辨率

了解了声音与模拟信号之间是如何转换的，我们即将进入真正的通信领域。就好比一部电影，你看到了开头和结局，现在问题是中间过程将如何发展。讨论这个问题非常重要，假设你是一名编剧，你该如何设计引人入胜的剧情？

除了语音，现实世界中还有很多原始的信息，如图像、文字等。我们把语音、声音、图像、文字等自然界的信息叫作“原始数据”，那么从专业通信的角度来分析，要想把这些原始数据通过网络传送，必须将原始数据“表示”或者说“转换”为电磁信号。

如果是可见的东西，转换过程比较好理解。比如文稿，可以通过计算机 I/O 系统输入，使用键盘、鼠标、手写板、手指等输入工具将其转换为计算机的“文本”；而图像，可以通过照相机拍照、人工手绘并扫描等方式转换为计算机的“图像”。

而声音呢？它是人们看不到的东西，怎么“表示”或者“转换”？

还好，人们发现声音是波的一种，而对于波来说，有两种主要的转换方式：以信号的原始频率（被称为“基带信号”）表示或以另一种频率表示。

例如，当我们拿起电话机并对着它说话，电话网络以“原始值”（在 300 ~ 3 400Hz 范围的某处）接收模拟语音信号。另一种方式是，电话网络可以将我们的信号与另一更高频率的信号（称为“载波”）结合，然后在不同的频率上传输这些合成的信号。

载波是工作在预先定义的单一频率的连续信号。改变载波以便它能以适合传输的形式表示数据，就是我们常说的调制（Modulation）。

在模拟调制中，表示数据的模拟信号被转换成另一模拟信号，后者就是“已调载波”。如果你觉得“调制”这个词不大好理解，那么不妨回忆一下你在家上网一般用什么东西？对！ Modem，我们俗称为“猫”，因为 Modem 发音的第一个音节是“mao”（人类是乐观而富有创意的，很多动物都被赋予了 IT 的意义，猫，用作调制解调器，当然只有中国人才这么叫；狗，用作正版软件监护；鼠，用作计算机外设“鼠标”；驴，用作 P2P 下载，“电驴”曾经是 P2P 下载的佼佼者……这些都是很强、很 IT 的专业术语），全称是“调制解调器”，就是用于完成“载波”并“卸载”的装置。你尽可以展开想象的翅膀，把“调制解调器”想象为一艘大而快的船，可以在浩瀚的海洋里航行，任何小船都可以搭载在这艘大船上，到达大洋彼岸。如果小船直接出海，它抗击风浪、颠簸、礁石的能力太弱，等待它的很可能是灾难。

模数 / 数模转换（A/D 和 D/A）、PCM 和线路编码

两个人面对面地交谈，在没有外在干扰的情况下，很容易听到对方的声音。但是如果是在闹市街头、堵车严重的地方、喇叭声连绵不绝呢？如果两个人的距离是 50m、100m、1km 甚至更远呢？“吼”恐怕都解决不了问题了。“模拟”信号也存在同样的问题。模拟信号在传输过程中，由于受到外界干扰，总能量会损失惨重，信号本身也会发生畸变和衰减。所以模拟信号在传输过程中，每隔一定的距离就要通过放大器来放大信号的强度，但与此同时，由周边噪声引起的信号失真也随之放大。传输距离增大时，多级放大器的串联会引起失真的叠加，从而使信号的失真越来越大——进入管子里的是纯净水，出来竟然成了污水！何以解忧，唯有数字技术！

我们都知道，计算机的底层逻辑，本质上只有两个符号：“0”或者“1”，无论是数据信息还是控制信息，本质都是“0”和“1”这两个符号在处理器、磁盘里的布尔代数的运算。这似乎比人的语言简单得多，就算是英文，还有 26 个字母呢！这种类型的信号在传送过程中都采用脉冲方式，并且只有两种状态：高电压和低电压，高于某个值（如 A1）的电压就是“1”，低于某个值（A2）的电压就是“0”，而 A1 和 A2 之间还有较大的差值，避免信号传送的中转站（也就是各种网络节点）的误判。

传输过程中，电压依然会由于噪声的干扰和能量的损失发生衰减，但是在传输一段距离之后，加入一种“再生器”的装置，读出要传送的电压值。

其实再生器并不用读出具体电压，只要读出是否高于 A1 或者低于 A2，即可判断传送的是 1 还是 0(如图 4–4 所示)。精确读出电压值是需要一些功力的，但判断高于 A1 还是低于 A2，这是个几乎没有技术含量的工作，用简单的电子元器件就能够轻松做到。

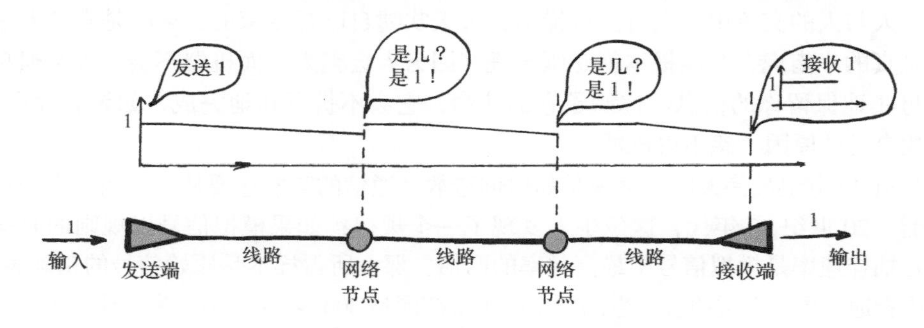

图 4-4　0 和 1 在线路上的传送

接着，再生器将重新生成信号并传送下去。重新产生的新的电压信号完全消除了前一段电路周边环境对信号的衰减和畸变。这样多级的再生不会累积噪声引起的失真。

聪明的读者们一定都明白了：并不是说数字信号天生的“衰减”程度小，也不是“畸变”的可能性低，而是通过传送过程中识别、增强、再生这样的中转手段，防止网络上的噪声干扰信号内容而已。只要让低电压保持低电压，高电压保持高电压，无论传送多远，信号总还是一样的。

通过上述办法，人类搭建起数据通信的基础。

电视，我们要数字的。手机，当然也要数字的，全世界的移动运营商早就向模拟网说了 Bye–Bye。

像心电图一样的锯齿波是模拟信号的典型波样一样，我们的声音其实也是如此。面对如图 4–5 所示的锯齿波，我们也就明白了为什么人类社会如此复杂。因为人类的、原始的、现实的生活中，各种信号都是模拟的。不仅仅是声音，不仅仅是我们的心跳的规律，更包括我们的感情，

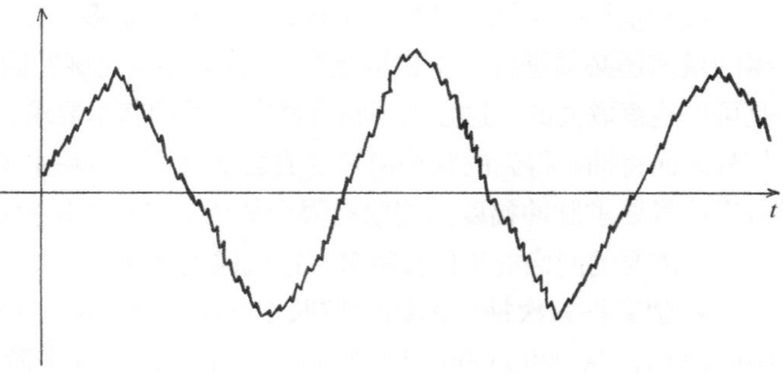

图 4-5　锯齿波

都是“模拟信号”。“情绪化”一词又总是用来代表不稳定的、非理智的……和生活相比，数字通信的世界却是那么简单。它 0 就是 0，1 是 1，正所谓“爱憎分明”。

为什么必须是数字的？这是传送和表示的需要。前面讲过，任何在线路传送中发生的对数据的影响，都可以通过再生器予以“矫正”。因此任何明确的 1 或者 0 都不容易受到各种噪声的影响，不容易引起歧义，因此传送要求也会很低。当然这一点很难和人类社会进行对比：人与人的交流中，人可能说谎话，天天吹嘘自己是专家的，未必是真的专家；天天说这是真的华南虎，其实根本就是纸老虎。因为人会骗人，而机器不会，人会遗忘，而机器则忠实地保留你的信息。你赋予它的使命，它会不折不扣地完成，如果它没有完成，你只能找自己的原因，怨不得机器。

你知道 20 世纪最伟大的科学家是如何创造数字通信的吗？这要从一个叫作奈奎斯特的牛人说起。20 世纪 20 年代，这位牛人发现了一个规律：如果模拟信号以规则的时间间隔抽样，且抽样速率是模拟信号中最高频率的两倍，那么所得样本是原始信号的精确表示。

在语音通信中，人类语音产生的频率的正常范围是 300 ~ 3 400Hz。为了让这个频率范围内的信号顺利地在通信网上传送，我们取其最大值 3 400Hz 来进行抽样（对于 300Hz 的，多抽样几次也不会有什么问题），这意味着需要每秒 3 400 × 2 = 6 800 个抽样值。但实际上，电话系统不是分配 3 400Hz 频率的信道，而是分配 4 000Hz 的信道，这是为了标准化和方便计算——看，这又印证了通信是应用型技术，这个 4 000，就是人为定义的；在 300Hz 和 3 400Hz 处设置一个筛网——在电子学里面叫作“滤波器”，滤波器其实就是一个过滤装置，只不过过滤的不是泥沙，而是高于 3 400Hz 或者低于 300Hz 的所有频率的信号。被过滤掉的那些信号，人基本上都听不见，再花精力去传送，意义并不大（当然，如果未来传送 Hi-Fi 质量的语音，也许能听见哦，现在已经有这样的技术了）。当模拟语音信号转换为数字形式时，要保证每秒 8 000 次抽样（4 000Hz，就是每秒钟 4 000 次，为了以防万一，让我们再乘以 2，即是 8 000 次）。在数学上，这等于每个抽样的时间是 125μs（1 秒除以 8 000 次，就是每次的持续时间了）。

我们借助奈奎斯特的伟大定律，知道在电话系统中每秒钟要抽样 8 000 次。对每次抽样所得的量值还必须进行“阶梯量化”。为什么要量化呢？因为抽样后形成的脉冲信号在幅度上仍是可以连续取值的，这显然不符合数字信号的基本要求，说明这种抽样后的脉冲信号仍是模拟信号。而将抽样得到的脉冲信号变成数字信号的过程中很关键的一步就是对其进行量化，因为数字信号要求脉冲幅度只能取有限个数值。量化的层次或者阶梯越多，声音的真实感就越强，当然，需要的网络资源也会越多。这就像用水彩笔画画，12 色的当然没有 48 色的色彩丰富。

科学家把每次抽样的幅度按照 256 个阶梯排列，每个排列都是一个 8 位的二进制数（如 01000110，从 00000000 到 11111111，正好是 256 个阶梯）。这时候，我们会得到一个你可能听到过的数字：8 000 × 8 = 64 000，也就是 64k（如图 4-6 所示）！与计算机的基础知识一样，“位”和“字节”是 8 ∶ 1 的关系。每个字节由 8 位组成，其英文简称比较相似。“位”

是 bit，用小写字母表示，我们常写的“带宽达 50Mbit/s”；而字节的英文简称是 Byte，一般用来形容文件或存储区大小，如硬盘 50G，就是指 50G 的 Byte，你购买中国联通手机流量套餐，一个月 10G，这也是指的 Byte。这里要提醒各位读者，通信中的 64k，是指 64 000，而计算机中的 64K，则是 65 536，因为 1K 表示的不是 1 000 而是 1 024。

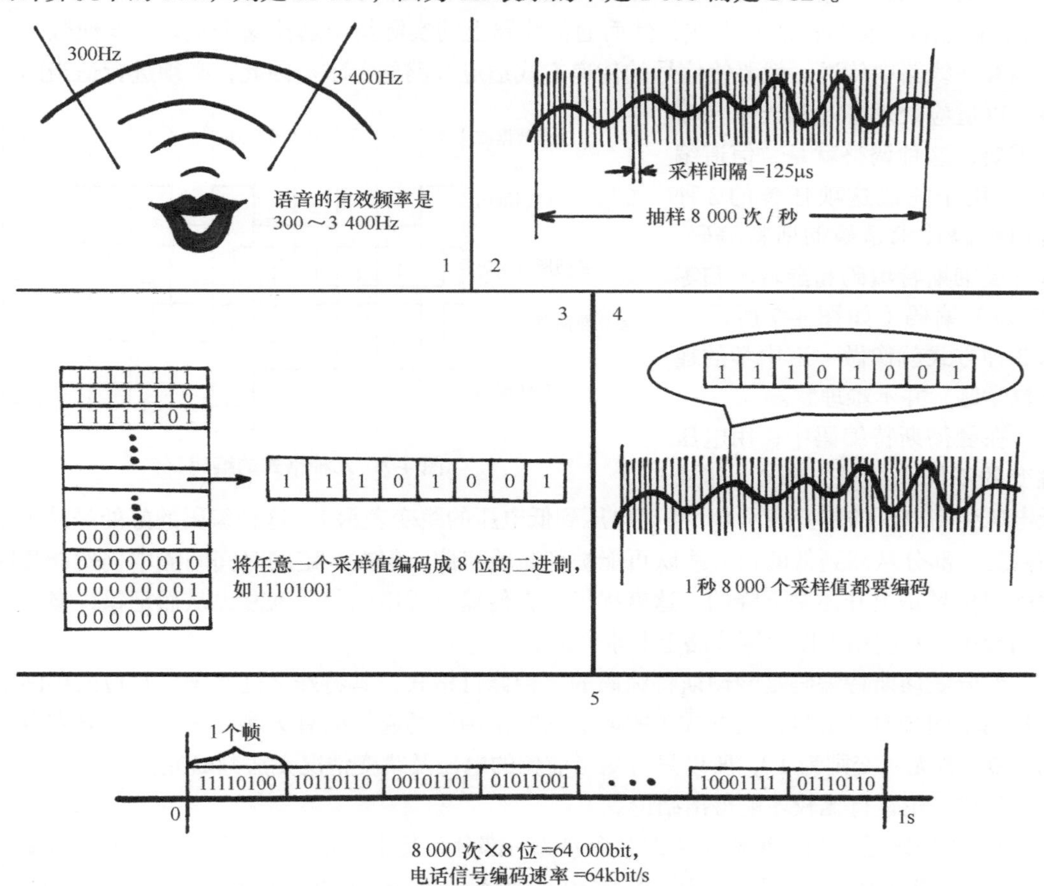

图 4-6　电话信号的编码速率为什么是 64kbit/s

继续描述 64k 这个数字的含义。语音信号如果采用每秒 8 000 次的抽样频率，而每次抽样用一个 8 位（bit）二进制数表示其振幅，那么每路需要的数据“宽度”是每秒 64kbit，也就是每秒钟在线路上必须通过 64 000bit 的“0”或者“1”，才能保证有足够的线路宽度供一路语音通过，而不至于发生语音信号“走样”。我们将 64kbit/s 称为一路语音信号的带宽需求量。这种量化的方式被称为脉冲编码调制（PCM，Pulse Code Modulation）。

当然，如果你用 32 位二进制数表示一个抽样的振幅，那么带宽需求量会增加到

32 × 8 000 = 256kbit/s。如果采用压缩算法，每次抽样是 6 位二进制数，每路语音信号的带宽则为 6 × 8 000 = 48kbit/s。

经历了抽样量化以后，就开始另外一个通信过程——信道编码，这是一个将数字信息转换为可以在线路上传送的数字信号的过程。前面我们说，用高电压表示 1，低电压表示 0，这是数字信号的表示方式，然而通信线路上的实际情况远比这个复杂，要使数字信号能够在线路中传送，就要使信号的传递方式适应线路的要求。因此，必须进行适当的调整，以适应处理芯片和光电传输的需要，这种调整就是“信道编码”。用于完成这项任务的 3 种常用编码技术是曼彻斯特编码、差分曼彻斯特编码和翻转不归零（NRZI）编码（如图 4-7 所示）。这 3 种方式就像做一道中学的趣味数学题，并不难理解。

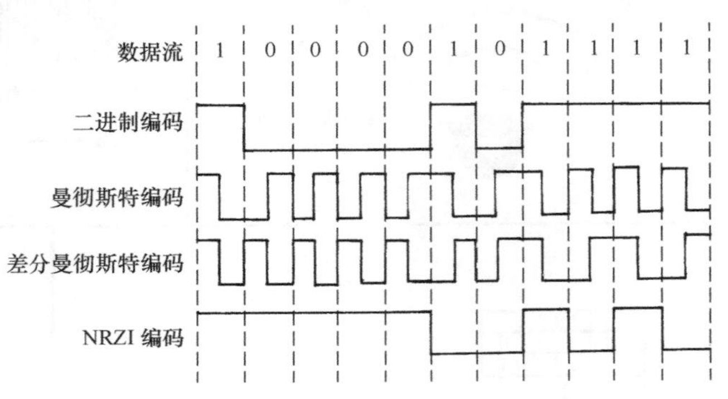

图 4-7　几种格式的编码

在曼彻斯特编码中，用电压跳变的不同来区分 1 和 0，即从低电压到高电压的跳变表示 0，从高电压到低电压的跳变表示 1。这种编码的好处是易于差错恢复，部分从高到低的信号跳跃可能被削减或扭曲，但在一定的时间间隔中仍然能智能地确定信号是上升还是下降的。这就提供了在传输过程中的信号恢复，从而把错误概率降低到最小。它应用于以太网线路上非常合适。

差分曼彻斯特编码是曼彻斯特编码的一种修订格式，其特殊之处在于：每位的中间跳变只用于同步时钟信号；而 0 或 1 的取值判断是用位的起始处有无跳变来表示（若有跳变则为 0，若无跳变则为 1），所以只检测当前位的电压及跳变情况无法判断究竟是 0 还是 1，必须和前一位进行比较才能得出结论。

NRZI 编码是不归零编码（NRZ）系列的一部分，其中，正、负电压分别对应于编码 0 和 1。它是基于从一个电压状态向另一个电压状态的跳跃（从高到低和从低到高状态），而不是采用电压级别对数据进行编码。在 NRZI 中，如果不发生跳跃，数据被编码为 0，反之，在跳跃的开始处，数据被编码为 1。

可能读者会很好奇，为什么要定义这么复杂呢？用最简单的二进制编码进行电压的传送不行吗？从理论上讲，用高低电压表示 1 和 0 当然是可以的，但是在工程实践中，要考虑误码率最低、传送准确率最高、最易于差错恢复，需要遵从电流在导线中传导的物理规律。这就造成不同的技术体制采用的信道编码方式会有一定的差异。

好了，讲了这么多，回归到本节的核心内容——模拟与数字的转换。前面已讲述了模

拟信号如何经过抽样、量化和编码，变成通信网可传送的数字信号，并描述了这样做的理论依据。在数字信号在网络上传送、到达目的地以后，经过相反的过程，将电压及其跳变转换为二进制代码，并采用 D/A 转换技术还原为模拟信号（这个过程的原理就像数字代入公式计算一样简单），并经过前面所描述的那样恢复成“模拟信息”，成功回归大自然！

接下来的一节，将为读者们讲解在数字化传输过程中的一种多个信号源共用物理通道的技术——复用技术。

复用与解复用

如果不考虑节约成本，一条线传送一路信号，把编码格式确定下来似乎就万事大吉了。但是实际情况是，我们需要在一根线上传送多路信号。复用和解复用就是为此而设计的。

上一节我们描述了 8 000Hz 抽样，抽样周期是 1 秒 /8 000 次 =125μs。在 125μs 时间内，抽样值所编成的 8 位 PCM 码顺序传送一次，我们现在要做的事情就是想办法在这 125μs 时间内“挤”进来自多条线路的 8 位 PCM 码。

任何一根电缆上，在同一时刻不可能传送两个电平。这就好像一个人做广播操，不管他多么优秀，速度多么快，那也只是他的动作频率高而已，绝不可能在同一时刻做两个动作。回到我们的 PCM 编码，对于一个 125μs 间隔的信息，虽然有 8 位信号需要传送，它只能按照顺序传送这 8 个 0 和 1 的组合。

我们希望一条电缆能够同时承载多路语音，这就需要“复用”。“复用”这个词本身，可以理解为“反复使用”或者“多个共同使用”，而通信中“复用”显然是指后者，就是让多个信息源共同使用一条物理通道。通信要做的工作也很容易理解，就是让这多个信息源发出的信号在同一条物理或者逻辑信道上不要发生冲突，和平共处，共同分享信道资源，并安全到达目的地。

我们想象一下汽车和道路的例子。某条道路上只能跑一辆车，3 个车队从甲地出发到达乙地，每个车队都运载一个客户的货物，3 个车队的车辆数分别为 100、80 和 75 辆汽车。接不同车队的人都在乙地等候，谁接哪个车队是明确的，每个接车队的人都希望自己的车队尽快到达。假如你开了这个运输公司，你如何安排最为合理？这其实是一个有趣的数学命题（如图 4–8 所示）。

我们有以下两种方案可供选择。

第一种方案是把所有车队的车按照如下顺序排列（如图 4–9 所示），从 A 车队的第 1 辆开始，第 2 辆……第 100 辆，接下来是 B 车队的第 1 辆、第 2 辆……第 80 辆，最后是 C 车队的第 1 辆、第 2 辆……第 75 辆。顺序编号以后，从 1 号开始到最后一辆，从前向后排列。

这种方案比较容易理解，结果是 A 车队先到，B 车队紧跟其后，然后是 C 车队。但是你要理解接车的人的心情，越往后的车队，到达时间越晚，接车的人就得苦苦等待！还有，第一车队有可能很长，等第一车队过去，第二车队再出发，很可能影响了第二车队的效率，

更不要提后续的车队了。这是我们刚才讲的第一种“复用”——对一条道路的反复使用。

我们建议用另外一种方案（如图4-10所示）。A车队第1辆车在第1个位置，B车队第1辆车在第2个位置……C车队第一辆车在第3个位置，A车队第二辆车在第4个位置，B车队第二辆车在第5个位置……如此排列下去。

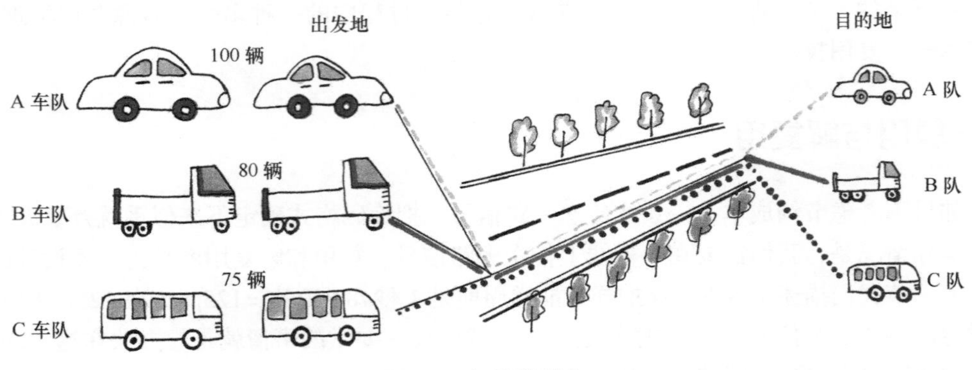

图4-8　问题的提出

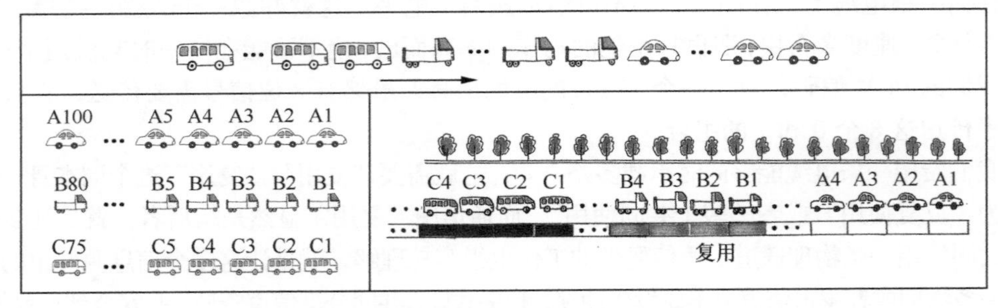

图4-9　解决车队传送的第一个方案

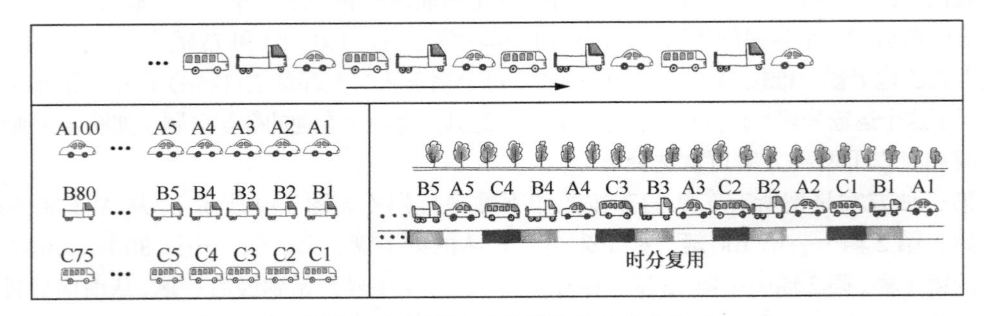

图4-10　解决车队传送的第二个方案

这种方案最大的特点是实时性好，接车的人不用长时间的等待，他可以根据车到达的

情况安排卸载工作，到达一辆，卸载一辆，并可以利用空闲时间检验货物、休息。

第二个方案，就是在通信中我们采用的时分复用技术（TDM），不同之处在于通信中的时分复用，不采用汽车运货，而是采用“时间片”运送信号。在同一条线路上按照时间位置均匀分片，每个时间分片被一个用户的信息流占用。这就是“时分复用”——把时间拆分，然后大家一起共享它。

就好比 1 个幼儿园老师管理 100 个宝宝，她非常能干，把每分钟分成 100 份，第 1 份管理第一个宝宝、第 2 份管理第二个宝宝……第 100 份管理第 100 个宝宝（如图 4-11 所示），并周而复始地循环。

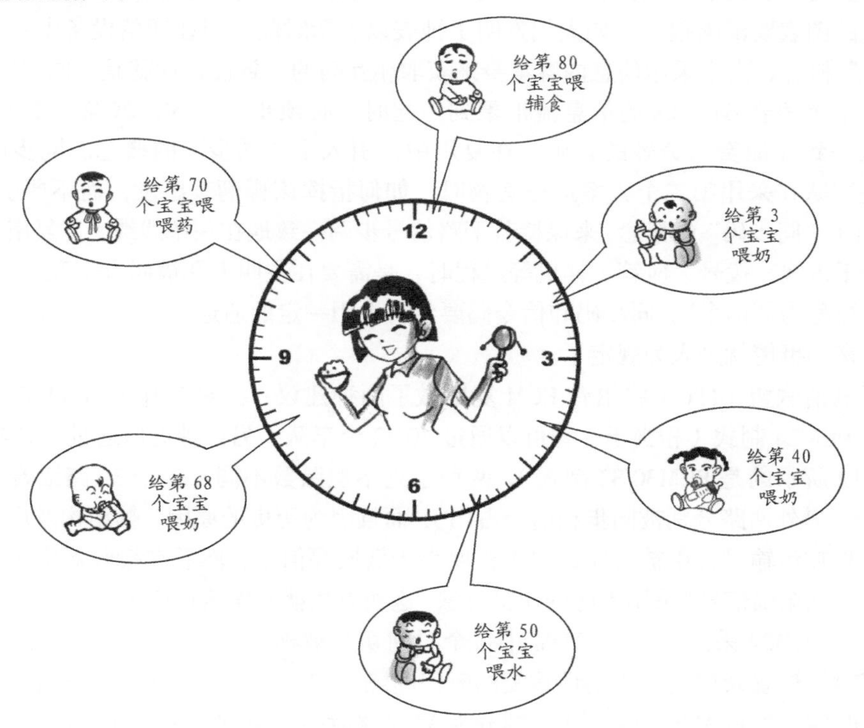

图 4-11　时分复用

当然，在现实生活中的确很难做到这一点，因为这样的时间切片，人根本无法完成任何一个肢体动作，但是在通信设备中，要实现这个功能并不难，因为计算机处理能力太强了！知道 4GHz 的 CPU 是什么意思吗？是每秒钟有 4 000 000 000 个时间分片，每个时间分片可以做不同的事情。虽然这个数字对我们“复用”的理解并不是十分关键，但是你可以想象，在与计算机设备类似的通信设备中，时间分片并加入活动是一件轻松愉快和手到擒来的事情。

按照时间分片来“复用”，叫作时分复用（TDM，Time Division Multiplexing）。还有按照频率分片的，那叫频分复用（FDM）。本书还会讲到光通信中的波分复用（WDM）。一个苹果，你可以横着切，可以竖着切，当然也允许我们拿着水果刀从外向里一层层地切——就像平时削苹果皮一样。总之，你可以利用其特性，从多个角度去“切分”。对于物理线路而言，无论哪种切法，切成的每一片（不管是时间切片、频率切片还是波长切片）都可以被不同的信号占用，并且相互之间不干扰，从线路的整体来看，它被“重复利用”，因此形成“复用”。

花开三朵，各表一枝。我们以 TDM 为代表进行分析。

前文讲过 PCM，即脉冲编码调制，就是时分复用的典型应用。通信技术往往比现实生活的例子要复杂。我们用道路和汽车的例子是为了让读者有感性认识，这比烦琐的公式推导和混乱的图表要清晰很多。如人们发明了钟表以表示时间，但在通信设备中并没有这样的“时间”概念，大家采用信息内容本身来获取相互间的一致性，这就是“同步”。

在若干个语音 64kbit/s 的信息流汇聚到一起时，必须步调一致，就像一个大型乐队，需要步调一致才能奏出美妙的音乐。在复用中，引入了“同步”的概念。同步的概念相当于解决车队在采用第二个方案运送货物时，如何指挥该哪辆车出发，而不要引起混乱。TDM 提出了“同步码”的概念，来保持若干路信号步调一致地在一条线缆上“复用”。另外，当电话处于占线、拨号、应答、挂机等过程时，是需要在主叫方和被叫方交互一些信息的，这些信息被称为“信令”。同步码和信令码要各自占用一定的通道。

接下来的事情就是人为规定了。

国际电信联盟（ITU）将语音 PCM 复用做了两种建议：一种叫作 PCM30/32 制式，另一种叫作 PCM24 制式（相当于一种可以通过 30/32 个车队，另一种可以通过 22/24 个车队）（如图 4-12 所示的是 PCM30/32 制式）。两种系列不但路数不同（一个 30 路语音，另一个 22 路语音，另外两路分别被同步和信令占用），而且因为历史的原因，帧结构及压扩律（高振幅信号将在传输过程中被压缩，放大程度小于低振幅信号，然后在接收器中被扩展，放大程度大于低振幅信号，采用不同的压扩方法，这些方法就叫作压扩率）也不同（PCM30/32 采用 A 律，PCM24 采用 μ 律）。TDM 中每个时间切片被称为一个“时隙”。时隙是指能明确决定其时间位置及用途的周期性重复的时间间隔。如在 1 帧上分配给各路信号的特定位置称为路时隙。在 PCM30/32 制式中，帧分为 32 个路时隙，1 帧的帧长为 125μs。在 TDM 中，我们将大量用到“时隙”这个词。

若干路电话被分割为若干等份，在不同时间切片中被“复用”到电话网中传送；到达对方后又被“解复用”回去，将分割的等份再重新组合起来，形成完整的一路语音。从宏观上看，实现了几十路电话同时通过一条线路从源点到达目的地。

图 4-12 中，每一行就是 125μs（1 帧）8 位 PCM 码分为 32 个从线路上通过，而每一列则是一个“车队”，也就是一路通话。我们可以计算出，如果一共有 8 000 行，就是整整一秒钟时间，能够通过 8 000 × 32 × 8bit=2 048kbit，这就是 PCM 的“一次群”速率——2 048kbit/s。

有时候初学者总混淆 PCM 和 TDM。我们可以这么理解：TDM 是一种复用方式，而 PCM 是利用 TDM 原理而人为规定的具体编码格式。用户信息经过 PCM 编码后，可以在 TDM 技术模式的网络（如 SDH、DDN 等）上传送，也可以在 FDM 或者 WDM 技术模式的网络上传送。

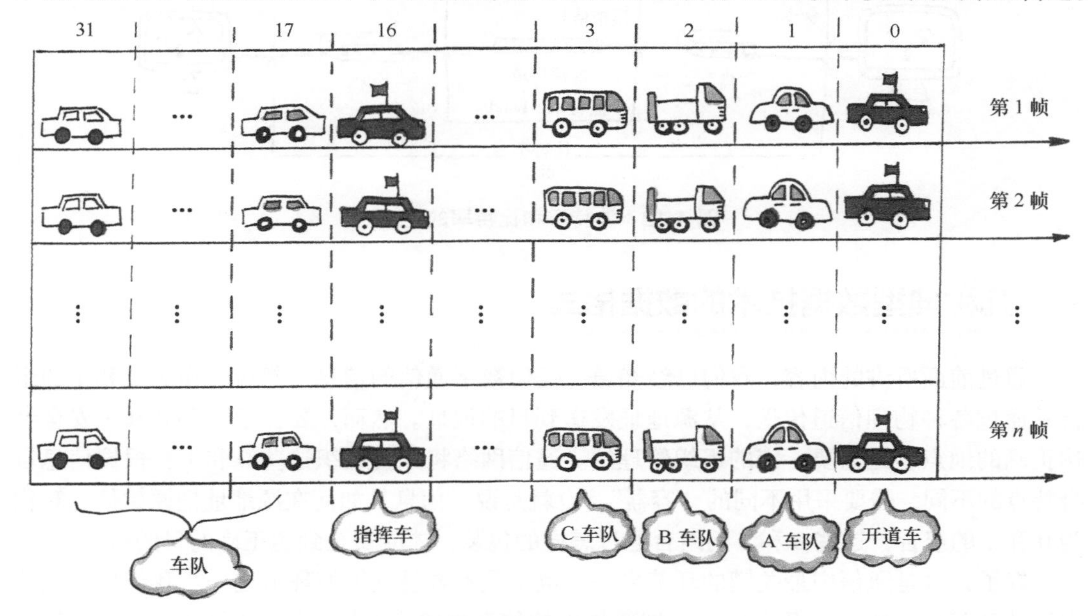

图 4-12　PCM30/32 的原理

波特率和比特率

波特率和比特率是数字编码的基本概念。理解这两个概念，将有助于读者理解信道编码的方式。

波特率是指载波调制状态以多进制数表示时单位时间内信号状态的改变次数。当采用二进制时，即为比特率。“比特”可理解为“位”的意思，而通信中的一位，只有两个选择——“1”或者“0”。如果线路上的信号传送比特率是 64kbit/s，就是指线路上每秒钟传送 64 000 个 1 或者 0 信号。

任何一个波形的变化带来的可能是若干个比特的数据变化（当然也可能是一个比特的变化）。我们把波特率想象为人做动作。一个人每做一套动作是一个波形，那么这套动作中的每个身形变化就是一个比特的数据传送。如果一套动作有 4 个身形变化组成，每个身形变化是 0 或者 1，那么每套动作可以代表一个 4 位的二进制数。4 位的二进制数则可以代表 0 ~ 15 一共 16 种情况，也就是说，一共存在 16 种套路的动作。

图 4–13 将对我们理解波特率和比特率有很大的帮助。

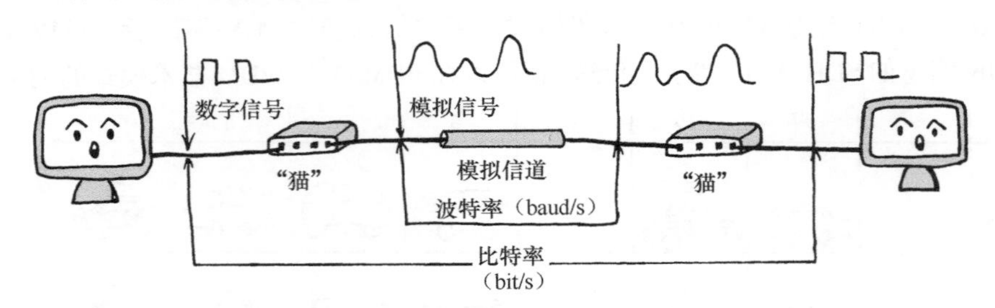

图 4-13　波特率和比特率的比较

几种典型数据技术的数据格式

通过前面所讲的内容，我们已经知道，任何数字通信的信息，都被转换为 0 和 1 的组合并通过各种物理信道传送，从源地址发送到目的地址。然而，要保证这些 0 和 1 安全到达正确的地点，是需要一定的组织管理的。通信网络将如何组织这些 0 和 1？根据信息自身特点的不同，需要采用不同的"容器"。也就是说，信息是如何在源地址把原始信息转化为 0 和 1 的组合，这些 0 和 1 的组合通过怎样的包装，才能安全到达正确的目的地?

好了，这是通信中最关键的环节之一，也是最不容易理解的环节之一。我们把信息的出发地和目的地想象为几个城市，把要传送的信息想象为在城市间需要互相运送的货物，前面所讲的以曼彻斯特编码为代码的物理编码实施后，我们可以理解为几个城市之间的道路已经修通了，路标合理、信号灯正常、没有坑坑洼洼，只要按交通规则驾驶汽车，就不会因为道路对运送货物造成影响。接下来的工作是把货物在出发地拆分、打包、装车、寻找路径、到达目的地，在目的地拆包、安装（组合）货物。其中寻找路径的方法在第 5 章会讲到，但寻址和编码是相互联系的，也就是说，合理的打包方式会给寻址工作带来便利。如图 4–14 所示，数据拆分、打包的方式很像货物打包装车的方式。

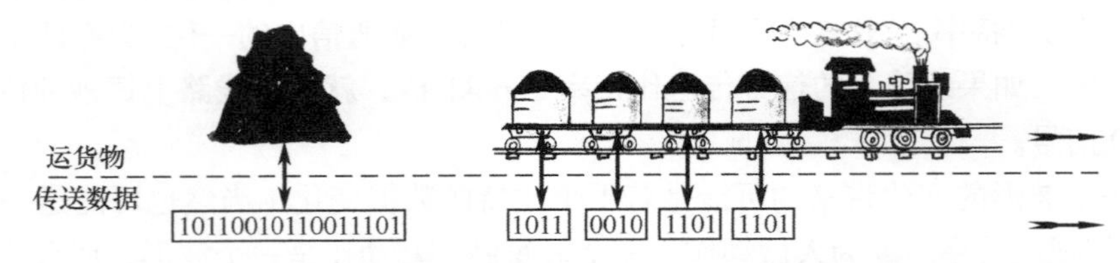

图 4-14　出发地到目的地的煤和 0、1 逻辑的信息

数据被拆分、打包的方式，实际上就是选用何种类型容器的问题。容器的特性取决于以下几方面因素。

- 道路的特征：比如单行道和双向车道是不一样的，车道宽窄是不一样的，水运和空运是不一样的，道路不同，选用容器的类型也不完全相同。
- 货物的特征：运送不同类型的货物，选用容器的类型也会相同。
- 货物本身的运送要求：时间要求、安全性要求、完整性要求等，都会对选用容器的类型带来影响。

很多初学者对这么多技术体制采用不同的编码格式表示不解，如果认真分析上述 3 个决定条件，对理解多种编码格式的区别很有帮助。

值得一提的是，通信中的“容器”还不仅仅运送信息本身，它可能还要运送许多为了保证信息运送成功而增加的一些额外的“容器”，这些容器和运送信息的“容器”类似，但并不装载用户信息，它们只是运送过程中所需要的。比如在以太网里面，ARP 帧就是一种容器，它运送的是寻找目的地的特殊信息，它也需要有一定的编码格式，这种编码格式既要和承载数据的容器类似，以保证线路传送信息格式的统一性，又要有所区别，以保证所有接收到该 ARP 帧的终端都能识别出此帧包含的内容并非用户信息。

有了这样的基础，在分析任何一种网络技术的数据包、帧、分组等的编码格式以前，都要对这种技术有一个基本的了解。技术本身的特性和所承担的业务类型，决定了其编码格式。反之，编码格式也决定了这种技术本身的特性和适用的业务类型。那么一项技术到底是先有编码格式，还是先有业务类型呢？请参考“先有鸡还是先有蛋”的答案。

1. 以太网帧

以太网，我们再熟悉不过了。IEEE 制定的 IEEE 802.3 标准给出了以太网的技术标准，它规定了包括物理层的连线、电信号和介质访问层协议的内容。在 20 世纪 90 年代的网络课程中，还有令牌环网、FDDI 和 ARCNET，而现在它们仿佛都像梦一样神秘地消失了，只留下部分教科书上支离破碎的讲解，供后人做一些原理性的了解。

以太网的标准拓扑结构为总线型，但快速以太网（100BASE-TX、100BASE-FX 和 100BASE-T4 3 类）和吉比特网以太网（1000BASE-CX、1000BASE-T、1000BASE-SX 和 1000BASE-LX 4 类）甚至更高的万兆以太网，以及下一代以太网技术的 40G 以太网、100G 以太网，为了最大限度地减少冲突，并最大限度地提高网络速度和使用效率，使用交换机来进行网络连接和组织，这样，以太网的拓扑结构就成了星型。但在逻辑上，以太网仍然使用总线型拓扑和载波侦听多路访问—冲突检测（CSMA/CD，Carrier Sense Multiple Access/Collision Detect）的总线争用技术。CSMA/CD 的有趣之处，是它把一组叽叽喳喳叫着要发言的计算机有序地组织起来，让它们有条不紊地召开会议，我们后面对这个技术将进行专门的讲解。

20 世纪 90 年代的以太网网卡也可称为以太网适配器（NIC，Network Interface Card）。这张卡可以支持基于同轴电缆的 10BASE2（BNC 连接器）和基于双绞线的 10BASE-T（RJ-45）。今天的以太网卡已基本没有 10BASE2 接口了。

以太网采用的技术是 CSMA-CD。以太网采用总线型结构，一根主线贯穿始末，其他的线只是主线的分叉，每台主机都通过网线连接到“总线”上，当某台电脑要发送信息时，必须遵守以下规则。

（1）开始：如果线路空闲，则启动传输，否则转到第（4）步。

（2）发送：如果检测到冲突，继续发送数据直到达到最小报文时间（保证所有其他转发器或终端检测到冲突），再转到第（4）步。

（3）成功传输：向更高层的网络协议报告发送成功，退出传输模式。

（4）线路忙：等待，直到线路空闲。

（5）线路进入空闲状态：等待一个随机的时间，转到第（1）步，除非超过最大尝试次数。

（6）超过最大尝试传输次数：向更高层的网络协议报告发送失败，退出传输模式。

其实用不着做这么复杂的解释。我们可以想象一个没有主持人的座谈会（如图 4-15 所示），没有领导和员工之分，没有上下级之分。每个参加者如果有话要说，都必须礼貌地等待别人把话说完再发言。这个会议如果采用 CSMA-CD 技术，相当于做了如下规定。

（1）每次只能有一个人发言。

（2）任何人想发言，必须举手。

（3）如果多个人同时举手，就让每个人等待一个随机时间。

（4）一个人发言完毕，看刚才等待的人是否到了等待时间可以发言了，如果没有，则等待下一个人举手发言。

图 4-15　一个会议的“冲突检测”

图 4-15　一个会议的“冲突检测”（续）

因为所有的通信信号都在共享线路上传输，即使信息只是发给其中的一个目的地，任何一台计算机发送的消息都将被所有其他计算机收到。在正常情况下，网络接口卡会滤掉不是发送给自己的信息，只有正确的接收者才会读出信息的内容。这种“一人说，大家听”的特质是共享介质以太网在安全上的弱点，因为以太网上的任何节点都可以选择是否监听线路上传输的所有信息。共享电缆也意味着共享带宽，所以在某些情况下以太网的速度可能会非常慢。

有了以上的基础，我们不难判断，作为以太网，它必须有合适的编码机制来保证上述方法的实施。以太网的帧格式如图 4–16 所示。

图 4-16　以太网的数据帧格式

目的地址：“我要到哪里去？”48 位的目的 MAC 地址。

源地址：“我从哪里来？”48 位的出发地 MAC 地址。

类型：“我是干什么的？”以太

网的“大池子”里跑的不仅仅是数据信息，还有主机间相互交流所必需的握手信号，比如后面将讲到的 ARP 和 ARAP。为了将数据信息和握手信号区分出来，需要有类型定义字段。如果类型是 0806，就是 ARP 的请求和应答；如果类型是 8035，就是 RARP 请求和应答。这两种情况下，数据字段最后还有 18 位填充字段（PAD）。社会车辆和警车，无论在道路上还是在停车场，受到的待遇当然不完全相同，数据信息和握手信号在网络中和主机中享受的待遇也是不完全相同的。

数据：“根据类型，你知道我葫芦里卖的什么药？” 这是以太网承载的数据信息，根据上面的“类型”字段推断出数据是何种类型后，再根据这种类型的格式要求进行拆包和分析。按照 RFC894 的规定，数据字段的长度为 46 ～ 1 500 字节。而 RFC1042 中规定，其长度为 38 ～ 1 492 字节。

CRC 校验（如图 4–17 所示）：“看，这是我的装箱单。”以太网的校验机制，用于检查整个帧传送过程中是否出现了错误。在通信领域，几乎每种技术体制的分组格式都要进行校验，因此都包含校验字段。在这个纷纷扰扰的世界里，传送、运输、速递、邮寄，总不是那么让人放心，于是，一张“装箱单”还是很必要的。当发送站发出数据分组时，一边发送，一边逐位进行 CRC 检验。最后形成一个 32 位“CRC 校验和”填在帧尾 FCS 位置中，并随着整个帧在网内传输。接收站接收后，对数据帧逐位进行 CRC 检验，如果接收端形成的校验和与帧的校验和相同，则表示媒体上传输帧未被破坏；反之，接收端认为帧被破坏，要求发送站重发这个帧。

图 4-17　CRC 校验

从物理层提取到的 0 和 1 的数据集合，被“框”入以太网帧格式中。目的地址、源地址、长度、校验和、数据信息等。每台接收到以太网帧的交换机或者主机都将根据其中的信息接收、转发或者处理这个以太网帧。

那么有一个问题，各位不知道是否想到过——物理层发送上来的 0 和 1 的序列，节点设备如何能识别出一个帧是从哪个 0 或者 1 开始的？

这的确是个棘手的问题。10 个班的小学生排队去参观博物馆，如果他们全部排成一列，您如何能区别出这 10 个班来？最简单的方法是，每个班第一个学生前面加一个老师，这样，每当看到一个老师，就知道后面第一个学生是下一个班的第一个人，再看到一个老师，这个老师前面的一个学生就是上一个班的最后一个人，而接下来，是一个新的班级了（如图 4–18 所示）。

以太网也是采用类似的方式在帧与帧之间“划清界限”。当然，以太网帧中不可能插进

一名老师，而是采用 0 和 1 交替出现的 7 个字节。当接收装置连续接收到 7 个这样的字节，就可以判断出，从下一个字节开始，将接收一个新的以太网帧了，直到再次出现连续的 7 个 0 和 1 交替的字节，一个以太网帧结束，下一个以太网帧又开始了。

图 4-18　学生排队

一个以太网帧的长度是 64 ~ 1 518 字节。

在 10Gbit/s 以后，又出现的 40Gbit/s 和 100Gbit/s，都是 IEEE 高速研究组制定的下一代以太网技术标准。40Gbit/s 主要针对计算应用，而 100Gbit/s 则主要针对核心和汇聚应用。通过提供两种速率，IEEE 意在保证以太网能够更高效、更经济地满足不同应用的要求，进一步推动基于以太网技术的网络汇聚。这两种速率的以太网标准保留了 802.3MAC 的以太网帧格式，但定义了多种物理介质接口规范。这里就不再赘述。

2. IP 数据包格式

IP 技术是互联网的基础，其编码格式也是适应互联网的需求的。本节我们先来看看 IP 数据包的编码格式，如图 4–19 所示。

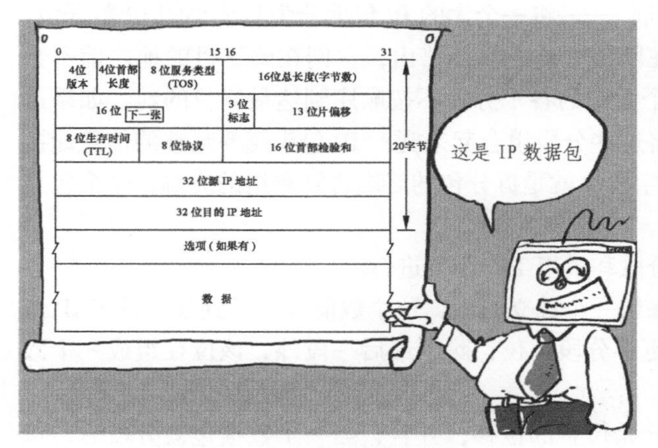

图 4-19　IP 数据包的格式

让我们看一看一个 IP 数据包的各个字段含义。

版本号：“我是哪个版本”，这是 IP 的版本号。众所周知，版本只有两个：IPv4 和 IPv6。

包头长度：“我的车头有多长”，这是指 IP 包头的长度。IPv4 以 32 位（4 字节）为一个单位，从“首部长度”4 位的情况看，IP 包头最大也就 64 字节，512 位。

TOS：“我有多重要”，标识传送优先级。在传统的 IP 技术中，TOS 字段用于标明 IP 包的类型。在没有 QoS 的网络中，TOS 字段只是自娱自乐，没有任何实际意义；而在具有 QoS 保障的 IP 网络，比如 MPLS 里，TOS 的意义才真正体现出来。这个字段由现在不再使用的 3 个优先权位、4 个 TOS 位和 1 个必须为 0 的未用位组成。4 个 TOS 位是：最小延迟、最大吞吐量、最高可靠性和最小费用（见图 4–20）。我想读者一定都在嘀咕：那这 4

个我都要！ NO！ IP 包装法规定：这 4 位只能有 1 位为 1！正所谓：鱼和熊掌不能兼得，4 种好东西，只能四选一。Telnet 采用最小延迟为 1；SNMP 采用最高可靠性为 1；其他位，只能设置为 0。

字节总长度："我这列车一共有多长。"这是整个 IP 包的总长度指示，以字节为单位。用这个字段和包头长度做减法，可以得出 IP 包中数据部分的起始地址和长度。由于这个字段是 16 位，所以 IP 数据包的最大尺寸是 2 的 16 次方，即 65 536 字节。

图 4-20　最小延迟、最大吞吐量、最高可靠性、最小费用，单选

标识："我是第几个包"。一个大的报文，经常要被拆分为几个小包进行传送。一列火车拉不了这么多货物，分批次很正常。这个字段就是为了标识该 IP 数据包是这一报文被拆分成的第几个包。

片偏移："我在最早那个数据包中的位置"。一个 IP 包在网络中可能会再次被拆分，比如以太网帧中数据字段的最大长度为 1 500 字节或者 1 492 字节（RFC894 和 RFC1042 的规定略有区别），数据链路层都有此特性，这个最大传送长度被称为 MTU。如果 IP 数据包长度大于链路层的 MTU，等待它的是"裂刑"——将一个大的 IP 包拆分为多个小的 IP 数据包，并各自带有 IP 包头，拆分后的 IP 包在网络中被独立地路由，它们在到达目的地之前不会被重组。这可能会造成一种现象：某个大包的各个分段不按顺序到达最终目的地，如果这种情况发生，怎么保证目的地成功地将这些分段组合起来呢？ IP 包头需要足够的信息让接收者正确地重组这个大包。"片偏移"字段，就是拆分包的终端告知重组的终端，这个包是从最早那个数据包的哪个位置开始的。

标识和片偏移配合使用，才能使分段和重组工作正常进行。

标识字段为发送者送出的每个包保留一个独立的值，这个数值被拷贝到某个特定 IP 包的每个分段。标识字段用一位作为"更多分段"位，除了最后一段外，该位在组成一个数据包的所有分段中被置位。

片偏移含有该分段自初始数据包开始位置的位移，并且，当一个数据包被分段后，每分片的"总长度"字段为该分段的相应长度。

标识字段中的其中一位称为"不许分片"位，若此位被置位，则不会对该包分段，而是扔掉该包并且送给发送者一个 ICMP 错误。

当一个 IP 数据包分段后，每个分段变为一个独立的包，带有其自己的 IP 包头，并且各自独立地被路由。这使得有可能某包的各分段不按顺序到达最终目的地，但 IP 数据包中

有足够的信息让接收者正确地重组这个包。

TTL：“我能跨越多少台路由器”。可以想象，必须对 IP 数据包能跨越的路由器数目进行限制，否则，某些陷入路由死循环的 IP 数据包将永远在路由器之间闲逛。TTL 就是这种事件的终结者。IP 数据包被发出时，发送者将 TTL 初始化为某一值，比如 32 或者 64，每个处理过该数据包的路由器将这个字段值减 1，假设到达某台路由器，发现减去 1 以后，这个字段变成 0，那么这台路由器将举起“尚方宝剑”，毫不留情地砍掉这个 IP 数据包。

协议：“我携带的信息是属于哪类服务协议的”。1 是 ICMP，2 是 IGMP，6 表示 TCP，17 表示 UDP。

头检验：“我的车头的检验值”。仅在包头范围进行计算，不涉及包头后面的任何数据。校验的目的只有一个：判断 IP 包头是否被正确传输。

源地址：“我从哪里来”。用 4 个字节来标识包是从哪个 IP 地址出发的。

目的地址：“我要到哪里去”。用 4 个字节来标识包的目的地 IP 地址。

选项：“我还有啥要携带的。”是该数据包可选信息的可变长列表。目前定义的选项有：安全和操作限制（军事目的）；路径登记（让每个路由器登记其 IP 地址）；时间戳（让每个路由器登记其 IP 地址和时间）；松散源选径（规定该数据包必须穿越的 IP 地址列表）；严格源选径（规定该数据包只能经过规定的 IP 地址）。这些选项很少使用，并且，不是所有的计算机和路由器都支持所有的选项。

数据：“我所携带的货物”。这是 IP 数据包携带的真实的数据信息。IP 数据包其他所有字段，都是为了传送本字段而设立的。

IP 数据包理论上最长可达 65 535 字节，但大多数的链路层都会对它进行“切分”货物太大，而箱子并没有那么大，那么对货物的拆分就不可避免。

在 IP 数据包中还有一种 ICMP（报文控制协议，第 11 章介绍其应用场景）的报文协议，如图 4-21 所示，我们看到的只是“火车的车身”，它会加上 IP 数据包头、以太网帧头后在局域网中传送。关于 ICMP，我们在第 11 章会详细讲解。

图 4-21 ICMP 的数据包格式

3. 帧中继帧格式

帧中继技术被用来连接两个局域网——企业分支机构之间的互连，或者企业连接到运营商的骨干 IP 网络上。帧中继是典型的数据链路层的技术，因此帧中继的编码封装也被称为“帧”。国际上，帧中继网络发展一度非常快，而我国数据通信起步较晚，并没有大规模发展起来。

如图 4-22 所示的帧结构可以方便地将以太网的帧交换变换到骨干传输的电路交换（如 SDH）或者 ATM 交换上来。

图 4-22　帧中继的帧结构

4. ATM 信元

通信网上的传递方式可分为同步传递方式（STM）和异步传递方式（ATM）两种。STM 的特点是：在由 *N* 路原始信号复合成的时分复用信号中，各路原始信号都是按一定时间间隔周期性出现，所以只要根据时间就可以确定现在是哪一路的原始信号。而异步传递方式的各路原始信号不一定按照一定的时间间隔周期性地出现，因而需要另外附加一个标志来表明某一段信息属于哪一段原始信号。

ATM 与 STM 传输方式示意如图 4–23 所示。

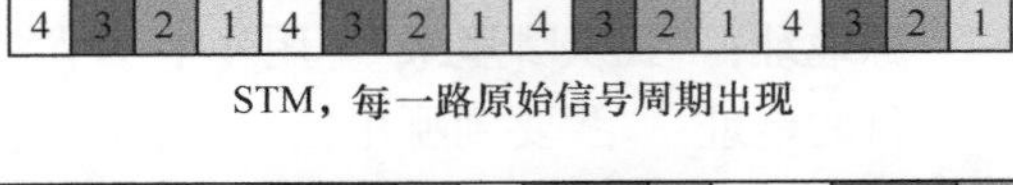

图 4-23　ATM 与 STM 传输方式示意图

前面讲到的 PCM 编码格式属于 STM，按照时间切片，整齐划一地传送信息，如果当前线路没有数据分组，则传送空分组。STM 不是对每个字符单独进行同步，而是对一组字符组成的数据块进行同步。同步的方法是在数据块前面加特殊模式的位组合（如 01111110）或同步字符（SYN），SYN 是一种特殊的字符串，用以表示“接下来就是一个完整分组”。

ATM 的工作原理是：每个分组作为一个单元独立传输，分组之间的传输间隔为任意时间。ATM 技术一度被认为是未来通信网的核心，它在设计之初就被定义为能够承载任何信息的载体，这就很容易理解它为什么被设计为定长的 53 字节的帧格式（如图 4–24 所示）——适应快速交换能力，提高网络传输速度，尤其是语音信息，必须实时性强，那么采用 53 字节的信元，就有利于语音的快速传送。

图 4-24　ATM 信元的帧格式

在这里我们要知道，既然是异步传递方模式，那么任何 ATM 交换机都必须能够识别从端口进来的信元，尤其是识别以下所述的两大信息。

第一，每个信元到底从哪里开始呢？ATM 的信元头中藏有相关信息，可以识别信元处在哪个位置。这个隐藏的信息就是 HEC。如何识别出哪一位是信元的开始位，我们称为“信元同步的检测”，如图 4-25 所示的方法，就是一般 ATM 交换机的检测方式。

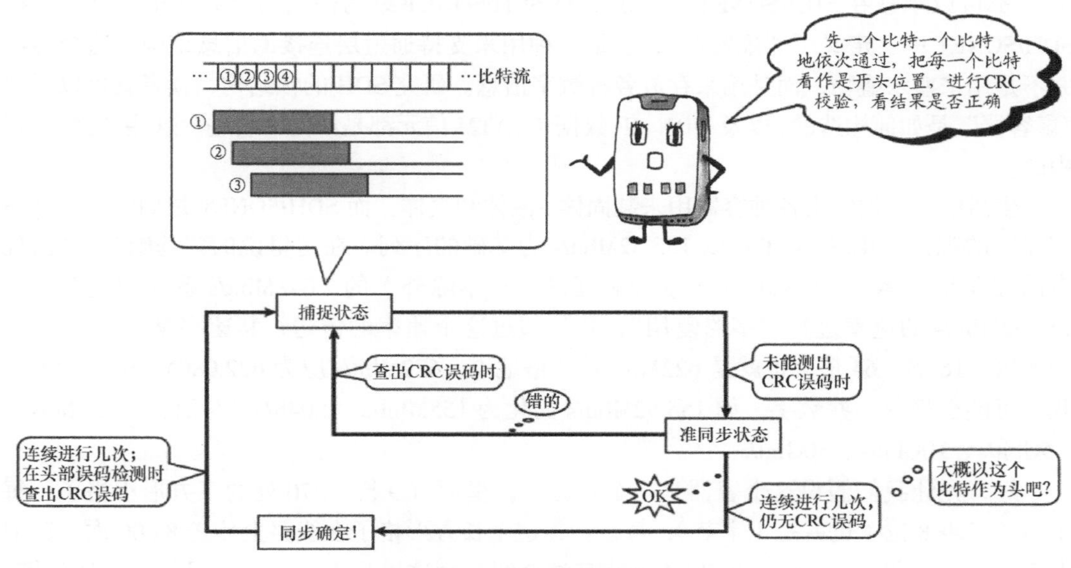

图 4-25　信元同步的检测

第二，这个信元属于哪条逻辑链路呢？ATM 信元头中的 VPI/VCI 值，就是链路标识符，通过这两个值的搭配使用，系统就能很容易识别这个信元属于哪条逻辑链路，如图 4-26 所示。

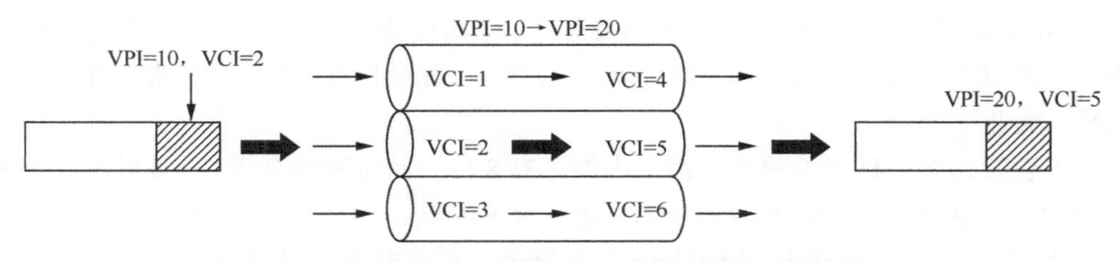

图 4-26　信元头中的 VPI/VCI 识别该信元属于哪条链路

5. SDH 与 SONET

同步数字体系（SDH）与同步数字光纤网（SONET）是国际电信传输的两大标准体系，

它们统一了世界上原有的数字传输系列，实现了数字传输体制上的国际标准及多厂家设备的横向兼容，这一点明显比其先驱——准同步数字体系（PDH）有更多的优势。这里所说的“兼容”，包括统一的数字速率等级、帧结构、复接方式、线路接口和监控管理，从而简化了信号的互通以及信号的传输和交叉连接。

正因此，SDH/SONET 被广泛应用，语音、数字数据网（DDN）、帧中继、以太网、IP、ATM 都可以承载在 SDH/SONET 上。那么对 SDH/SONET 编码格式的研究就很有价值。在 SDH/SONET 中，定义了“虚容器”，它是一种用来支持通道层连接的信息结构，这个容器并不是用来盛水盛物，而是用来存放各种数字信息。研究 SDH 的帧结构，读者就可以了解“虚容器”是如何构造的，以及 DDN、IP 数据包、ATM 信元都是如何“装进”这些“虚容器”中的。

生活中人们创造出各种容器用来装固体、液体和气体。而 SDH/SONET 是如何设计“虚容器”的呢？SDH/SONET 是以 155.52Mbit/s 为基础的序列。在这里说的“基础”，是指现有的北美日本体系 1.544Mbit/s、欧洲和亚洲（日本除外）的 2.048Mbit/s 系列的速率全以 155.52Mbit/s 的速率进行“多路复用”，凡是超过这个速率的传送，其速率是 155.52Mbit/s 的 4 倍、16 倍、64 倍，也就是 622Mbit/s（严格地说，622Mbit/s 应为 622.080Mbit/s。接下来我们可能会简化一些数字，如 155.52Mbit/s 简化为 155Mbit/s、2.048Mbit/s 简化为 2Mbit/s）、2.5Gbit/s、10Gbit/s、40Gbit/s。

好，先让我们假设这个容器是一个长方形，里面有 9 行、270 列的正方形小格子，每个格子代表 8 位（也就是 1 字节），每秒钟，这个长方形格子在线路上传送 8 000 次。还记得 8 000 这个数字吗？对，在 PCM 一节有过介绍，而这里是人为定义，目的是方便计算。那我们看看每秒钟实际传送了多少位，这个数字其实就是线路的速率了。

$9 \times 270 \times 8 \times 8\,000 = 155\,520\,000$，也就是 155.52Mbit/s！

当然，这个长方形是经过专家精心设计的，每个数字都恰到好处，于是我们得到了 SDH/SONET 的传输速率：155.52Mbit/s，这在欧洲和中国的 SDH 标准中被称为 STM-1（往下还有 STM-4、STM-16、STM-64、STM-256 等），而在美国和日本的 SONET 标准中则被称为 OC-3（往下还有 OC-12、OC-48、OC-192 等）。国际上的两大传输标准，在这里完成了“统一大业”。

可以看看每个小格子的速率，每个小格子有 8 位，而每秒钟会重复 8 000 次，于是每个格子的传输速率为：$8 \times 8\,000 = 64\,000$，也就是 64kbit/s。为什么这么设计呢？因为每路 PCM 语音是 64kbit/s，DDN 是以 64kbit/s 为基准的，要么是它的整数倍，要么是它的整数分之一。

接下来我们更进一步地告诉各位，SDH/SONET 的 155.52Mbit/s 并不都用来承载信息，这个长方形容器如图 4-27 所示，前 9 列被称为段开销（“开销”的英文叫作 Overhead）。

而 SDH 的段开销是整个长方形的先验信息，传送时插入误码监视信息以及用于网络维护管理的信息。开销以外的部分才真正承载用户要传递的信息，被称为“有效负载”（英文叫作 Payload）。（英文的原意比较有趣，Payload 是指收费运输的货物，而 Overhead 则表示“直接赚不了钱”。）那么在线路上，这个长方形怎么被传送呢？要知道，线路上某一个时刻只能有一个电压信号，同一时刻只能传送一位“0”或者“1”。把这 9 × 270 的长方形想象为小学生用的作文纸，中文的书写顺序就是长方形中信息的传送顺序。

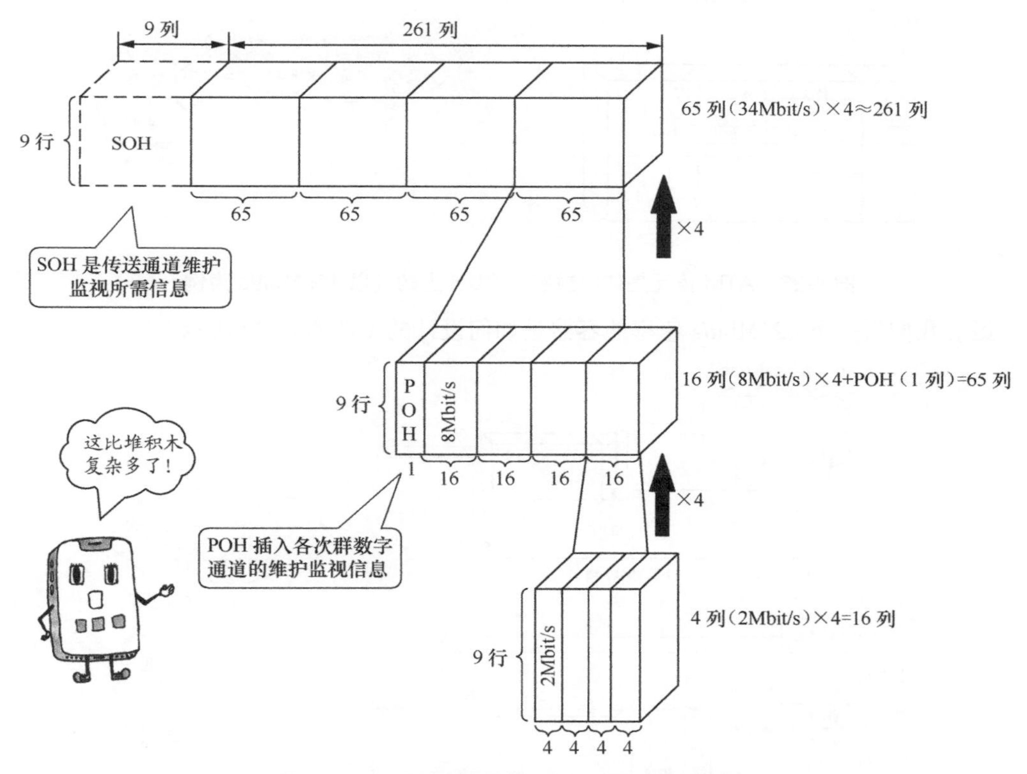

图 4-27　SDH 的帧结构（以 155Mbit/s 为例）

好了，容器介绍完了。那怎么把信息装到容器中，然后在线路上传送呢？我们拿 ATM 为例说明（如图 4–28 所示）。

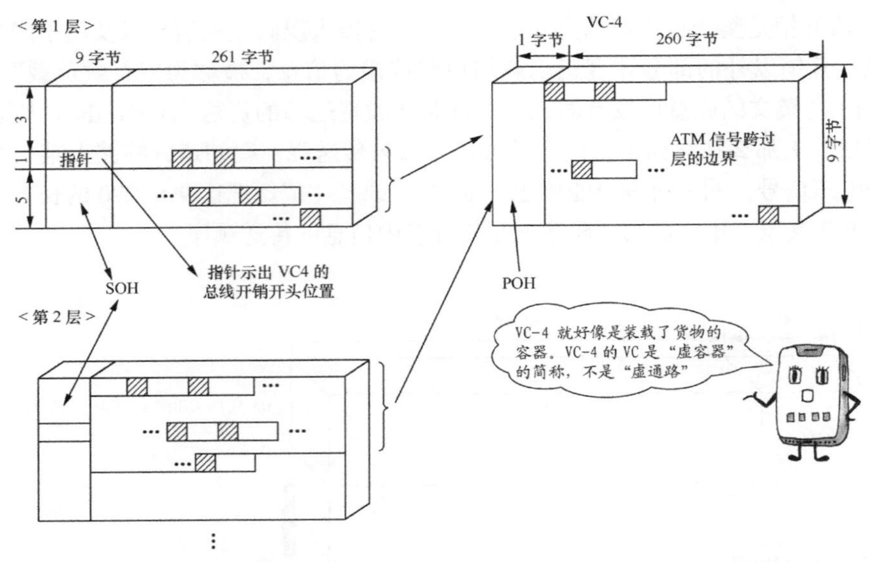

图 4-28　ATM 信元是如何封装到 SDH 上的（以 155Mbit/s 为例）

最后我们看一下 622Mbit/s 速率的容器是如何设计的（如图 4-29 所示）。

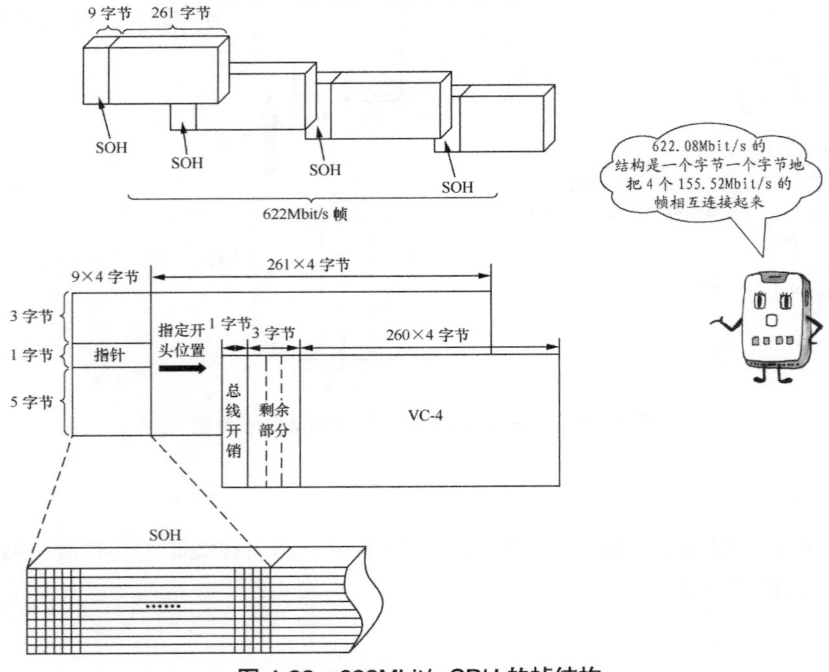

图 4-29　622Mbit/s SDH 的帧结构

数据包、帧和信元名称的统一问题

在数据通信中，各种技术体制都有自己对数据格式的严格定义，而每种技术体制的数据格式名称各不相同，加上翻译方法上的差别，造成名称不像数据格式的定义那样统一。

比如IP的数据格式，有的人称为“IP数据包”（IP Packet），有的人称为“IP数据报”（IP Datagram）；以太网的数据格式，有的人称为“以太网数据报”（Ethernet Datagram），有的人称为“以太网帧”（Ethernet Frame）；最统一的叫法，是帧中继中的“帧”和ATM技术中的“信元”（Cell）。一般来说，“数据报”是比较通用的说法，不限定在任何层，也不限定任何技术；而“帧”一般指数据链路层的数据报；“数据包”一般指网络层的数据报。

通信中不“统一”的事情时有发生，即使“统一”了，容易引起歧义的地方也有很多，通信行业的这种状况，需要我们的通信人在学习过程中多问几个为什么，多去查查资料，多去和资深人士交流，多看看专业书籍，尽量用规范的语言来描述专业的概念，避免在技术理解上出现偏差。这很重要！

图像和视频编码

传真能够让静态图形、图像异地传送，拍下来的照片或者录像存放在存储介质中，通过电子邮件可以发送给你的朋友。但是在通信中我们提到的图像和视频，有一个专用的英文词叫作Videograph，研究的核心问题是如何实时地传送它们。电话会议、可视电话、即时通信中的视频聊天、远程监控，都需要将视频实时传送到远端。也就是说，要现场直播，而不要实况录像！

那么，考虑到实时性要求和清晰度，视频编码比语音编码要复杂很多，同时还要考虑视频编码中的声音搭配——必须让视频和语音同步。在视频会议中，没有人希望屏幕上的发言者嘴形和听到的声音对不上。

推动图像编码技术走向大规模应用的基础是图像压缩编码的国际标准。国际上音视频编解码标准主要有两大系列：ISO制定的MPEG系列标准，以及ITU针对多媒体通信制定的H.26X系列视频编码标准和G.7系列音频编码标准。1994年由ISO和ITU合作制定的MPEG-2是第一代音视频编解码标准的代表，也是目前国际上最为通行的音视频标准。此外在互联网上被广泛应用的还有Real-Networks的RealVideo、微软公司的WMT以及Apple公司的QuickTime等。音视频产业可以选择的编码标准有MPEG-x/H.26x和中国自主知识产权的AVS系列。

MPEG使用起来比较简单，在压缩的第一步，构建一种参考帧，它是原视频画面的一

个拷贝，在传输中，MPEG 在每 15 帧中加入一个所谓的 I 帧，而一系列视频画面中，在帧与帧之间只有少量信息发生了变化，有了参考帧，其他帧就很容易被压缩。因此，MPEG 就有了“预测帧”和“双向内插帧”这样有助于视频最大化被压缩的帧。

H.264 既是 ITU-T 颁布的标准，又是 ISO 的 MPEG-4 高级视频编码（AVC，Advanced Video Coding）的第 10 部分，因此，不论是 MPEG-4 AVC、MPEG-4 Part 10，还是 ISO/IEC 14496-10，都是指 H.264。与其他现有的视频编码标准相比，它能在相同的带宽下提供更加优秀的图像质量。当然，技术的先进性总伴随着实现的复杂性，看一看 H.264 所采用的编码流程的名称，就知道 H.264 技术的复杂了：帧间和帧内预测、变换和反变换、量化和反量化、环路滤波、熵编码。

2012 年，爱立信提交了首款 H.265 编码器，6 个月后，ITU-T 批准了这一新标准——高效视频编码，这一标准，又在 H.264 基础上进行了大幅度优化，华为公司在 H.265 上拥有最多的专利。H.265 的目的，是在有限带宽下传输更高的网络视频，仅需原先的一半带宽，就可以播放相同质量的视频，同时也支持 4K（4 096 × 2 160）和 8K（8 192 × 4 320）超高清视频！在 H.264 统治了几年之后，H.265 又将成为业界主流。

另外一个标准，是我国拥有自主知识产权的第二代“信源编码”标准——AVS（先后有 AVS1、AVS+ 和 AVS2 等版本）。“信源”是信息的“源头”，信源编码技术解决的重点问题是数字音视频海量数据（初始数据、信源）的编码压缩问题，故也称“数字音视频编解码技术”。显而易见，它是其后数字信息传输、存储、播放等环节的前提，因此是数字音视频产业的共性基础标准。AVS 标准是《信息技术先进音视频编码》系列标准的简称，它包括系统、视频、音频、数字版权管理 4 个主要技术标准和一致性测试等支撑标准。目前，AVS 系列标准已经成为中国广播电视行业的强制标准。2013 年，IEEE 将 AVS 列为 IEEE 标准（标准号 1857），AVS 正在逐步走向世界。

所有与标准有关的讨论，都不可回避专利费问题。H.264 和 H.265 标准都有着比较复杂的专利费缴纳体系，而 AVS 标准相对简洁和实惠，采用 AVS 专利池统一许可模式，实际上，AVS 至今也没有收取过专利费。未来，AVS 也可能只对设备象征性地收费，而不对内容收费。有关通信行业专利问题是个复杂的集技术、资本、政治为一体的问题，有兴趣的读者可以进行专项学习。

2019 年，我们将迎来 AVS3 标准的问世，面向 8K 电视、VR 等视频应用，编码效率将比 AVS2 再提升一倍。我们拭目以待！

Chapter 5

第5章 讲讲“寻址”

1889 年，美国堪萨斯城，殡仪馆生意竞争惨烈。任何人要找殡仪馆，都要先接通接线员，说“请接殡仪馆”。但这位接线员已经被 × 老板做了工作，每次来电都接到 × 老板那里（用现在互联网行业语言，这叫“导流”）。这让以殡仪馆为生的史瑞乔苦不堪言，生意越来越差，濒临破产。然而史瑞乔非常聪明，他在发现问题后，潜心研究，发明了一种机器——不靠人工接线而通过机器进行“自动交换”（见图 5-1）。这台机器虽然看起来很笨重，但获得了巨大的商业成功，甚至这种成功连这位发明人自己都没有想到，对后世有如此大的影响！

图 5-1　史瑞乔发明自动电话交换机

这台机器就是最早的交换机，学名“步进制自动交换机”，是今天程控交换机的祖先！后来的公共通信网，无论是语音通信还是数据通信，如果不是特殊的应用场合，一般都不再用人进行信息转接，而是用机器自动“寻址”。

编码的事情讲解完了。大家已经知道，自然界的任何信息，都需要通过特定的编码方式在通信网络和线路上传送。

有了基本的信息传送方式和传送通道，我们将涉足通信网络中另外一个核心环节——寻址。也就是说，有了车辆，有了道路，解决了货物如何装箱、车辆如何排序之后，我们该进入一个新的课题——车辆如何从出发地顺利地到达目的地？

开场白

最初级的寻址是寻找方向，寻找方向是为了不做“南辕北辙”的傻事。通信网络有几种通信的方向。

- 单工（Simplex）：数据只能在一个方向上流动，如传统的电视信号传送。
- 半双工（Half-Duplex）：可切换方向的单工通信，从某一时刻看，是单工的；从总体看，又是双工的，如行业使用的对讲机。
- 全双工（Full-Duplex）：通信允许数据在两个方向上同时传输，它在能力上相当于两个单工通信方式的结合，如我们的电话、互联网、交互式视频通信等。

单工就像单行线，半双工就好比独木桥，全双工就是来回可对行的轨道交通，如图 5-2 所示。这里要注意，通信的方向是指两个网络节点设备之间的数据流方向，并不是指管线本身的数据流方向。一对同轴电缆，一根由 A 向 B 传送，一根由 B 向 A 传送，

并不能说每根都是"单工"的。因为从A和B的角度来说，它们可以同时相互传送信息，这应该属于全双工模式。

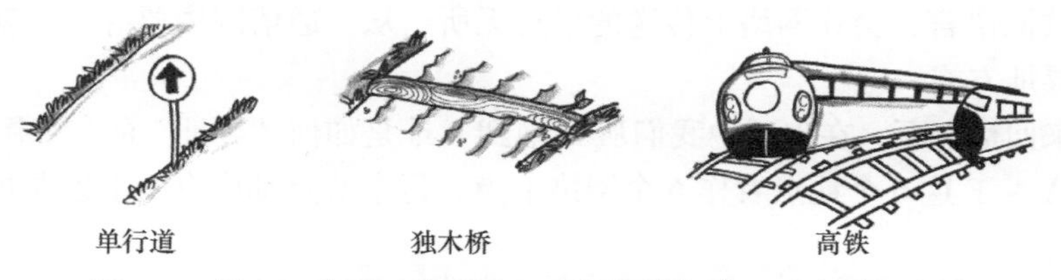

图5-2 单工、半双工和全双工分别像单行道、独木桥和高铁

有了方向，才有寻址的可能。

任何接入通信网络的终端A，若需要从网络中另一个终端B获取信息，必须知道B所在的位置。这个位置，就要用地址来表达。比如你要给某个人打电话，就必须知道对方的电话号码；要浏览某个网站，必须知道网站的WWW地址，或者，某个页面上有这个地址的链接。总之，无论何种通信网络，要获取信息或者进行信息交互，发起者一般要知道信息所在的地方，而这些地址必须通过某种统一格式（如电话号码、IP地址、域名）或者风格（超文本链接、电视频道）的标识来表示。

在任何一个通信网络上，每个节点都需要有规范的、可查询的地址标识。比如在电话交换网上，电话号码就是地址标识；对IP层网络，IP地址就是地址标识；对以太网，MAC地址就是地址标识；在互联网上，网址或者超文本链接地址就是地址标识（如图5–3所示）。

图5-3 各种各样的地址格式

不同的网络，地址标识的设置方式不同。比如IP网，可以手动设定计算机的IP地址；在以太网中，MAC地址一般是网卡出厂时写"死"的（当然也有修改方法）；在电话交换网上，电话号码是电信部门和基础运营商统一规划和分配的，企业分机号则是企业网络管理员分配的。相同的通信技术体制，地址标识都有统一的规范，避免人为造成的互通障碍。

有了地址，还要有找到地址的方法。前边我们说过，至少在目前，任何网络元素都是非生物的，只能由人赋予一定的“智能”，而同类的网络节点，赋予智能的方式、方法以及规则必须相同或者类似，否则各个网络设备无法理解其他设备的方式、方法和规则，整个网络若没有共同语言，会让网络上传送的信息无所适从。通信网中要寻址，就要有统一的地址规划和寻址方式。

我们先来回忆一下，在生活中我们从A地到B地是如何“寻址”的，如图5-4所示。

如果把A ~ F这6个地点看作6个网络节点，每个节点都应有一个道路指示牌，指示牌的格式是：

目的地　可选路径

这在通信网中就叫作“路由表”。

在本例中，我们所说的“网络节点”，在工程实践中有可能是以太网交换机、路由器、程控交换机、ATM交换机、MPLS交换机、SDN交换机、防火墙、负载均衡器等。

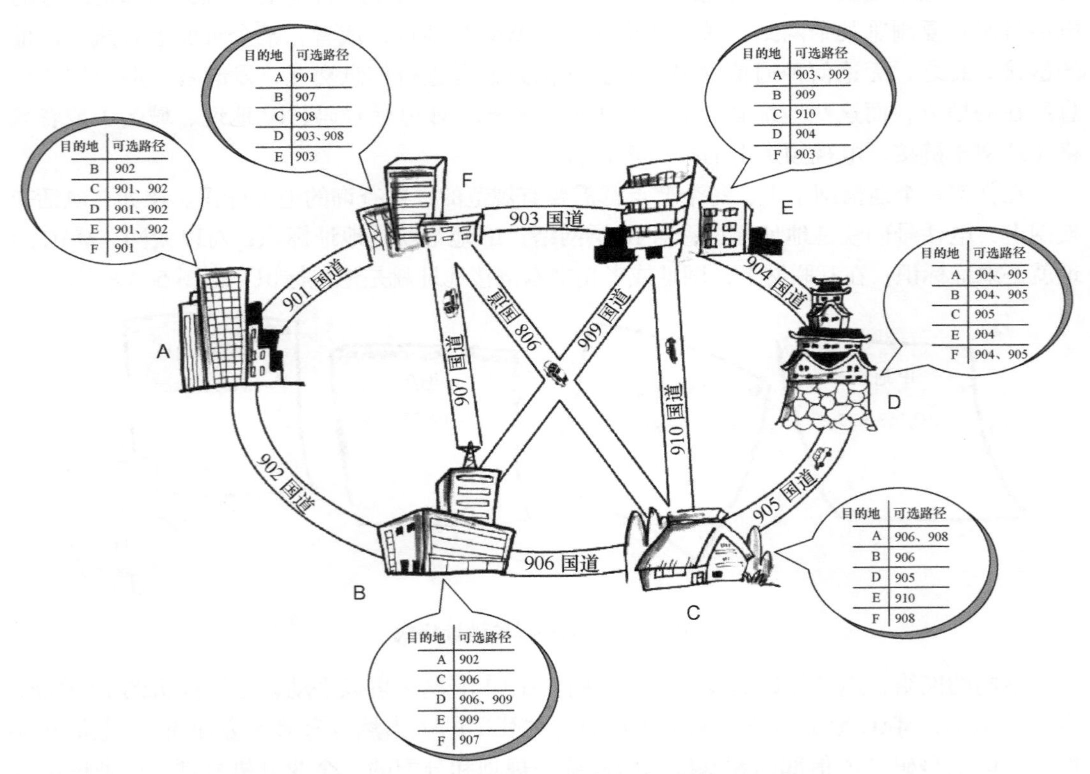

图5-4　6个节点设备的图和每台设备的路由表

下面我们从电话交换网的寻址讲起。

电话交换网的寻址

电话交换网的地址编号就是我们熟悉的电话号码。电话号码在全球都有统一的规范。我们暂不考虑企业内部的交换机，只考虑整个统一的电话交换网，有以下几个原则：

（1）电话交换网上的电话号码（地址）必须统一分配；

（2）任何电话交换机都必须了解这一分配规则；

（3）电话交换机将无条件执行人赋予它的功能，绝不能“随心所欲”，更不能“为所欲为”；

（4）电话交换网上的终端才分配号码，交换机本身并不分配电话号码。

当然，第（3）条说了也是白说，毕竟它是机器，机器绝对会听人的话，如果你认为机器没有按照你的指令办事，请查你的指令是否出了问题，千万别怀疑机器是不是太过聪明，于是单独行事了——那是好莱坞电影的常见桥段，今天的科技还远未达到这种水平！

有了上述原则，我们看一看电话号码是如何分配的。

给每个国家分配一个唯一标识的国家代码，比如中国是 86，美国是 1。每个国家可以选择是否设置城市级别的区域号码。如在中国，长沙是 0731，北京是 010。

然后，每个城市都把号码分成“块”，每个块分属不同的地区。比如北京的号码，我们可以把 11××××××（以 11 开头的所有号码，11 称为“前缀”）分配给海淀区，12××××××（以 12 开头的所有号码）分配给朝阳区，等等。这样分的好处是简化了路由表的长度。比如你把 11 和 12 开头的号码打乱分给两个区的终端，如果一个电话从朝阳区的交换机进入北京骨干网络，来寻找 11234567 这个终端，而这个终端在海淀区，那么这个号码在朝阳区的交换机上必须有条路由，**11234567　C1-2-3**，也就是说，要到达 11234567，必须从 C1–2–3 这个接口出来。如果另外一个号码 12345680 也在海淀，朝阳区的交换机就要增加这么一行路由：**12345680　C1-2-3**，也就是说，要到达 12345680，也必须从 C1–2–3 这个接口出来。

这样太复杂啦！海淀区每增加一个终端，就要在朝阳区的交换机上增加一个路由条目。而如前文所说，11 前缀分配给海淀，12 前缀分配给朝阳，问题就简化了很多。如上例中的情况，只需在朝阳交换机上设置这么一条路由就够了：**11××××××　C1-2-3**。这里面的叉号，叫作“通配符”。

其实国家代码、区号起到的作用和终端号码前缀的作用是一样的。在同一个国家，号码具有唯一标识，在同一个城市，号码也具有唯一标识。如果在不同的国家，有可能存在除了国家代码不同，号码其他部分相同的情况；如果国家代码相同、地区代码不同，也可能出现不同地区拥有相同的号码的情况。

这和门牌号是非常相似的。我们去某个朋友家，朋友把地址告诉你，你肯定不会先去查看他的具体楼层，而是先看属于哪个城市、哪条街道、哪个小区，然后再看具体的楼层和房间号码，这样才能快速找到朋友家。只是通信技术中的地址（号码）更加规范和严格，稍有分配错误，就别指望系统有自恢复能力。

接下来介绍以太网的寻址。

以太网内的寻址

接下来要介绍刚刚提到的著名术语——媒体访问控制（MAC，Media Access Control）。MAC 可以理解为信号在通信线路介质传送中的一种最基本的管理和控制能力。

这里的“管理”是指通过某些标准化操作，避免传送发生错误；而“控制”是指通过某些规范化的操作，让信号按照既定策略传送和转换。媒体访问控制，其实就是对物理层传送的 0 和 1 进行最基本的管理和控制，防止它们出现错误，并在这一层展开寻址工作。通过 MAC 层，将物理层获取的信号经过上述的规范化操作处理后送到更高层去处理，让更高层专注于路由、传输和应用，无须操心底层的传送过程。这就像老师带着几个班级的孩子们穿越斑马线，通过斑马线的过程可能是散乱的、不规则的，队伍中人与人之间的距离忽远忽近，这取决于当时路口的路况和交通灯状况，在穿越过程中还要防止孩子丢失、摔倒、顺序错乱，等到孩子们全部通过后，再重新规整，点好名、排好队，向下一站进发。

以太网的每一个节点都被分配了一个全球唯一的 48 位地址，由 IEEE 统一管理。前面我们也讲过，网卡制造商将 MAC 地址烧录到每一块网卡中。MAC 地址就像身份证号码一样具有唯一性。当然，这种唯一性也不是绝对的。身份证还能造假，更何况 MAC 地址。

我们看一下老杨这台计算机的 MAC 地址吧：在 Windows 上运行 cmd，在 DOS 界面下输入 Ipconfig -all 命令，显示的 Physical Address 就是这台计算机网口的 MAC 地址：00-1B-38-8A-A4-A1（见图 5-5）。注意，这是按照 16 进制数字表示的，每个数字都代表 4 位 2 进制。

图 5-5　MAC 地址的含义

如果这个数字用 2 进制表示，0 ~ 23 位（也就是 16 进制前 6 个数字）叫作“组织唯一标志符”，是识别 LAN（局域网）节点的标识。24 ~ 47 位是由厂家自己分配。其中，第 40 位是组播地址标志位。

主机获取了以太网帧以后，会拆掉以太网帧

的头部，这时，净荷将裸露出来。接下来，就是IP层及其上层的操作了。

在一个以太网内，连接了几台到几十台主机。要把信息从A主机送到B主机，一般都通过IP层进行互通。但是对于一台主机而言，其底层的硬件和IP地址并没有直接关联，也就是说，一个IP数据包从A传送到B，B并不能通过IP地址匹配的方式识别自己是不是这个数据包的目的地地址，而是要通过底层硬件来匹配。那么底层硬件知道什么呢？硬件只知道MAC地址——很多时候，MAC地址被称为“硬件地址”。

MAC地址确定了，“门牌号”就编好了。继续讨论数据帧寻找目的地B的过程。首先，主机A发送一种叫作ARP(“地址解析协议”，我们在第4章介绍过其帧格式）的以太网帧，这个帧包含A的MAC地址、A的IP地址、目的地B的IP地址，而把目的地的MAC地址设置为00000000，意思是：本数据包要发送给所有局域网中的主机——这就像A要送礼物给B，但是只知道B的名字（IP地址）却不知道B的住址（MAC地址），那么这个ARP包的广播，就像A挨家挨户去敲门一样，它要寻找叫作m.n.p.q的主机。于是所有住户（主机）判断自己的名字（IP地址）是否为m.n.p.q。只有B发现自己的名字（IP地址）是m.n.p.q，于是A就记下了B的门牌号码（MAC地址），以后A和B之间的礼尚往来，就不需要再去挨家敲门了，如图5-6所示。

图5-6 MAC地址寻址

MAC地址和IP地址的映射关系，被每台主机不断更新并保存，就成了“地址映射表”。当然，每次的添加或更改地址映射表表项的工作都被赋予一个计时器，这使得这种对应关系只能存储一段时间，如果在计时器倒计时结束之前没有再次捕捉到更新，该表项将

被删除。也就是说，主机的 MAC 缓存是有生存期的，生存期结束后，将再次重复上面的过程。这样操作是为了防止 IP 地址“搬家”。许多运营商或者企业在分配 IP 地址时采用动态分配方式，电脑关机后，该 IP 地址会在一段时间后失效，新连网的电脑可能会占用这个 IP 地址，该 IP 地址会有新的 MAC 地址，造成这个局域网里所有电脑的地址映射表都过期了。

当局域网的主机通信量增大、主机数量进一步增大时，通信效率将会大幅度降低。这很好理解。任何一个会议，如果没有主席控制，几千个人——即使他们都文质彬彬，即使他们都遵守纪律，势必也需要很长时间才能讨论清楚任何一个议题。很难想象这样的会议会有什么好的效果！解决这个问题的一个很好的方案是设置几个分会场，每个分会场分别讨论，然后汇总。而以太网技术中，可以把所有主机分为几个组，每个组采用桥接的方式连接，每个组，就被称为一个“网段”，连接主机组的设备被称为“网桥”。注意，一个网段的 IP 地址，必须是同一个子网下的！在现实生活中，网桥可以是一台独立的设备，也可以是一段链路层的线路，比如前文我们介绍过的帧中继或者 ATM 电路，它就可以用于连接局域网，当然也可以连接几个局域网的网段了。

想象一下以太网中熙熙攘攘的热闹景象吧，各种类型的以太网帧川流不息，找“路”的、发“货”的、广播的，忙得不亦乐乎。但是以太网有一些基本规则，比如只有格式完整的数据包才能从一个网段进入另一个网段；再比如冲突和数据包错误都将被隔离到本网段，“家丑不可外扬”。通过记录、分析网络上设备的 MAC 地址，网桥可以判断它们都在什么位置。这样，它就不会向非目标设备所在的网段传递数据了。

早期的网桥要检测每一个数据包，因此同时处理多个端口时，数据转发相对 HUB 来说要慢。1989 年网络公司 Kalpana（后被思科收购）发明了世界上第一台以太网交换机。以太网交换机把桥接功能用硬件实现，这样就能保证很高的数据转发速率。

在同一个网段内的寻址问题解决以后，我们将着手讨论不同网段的 IP 寻址，这就是常说的“IP 网寻址”问题。

IP 网的寻址

IP 网寻址是 TCP/IP 中的精华，它简单、灵活、开放、实用。从 IP 地址规划开始，IP 寻址就开始了一套严格的规划，路由和交换的基本原则、DNS、NAT 的应用等，无不体现着人类的智慧！

1. IP 地址规划

IP 的地址编码比 MAC 地址复杂。要了解 IP 地址的规划，就必须先学习二进制。IP 网和 PSTN 的建设主体不同，地址规划和寻址方式差异也很大。互联网是全球最大的 IP

网，它的地址规划是由全球唯一的IP网地址管理机构——互联网名称和数字地址分配机构（ICANN）来负责的。

注意，IP网络中，所有的终端都应该有IP地址，而网络上的路由器和带路由功能的交换机，一般情况下每个路由接口也都应分配IP地址，这一点和PSTN不同。还记得吗，PSTN中，程控交换机本身是不被分配电话号码的。路由器的每个接口可以是一个接口，也可以被切分成多个“逻辑接口”。比如一个信道化E1接口按不同时隙分成多个组，每个组可设定为一个“逻辑接口”。

IP地址是一个32位二进制数字，理论上从32个0到32个1，一共2^{32}个地址。如果我们用二进制表示IP地址，那将非常烦琐，并且不容易记忆和书写。办法总比困难多。于是人们用4段数字表示，每一段就是8位二进制数，用十进制表示就是0 ~ 255。一个IP地址可以用如下形式表示出来：

$$A.B.C.D$$

上面的A、B、C、D分别是0 ~ 255中的任何一个十进制数字。但是我们经常见到的IP地址，往往后面带着一个以255开头的另外一组数字，如一个IP地址是：

211.99.34.33

255.255.255.248

这才是完整的某台主机的IP地址描述。它分为两个部分，第一部分是我们常说的IP“主机地址”，后面的叫作“子网掩码”，用来标识该IP地址所在的子网（大部分是局域网）网段有多大。有了这个规范的IP地址，你甚至能计算出这个子网的网段是从哪个地址开始、到哪个地址终止。这就像做自我介绍——“我叫老杨，我来自北京市海淀区××街”一样。

在IP地址中，采用子网掩码，其实就像一个国家要设置省（州）、市、县（区）、乡、村一样，而不是直接给每家每户设置一个没有范围可供检索的门牌号。这样做的目的，就是要简化管理，提高查询的效率。

比如上述的例子，211.99.34.33是从211.99.34.32开始到211.99.34.39结束的整个子网网段中的一个IP地址。该网段的第一个IP地址211.99.34.32叫作“子网地址”；最后一个IP地址211.99.34.39叫作“广播地址”。

这是怎么计算出来的呢？下面给出简单的算法。

假如子网掩码是$M.N.P.Q$，你可以套入这样一个公式：$(256-M)\times(256-N)\times(256-P)\times(256-Q)$，得到的结果，即是这个网段一共有多少IP地址。在本例中，$(256-255)\times(256-255)\times(256-255)\times(256-248)=8$，那么你就知道这个网段一共有8个IP地址。

再看看这个IP地址211.99.34.33，因为我们已经计算出它所在的网段一共有8个地址，所以你只要把最后一个小圆点后面的数字从0到255分组，每8个连续的地址编号作为一组，看33在哪个组里面即可。0 ~ 7是第1组，8 ~ 15是第2组，依次类推，32 ~ 39是第5组，而33正在32 ~ 39。我们一般说的“网段”，就是指这样的“组”。于是得出结论，211.99.34.33在子网地址为211.99.34.32、掩码为255.255.255.248的网段中。

如果在书写IP地址时，只写地址，不写子网掩码，就无法判断这个地址属于哪个网段。就好比你只知道你朋友家的门牌号和所在楼的单元号，而不知道他住哪个区的那条街，这样你是无法找到朋友家的。子网掩码还有一种简单的书写方法，就是在IP地址后面加上“/n”，如果你知道这个网段有X个IP地址，假设$2^Y = X$，那么$n = 32 - Y$。比如上面例子中的网段有8个IP地址，$2^3 = 8$，那么$n = 32 - 3 = 29$。上述例子的211.99.34.33就可以表示为：

211.99.34.33/29

互联网上使用的IP地址，被人为地分为A类、B类、C类、D类和E类共5种，如表5-1所示。

表5-1　IP地址类别

类别	地址范围
A	0.0.0.0 ~ 127.255.255.255
B	128.0.0.0 ~ 191.255.255.255
C	192.0.0.0 ~ 223.255.255.255
D	224.0.0.0 ~ 239.255.255.255
E	240.0.0.0 ~ 255.255.255.255

A类、B类和C类是最常用的单播IP地址，D类地址用于组播，E类地址被保留用于扩展和实验开发与研究。还有一些地址有特殊功能，如下说明。

- 0.0.0.0/0，未知网络，通常默认保留，常用于代表“缺省网络”，在路由器表中用于描述“缺省路径”。缺省路径的意思是享有最低优先级，在没有特别定义的情况下，IP数据包会按照该地址所定义的路由表项进行转发。
- 127.0.0.0/8，表示回环地址和本地软件回送测试之用，保留而不分配。
- 255.255.255.255/32，有限广播地址。

我们经常在公司里配置自己的计算机，用到的却是上面没有规定的一些地址，比如192.168.3.1，就不属于上述任何一类。这是为什么呢？原来，还有一种地址叫作“私有IP地址”，它们也被分为3类，如表5-2所示。

这3个IP地址段不会被互联网的公用服务器使用，而是在企业内网里使用。怎么理解呢？你到A公司，可能某台主机的地址是10.1.1.30/8，那么你到另外一个公司B。很有可能另外一台主机也被分配了10.1.1.30/8的IP地址。

表 5-2　私有 IP 地址空间

私有 IP 地址	A 类	10.0.0.0 ~ 10.255.255.255 （/8 或者 255.0.0.0 子网）
	B 类	172.16.0.0 ~ 172.31.255.255 （/16 或 255.255.0.0 子网）
	C 类	192.168.0.0 ~ 192.168.255.255 （/24 或 255.255.255.0 子网）

各位读者，不管你是否参与通信产品的技术类工作，请记住上述的 IP 地址分类，互联网已经渗透到我们生活、工作的各个角落，而对 IP 技术而言，地址规划是互联网的基础。学会它、掌握它，你才能更加熟练地应用它。

对于二进制学得不太好的人，可以借助一些不错的小软件计算 IP 地址，如 SubNet Masks，可以帮助你轻松理解和计算 IP 地址。

2. DNS——互联网地址翻译家

太棒了，我们终于可以通过 IP 地址访问互联网上的任何主机了！我们只要想访问它，就记住它的 IP。可是，这些数字真的让人头痛！有没有更好的方法呢？比如，用一串好记忆的名字来替代这些由数字组成的枯燥的 IP 地址，岂不是更方便？只要你在 IE 浏览器里面输入这些名字就能够访问服务器，这样多方便啊！这个名字就叫作“域名”（见图 5-7）。

图 5-7　DNS

域名类似于写信时信封上的地址，如城市名、区名、街道名和门牌号等，有一定的层次。域名解析体系把地址自左向右分成几段“根域”，通常是分为 3 ~ 4 段，分别用字符表示主机名、网络名、机构名和最高域名。其中，最高域名也可称为“第一域名”，一般是代表国家或地区的名称，比如 cn 代表中国、uk 代表英国、us 代表美国，等等。美国是互联网的发源地，所以美国的许多单位和组织都采用国际顶级域名，而其他国家一般都用国家代码作为第一级域名。机构名称称为“第二级域名”，通常是代表组织或城市名，例如，com 代表商业组织、edu 代表教育机构、gov 代表政府部门、org 代表社会团体等。我国的省市名也属于这一级，如 bj 代表北京、sh 代表上海、gd 代表广东等。1999 年国内出现了“中文网址”。

我不说大家也能猜出来，域名和 IP 地址肯定是有对应关系的，网络上一定有一个机构能够把这些“域名”翻译成枯燥的 IP 地址。事实也是如此！互联网“聘请”了一个翻译，叫作“DNS 服务器”。

这样的翻译工作并不容易，因为翻译的工作量大，工期还很紧，从客户角度出发，这个翻译过程只能以 ms 计时！ DNS 是一个大型分布式数据库，存储了互联网上所有已经被确认域名的主机和 IP 地址以及它们的对应关系。每个域名都配备主、辅两套服务器存储上述对应的信息。而全球还有 13 个处于顶端的“根服务器”，存储了所有授权域名服务器的列表。

好，最后一个问题，域名是由谁管理的？还记得我们在 IP 地址规划中曾经提到的那个全球唯一的 IP 网地址管理机构——互联网名称和数字地址分配机构（ICANN）吗？对，就是成立于 1998 年 10 月，集合了全球网络界商业、技术及学术各领域精英的非盈利性国际组织，负责 IP 地址的空间分配、协议标识符的指派、通用顶级域名（gTLD）以及国家和地区顶级域名（ccTLD）系统以及根服务器系统的管理。真可谓“一网之下，亿众之上”的强权机构！

3. IP 路由

IP 地址的规划，让整个 IP 网络有了行政区划和门牌号码。一个 IP 数据包从一台主机出发，要到达另外一台主机，就需要“路由”了。严格地说，不同网段之间的 IP 数据包的传送被称为“路由”。如果你要把包裹寄给上海的亲戚，那么你需要通过邮局走复杂的“邮路”，而如果你只想给你的邻居送圣诞礼物，你就直接送过去好了，根本没必要经过邮局。IP 的路由就类似邮政中的“邮路”。

进入 IP 网的 IP 数据包，就像一个刚从外地来访友的人，他手里握着朋友的地址，在熙熙攘攘的城市边缘，不知道前面等待他的是什么。IP 数据包和这个人一样，他知道自己的目的地，却不知道如何到达这个目的地。这么多出口，走哪条呢？路由器是个诚实的哲学人，它问 IP 数据包：你从哪里来？要到哪里去？ IP 数据包从自己的分组结构里取出自己的出发地和目的地，路由器经过判断，会告诉它，你要从第 5 个出口出去！ IP 数据包根据哲学家的指示离开这台路由器，到达下一个路由器，继续上述过程。如此反复，直到它到达了自己的目的地。这时读者就明白了，原来，路由器会告诉 IP 数据包怎么选择到达目

的地的路啊！是的，的确如此！但路由器是根据什么来指路的呢？奥秘就在于每台路由器都存储着一张路由表，这张表中的内容会正确地指引每个 IP 数据包前进的道路！

IP 路由的技术原理，就是将任何一个 IP 数据包的目的 IP 地址取出，与路由表对照，定位出口在哪里，并将 IP 数据包输送到该出口上去。当然，如果该输出端口为帧中继端口，那么 IP 数据包必须按照相关规范封装成特定 DLCI 值的帧中继帧格式，从该端口传送出去。

现实存在着这样一种状况，在路由器的路由表项中，一个目的地地址可能有多条路径可供选择。读者会说了，“条条大路通罗马”，可以理解啊。别急，一个 IP 数据包进入路由器，路由器告诉它，“兄弟，你要到罗马，这有多条路，你随便选一条吧！”IP 数据包是没有智能的，如果让“非智能体”自己选择出路，它只有一个结局——迷失方向！虽然路由器指出了到罗马的多个（最多 8 个）出口，但是就某个特定 IP 数据包而言，究竟选择哪个出口，权力依然在路由器。路由器的组织相当严密，会让目的地是罗马的 IP 数据包按某个规则（其实是有很多规则的）从不同的出口出发，比如第 1 个包从端口 1 出去，第 2 个包从端口 2 出去……也就是说，对于某个特定的 IP 数据包，路由器只会给它某个确定的出口，如果其端口在同一网段内，则路由器会发生混乱，如图 5-8 所示。这就是路由器的“转发”机制，而这种转发机制，同时也实现了“负载均衡”。

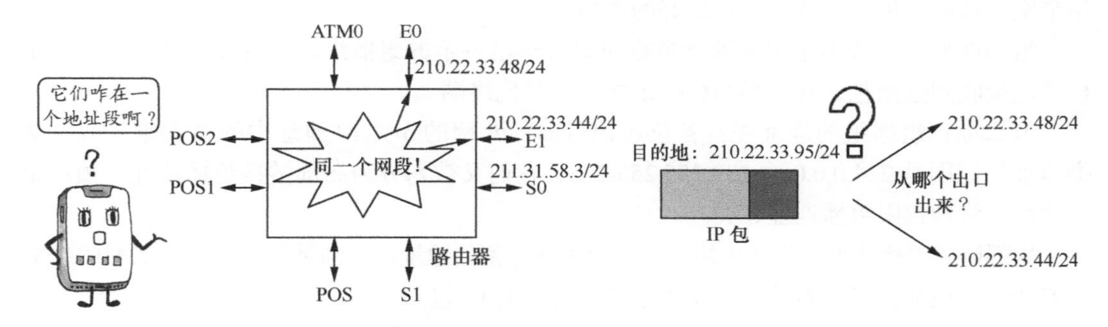

图 5-8 路由器的两个端口在同一个网段内，路由会发生混乱

看来，有了路由表，就像正在城市边缘迷茫的年轻人拿到了地图一样，终于有办法找到城里的亲戚了。看来这张路由表太重要了！爱刨根问底的读者又会问新的问题了：路由器是如何获取路由表的呢？下一节告诉你！

4. IP 路由协议

在 PSTN 里，每台交换机都存储着一张路由表，这张表，是人为输入的。整个 PSTN 是一个完全可管理的、可控制的、分层的网络。但是 IP 网则不同，它不是一个自上而下管理的网络，而是一个庞大的分布式系统。IP 地址所处的地理位置根本没有统一的规律可以遵循，不像电话号码那样携带国家代码、区号等信息。所有路由节点都人为地设置路由表是不可行的。最好有一种办法，能让每一台路由器“自动”获取路由表。

这种办法，IP专家已经替你规划好了——使用IP路由协议！换句话说，IP路由协议就是路由表获取和建立的机制。在第11章，我们会专门介绍各种IP路由协议，如RIP2、OSPF、IS-IS和BGP。

5. 地址单播、组播和广播

现实世界里，人讲话的目标可以是一个人、一组人和所有在场的人。IP世界与之相对应的，是单播、组播和广播。在前言里我们曾介绍过这3种模式。

一对一的情况，叫作“单播”。大部分的通信模式都是单播。

某主机发送同一数据包到多台主机（一次的、同时的），叫作“组播”。组播可以在一个局域网范围，也可以扩展到整个IP世界。如果想跨越局域网，组播必须得到所有经过的路由器的支持。

一台主机发送同一数据包到子网内所有主机，叫作“广播”。广播的适用范围很小，只在本局域网有效，路由器会封锁广播消息，否则，后果很严重。

在网络音频、视频应用中，尤其是IPTV、VoD、直播等业务中，需要将一个节点的信号传送到多个节点去，无论采用重复点对点的方式，还是采用广播方式，都会严重浪费网络带宽。这时采用组播技术，是最好的选择。

组播能使一个或多个组播源把数据包只发送给特定的组播组。只有加入该组播组的主机才能接收到数据包，并不影响组播组之外的其他终端。

怎么标识组播组的地址呢？各位还记得前面介绍的5类IP地址中的D类地址吗？这类地址的范围是224.0.0.0 ~ 239.255.255.255，它们又被划分为局部链接组播地址、预留组播地址、管理权限组播地址3类。

局部链接组播地址是为路由协议和其他用途保留的地址，范围是224.0.0.0 ~ 224.0.0.255，只有256个地址，路由器并不转发属于这个范围的IP包。

预留组播地址为224.0.1.0 ~ 238.255.255.255，可用于全球范围的网络。

管理权限组播地址是剩下的239.0.0.0 ~ 239.255.255.255，可供组织内部使用，类似于私有IP地址，不能用于互联网，可限制组播范围。

要实现IP组播，要求介于组播源和接收者之间的路由器、交换机必须都支持IP组播。这在今天来看，完全是纸上谈兵！

虽然今天IP组播已经得到了硬件、软件厂商的广泛支持，但电信运营商早期部署的网络，并未对组播进行详细规划，而要整体支持组播，必须对当前网络进行彻底的改造，投入巨大，而产出不明，以至于目前的IP组播技术只能在局部网络内小打小闹。

当然，我们不能刻舟求剑，要用面向未来的眼光看待问题。假设，我的意思是“假设”，我们今天大部分路由器都支持组播，那么新加入的一台路由器，该怎么做，才能支持组播

服务呢？

一言以蔽之：这台路由器必须提供对 IGMP 和组播路由协议，如对协议独立组播（PIM）或者距离向量组播选路协议（DVMRP）等的支持能力。

IP 的组播技术可以被广泛应用于 IPTV、VoD、视频会议、网络直播等音视频广播领域，只是目前在网 IP 设备支持组播的还不多。就像 20 年前无法想象今天互联网的状况一样，我们同样无法预测 20 年后的状况。如果发展趋势不变，20 年后的组播应用将极为广泛，除了才提到的 IPTV、VoD 业务外，还有视频会议、网络直播、多媒体远程教学、虚拟现实游戏等，都急切盼望组播技术尽快普及。

6. TCP/UDP 的端口

在网络技术中，端口（Port）这个词经常会被初学者混淆。集线器、交换机、路由器中俗称的“端口”指的是连接线缆的物理接口，如 RJ-45 端口、Serial 端口等。

我们这里所指的“端口”不是物理意义上的端口（或者严格地说，路由器上的物理端口应该称之为“接口”），而是特指 TCP/IP 中的一种逻辑标识，是一种特殊的“地址”。

那么 TCP/IP 中的端口指的是什么呢？如果把 IP 地址比作一间房子，端口就是出入这间房子的门。一间房子最多只有几个门，而一个 IP 地址的端口可以非常多！端口是通过“端口号”来标记的，端口号的范围为 0 ~ 65 535。

我们来看看端口号的应用（如图 5-9 所示）。一台网络上的主机很可能同时提供许多服务，比如 Web 服务、FTP 服务、SMTP 服务等，这些服务完全可以通过一个 IP 地址来实现。那么，主机是怎样区分不同的网络服务呢？也就是说，当它接收到一个 IP 包，如何判断这个 IP 包属于哪种类型的应用？

图 5-9　端口号的应用

这很重要。根据端口号，主机中的操作系统和应用软件才能判断这个 IP 包该如何处理。

IP 地址与网络服务的关系是一对多的关系。在实践中，主机将通过“IP 地址 + 端口号”这一组合来区分不同的服务。

需要注意的是，即使是同一种服务，两个通信终端的端口号并不是一一对应的。比如你的计算机作为客户机访问一台 WWW 服务器时，WWW 服务器使用 80 端口与你的计算机通信，但你的计算机则可能使用 3457 这样的端口。这叫“本地有效”。

按对应的传输协议类型，端口有两种：TCP 端口和 UDP 端口。它们各自的端口号相互独立，比如 TCP 有 235 端口，UDP 也可以有 235 端口，两者既无冲突，亦无关联。

为特定应用服务的固定端口也被称为“众所周知的端口号”，范围为0 ~ 1023，比如TCP的80端口分配给WWW服务，TCP的21端口分配给FTP服务，UDP的500端口分配给互联网密钥交换等。我们在IE的地址栏里输入一个网址时（比如www.sina.com.cn）是不必指定端口号的，因为浏览器在默认情况下，WWW服务的端口号是80。

使用其他端口号的，则应该在地址栏上指定端口号，方法是在地址后面加上冒号“：”（半角），再加上端口号。如使用8080作为www服务的端口，则需要在地址栏里输入http//192.168.34.38:8080。

有些系统协议使用固定的端口号，它是不能被改变的，如139端口专门用于NetBIOS与TCP/IP之间的通信，不能手动改变。

动态端口的范围是1 024 ~ 65 535。之所以称为动态端口，是因为它不被固定分配给某种服务，而是采用动态分配的方式。

动态分配是指当一个系统进程或应用程序进程需要网络通信时，它向主机申请一个端口，主机从空闲的端口中分配一个号码供它使用。当这个进程关闭时，同时也就释放了所占用的端口号。

7. IPv6——让IP地址枯竭成为历史

应该说IP寻址在技术原理上是完美和可靠的，这也成为互联网蓬勃发展起来的主要支撑力量。然而令所有专家们始料不及的一件事情发生了——互联网发展如此之快，以至于……以至于，门牌号不够用了！！！

我们来看看，IP地址一共有多少个？ 256^4，约43亿个！也许是足够了吧？前面老杨讲过，其中一部分属于私有地址，还有相当一部分被定义为网络标识、广播地址，真正可给终端用的IP地址可谓“多乎哉，不多也”！还有一些事情雪上加霜！我国目前只有不足4 000万个地址！与其他很多事物类似，这势必造成很多事实上的不平等。要知道，IP地址数量如果不足，会大幅度增加地址转换设备的投入。很多资源看似“虚幻”，其实很真实，IP地址就是如此；有些资源看似很“真实”，其实很“虚幻”，就好比某机构向公众出售的月球上的土地。

幸运的是，方法总比困难多。专家们开始琢磨怎么改变这种状况。当然，即使不是专家，也能想到解决IP地址枯竭问题最直观的方法就是增加地址的长度，就像当年5位数的电话号码满员，就增加1位，再不够，再增加。按照这个思路，一个新的技术出现了——IPv6（见图5-10），而原有的IP技术被称为IPv4。IPv6的本意再简单不过了：原来是由32位地址组成，现在扩展到128位。这似乎“小小”的改动，让IP地址增加到 2^{128} 个！这个数字太庞大了！除了地址大幅度增加，IPv6还增强了组播能力、加入对自动配置的支持能力，并提高了安全性。IPv6的128位地址通常写成8组，每组为4个十六进制数的形式。例如，AD80:0000:0000:0000:ABAA:0000:00D2:00F2是一个合法的IPv6地址。这个地址比较长，看起来不方便也不易于书写。零压缩法可以用来缩减其长度。如果几个连续段位的值都是0，

那么这些0就可以简单地以 :: 来表示，上述地址就可写成 AD80::ABAA:0000:00D2:00F2。这里要注意的是只能简化连续的段位的0，其前后的0都要保留，比如AD80的最后的这个0，不能被简化。还有，这一简化过程在一个地址中只能用一次，在上例中的ABAA后面的0000就不能再次简化。当然也可以在ABAA后面使用 ::，这样的话前面的12个0就不能压缩了。这个限制的目的是为了能准确还原被压缩的0，不然就无法确定每个 :: 代表了多少个0。

图 5-10 IPv6

IPv6拥有这么多地址，该怎么用呢？我们先别关心它多了怎么办，只要够用且不麻烦就OK。但IPv6在部署过程中还真遇到了麻烦。

诚然，IPv6让很多严重缺乏IP地址的国家欢呼雀跃，但其市场进程一度并没有预想中那么快。首要原因，就是原有设备的再利用问题。全球那么多已经在应用的、尚不知IPv6为何物的路由器、交换机、主机，尤其是储量庞大的终端，怎么办？能更新软件支持IPv6的还好说，那些不能通过软件更新支持的，总不能把它们全都抛弃吧？ IETF专门成立了一个研究如何部署此过渡过程的研究小组，提交过各种演进策略草案，并力图使之成为标准，如双栈策略、隧道技术、隧道代理、双栈转换、协议转换等技术，它们各有各的优点和缺陷，也都在实践中不断成长和成熟。人人都知道，如果IP地址能够走出这一小步，互联网将走出一大步，但是这毕竟是个循序渐进的过程！

正是由于过渡周期很长，很多专家们继续兴致盎然地在IPv4上辛勤耕耘，努力延续IPv4。随着时间的推移，人们渐渐习惯了节约使用IPv4地址的方式，大量使用私有地址和NAT（这是下一节的话题）。然而物联网终端的数量是惊人的，物联网需要的IP地址数量无疑也是海量的，预计到 2020 年，将会有 200 ~ 500 亿的联网设备，采用 NAT 技术肯定是不现实的。要从根本上解决 IP 地址匮乏问题，还要 IPv6 出马！近几年，IPv6 在全世界已进入实际部署阶段。

值得一提的是，IPv6 的部署对高速发展的中国具有极其重要且现实的战略意义。IPv4 全球根服务器没有一台在中国，1 主 12 辅的根服务器，大部分在美国，少部分在欧洲、日本，中国只有 3 个根域名镜像服务器。之所以多了“镜像”二字，是因为 DNS 解析的结果最终还会汇总到根域名服务器上，也就是说中国一天没有根域名服务器，无论再多多少个镜像服务器，也仅仅是提高网民访问网页的速度，安全问题得不到彻底解决，拥有 10 个根域名服务器的美国可以轻松得到的中国互联网 DNS 解析相关数据，这对中国的国家安全是非常大的威胁。而 IPv6 领域，我国已经抢占先机，随着全球“雪人计划”——在基于全新技术架构的全球下一代互联网（IPv6）根服务器测试和运营实验项目中，已经在全球完成 25 台 IPv6 根服务器的架设，而中国目前以 1 主 3 辅位列全球各经济体首位。这样的布局，对国家战略极为重要！2018 年年初，中共中央办公厅、国务院办公厅印发了《推进互联网协议第六版（IPv6）规模部署行动计划》，为中国 IPv6 的大改造吹响了号角，近段时间，国内 IPv6 改造的热潮逐渐显现，在 2025 年，中国绝大部分内容、终端、网络基础设施都将支持 IPv6。

8. NAT——网络地址转换

在 IPv6 大规模商用前，如何解决 IP 地址短缺问题？互联网的缔造者和设计者们提供了一种特殊机制：让局域网的计算机关在一个门里面，谁要出去，在门口领一张“出门条”——公用的、合法的 IP 地址；而局域网内的每台计算机，尽量使用私有 IP 地址。这种机制叫作网络地址转换，就是我们常说的 NAT（Network Address Translation），一种将 IP 地址从一个编址域映射到另外一个编址域的方法。

顾名思义，NAT 是一种把内部私有网络地址（IP 地址）翻译成合法网络 IP 地址的技术。前文我们讲过，在 IP 地址规范中，10.0.0.0/8、172.16.0.0/16、192.168.0.0/24 被定义为私有 IP 地址段，企业可以利用这些 IP 地址规划自己的局域网。在互联网上的公用计算机，是不存在上述地址段的 IP 地址的。

我们可以把一个使用私有 IP 地址的局域网想象为一个院子，院子里有很多屋子，每个屋子有它的门牌号。这个门牌号是本院子内部编号，比如 M、N、P、Q。而这个院子的大门则有一个城市统一规定的门牌号，如西大街 5 号院，这就是地址转换环节。任何人出门，都要告诉别人自己来自西大街 5 号院，而不能说自己在 N 号居住——在这个城市里，存在无数的大院，很多大院可能都有 N 号！

根据不同应用环境，NAT 机制分为 3 种类型：静态 NAT、动态地址 NAT、网络地址端口转换 NAPT。它们应用于不同需求的场合，如图 5-11 所示。

其中，静态 NAT 是设置起来最简单，也最容易实现的一种。内部网络中的每个主机都被永久映射成外部网络中的某个合法的地址，就像院子有 4 个编号，而每个编号都对应院

内的每个屋子。内外地址数量一样，很显然是无法解决 IP 地址短缺问题的。动态地址 NAT 则是在外部网络中定义了一系列的合法地址，采用动态分配的方法映射到内部网络。NAPT 是把内部地址映射到外部网络的一个 IP 地址的不同端口上。

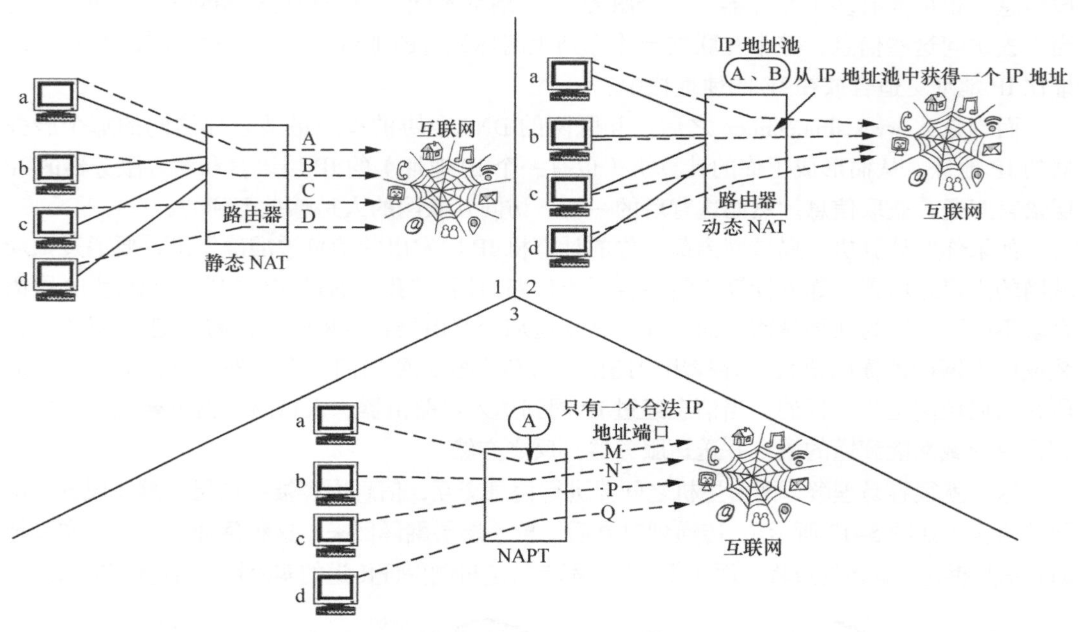

图 5-11 静态 NAT、动态 NAT 和 NAPT

那个发布 RFC 规范的 IETF 组织（在第 22 章我们会提到 IETF 和 RFC）一直主张利用 IPv6 技术解决地址短缺问题，因此 IETF 虽然出版了几个与 NAT 相关的 RFC，但对 NAT 技术一直没有系统的标准化工作，尤其是媒体流的私网“穿越”问题，如 SIP 和 Mobile IP 就是 NAT 出现后设计的一些协议，都未考虑到 NAT 的穿越问题。业界意识到 IPv4 和 IPv6 将长期并存，NAT 以及 NAT- 协议翻译（NAT-PT）将继续得到长期应用，还出现了 STUN（UDP 对 NAT 的简单穿越方式）这样的定义 UDP 对 NAT 穿越方法的规范。

怎么会有这么多地址?

通信技术中最抽象的问题之一，就是到处都是“地址”。既然两台主机之间有了 MAC 地址，为什么还要设置 IP 地址？为什么用计算机上网浏览信息，还要用域名地址？看似简单的问题，其实要回答它还真得需要费一些口舌。

人最容易理解和接受的地址在最上层，比如在IE的地址栏输入www.sina.com.cn，在电子邮件的收件人一栏写上liqiang@ptpress.com.cn（本书责任编辑的电子邮件地址），这是能看懂、理解、记忆的地址。

但是www.sina.com.cn这个名称的本质是什么？它是存放在某台或者某组服务器中的一段信息。很可能有多个服务器，每个服务器IP地址不同，但是却拥有相同的WWW地址，当你去访问这些信息，整个互联网会让你到距离你最近的那台服务器去找，因此WWW地址比IP地址更适合放在IE的地址栏中。

而当输入www.sina.com.cn之后，互联网的DNS会协助找到最适合你访问的那个服务器的IP地址，从而形成了你的计算机（也有一个IP地址）的IP层语言和对方服务器的IP层语言互通，获取信息。然而这背后的一切，访问互联网的人是感觉不到的。

如果你的计算机在局域网内部，你的计算机IP层发出的信息被准确发出，要通过该局域网的出口路由器。你的计算机需要告诉出口路由器："我要通过你出门"，那么用IP层语言就不够了。因为在局域网里面，你怎么知道那台路由器在哪里呢？你需要把IP层语言包装成以太网能读懂的语言，寻找出口路由器并告诉它你要出门。在另外一端，信息服务器所在的局域网也是一样的。当信息经过IP网到达入口路由器，入口路由器也要把相关内容翻译成局域网能读懂的语言并送达服务器，反之亦然。

这样就很容易理解，两台主机之间要进行信息交互，信息内容被一层层地翻译成各个层面的语言（如图5-12所示），传递到对方后，再一层层翻译回来。这种翻译的过程其实是把原始信息拆包、解包的过程。而在每一层，都有特定机制保证传送的实时性、稳定性和完整性。

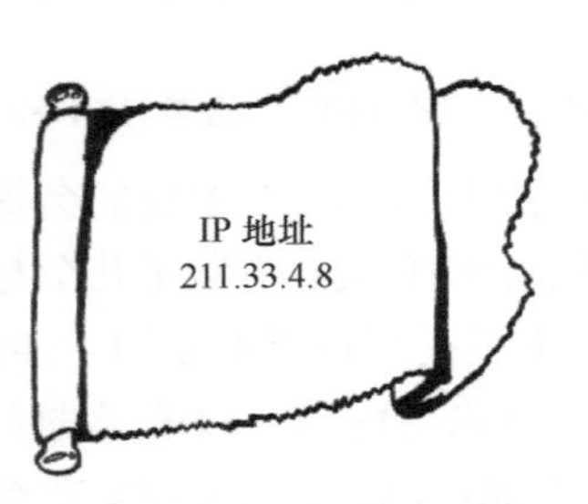

图5-12　多层地址的问题

现实技术中，"层"的概念被创造性地应用。比如IP网，大家熟悉的TCP/IP架构，一般来说只有5层：应用层、传输层（TCP/UDP层）、IP层、数据链路层（以太网居多）和物理层。每层都有各自的功能，也都有各自的标准和协议。

国际标准化组织（ISO）定义了一套极其规范、不太实用却又富含哲学意义的OSI架构，我们在下一章详细介绍。

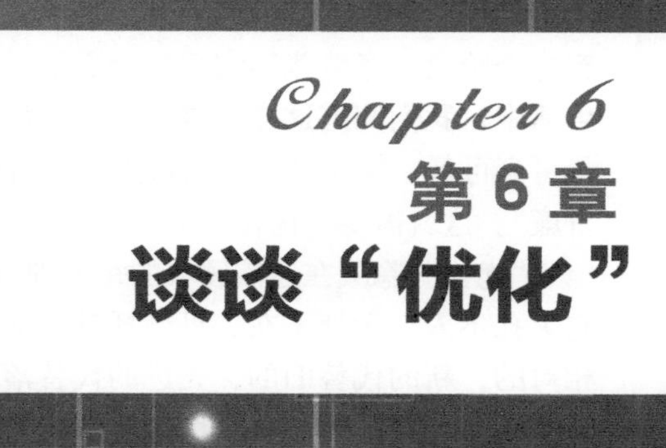

Chapter 6

第6章 谈谈“优化”

17世纪的一个下午，德国的莱比锡市郊，一辆马车在泥泞的道路上匆匆地走着，坐在马车里的大律师莱布尼茨，此刻正在苦思冥想，并不断地在纸上写写画画。“我们的宇宙，是上帝创造的最好的一个吗？”“一列点在空间中的位置是由其间距唯一决定的吗？”“这个世界是离散的还是连续的？”正是基于这些问题的思考，让莱布尼茨在数学、哲学等多个领域都成为当时世界上最有贡献的人，他与牛顿同时发明了微积分这一崭新的数学方法。也正是继续这些思考，使他提出了“形势分析学”的概念，也就是后来的拓扑学。拓扑学对后来的诸多学科都影响重大，包括通信网络的优化领域。

在建立了基本的通信基础架构之后，我们就可以打电话、接入互联网、微信聊天、发送邮件了。很多人认为，通信已经搞定了，还折腾什么呢？从表面上理解，人类文明进展到这个阶段，竟然能够实现远程通信，夫复何求？让我们尽情享受通信的快乐吧！在现实生活中，我们知道这样的常识——要满足相同的需求，投入可大可小，建设可繁可简，质量可高可低，稳定性可严格可凑合，占用资源可多可少。说白了吧，通信业要追求“物美价廉”。这就需要“优化”了！

“优化”隐藏在通信领域的每个细节中，是对诸多技术体制、诸多工程实践的高度浓缩，它无孔不入、无处不在、见缝插针，又由表及里、由外至内、由浅至深。而“优化”又是相对的，新的代替旧的，先进的代替落后的，哪怕同一种技术体制内，也会出现越来越频繁的技术迭代，因此对“优化”的探讨很难有清晰的脉络。试图用分层的思想、分技术类别的思想都很难完整地展现“优化技术”的内在规律，也很难覆盖优化技术的每一方面。因此我们选择通信技术中最常用的技术和思想来进行分析，抛砖引玉，期待各位读者能够理解和掌握其中的规律。

处处都有“优化”在

“优化”是通信中最为宽泛的主题，所有试图增加功能、增强性能、保证安全性、节省投资、提高利用率、减少错误、鼓励创新的技术和理念，都可以归为“优化”的范畴。要想充分利用对通信网的投资、减少浪费，就必须保证已经投资的设备充分发挥潜能。为此，人们付出了艰苦卓绝的努力，把优化融入编码、复用、寻址、交换、传输、信令、安全、调度、开发、建设、运维等各个环节中去。其实，也就是融入到通信技术的每一个细节中去。

满足通信需求最好的方式是无休止地叠加设备，而优化工作就是使通信网建设者将投入进行充分优化从而达到相同的目的。通信网络是由传送线缆和网络节点组成。网络节点或网络拓扑若不做好优化，再宽的光纤带宽，都无法满足人们对通信的需求，因为数据堵塞就发生在这些网络节点上。不信的话，可以想象在城市里，到处是超宽的马路，而十字

路口却没有红绿灯，交通状况会是什么样子。

“优化”类似于家庭里面的“理财”。你可以源源不断地赚钱，但是这样未必存款就会增加，更好的方式是你把所有资源有效地利用起来，在最值得消费的场合消费，在最值得投资的项目上投资，把拥有的资产运用在最恰当的场合，发挥最大的效能。

为了让整个通信概念更加清晰，整个行业具有更强的创造力，将通信网络分为若干“实体层”，每个层面分管不同的工作，相互之间拥有标准接口。几乎所有计算机通信类的书籍，都在首要位置把 ISO/OSI 的 7 层结构罗列出来，本书并没有这样做，因为老杨在开始学习计算机网络时，也是从 OSI 开始的，可是在继续学习时反倒更加糊涂了，因为无论是哪种通信技术体制，仿佛都与 ISO 所倡导的 OSI 有些出入——它们总是少几层，还有的根本闹不清究竟在哪一层。

为了保证资源有效利用、通信效率更高，复用技术被广泛应用，这是节约传输资源的基本思想。另外，如何减少传输损耗、用何种网络拓扑最适合人群的通信需求、在网络的哪个位置布放智能设备而其他地方部署“傻”设备？这是通信网规划设计者的重要研究课题。

为了保证通信网络的正常工作，网络安全成为重中之重，虽然通信中并不存在“车匪路霸”，但是影响网络安全的人或者事物，其性质可能更为恶劣，破坏力可能也更强。对通信安全的威胁，有的是通信人能感知的，如造成通信中断、音质变差、等待时间长等；而有的是无法感知或很难感知的，如窃听、盗打、修改计费数据等。和网络安全有关的“优化”工作层次多、种类繁。

为了提高传输速率，通信网络在线路编码过程中经常采用压缩技术。压缩技术也是提升通信网承载能力，让通信网发挥更大效能的重要手段。

SDH 网的自动倒换技术，是通信网络优化性能、提高安全性的经典案例。SDH 就是凭借这一关键技术，曾经一度长期占据传输领域的统治地位。后来的 ASON 技术延续了 SDH 的这一优势。

IP 和 ATM，孰优孰劣，通过对技术原理进行比较得出的结论恐怕和市场普及状况正好相反。不得不说，最有生命力的技术，一定有其深刻的哲理蕴含其中。IP 和 ATM 之争，即使在若干年后，依然会为通信专家们在制定新的标准和规则时提供宝贵的理论依据和实践经验。目前，大量路由交换设备采用了 ATM 中许多有价值的设计理念（如固定帧长的硬件交换），但必须承认这是新的 IP 技术而非 ATM 技术的苟延残喘。

从数据网络互连和安全的角度考虑，多协议标签交换（MPLS）在高端企业用户市场获得了广泛应用，企业用户可以在骨干 IP 网络上构建企业专网，实现跨地域、安全、高速、可靠的数据、语音、图像多业务通信，并结合差别服务、流量工程等相关技术，将公众网可靠的性能、良好的扩展性、丰富的功能与专用网的安全、灵活、高效结合在一起。MPLS 将在本书多个章节出现，下面介绍 IP 技术优化方面时会专门介绍其基本概念，后面还有第

8章的PTN一节，第10章的数据通信，以及第15章的企业网应用，都将涉及这个术语。

但仅仅有MPLS似乎仍不够智能，扩容速度慢，用户个性化需求的部署速度慢，在云计算时代，更是缺乏对云计算平台的灵活接入能力。企业需要更高的效率、更快的速度、更短的时间，以及更加低廉的成本访问所需内容，数据中心需要更加灵活的流量调度策略互联互通，云计算平台之间也需要更加便捷的管控机制实现虚拟机之间的互操作。于是，有了软件定义网络（SDN），以及其在广域网上的衍生品——软件定义广域网（SD-WAN）。SD-WAN的典型特征是通过软件方式将网络“云化”，优化网络的控制能力、交付能力及开放方式，让用户通过更加智能的网络部署模式快速接入互联网和云计算平台，并实现分支机构的安全互连，实现网络“切片”。

仅仅把互联网的内容获取方式定义为“客户端—服务器”是远远不够的，海量的用户访问会让任何高性能服务器成为访问瓶颈。内容分发网络（CDN）、VPN技术、P2P、边缘计算、雾计算、负载均衡等网络技术因此诞生。这些新技术，能够让内容距离用户更近，能够让访问流量获得总体均衡，提升用户访问资源的速度，解决互联网的拥挤状况，更节省了骨干网宝贵的传输资源……

总之，“优化”这一思想，贯穿于通信技术的每一个领域，融入了通信行业的每一个细节，很难说某个技术体制中，哪个协议或者标准属于“优化”的范畴，也很难说哪个技术就纯粹是“优化”型技术。

下面将列举通信技术中一些有代表性的技术规范和技术机理，通过对它们的分析，我们能够更加清楚地了解通信技术的优化环节是多么巧妙、有趣而优美。

分工和职责——通信分层结构

1. 为什么要分层？

网络通信要进行优化，就如一个公司混乱的管理要进行改革一样。我们首先思考一下一个企业最可能出现的管理混乱有哪些表现？

- 员工“越界”：如员工不经过部门经理，直接向公司总经理汇报工作；秘书经常到总经理处指责其对公司的未来规划缺乏想象力。
- 部门经理做“二传手”：如提交给总经理的汇报，是员工汇报的简单叠加；总经理给部门经理分配的工作，部门经理不假思索地推给某个员工。
- 两个部门之间职责不清：如市场部经理经常指责客服部员工A，因为A没有按照市场部经理的要求向某个客户提供服务，而是把有限的时间给了另外一个客户，而这个工作是由客服部经理指派的；采购部经理要求市场部员工B在某个项目中必须向客户提供联想笔记本，而实际情况是，客户要求必须使用小米笔记本但采购

部经理并不知情。

- 总经理一抓到底：布置任务跳过部门经理直接与员工沟通，而部门经理也经常布置任务给员工，部门经理无从了解员工的工作量，总经理也无法把控任务的进度。
- 公司与客户接口混乱：任何人都可以向客户随意承诺，而承诺出来的东西又无法兑现。

上述问题是很多公司管理混乱的常态。如何改变上述状况呢？不管你做多少培训，增加多少职业经理人，最终改变这种状况的，无非是以下几个举措。

- 分层：确定总经理——部门经理——员工的三层结构。每层的职责范围明确定义：公司总经理负责公司战略和重大事务的处理；公司部门经理负责管理部门，公司员工负责具体事务的处理。
- 明确层之间的关系：需要明确任何一个层面的人员与上下层的关系。明确谁向谁汇报，谁向谁分配工作。
- 对等层之间的关系：需要明确任何一个层面的人员，与对等部门或对等公司的关系（对等公司有可能是客户，也有可能是原材料供应方），任何对等层之间的沟通，有哪些权利和义务。

这样，公司就形成了 3 个层次的机构，每个层次都与上下层次责权利清晰明了，对外业务接口统一，因此业务也开始顺畅。

通信网也必须分出层次（如图 6-1 所示），以保证各种网络技术能清晰地共存和良好地配合，并不断激励新技术的创新。通信网的分层与公司的组织结构很相似。加入通信网中的各个实体就好比是公司，路由器、交换机、防火墙是通信实体，Web 服务器是通信实体，网络游戏服务器和用户端软件都是通信实体，家里的 EPON 小盒子也是通信实体。一台硬件可以有一个或者多个通信实体，比如一台计算机上同时运行着两个软件，它们可能分属一个操作系统下的两个进程，也可能运行在两个虚拟机（每个虚拟机拥有不同的操作系统）上，还可能封装在同一个操作系统的不同容器内。但通信实体无论怎么承载，都必须满足以下要求：

- 要分出若干层次，管理上类似的功能要放在同一层，在实现技术经常变化的地方增加层次，每个层次有自己的职责；
- 要明确每个层次与上下层的关系，层次之间的边界要合理，使层次间的信息流量尽量最小；
- 要明确每个层面与其对等层面的关系。

基于上述要求，ISO 建立了一套非常抽象的分层结构，这就是著名的 ISO/OSI（国际标准化组织的开放网络架构）。与其说这是一个通信标准，不如说是一种管理哲学。任何事物之间的联系都可以用 OSI 表示出来，虽然不是所有的事物都必须具备其所有的层面（通信网本身大部分实体也不具备其所有层面），但是这对我们分析复杂事物是非常有帮助的。

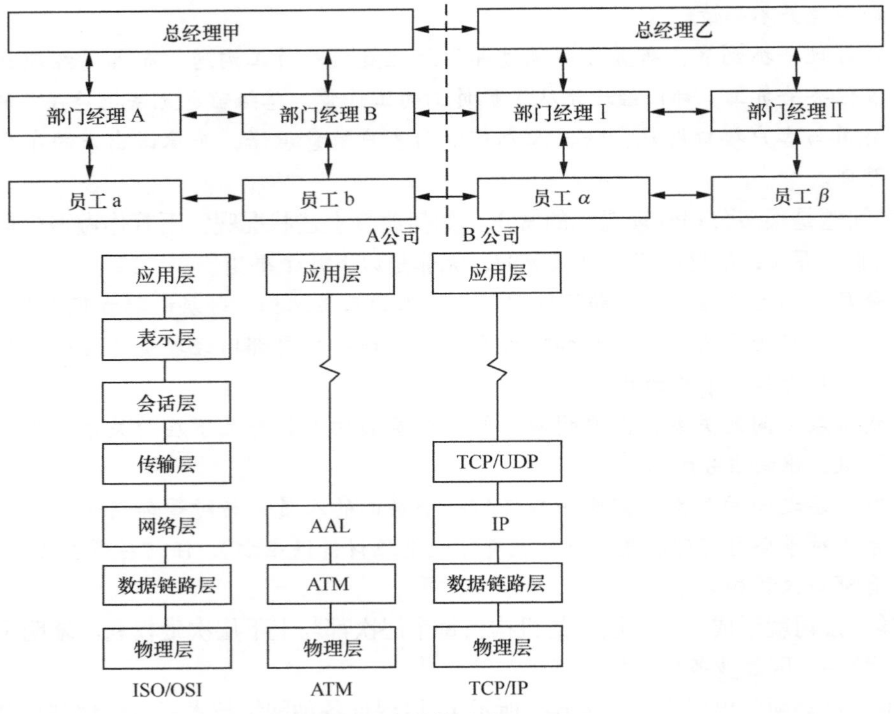

图 6-1 企业管理和 ISO/OSI

两个通信实体可能友好合作，也可能不互相信任，但是它们必须能互相理解对方说的是什么。就像三国演义，他们可以打若干年的仗，但是必须都具有能互相理解的语言展开外交辞令，可以和谈、破裂，可以下战书、声明、抗议，如果没有统一的、能互相理解的语言，那么一切将无从谈起。为了让两个通信实体保持最基本的沟通，在“层”的基础上，专家们定义了“协议”“标准”和“规范”。

我们把这 7 层 OSI 结构与实现生活中的“说话”联系起来，有助于大家对 OSI 的理解。

2. 物理层

物理层就像人与人沟通中能够互相听懂的“发音”。物理层解决最基础的传送通道问题，涉及建立、维护和释放物理链路所需的机械的、电气的 / 光学的、功能的和规程的特性等，如光缆如何抗衰耗、无线设备如何提高发射功率、为什么双绞线要“绞”起来、为什么 SDH 能实现自动倒换等。

3. 数据链路层

有了发音，才能有“字”或者“词”，对于说错的话，要尽快予以纠正，如果不能很好地纠正，就要把话重新说一遍。

接下来，我们开始考虑在物理层提供的按“位（bit）”服务的基础上，在相邻的网络节点之间提供简单的、以帧为单位传输的数据，同时它还强调数据链路不要拥堵，减少出错，出错了要想办法弥补。

4．网络层

说话应该有目标、内容和语速，向谁说，说什么，以多快的速度说。网络层所干的工作，就是进行路由选择、拥塞控制和网络互连。对它的上级——传输层，它可以提供两种服务，一种叫作“面向连接”的网络服务，一种叫作“无连接”的网络服务——这有点像有轨交通和无轨交通。这两种网络服务有各自的特点，后文会专门讲述。两个人对话，网络层只负责找到倾诉对象、选合适的语言、建立说话者和收听者之间的路径，并不关心对方是否认真听了以及是否听得明白。

5．传输层

要保证别人听到你说的话，不能“自说自话”。

传输层的任务是向用户提供可靠的、透明的端到端的数据传输，以及差错控制和流量控制机制。由于它的存在，网络硬件技术的任何变化对高层都是不可见的，也就是说会话层、表示层、应用层的设计不必考虑底层硬件细节，因此传输层起到应用软件和底层硬件之间“承上启下”的作用。

所谓“端到端”，是相对链接而言的。这里读者们要记住，OSI参考模型的第4 ~ 7层属于端到端的方式，而第1 ~ 3层属于链接的方式。有了“端到端”，也就有了流量控制的能力。如果你说话语速太快，看对方表情已经有些招架不住了，你就赶快放慢语速吧。

6．会话层

说话要有开始、过程和终止。在不同的机器之间提供会话进程的通信，如建立、管理和拆除会话进程。你可能要考虑这个话是在大庭广众之下说还是专门对某个人说，或者是说一句以后，等对方答复后再说下一句。

会话层还提供了许多增值服务，如交互式对话管理、允许一路交互、两路交换和两路同时会话；管理用户登录远程系统；在两机器之间传输文件，进行同步控制等。

7．表示层

对于有些话要以悄悄话的形式，避免第三者听到，对于有些话，要简单明了，不要拖泥带水。表示层就是处理通信进程之间交换数据的表示方法，包括语法转换、数据格式的转换、加密与解密、压缩与解压缩等。

8．应用层

有了上面所列的网络层次，你已经把要说的话通过声带的振动，一字一句、清晰明了地告诉了你的某个好朋友，并且保证他听到了，而且没有让第三者听到。

应用层负责管理应用程序之间的通信。应用层为用户提供最直接的服务，包括虚拟终

端、文件传输、事务处理、网络管理等。

应用层是 OSI 参考模型的最高层，低层所有协议的最终目的都是为应用层提供可靠的传输手段，低层协议并没有直接满足用户的任何实际需求。我们日常使用的电子邮件程序、文件传输、WWW 浏览器、多媒体传输等都属于应用层的范畴。

应用层是距离用户最近的层面，这时候微信开始聊天、网络游戏开始战斗、可视电话开始通话、会议开始、短信发送成功、邮箱接收到对方邮件……一切一切的通信应用都正在进行。

9. 是哲学，而不仅仅是技术！

通信“层”的概念，让各种协议、规范、标准变得有所不同——它们更灵活但可控，更开放但不混乱，更清晰但不拘束。上面的论述会让一些读者觉得乏味，但是如果你能够紧密结合通信网络的一些实际应用，类比生活中的例子，你会发现其实枯燥中蕴含着无穷乐趣，你也会发现，其实分层是一种哲学而非技术。

一根线“掰”成几“瓣”用——复用技术

如果一根线缆只能传送一个业务流，浪费将非常严重，“*N* 平方问题”将使实施者陷入崩溃。最淳朴的思路就是，让一根线传送多条业务连接，这将大幅度节省资源。

“只有想不到，没有做不到。”复用技术诞生了。复用技术是电信网络的基本技术机理之一。专家们把复用技术分为“确定复用技术”和“统计复用技术”，如图 6–2 所示。

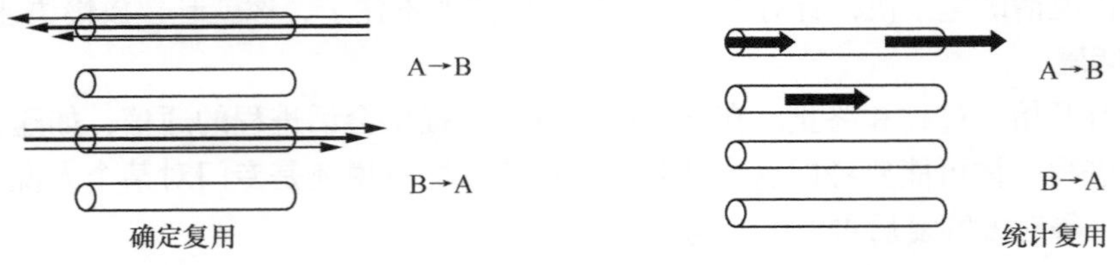

在一次呼叫过程中
① 同时建立两个方向的连接；
② 每个方向只涉及一条电路；
③ 使用一个电路的一部分确定容量；
④ 在整个呼叫过程中始终专用这部分容量

在多次呼叫过程中
① 一次呼叫只建立一个方向的连接；
② 随机使用一个方向的所有电路；
③ 数据包竞争使用一条电路的全部容量；
④ 整个呼叫过程中，断续使用随机电路

图 6-2　确定复用和统计复用

1. 确定复用

确定复用是指将管线拆成若干部分（无论是用频率拆分还是用时隙拆分），每个部分确定由某条业务连接独占，各行其道，相安无事。以下都属于确定复用范畴：

- FDM；
- PDH；

- SDH；
- MSTP；
- WDM。

确定复用技术来源于电话网，在一次呼叫过程中，同时建立两个方向的连接，每个方向只涉及一条电路，使用某条电路的一部分确定的容量，而在整个呼叫过程中，始终专用这部分容量。当通话结束，这部分容量被释放，可以供新的呼叫使用。

2. 统计复用

统计复用，是指将管线不进行确定的“拆分”，而是每条业务连接通过各自的标识号来进行区分，各个业务连接根据自身需要来争抢资源，系统会定义争抢的优先级以及拥塞时的抛弃优先级。下列技术都属于统计复用范畴：

- PSPDN（X.25）；
- 帧中继；
- 点对点协议（PPP，Point-to-Point Protocol）；
- ATM；
- 以太网；
- IP 网；
- IPRAN，PTN。

PPP 是高级数据链路控制（HDLC）协议族的一般报文格式。它是为两个对等实体间传送数据包建立简单链接而设计的全双工操作。

如何理解点对点这个概念呢？用户的终端访问所有服务器，难道不是点对点吗？这里的所谓“点对点”，是指在 OSI 第二层——数据链路层中的点对点，对标这一层中像以太网这样“广播”类型的通信方式。

IP 数据包不一定非要架构在以太网上，在点对点模式下，可以采用 PPP 封装。在 RS-232 串口链路、电话线路上，都可以采用 PPP 封装格式。PPP 本身就是可以支持多种网络层协议的，包括 TCP/IP，因此适应性比较强，并且假定数据包是按顺序投递的。

PPP 是为数不多的不需要“寻址”的协议，因为一根线两头的两个“通信实体”，就是通信双方，不需要设置地址，任何一方天生知道要把信息传给谁，因为它只有一个“对端”。虽然 PPP 的封装格式设置了 8 位的地址字段，但这个字段毫无价值，在工程应用中都填充为全 1 的广播地址。

在 PPP 之前，曾经有一种 SLIP，SLIP 只能运行一种网络协议，缺乏容错控制，并且不能进行认证和授权，而 PPP 则提供了一种广泛的解决办法，方便将多种多样、不同的网络协议无差错地点对点传送，并支持认证鉴权。在后面第 10 章介绍 ADSL 接入时我们会再次提到 PPP，并且将它和广播方式的以太网相关协议组合使用，解决 ADSL 接入时的认证鉴权等问题。

统计复用技术来源于数据网，支持双向对称、双向不对称、单向等各类业务，会因为多个信号竞争使用一条电路，因竞争而劣化传输质量，电路忙时利用率会比较高。

任何商品房都是“确定复用”的，任何人与房地产开发商签署合同后，唯一地享有该楼房的产权；而任何公路都是“统计复用”的，只要交了养路费，任何人的车都可以占用道路，道路不属于任何一辆车或者一个车队，而是被全社会共同使用。当然，别以为这里的“抢占”就是互相厮杀各不相让，和交通类似，通过通信协议，这些“抢占”都表现得很“文明”。

通信技术符合哲学规律。竞争会节约成本，但也会牺牲性能。这世界上的事，鱼和熊掌，很难“兼得”。

“排兵布阵”有讲究——网络拓扑浅析

根据每种网络所提供服务的不同，可以采用合适的拓扑结构。在节约投资的基本要求下，合理的拓扑结构会帮助尽可能多的用户从尽可能近的地方、尽可能快地获取尽可能丰富的信息。一个城市的道路，拥有自己的拓扑结构。立交桥、红绿灯、斑马线、城市快速路、高速路、环岛、备用道、单行道等，如果设计得充分合理，不但能够降低交通事故的发生率，提高整个城市的运输效率，还能够让城市更加整洁和规范。当然，从人的因素讲，还能减少因堵车而带来的牢骚。网络拓扑就是对网络各个部件进行“排兵布阵”。合理的网络“阵法”，能够提高线路利用率、减少拥塞发生、延长通信设备的使用寿命，并易于扩展。

传统的电信网，都会分为核心层、汇聚层和接入层。在上述每个层次中，它们的“布阵方法”又千差万别。如总线型、星形、网状、环状、树形、双子星形等，如图 6-3 所示。每一种类型都不能用“好”和“不好”来评价，而只能以“合理”和“不合理”来衡量。对于各个站点信息发布比较均匀的业务，总线型更能满足需求，并且效率会很高；对于每个站点都需要向中心频繁发送信息的情况，星形结构将会是更好的选择；网状结构适合于各个站点信息量大体一致、信息交互比较频繁的情况；而信息处理呈现传递型结构的，或者要对信息路径采取保护措施的，一般采用环状结构更加合理；若是复杂的多层管理机构，信息网络采用树形结构会更加有助于管理。

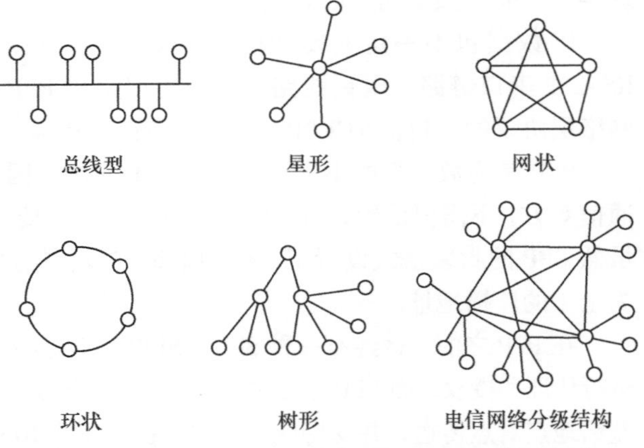

图 6-3　总线型、星形、网状、环状、树形网络拓扑

在这里注意，很多初学者把网络拓扑和线路拓扑混淆在一起。实际上，线路拓扑的形状并不能代表网络拓扑的形状。举例说明，城市里的光纤一般都呈环状分布，SDH 设备在环的几个节点处放置，由于 SDH 要进行线路倒换，因此 SDH 网络一般也呈环状分布。如果在 SDH 设备旁边各放置一台路由器，路由器则可能做环状分布、星形分布、树形分布等，如图 6-4 所示。

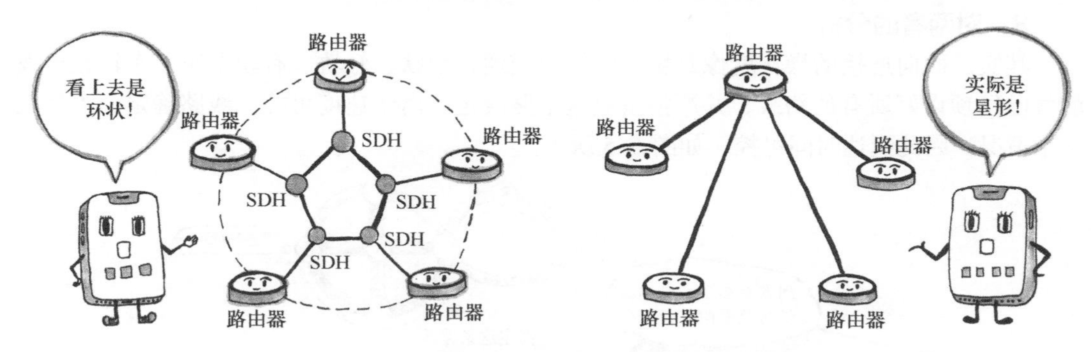

图 6-4　ATM 交换机环状分布、星形连接的例子

开车还是坐地铁？——面向连接和非面向连接

传送信息所占用的通道，究竟是传送前就通过信令建立起来的，还是在传送过程中一站一站地向前推进而没有所谓的“连接”，根据这两种不同方式把通信分为“面向连接”和“非面向连接”。

1. 面向连接

在一次通信过程中，信令在需要通信的双方或者多方之间呼叫，利用网络资源建立起一条通道，并在这条通道上传递信号，在通信结束后关闭这一通道，这就是面向连接。应用最广泛的面向连接的技术体制是传统的 PSTN；接着，在数据网中也被广泛应用，如帧中继、ATM、MPLS 等都是面向连接的传送。这就好比城市中的道路，如果有国际马拉松比赛在北京举办，最常见的方法是通过交警通知相关道路执勤民警，在赛程所经道路上实行“交通管制”，这种基于预先设定好的道路进行通信的方式就是“面向连接”的。

有连接的电路，电路拓扑确定、传输时延确定并可控。如果哪位读者断章取义，说实时性强的业务就用有连接的电路，那可就不妥了。让我们讨论完非面向连接的技术再下结论吧。

2. 非面向连接

在一次数据传送过程中，数据包逐节点传递，在每个网络节点上，根据数据包中的目的地址，借助于网络节点的路由信息，选择通往下一个节点的通道。由于在数据传送前并没有预约带宽，因此在每个节点上，都需要进行“竞争”接入，并最终到达目的地。这就是非面向连接，也叫作无连接操作。

无连接的操作来源于传统数据网，传输时延不确定，传递过程不需要外界控制，如果不限制传输最大时延，只要尚存一条通道，数据包就能到达目的地。最典型的无连接网络是经典 IP 网络和广播电视网。

3. 对两者的分析

其实，面向连接的操作就像是城市的轨道交通，地铁、轻轨、有轨电车，车辆在出发前就已经预设好所有的路线，并严格按照这个路线走，由于速度可控、线路确定、不存在堵车情况，因此到达时间可控，如图 6-5 所示。

图 6-5　面向连接的操作

而无连接的操作则更像城市的公路交通，如图 6–6 所示。车辆在每个十字路口、丁字路口、岔路口都要判断如何行驶，左转、右转还是直行？它需要根据路标行进，而每个路口的路标都有通往任何目的地的指示。这些路标只会告诉你这个路口应该如何走而不会告诉你完整的到达目的地的路径。从出发地到目的地，路线长度未知，有可能存在等待红绿灯的情况，因此到达时间不可控，但是只要有一条路线存在，这辆车就能到达目的地。

当然，面向连接和无连接的操作比道路选择复杂得多。面向连接的操作，在数据包发送前就已经将所有连接建立起来并将其中的网络资源占用了，而熟悉城市地图的人开车，只确定了路线，并没有实质性占用道路资源。

通信技术机制之间的优劣，很多都是面向连接和非面向连接两大机理之间的 PK。从表面看，面向连接的技术听上去更加完美，但是从网络的开放性角度而言，无连接的网络却更胜一筹。通信网发展的实际情况是，传统的语音网和数据网都在相互吸取各自的经验教训，取长补短，直至最后的统一和融合。经典 IP 技术是无连接的，风头盖过了面向连接的

ATM；而 MPLS 的部署，又让新的 IP 网络打上了面向连接的标签。

图 6-6　无连接的操作

这里我们不得不讲一下 TCP/IP 的连接性问题。TCP 作为传输层协议，逻辑上是面向连接的，但其实现，则是由非面向连接的 IP 实现，因为 TCP 的面向连接体现在如果 A 实体传送数据给 B 实体的话，需要握手、需要确认（ACK）。而对于 IP 层的数据包而言，无论是 A 发给 B 的，还是 B 发给 A 的，都是同一类型的包，都用报文的方式无连接地发送，而在 TCP 层就不一样了，如果 ACK 没有收到，A 会认为发包失败，接着重新发送，从而达到面向连接的功能。TCP 需要 3 次握手才能建立连接，而传输层另外一个协议 UDP 就没有这种限制。

我们听到 IP 的频率非常高，感觉它比 TCP 热门得多，但实际上，没有 TCP 在背后的默默支撑，IP 根本无法适应网络互连时链路上的各种复杂环境。也就是说，我们不能过度信任通信链路，它太不可控了。而另一个现实是，对于大部分业务而言，丢包是无法被应用所接受的，TCP 作为距离应用层更近的层次，就需要担负起保障传送的重任。

虽然网络层并没有建立一个完整的链路通道供 IP 包通过，但 TCP 的面向连接就像是在 IP 层上做了一次“到货统计”，它通过 3 次握手建立的逻辑“连接”，在传送数据时给每个包加一个序号，同时序号也保证了传输到接收端实体的包是按照这个序号的顺序接收的。

另外，TCP 连接的每一方都有固定大小的缓冲空间，TCP 的接收端只允许发送端发送接收端缓冲区所能接纳的数据，这将防止较快的主机“淹没”较慢主机的缓冲区，所以 TCP 还提供了流量控制功能。

我们将 TCP 的 3 次握手过程简化描述如下。

第一次握手：建立连接时，客户端发送 SYN 包到服务器，并进入 SYN_SEND（已经发送 SYN）状态，等待服务器确认。

第二次握手：服务器收到 SYN 包，必须确认客户的 SYN，同时自己也发送一个 SYN 包，即 SYN+ACK 包，此时服务器进入 SYN_RECV（已经接收到 SYN）状态。

第三次握手：客户端收到服务器的 SYN + ACK 包，向服务器发送确认包 ACK，这个包发送完毕，客户端和服务器进入 ESTABLISHED（已经建立）状态，完成 3 次握手。之后，客户端与服务器开始传送数据。

我们用两个枯燥的小对话类比一下面向连接和非面向连接的通信方式。

面向连接，如 PSTN、TCP。

A（面向对方）：您好！听得到我说话吗？

B（面向对方）：您好！听得到！

A（面向对方）：blablabla。

B（面向对方）：tlatlatla。

A（面向对方）：好了，再见。

B（面向对方）：再见。

非面向连接，如 IP、UDP。

A（自顾自地）：blablabla。

对于那些不需要保障传送的业务、丢几个 IP 包无关紧要的，就可以用非面向连接、不需要 3 次握手的 UDP 作为传输层协议。

4. 寻址技术的机理分类

上一章已经讲过通信所研究的第二大课题——寻址网元。在了解了有连接操作和无连接操作后，我们再回过头来看看目前存在的多种寻址技术和网元设备，它们可以按多种方式进行分类。例如，按可用资源分类、按应用场合分类、按实现技术分类或者按实现技术机理分类。其中，影响通信网络属性的是按照技术机理分类。

电信网络按照机理分为“连接操作寻址技术”和“无连接操作寻址技术”。前者是针对那些有连接操作的技术体制，而后者正好相反。我们将这些技术进行简单的罗列，在后面章节讲到每种技术体制时，再分别介绍。

有连接操作寻址技术，最典型的是语音交换网 PSTN 和 MPLS 网，而无连接最典型的是由传统路由器和交换机组成的 IP 网络，如图 6–7 所示。

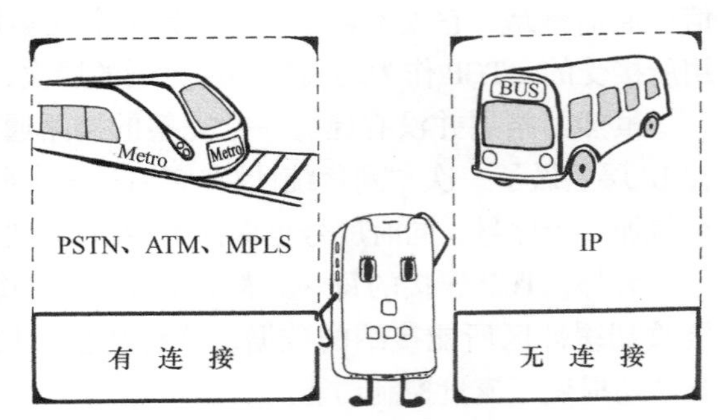

图 6-7　有连接寻址技术和无连接寻址技术

很多读者会好奇，面向连接和无连接的分类，与通信的“优化”课题有何关系？采用面向连接还是无连接方式，这的确是一种网络优化的方案，只是这种方案隐藏在每种技术门类内部，发挥着潜移默化的作用。与复用技术相比，它从另外一个角度节省了通信网络的资源，提高了网络的综合利用率，提高了通信网络的传输和交换效率，并让通信网更加可用、易用。

不可忽视的通信网络“摩擦力”——传输损耗

通信网不仅仅要考虑让电话接通，还要考虑电话打通后，如何让音质更好。传输带来的各种损耗，会给通信网质量造成影响。

为了减少传输的损耗，有必要对传输过程中的各种损耗参量有一个了解。请各位读者一定要记住下面的术语以及这些术语的英文，在通信网工程中，测试仪表就会侦测到下列参数，而每个参数都会对通信网的质量造成影响。

误码（Error）：接收与发送数字信号之间的单个数字的差异。如把 0 变成了 1，1 变成了 0。

抖动（Jitter）：数字信号的各有效瞬间相对于其理想时间位置的短时的、非累积性的偏移。如信号的个别迟到随即又恢复的现象。

漂移（Wander）：数字信号的各有效瞬间相对于其理想时间位置的长期偏移。就好比每天晚来一点点，并得寸进尺，来得越来越晚。

滑动（Slip）：数字信号连续数字位置不可恢复地丢失或增加。如因时间不一致而造成的“无中生有”或者“丢三落四”。

时延（Delay）：数字信号的各有效瞬间相对于其理想时间位置的推迟，就是信号的整体“迟到”。对延迟比较大的话音网络，你总感觉说话的人距离里很遥远，你很难插上话；而对于延迟较大的数据网络，网页打开的速度、游戏的动作反应总是比较慢。

时延抖动（Delay Variation）：数字信号的各有效瞬间相对于其理想时间位置的推迟变化幅度，也就是信号“迟到”时间长度的变化区间。

分组（信元）丢失（Packet Loss&Cell Loss）：数据分组或数据信元不可恢复的丢失，就是连续的信号段的完全丢失。

抖动、漂移、滑动、时延、时延抖动、分组丢失如图 6-8 所示。

无论是数据网还是语音网，都会对上面的传输损耗参数制定规范，并提出上述损耗类型的最大可接受值。在工程实践中，通信工程师摸索出了这几种损耗类型在不同范围内所适合的业务类型和带来的不同问题。

传输损耗是永远存在的，就像摩擦力很难完全消除，只能通过优化，尽力减小其对业务的影响，要想百分之百去除任何一种损耗，都是不现实的。一张通信网络可能会在某个时段没有分组丢失，但具有分组丢失的概率，哪怕这种概率只有万分之一：数据包的数量是庞大的，每一万个数据包，平均就会有一个数据包丢失。通过网络优化，可以减小分组丢失的概率。传送相同的业务，采用不同的传送技术，上述参量都不尽相同，而采用何种性价比的传送手段，则是电信工程实施者需要综合考量的问题。

解决传输损耗问题绝不是头痛医头、脚痛医脚，而是通信技术的综合发展，如传输介质、编码格式、校验技术、同步技术等的发展。

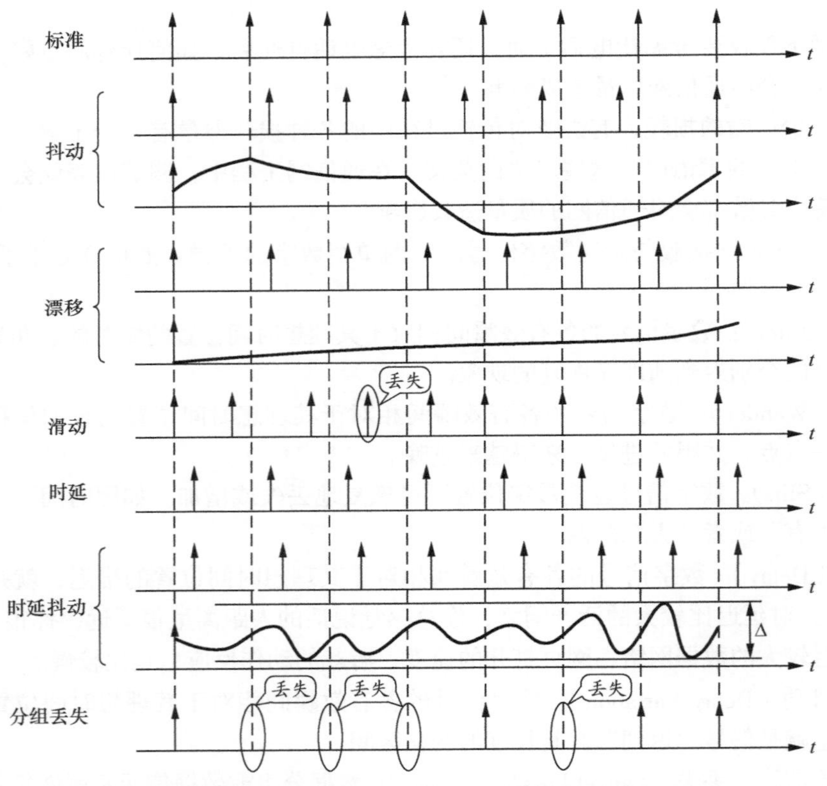

图 6-8　抖动、漂移、滑动、时延、时延抖动、分组丢失

“非诚勿扰！”——网络安全基本概念

安全是人们对通信网更深层次的需求。“安全”何解？避免危险、恐惧和忧虑的程度和状态。那么网络安全呢？老实说，如其他很多电信术语一样，目前没有公认的针对“电信安全”的确切定义。而大部分对“网络安全”的定义，基本都是针对计算机网络而言的，

其实质内容多数是指计算机系统安全。这也很正常，最可能发生危险的地方才有对“安全”的讨论，基本不可能发生危险的地方，人们是不会去考虑安全问题的。

无论是军用还是民用，无论是数据还是语音，电信网络的网络安全是永久的生存之道，也有永远谈不完的话题！网络安全更是关系国计民生、关系国家机密和国家安全的重要领域。在一个不安全的通信网络中，黑客可以利用木马、病毒、恶意篡改、二次打包等手段获取非授权信息，给国家、企业、个人造成极大的经济损失。

网络安全包含两方面的含义，一方面是信息安全；另一方面是网络通道的安全。

1. 信息安全

“信息安全”是个大范畴，通过各类专家所研究内容的关键词，可以清楚地看到其发展轨迹和技术分类。

最早的信息系统安全问题，是通信和密码的结合。早在第二次世界大战时，作战双方通过截获电信网络传递的信号，窃取电信网络传递的信息。于是，有一批专家专门从事信息自身安全的工作，他们每天念叨着“加密”“解密”“破译密码”。那时候，密码技术成为信息安全几乎唯一的核心技术。在战争年代，破译敌军密码成就了很多“民族英雄”。

在 20 世纪 70 年代后期，计算机系统实现了系统内部的信息处理和数据存储，截获了电信网络传递的信号和计算机系统处理的，就可以窃取、篡改和伪造信息业务系统中的信息。这时信息安全专家队伍分化出一批人，他们是计算机的专家，工作领域逐渐向计算机系统安全扩展。他们每天研究的课题，不外乎几个关键词——“机密性”“完整性”“可用性”“可控性”和“可追溯性”。技术专家的工作就是防范信息安全的隐患，以杜绝高科技犯罪。

20 世纪 90 年代，计算机系统发展成为计算机网络，互联网的边界向大众开放，给网络安全带来了直接威胁，于是信息安全就进入了以边界保护为主的“计算机网络安全年代”。这时，在以互联网为基础的信息基础设施（也就是计算机网络）中，病毒和黑客入侵问题成了人们关注的大问题。这时候，又有一批专家分化出来，专门从事计算机网络安全工作。这时，这些专家们研究的关键词，变成了“保护”“探测”“响应”“控制”和“报告”。

2. 通信网络安全

信息安全是指信息内容的保密性，而网络安全是指通信“管道”（信道）本身的安全性。我们看一看各类电信网络的常见安全问题。

- 广电网的典型网络安全问题是电视插播问题，很多人都是此类问题的受害者。
- PSTN 和移动通信网的典型网络安全问题：电话骚扰；垃圾短信；通信诈骗；伪基站；推销内容的电话；互联网用户经过拨号上网引入的安全问题；固定电话网用户终端逐步智能化引入的安全问题；网络电话（VoIP，Voice over IP），利用 IP 网络提供语音服务的技术，第 9 章会介绍）中主叫号码被任意设置问题，诸如此类。
- 互联网的网络安全问题：数据包目的地地址容易被发现；IP 源地址很容易修改伪造；

修改路由器信息可以改变网络传输路径；垃圾邮件（如图 6-9 所示）；黑客可以截取含有管理控制功能的数据包，对通信网的支撑网进行攻击；由于 TCP/IP 网络低层的安全性缺陷导致应用层存在漏洞，如钓鱼网站、分布式拒绝服务（DDoS，第 12 章会介绍）攻击、各种木马程序（连希腊古城特洛伊都被卷进来了）等（如图 6-10 所示）。

图 6-9　发送垃圾邮件

- 无线网络的典型网络安全问题：黑客截取电波信号并解调数据；干扰阻断通信形成拒绝服务攻击（很多会议室安装手机信号屏蔽器就是利用此类技术，当然，技术本身无罪，看应用的场合是否恰当了）；黑客向基站插入命令修改控制信息，或者发送大量连接请求，造成网络拥塞；服务器标示符（SSID）的安全问题，本来 SSID 是无线接入点用于表示本地无线子网的标志，而黑客获得 SSID 就能够对网络实施攻击。

图 6-10　木马、黑客、病毒从网络上攻击计算机

通信网的网络安全问题之所以能够迅速引起国际社会的重视，起因于互联网。现在人们常常提到“网络犯罪”“互联网上病毒传播”等令人不安的模糊概念。其实这是一个因普遍的概念混淆而引入的普遍误解。这里我们要为互联网正名：信息系统由信息基础设施（基础架构）和信息业务系统（内容）组成；信息基础设施由电信网络和计算机系统组成。互联网是一种电信网络。有一个普遍的概念混淆，就是把互联网、以互联网为基础的信息基础设施、以互联网为基础的信息系统，通通称为“互联网”。这样解释太绕嘴，可以这么说：互联网的基础设施是 A，信息系统为 B，A + B = C，但是现在 A 被称为互联网，B 被称为

互联网，C也被称为互联网！而我们通信行业所提到的互联网，应该是A，因为B和我们的关系不大，内容是由全社会集体提供的，C的范畴太大，更不是我们所能关心的问题。

然而普遍的误解在于，2003年以前，以互联网为基础的信息基础设施（也就是A）和多种多样的信息系统（也就是B）有效地支持了国际信息化进程，于是人们把一切功劳通通归功于互联网（不管是A、是B还是C，总之，大家一起“归功于”它们了）。2003年以后，互联网支持的国际信息化进程出现了安全问题，互联网在被过分应用而出现了力所不及的问题时，人们把一切罪过通通归咎于互联网，甚至指责互联网的发起者“打开了潘多拉的盒子”。

“网络犯罪”的确切提法应当是“在信息系统上的犯罪”，充其量是“在互联网支持下的信息系统上的犯罪”，罪魁祸首是B。“互联网上病毒传播”的确切提法应该是“在信息系统之间的病毒传播”，充其量是“在互联网支持下的信息系统之间的病毒传播”，那么真正的元凶也应该是B。而通信行业研究的内容基本都是A啊！因此，可以说，互联网不是犯罪和流毒的“元凶”，只是A的存在，给B带来了土壤，造成了网络犯罪。在法理上，A是无罪的。

其实，所有电信网络的天职就是如实地传递信号。执行天职何罪之有？！但是客观上，所有各类通信网络都可能被非法利用，特别是被恶意破坏，这是互联网安全研究的问题。

3.“关爱通信，关注安全”——安全服务举例

专家们根据多年实践，总结出一套安全防范的解决方案，下面所列的是常见的几种，如图6-11所示。

图6-11 安全防范图解

- 访问控制服务：防止未授权使用系统资源，或者当网络资源已经饱和，防止新的呼叫进入，如连接接纳控制（CAC， Call Access Control）机制。每个进入鸟巢的观众都要凭票，没有票的人禁止进入；这可以避免因为赛场满员而带来的其他安全问题。PSTN、ATM、MPLS网络都有相应的CAC机制。
- 鉴别服务：防止假冒伪劣，我们常见的是盗用其他用户的身份，包括IP地址、MAC地址、无线频率等占用网络资源。就像使用伪造的门票进入体育馆或者电影院，必须予以严厉打击。
- 数据完整性服务：防止数据非法修改、插入、删除、中断，如黑客被商家雇用攻击竞争对手的网站这样的行为。
- 数据保密性服务：防止泄密、信息流量分布，对保密性信息必须进行数据加密。
- 抗抵赖性服务：防止抵赖，应尽可能做到可以追溯历史数据，如有非法用户利用VoIP技术对主叫号码进行伪装，从而实现诈骗目的，通信网络必须能够有效检测出非法用户的实际位置并防止该用户抵赖。
- 木马检测服务：通信网络中存在大量代理（Proxy），有的是出于安全需要设置的代理，有的是出于特定目的设置的代理，为“敌人”工作的代理就是“木马”。希腊人发明的这个东西摧毁了特洛伊，而黑客利用伪装成实用工具或小游戏的软件，通过即时通信软件、网站进入其他人的计算机系统，从而盗取信用卡密码、用户账号密码，这种事情已经屡见不鲜，成为电子商务的主要防范对象。

4.“打死我也不说”——数据加密技术

人与人的交流，需要私密性。对于政府机构、金融机构、保密机构，大量的信息是对绝大多数人保密的；对于企业，也存在大量的商业机密，这些商业机密的价值就是交给最合适的人并把它利用起来；对于个人，任何人之间的通信都可能带有隐私成分，不希望被第三者听到。

当然，生活中的“保密”包含两方面的内容。一方面，你需要把保密的内容“藏”起来，“存储”到某个保密空间，防止让别人获取，类似于孩子玩的“捉迷藏”游戏。有专门的技术来保证你的保密内容不被偷窃，如最先进的密码锁、你的守口如瓶和最先进的文件存储技术。其中任何一个方面，都不属于我们本书讨论的范围。另一方面，当你需要把这些保密的内容通过特定通道传递出去时，需要保证内容不会外漏。这些方式包括雇用押运车、说悄悄话等。在通信中，则有专门的通信保密技术。当然，雇用押运车也不是我们本书讨论的范围，我们还是要将话题拉回到我们通信的保密技术上来。

最传统的通信保密技术叫作“密电码”技术。我们经常看到战争片有这样的情节：我情报员英勇无畏、智慧过人、战无不胜，成功破译了敌人的密电码，从而获取了敌人的重要情报，并一举粉碎了敌人的阴谋。在战争中，信息交互非常频繁，未经充分加密的信息

被敌人获取或破译后，战争局势可能因此而彻底改变。

最简单的保密方式是通信双方拥有一样的明文和密文的对应方式，如图 6-12 所示。比如英文里面 26 个字母，每个字母对应另外一个字母。比如 a 对应为 z、r 对应为 i、e 对应为 v、d 对应为 w。那么，read 就对应为 ivzw，dear 就对应为 wvzi，dare 就对应为 wziv。如果你把 ivzw 通过某个渠道送达要获取信息的人，他也有一个同样的字母对应表，就很容易破译出 read 这个单词来。这种方式，便捷、容易理解和记忆，但是缺点也是明显的：如果你的敌人也获得了同样的字母对应表，加密就变得毫无价值。

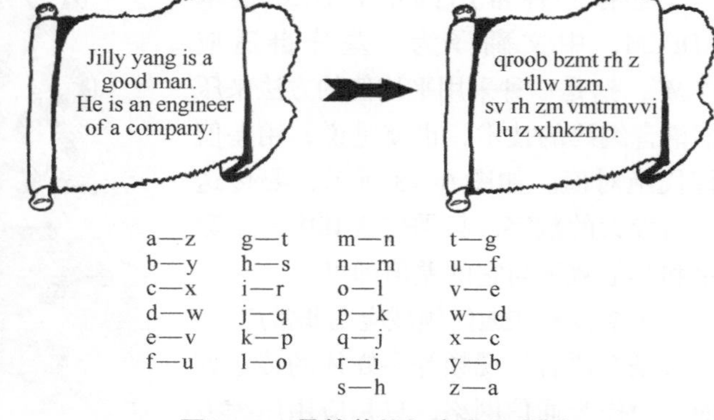

图 6-12　最简单的加密方法举例

即使敌人没有获取字母对应表，这种方式也非常容易被破解出来。专门研究密码的人会从人的使用习惯、经验规律、字母使用频率等角度来破解密码。比如在英文中应用最多的字母是 s、t，那么不管你的暗文多么晦涩，破译者也会根据使用频率最高的字母可能映射 s 或者 t 中的某个字母开始着手，很快就破译出所有密电码规则。

密电码技术在真正需要保密的机构，必须采取更先进的算法，而这些算法都是数学家发明的。自诞生之日起，密码技术就是一门高科技学科。研究加密和破解加密永远是此消彼长，既然都是人发明的方法，也一定有别人能破解，要做到百分百的“保密”，恐怕也会存在无人能读懂的风险。

浓缩的，都是精华！——通信压缩技术

无论是在计算机领域，还是在通信领域，压缩的目的只有一个，那就是“节约”！节约存储空间、节省线路带宽、节省传送时间，都会给人类带来好处。当然，有些信息压缩会导致信息丢失或者失真，如声音、图像的压缩。比如 IP 网络中传送语音，一般都会采用压缩技术，如采用 G.723 压缩算法。语音压缩造成的失真，如果用户能够接受，那么这种压缩就是成功的；如果用户不感知，那么这种压缩就是非常成功的！资源有限的网络还不得不采用压缩技术，“打肿脸充胖子”只会丢失更多的信息。VoIP 有几种常用的压缩算法：G.723、G.729、GSM 和 iLBC。如果不压缩，采用 G.711 算法，在质量很差的 IP 网络上，语音质量会让人无法忍受。音乐、视频都有各自的压缩算法。我们经常听到诸如 MP3

和 MP4 这样的媒体技术，它们流行的最关键原因不是音质和画质，而是在保证基本音质和画质的基础上更利于在互联网上传播。如果不考虑信息传递，CD 的音质会比 MP3 更让听众愉悦。

还有一种常用的语音压缩技术 ADPCM，中文翻译为“差分自适应 PCM”。这是一种采用平均值的方法来压缩语音编码的技术，也就是说，用差值替代绝对值。如图 6–13 所示，要传送一组较大的数字，只需传送其中一个数字和其他数字与它的差值即可。

压缩技术在通信领域应用非常广泛，尤其是在语音、视频等多媒体的传送方面。而作为通信网络，只是应用压缩方面的数学成就，为通信网的优化服务。

图 6-13 通信压缩技术

服务第一，顾客至上！——通信服务质量

服务质量（QoS， Quality of Service）是指决定用户满足程度的业务性能的综合效果，“为人民服务”，表达了服务对象是谁；而“全心全意为人民服务”就重点关注“服务质量”的问题了，“全心全意”，是服务质量的具体体现。

我们提醒各位，关于 QoS 的知识，很多初学者的感觉只有两个字——“烦琐”，但是在工程实践中 QoS 却非常重要。研究通信的 QoS 问题，并不只是研究如何提高 QoS，而是研究如何用最低的代价、最少的投入，让通信网满足更多的业务 QoS 的需求。也就是说，如何“花小钱，办大事”。

ITU–T 又出场了——这次他们提出了一套严肃、规范、难以理解的描述服务质量的参量，我们一一来看。

- 业务保障性能：电信主管部门提供业务，并且在使用过程中提供支持的能力。这种能力可以用以下参数表示：这个网络平均业务供应时间是多长？每年在线时间为多长？每年可“当机”的时间为多少小时以内？账单、计费出错的概率是多大？
- 业务适用性能：通信网络保证业务能够支持用户成功而且方便操作的能力。这种能力一般表现为：用户使用该业务，出错概率有多大？比如，电话的拨错概率为多少？
- 服务能力性能：通信网络保障用户请求提供业务和在请求过程中继续提供服务的能力。业务成功完成概率、业务接入概率、平均业务接入时延、网络接入能力等

参数就是这方面的参数。一万个呼叫，有多少能够成功？有多少呼叫会被系统拒绝？这些都是指服务能力的性能。

- 业务完善性能：电信网络保证业务建立之后传输损伤不能超过限定范围的能力。比如对回音的抑制能力，超过多大的回音后系统将不支持其业务传送，对于超长时延的数据包，网络要将其抛弃，那么多长的时延是个门槛呢？是 30ms 还是 1 000ms？

统计复用网络（如帧中继网、IP 网、ATM 网）有可能存在拥塞和带宽过载问题，因此其 QoS 被人们更多地予以关注。在 QoS 问题上，ATM 技术可圈可点，但是最后却因过于复杂而被放弃。而 IP 异军突起，却遇到大量的 QoS 问题，几乎成了令人头痛的“问题青年”。传统的 IP 网络只提供单一服务类型——尽力而为（Best-Effort）服务。这意味着 IP 网络会“尽一切可能”地将数据包正确、完整地送达目的地，但不能保证数据包在传送过程中不发生丢弃、损坏、重复、失序及错送现象。另外，也不会对数据包传输质量相关的传输特性（如时延、时延抖动、吞吐率等）做出任何承诺。“尽力而为”有点类似于邮政中的“平邮”，不保证到达时间，甚至不保证邮件一定能送达目的地。

怎么办呢？解决 IP 这一问题的方法就是使用智能的传输层协议。“尽力而为”服务之所以能够在全球 IP 网络中得以发展，与在网络发生拥塞时，TCP 监测分组丢弃情况的发生，并通过降低传输速率对分组丢弃情况做出响应密不可分。我们在大张旗鼓地宣扬 IP 时，往往轻视了 TCP 的存在。我们说 Everything over IP，其实是 Everything over TCP/IP。正是因为 TCP 的作用，才使得路由器中“尽力而为”的服务队列成为具有良好表现行为的队列。IP 像一个初出茅庐的小伙子，热情、乐观、奔放、充满阳光，但是“嘴上无毛办事不牢”，总是在尽力满足业务的同时忽视了对服务质量的把握，总之是“态度不错，能力一般”；而 TCP 更像一个老成持重的长者，细致、体贴、拘谨、严格——也正因此，TCP 和 IP 的完美组合，才能够成为全球最主流的通信协议！

从几个案例来看优化

1. “狡兔三窟”，我有后路！——SDH 的切换保护

我们先假设地下埋了大量的光缆，这些光缆被称为“裸光纤”。如果将交换、路由设备之间直接连接光纤，通信是可以实现的，但是如果某段光缆被挖断，后果不堪设想。光纤传送的业务量都非常庞大，断掉一根光纤会对大量用户造成影响，而要想将挖断的光纤连接起来，需要很长时间的工作，这种工作一般被称为“熔纤”，故障处理周期动辄若干小时，甚至长达几天。如果中断的是海缆，十天半个月才恢复也不奇怪。

采用了 SDH 的线路保护以后（如图 6-14 所示），一切将有所不同。对于受重点保护

的线路，从发送端到接收端可以理解为沿着光纤环路两个方向都有线路可以达到，当主用线路发生故障时，系统将自动切换到备用线路上去，并且切换时间要求控制在 50ms 以内，从而保证业务的连续性。路由器网的路由重新计算模式与之相比，速度完全不在一个数量级上。作为底层传输网络，其对业务的敏感性和安全性要求，是远远高于其高层网络的。

图 6-14　SDH 的切换保护示意图

2. 战争与合作——ATM 与 IP 的世纪之争

ATM 和 IP 的争论是通信行业在 20 世纪最后几年最为激烈的竞争。ATM 技术像一个绅士，他风度翩翩、富有责任感、敢于承担责任、顾全大局、认真细致、表里如一，但是同时也正襟危坐，不苟言笑；而 IP 则不同，他穿着花衬衫和喇叭裤，脚上拖着暴走鞋、戴着墨镜、吹着口哨，俨然一副嬉皮相。但是世界上的事情就这么有趣，被通信专家精心栽培、融合了百年通信经验教训、被无数专家看好、将作为多媒体网络未来“接班人”的 ATM 技术，却在不知天高地厚又不得不“请求评论”（Request For Comment，也可以理解为“求着别人给它一个‘说法’”）的、特立独行的、服务质量和管理能力更是一塌糊涂的 IP 技术面前不堪一击！

所有 ATM 技术都围绕着如何将各种不同需求的服务区别对待。它将各种不同的应用分为几个类型，比如恒定比特率的 CBR、可变比特率的 VBR 和不确定比特率的 UBR 业务，每种类型在 ATM 网络上被适配和传送，受到的礼遇是不一样的。从单一个体看，都是不错

的设计。但总体来看，ATM过于复杂和臃肿。

IP和ATM技术的竞争，在业内持续了若干年，基于ATM进行开发和运营的企业越来越少，其成本一直居高不下，以至于很多人认为ATM的失败是成本高造成的。从经济学原理分析，成本只是结果，真正的原因是ATM被赋予了太多的“使命”，太过追求“物美”这些使命与追求让ATM技术复杂得让人窒息，从而使其开放性和灵活性远远落后于IP技术。而IP技术吸收了ATM中的优秀成分，迅速地占领了从骨干到桌面、从家庭到企业的全部环节，完成了包括多媒体视听服务在内的所有业务的统一承载。

3. IP网络的高级模式——MPLS技术

MPLS是IP通信网的高级模式。

MPLS要解决的就是各种数据网络，尤其是IP网络的优化问题。MPLS将IP数据包根据其业务类型打上不同的“标签”，每种标签标识不同的传送优先级。优先级高就先传送，优先级低就后传送，如果优先级最低，而当时线路上带宽不足，那么等待这个数据包的，就只有被抛弃的命运了。任何客户申请业务都不会“吃大锅饭”，而是根据各自的业务优先级支付费用。

所有接下来的事情，将因打包而变得不同。首先从寻址角度看，IP网络是根据路由表寻址，而MPLS网络则根据标签来选择路由，这时候，传统的IP路由器则变成了标签交换的交换机！在数据网边缘，给数据包打标签的节点被称为标签边缘路由器（LER，Label Edge Router），根据标签进行交换的节点叫作标签交换路由器（LSR，Label Switch Router）。

交换机如何指挥数据包选择路由呢？原来，在数据包进入网络的同时，它所要走的路径就已经确定了。这条路径，一般是通过信令的呼叫（采用RSVP技术，下面将专门讲解）或者人工手动建立起来的。

MPLS在以下3个方面具有明显的优势。

- QoS：MPLS可以给每种数据包打标签，标签可用于标识传送优先级，在分配其他线路参数时，MPLS也会给高优先级的数据包提供更多的“优惠政策”。
- VPN：MPLS可以组成VPN。打上标签的数据包只会沿着特定路径传送，这就给公网上运行企业专用线路提供了技术基础。VPN可以形成多层嵌套，只要任何一个数据包封装足够多层的“标签”，就可以一层层地传递，当然，每传递一层，就把最外面的标签去除。
- 流量工程：MPLS解决数据骨干网流量工程问题时得心应手。它仿佛就是为解决网络复杂流量的问题而诞生的。MPLS可以根据网络的瞬时状态进行路径选择，如图6-15所示。

在服务质量方面，MPLS有两种选择：一种称为IntServ，另一种称为DiffServ，前者叫作“集成服务”，后者叫作“区分服务”。

图 6-15　MPLS 的流量工程

举一个小例子予以说明。

一个学校要给学生做一批校服，负责人设计了一个非常“理想”的方案——为每个学生分别定制一套，根据每个学生的身高、腰围、腿长等制作，这样，有可能任何两件校服的尺寸都不完全一样。这样做的好处是每个学生都觉得非常合适，但是缺点也是显而易见的，这样制作的成本会很高，管理上会极其复杂，制作时间也会很长。对于绝大部分的学校来说，都不会采用这种方式制作校服，而是分成几个尺寸类型，每个学生根据自己的身高、腰围、腿长选择某个类型即可。这样做，虽然对很多学生而言，身材和衣服的尺寸会有微小差异，但是并不会影响大局，这种方式的制作效率会很高、更实际、操作性强。

IntServ 就属于前一种方案。它往往和资源预留协议——RSVP 被同时提起。资源预留是指在一个信息流开始的某个时刻，就给信息流经过的整个链路“预留”一定的带宽资源，就像在晚上要上自习课，下午先拿本书占个座儿——大学里面我们无意中都使用过“资源预留”的思想。对于 IntServ 而言，任何一个信息流都有一次资源预留的操作，将严重消耗系统资源，请各位替网络核心路由器想想，它必须有能力保存所有同时经过的信息流的状态信息，要有很好的记忆力、意志力和处理能力，真不是一件轻松的事！

MPLS 的“标签交换”如图 6-16 所示。

而 DiffServ 则属于上述例子的第二个方案。它是在 IntServ 和 RSVP 解决 Internet 的服务质量问题并不如意之后才逐步发展起来的。就像制作校服一样，人们把原来很少使用的 IP 数据包头的第 2 字节——ToS 字节作为“衣服号码”。运营商在与客户签署的服务等级协议（SLA，Service Level Agreement）或流量调解协议中明确定义服务等级，DiffServ 将根据不同的服务等级设置不同的 ToS 值。注意 SLA 中 A 是“协议”，但此“协议”是 Agreement 而不是 Protocol，这是客户与运营者之间以合同形式规范下来的行为准则，并非技术标准。利用 DiffServ，任何业务流的属性都可以被简化为一个数值，告知网络该如何处理该数据流。而在整个 IP 网络中，每个带有 ToS 标识的 IP 数据包，就好像城市道路上把所有的汽车都标识为一组编号，编号小的，优先级高，通过任何一个十字路口，都必须让它们先行，编号大的则相反。在交通规则中，救火车、救护车、警车享有最高优先级（它们的编号可能是 1、2、3），而公交车享有第二优先级（它们的优先级可能是 11、12、13），其他车辆属于第三优先级（优先级有可能是 21、22、23）。

图 6-16　MPLS 的“标签交换”

4．让用户“不带走一片云彩”——流媒体业务介绍

将网络上的信息接收到本地，有两种方式，如图 6-17 所示，一种是以文件的形式将信息“下载”，并存储在本地；另一种是通过“流”的方式从上端传送下来，在本地不存储。

图 6-17　基于下载方式的传送和基于流方式的传送

利用下载方式传输音频 / 视频信号存在一个重大问题：音频或者视频（A/V）信息量大，下载时间长，并且需要比较大的存储容量。如果不将文件完全下载，你是无法看到或者听到视频或音频的——既然是下载，就必须完整地下载整个文件。另外，文件下载到用户本地，很容易被复制，版权成了大问题。

流媒体的方式能够很好地解决下载方式遇到的问题。声音、影像或动画等媒体，由 A/V 服务器向用户计算机连续实时传送，用户不必等到整个文件下载完毕，经过几秒到几十秒的启动延时后即可观看，同时在后台从服务器中继续下载。“流媒体”并不是一种新的媒体形式，而是指这种在互联网中使用的新的媒体传送方式。流媒体一方面大量节省媒体存储空间，另外一方面对媒体的版权保护起到关键作用。

如果将文件传输看作是一次接水的过程，过去的传输方式就像是对用户做了一个规定，必须等到一桶水接满才能喝，这个等待的时间自然要受到水流量大小和桶的大小的影响。而流式传输则是，打开水头龙，水就会源源不断地流出来，很快就可以打水来喝了，并且水流量和桶的大小，都不会影响用户用水（如图 6-18 所示）。从这个意义上看，“流媒体”这个词是非常形象的。

爱奇艺、优酷、腾讯视频这样的视频网站，包括抖音、快手这样的短视频服务，还有大量的直播网站，都是基于实时流媒体方式，在整个视频还未被下载完的情况下，你就可以看到视频，如果带宽不足，视频可能在下载过程中中断，等待计算机或手机继续从服务器下载一部分后才能继续观看。未来通信网中大量的音频、视频都将采用流媒体的方式进行传送，比如收看电视节目，电视节目可能是 24 小时连播的，不可能打包成一个个文件供客户下载后再观看，而是随时打开随时可以看到的。

图 6-18　接水的学问

流媒体是互联网和移动网最主要的应用之一，在整个互联网流量中，流媒体流量的占比在 50% 以上。

5. TCP 加速技术

目前主流的 TCP 加速技术主要包括双边 TCP 优化和单边 TCP 优化两种。

（1）双边 TCP 优化

双边 TCP 优化，顾名思义，就是在 TCP 连接的两端部署硬件设备或安装软件，TCP 透明代理工作在 TCP 连接的两端，两个代理之间通常通过 UDP 或其他自定义协议进行工作。

两个透明代理设备之间是广域网链路，链路质量不可控，可能会丢包、延迟，会造成 TCP 性能下降，所以在这两个透明代理之间，通常将协议转换为 UDP 协议或其他自定义协议，这些协议本身可以完全按照自己的要求进行控制，达到提高 TCP 性能的效果。同时，双边 TCP 加速还可以引入压缩、缓存等技术进一步提高 TCP 性能。

双边TCP优化比较适用于公司具有多个分支机构的情况，在这种情况下，TCP连接的两端通常比较容易控制，可以较容易地安装硬件设备或软件客户端。

（2）单边TCP优化

单边TCP加速意味着可以只在TCP的一端部署软件或设备，达到提升TCP性能的目标。

单边TCP加速的一个基本要求就是经过透明代理出去的协议必须是TCP。单边TCP加速的透明代理，在广域网一侧运行的应该是一个与标准TCP兼容，同时性能提高的TCP。绝大多数的单边TCP加速，都通过改进TCP的拥塞控制算法来进行TCP加速。

与双边TCP相比，单边TCP优化的适应性更广且更灵活。例如，只要在服务器端进行了TCP加速，所有访问此服务器的客户端都会受益，并且不需要客户端安装任何软件或部署硬件设备。这样，就更加适用于服务器的访问对象不固定的情况，例如某个服务器是广大互联网用户来访问的。

可以看出，TCP单边加速本质是一个"加塞"技术，并且无法直接实现压缩、缓存等功能，如果要实现这些功能，同样也需要双边部署。

（3）TCP BBR加速

传统的TCP拥堵控制算法源自20世纪80年代，是为低带宽数据传输设计的，解决拥堵主要考虑丢包，也就是在网络拥堵时路由器将会丢弃新的数据包。而谷歌公司发布的新的拥堵控制算法BBR采用了新的思路，考虑了网络实际的数据交付率有多快，根据最近测量的网络交付率和往返时间构建显示模型，利用瓶颈带宽和往返传播时间，最大化"近期可用带宽"和最小化"近期往返延迟"。BBR使用这些数据决定数据发送速率有多快。BBR被认为是迄今为止跨越不同自治域发送数据的最快方法，当数据路由拥挤时，能够更有效地处理流量。

2016年，谷歌开源了BBR，并已经将BBR拥堵算法贡献给了Linux Kernel TCP栈。在任何物理机、虚拟机（在云计算部分会提到）上都可以安装，实现TCP的单边加速。

6. "人人为我，我为人人"！——从P2P到P4P

P2P自诞生之日起就争议不断。它是互联网中最受用户欢迎的应用之一，也是让运营商、版权所有者最头痛的技术体制之一。P2P总是披着诱人的"外衣"，BT、电驴、PPLive、Skype，以及暴风影音，读者们应该都不会陌生。从纯粹的技术角度讲，P2P技术是互联网的一项独具特色的优化技术。

互联网发展十多年来，成功盈利模式不断涌现（拿到风险投资和成功的盈利模式是两回事），大量互联网上的业务收入颇丰，如搜索引擎、电子商务，而带宽接入则只能赚取微薄的利润。也就是说，修路的利润低，而搞运输的利润高。这里面很重要的原因就是，互联网接入流量的不均衡性和互联网内容的不确定性，让电信运营商一直苦苦探索对其的收费模式。目前，大部分互联网接入都采用包月或者统计时长的计费模式，移动互联网接入

基本采用流量计费模式。

P2P 技术就是一种大量占用互联网带宽的技术，它的存在，让电信运营商的无数带宽快速地被占用，这是 P2P 技术使电信运营商头痛的最大原因。

试想，任何两个信息交互点，A 向 B 传递信息，方法很简单——A 把有效信息复制一份传递给 B；如果 A 希望把信息传递给 B、C、D、E……Z，那么一般情况如何做呢？A 把有效信息复制一份，传递给 B，再复制一份传递给 C，再复制一份传递给 D……最后再复制一份传递给 Z。这种方式，A 需要有足够的性能去处理这么多的信息传递，并且 A 本身需要有足够的带宽同时处理若干信息的传递。A 承担巨大的压力，不堪重负。

另外一种思路是，A 只将信息传递给 B 和 C，B 和 C 分别传递给 D、E、F、G、H，它们再分别传递给 I、J、K、L（如图 6-19 所示）。任何一个获取了信息的终端都可能被其他未获取信息的终端当作新的信息服务器并从中获取信息。在 P2P 技术中，获取了部分信息并可公开给其他终端下载的信息点，有一个有趣的名字——“种子”。

图 6-19　C-S 结构 PK　P2P 结构

P2P 一直客观存在但是却不受运营者尤其是互联网缔造者的欢迎——它支付了太少的钱而占用了太多的资源。当然，P2P 的支持者会认为 P2P 只是变废为宝。

P2P 目前在互联网的应用存在一定的法律风险。大多数在 P2P 网络上共享的文件是版权流行音乐和电影，包括各种格式（MP3、MPEG、RM 等）。在多数司法范围内，共享这些复本是非法的。

节能与综合利用

节能与综合利用是通信行业的一个综合优化领域，是关系国计民生的重要课题，也是我们通信网络优化最严肃、最迫切的课题之一。

通信行业隶属于工业，是国民经济的主体产业之一，也是资源、能源消耗和污染物排放的主要领域，我国政府要求，加快建设工业和通信业节能与综合利用标准体系，深入推进节能、环保、综合利用、低碳等标准的制定与实施，是破解资源与环境约束的内在需要，并已成为促进工业转型升级的重要措施。

通信行业的节能与综合利用，重点领域包括资源节约、能源节约、清洁生产、温室气体管理、资源综合利用领域。在资源节约领域，国家已经出台相关标准，并进一步推动电信基础设施的共建共享（如成立专门的铁塔公司，就有这方面的考虑），以及电信终端产品的配件通用化标准的研制工作。在能源节约领域，在继续完成产品节能标准的同时，加快推进通信行业能耗检测系统标准的制定，积极探索绿色 ICT 技术促进其他行业节能减排的标准研究工作。在清洁生产领域，继续完善通信行业在产品生态设计和服务型生产过程中的清洁生产标准。在温室气体排放领域，加快完成通信产品的各类碳排放评估标准。在资源综合利用领域，在原有回收处理和旧通信设备鉴定等国家标准的基础上，根据资源综合利用的实际情况进行标准的更新和补充完善。

Chapter 7

第7章

通信网络基础框架透视

如果你深入地研究通信技术，研究其中错综复杂的逻辑关系、构思巧妙的设计理念、严丝合缝的理论推演、千变万化的表现形式，你会发现，通信网简直就是一门美得令人叹为观止的艺术！只是这门艺术和绘画、雕塑、摄影这样的常规艺术不同。绘画、雕塑和摄影的美，如廊上的风铃，人一走过，就会叮当作响。而通信技术的美，却如一把折扇，张弛有道、收放自如。期待各位读者走进通信技术中，用心去体会它的美。

如果说前面3章是对通信网技术的纵向梳理，接下来的章节将对通信网基础应用领域进行横向切分。本章是以下几章的“先修课”。

从第8章开始，我们将对几乎所有常见的通信网络基础知识进行讲解。大量外表“可憎”的名词、术语、定义、概念、原理将充斥于每个通信技术门类之中，从一般的学习规律来说，这很难不产生混淆。为此，我们将在本章向读者们描述通信网络的框架分类，并对每个类型的通信网络的研究重点进行提纲性分析。这样做的目的是，在不同业务种类的通信网技术之间进行比较，区分各种技术之间的关联。这样做的好处是，容易区分各个概念所属的范畴，也更有助于读者的理解。

演进，是通信网永恒的主题，永远处于发展中的通信技术，其分类法多种多样，无论哪种分类，都很难做到完全严格和完全清晰。这符合自然辩证法。通信网是人类工业革命后的产物，是新生事物，其发展也随着人的创造发明以及其他学科的进步而同步发展。新技术不断涌现，有的能明确归为其中某类，有的却不能，有的还同时具备几个类别的特征。而跨技术类别的新鲜事物的出现，本身就是通信网演进的特点之一。比如在传输网和数据网之间的界限本身就不太明确的情况下，又出现了分组传送网技术（PTN）——它是数据网和传输网结合的产物——任何的归类都有不妥之处。分类本身的价值如果无法体现，反倒会引起初学者更大的困惑。类似的技术还有ATM（数据、语音皆可传送）、IP网的无线接入网（IP RAN）、3G/4G/5G（既可理解为语音移动网，也可理解为数据网的移动传送网）等。为了便于讲解，专家们只是粗略地将所有通信网归结为传送网、语音网（交换网）、数据网和支撑网几大类。我们也遵循这样的说法进行大致的分类。只是这几种类型，可能你中有我，我中有你，也可能互为依托、相互渗透，因此，我们希望各位能够明确它们之间的逻辑关系，便于对后续内容的理解。

传送网——一切通信网的基础

传送网是电信网的基础网络，专门用于多种业务的传送保障，使每个业务网的不同节点之间、不同业务网之间互相连接在一起，形成四通八达的业务网络。同时，传送网的容量、安全性、容错能力、成本及其适用范围是其研究重点。它一般处于交换网、数据网、移动

网和支撑网之下，是用来提供信号传送和转换的基础架构。这一行业的从业人员往往管这个领域叫“传输专业”。

语音网——百年历史，成就卓著

简单地说，语音网为用户提供相互之间的语音通信，当然包括固定网（PSTN）和移动网（PLMN）的语音通信，它往往被称为“交换网”。语音网一般研究的介质实体是程控交换机、移动基站、接入网设备、软交换、NGN、IMS，当然也包括电话机、传真机、手机、SIM 卡等。一般研究的技术有 A/D 和 D/A 转换、交换原理、电话号码管理、传真技术、语音压缩技术等。PSTN 是最成熟的电信网，和数据网的结合越来越紧密。随着 NGN/IMS 技术的发展，PSTN 被逐步替代。这一行业的从业人员往往管这个领域叫“交换专业”。

数据网——通信新贵，未来之星

数据网是在 20 世纪最后十几年开始高速发展起来的，随着行业企业信息化进程加速的过程发展，是相对发展较晚、技术变化较快的网络。数据网是用来传送数据信息的，包括互联网数据、DDN、帧中继、VPN、视频业务等，随着业务的不断融合，语音也作为数据业务传送，典型的案例是 4G 网络的语音就全部采用 VoLTE。数据网研究的介质实体包括路由器、交换机、防火墙、服务器、视频终端、MCU、音视频编码等。一般研究的技术类型有帧中继技术、ATM 技术、TCP/IP、路由协议、MPLS、P2P（P4P）、CDN、流媒体、未来数据网络（FDN）等。数据网技术体制多样，应用广泛，以 TCP/IP 为基础的数据网成为电信网的基础承载网络。这一行业的从业人员往往管这个领域叫“数据专业”。

支撑网——默默无闻，鞠躬尽瘁

支撑网是现代电信网运行的支撑系统。一个完整的电信网除了有以传递电信业务为主的业务网之外，还需有若干个用来保障业务网正常运行、增强网络功能、加强网络控制和管理能力、提高网络服务质量的支撑网络。支撑网中传递相应的监测和控制信号。支撑网包括同步系统、公共信道信令网、传输监控系统、计费、认证和营账系统以及网络管理系统等，其并非业务开通必需的系统，但没有它们，电信网就不能称之为电信网；没有它们，传统增值服务、管理、运维、营账、计费、监控等都无从谈起。这一行业的从业人员往往管这个领域叫“支撑专业”。

综合网——通信网中的混血儿

我们发现自然界有个规律：越是让人振奋的东西，越是不守规则。比如孩子，绝大部分人都喜爱孩子，但是孩子是最不遵守规则的，因为他涉世浅，没有定式，天马行空，难以驾驭。通信网中的新鲜事物，大都也具备“不遵守规则”的特征。它们可能跨度几种网络，综合几种技术体制的优势和特点，给通信学界带来新的热点，但是，却难以分类。于是，我们决定增加一类“综合网”，就好像穷举一个事情的若干种可能结果，在列举了 10 种可能性之后，加上最后一种可能性——“其他”，这是一种典型的偷懒表现，我们却不得不偷这个懒，因为通信技术中有太多跨传送网、语音网、数据网的技术，多得让人目不暇接。

比如 MSTP，将以太网技术、IP 技术和 SDH 技术结合在一起，能够解决城域网中 IP 传送的安全问题，但是它却给分类造成了一定的困难。

NGN 究竟属于语音网还是数据网，又说不清楚了。NGN 和移动网的 IMS 只是一种网络架构，它应该由语音网、数据网、支撑网等多种网络混合而成，提供的也是语音、数据以及它们相结合的业务（如 Voicemail 等），因此 NGN 也很难被归为任何一类。

ATM 网络是利用固定帧长的 ATM 技术，承载数据业务、语音业务和视频业务，其统计复用的特点，能够同时将多种业务根据各自服务要求等级在同一个网络上传送，因此 ATM 网络也是一种综合性的、不能简单隶属于数据网络的技术，虽然其设计原理是基于数据网思想的。

ASON，已经超越了常规意义上的“传送网”和“数据网”的概念，是传送网的一个发展方向。

各种网络的结构关系

我们来看看图 7-1。

这幅图的多个层次表示通信网的各个技术层面，从底层的光纤网络到 SDH/OTN 再到 IP、MPLS、PSTN 再到 SDN 时代被抽象出来的 Overlay 网络，每个层面都有各自的拓扑结构，也都有各自所担负的职责，ISO/OSI 为什么要把通信网分为 7 个层次？就是为了让通信网的各个角色各尽其职，同步发展，任何层面都可以有自己的创新而不至于微小的调整就让整个网络架构“伤筋动骨”。

通过图 7-1，我们也期待各位读者学会看网络拓扑图。网络拓扑图都是示意图。大家想象两台路由器之间的连接，如果一个工程师像盲人摸象一样从一台路由器顺着连接线到达另外一台路由器，中间很可能要经过一系列设备：路由、交换、防火墙、负载均衡、SDH 节点、中继器等，但是在拓扑图上，IP 网络规划师有可能在某张拓扑图上，仅仅在两

台路由器之间画了一根实线，并在实线上标注了传输速率，仅此而已。

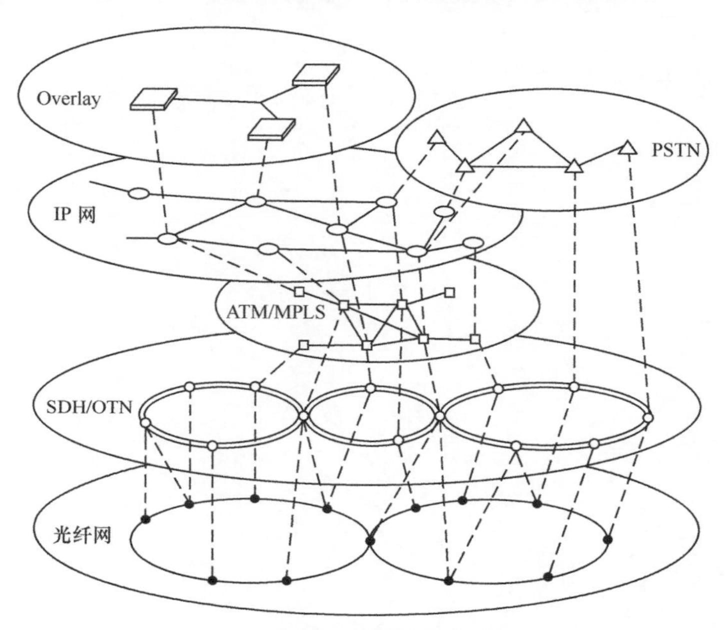

图 7-1　多层网络的拓扑图

为什么要忽略中间这么多网络实体呢？在我们研究数据网时，就潜心研究数据网的路由、交换、安全问题，不要受传输网络自身拓扑结构的影响，才能结合数据网自身的特点做出分析和规划。在网络维护工程师定位设备故障时，也是按照层级顺序查找问题，在每一层都要判断是否连通、封装方式是否统一、路由设置是否正确、业务逻辑是否合理、同步时钟是否一致，不能盲目地穷举式“尝试”，否则会耽误大量宝贵的时间。

Chapter 8

第8章 通信网中的传送介质和传输网

1870 年的某一天，英国物理学家到皇家学会演讲光的反射原理，他做了一个简单的实验。他在装满水的木桶上钻了一个孔，然后用灯从桶上边把水照亮，结果使在座的皇家学会的观众们大吃一惊——放光的水从水桶的小孔里流了出来！水流呈抛物线状弯曲下来，光线也跟着水流的曲线弯曲下去，似乎，似乎光被水“俘获”了！！！

人们很快发现，这个结果是全反射作用引起的。当光从水中射向空气，入射角大于某一角度时，折射光线消失，全部光线都反射回水中。表面上看，光好像在水流中弯曲前进，实际上，在弯曲得“恰到好处”的水流里，光仍沿着直线传播，只不过在内表面上发生了多次全反射，光线经过多次全反射向前传播！

这看似不经意的小实验，直接导致了当粗细如蜘蛛丝一般的玻璃纤维被发明之后，就立刻用来传导光线，当然，这么细的丝传光线，目的不是为了照明，而是为了传送图像（如制作医学用的内窥镜）或者信息（通信）。

从某个角度讲，丁达尔是光通信的鼻祖（见图 8-1）。

图 8-1　丁达尔和他的试验

甲指着一根光纤，问：这根光纤是多大带宽？乙回答：100M！甲又指着另外一根光纤，问：这根呢？乙回答：1 000M，也就是 1G！甲就奇怪了：这两根光纤并没有区别啊，它们来自同一个供应商的同一个批次，它们采用的原材料、制作工艺和设计参数都一模一样，怎么一根是 100M，另一根就是 1 000M 呢？

这是个有趣的问题。光缆或者电缆，本身可容纳的带宽是海量的，只是你需要探究如何利用它才能发挥最大效能。很难和城市道路类比，再高超的道路管理者，也不可能在同一时刻让 10 车道的道路并排跑 20 辆普通汽车。

那么通信中的各种线路，它们的容量是由谁来决定的呢？线路的介质本身，和线路“两端的设备”，都会对其承载带宽造成决定性影响，而相同的介质，如果线路两端设备不同，其承载带宽也不完全相同，甚至差异很大！无论是双绞线、同轴电缆还是光纤，以及我们往往忽略掉的一种传送介质——空气，都是这个规律。

本章所讨论的内容就是通信网中的传送介质和传输网。

如何选择传送介质

不同的通信网络制式需选择不同的传输介质。那么，在特定的网络中采用特定的传输

介质，有何规则？那就让我们看看选择通信网传送介质的四大依据吧。

- 拓扑结构：如星形结构不适合选用同轴电缆，可选择双绞线等方式（注意这里提到的星形结构是指物理结构，实际上双绞线组成的局域网从机理角度来说，应该是总线型结构）。
- 容量：介质提供的传输速率、可靠性和差错率应能够满足要求。在可能的情况下，尽量选择可靠性高的介质。当然，可靠性高的介质，其本身的成本也会增加。
- 应用环境：包括传输距离、环境恶劣程度、信号强度等。
- 成本：选择网络介质的一个重要因素是考虑已有投资成本，以及新投资的成本。

有了上述四大依据，人们已经形成了普遍的认识，在哪种网络环境中应用哪类线缆或者光缆，不用再专门花心思去“挑选”。根据用户需求、成本和运营规模而选择的网络制式，已经决定了采用传送介质的类型。

然而在研究所有传送介质之前，有必要先了解这些介质为什么能传送各种频率、各种带宽的电磁信号。这是物理学范畴的知识在通信中的具体应用。我们讨论传送网，需要先从频谱和带宽讲起。

从频谱到带宽

我们从最简单的例子来类比“频谱”的含义。

任何一种物理介质，都有自己的“频谱”，也就是说，电磁波在这种物理介质中传播，不同频率、波长的电磁波，其穿透过程和结果是不一样的。从结果来讲，有的能穿过，有的无法穿过；从过程来讲，即使穿过去，有的衰减严重，有的衰减较轻。物理介质仿佛是一扇奇怪的门，特别胖和特别瘦的人都不能通过，即使能通过，每个人的表现也不尽相同，有的人气喘吁吁挤不过去，有的人大摇大摆轻松通过。

反过来说，同一个频率的电磁波，在不同的物理介质中传送，其过程和结果也是不一样的。很多生活中的例子让我们更容易理解。为什么在事故高发的地段，一般采用黄颜色的警示灯？因为黄色在空气中的穿透力是所有颜色中最强的。为什么人类用γ射线来做手术？因为γ射线的穿透力特别强，能够透入人体内部并与体内细胞发生电离作用，电离产生的离子能侵蚀复杂的有机分子，如人体内的恶性细胞，这时候它就成了为医疗事业做出巨大贡献的“γ刀”。不同频率的电磁波在穿透、传导能力上是有差异的，而每种物理介质对不同频率的电磁波的通过能力也是不相同的。

一个概念诞生了——“通过频率”——它是物理介质能够通过的电磁波的频率范围。

这种“通过频率”，对通信有什么意义呢？

频率越高，在相同时间内可做的动作就越多。看过乔丹打球吧？他跳起来一下，可以做 4 个动作，而一般人只能做 1 个。而对频率而言，一秒钟如果是 100 次（100Hz），可以做 100 个动作；如果是 1 000 次（1 000Hz），可以做 1 000 个动作。如果每个动作可以传送一个数字 0 或者 1，那么对于 100Hz 的频率，你可以传送 100 个 0 或 1，也就是 100bit/s；对于 1 000Hz 的频率（每秒钟 1 000 次震动），你可以传送 1 000 个 0 或 1，也就是 1 000bit/s！

那么是不是通过频率高的物理介质，其可传送的带宽也更宽呢？并非如此！因为高频信号实际的作用是用来承载那些低频率的数据，这就是通信中的“调制”技术（其反向过程叫“解调”技术）。把低频率的信号搬移到高频率中去，让信号更易于在线路上传送，不易受到干扰源的影响，使通信的传输距离和传输质量都获得质的飞跃。并不是每个高频自身的波形都一定携带更丰富的信息量。

调制之前或解调之后的信号，称为“基带信号”，它们一般都在低频范围内，这时候每个波形承载的信息量越大，其数据带宽则越宽。而经过调制之后的信号，称为“频带信号”，其数据带宽并没有发生改变，只是信号更容易在线路中传送了。

刚才我们得出了 100 位每秒和 1 000 位每秒两个数字，这是什么？不妨把 100 位每秒表示成标准化语言：100bit/s，看到了么？我想你一定和我们经常见到的一些词汇联系起来了！100Mbit/s 是什么意思？ 100 000 000bit/s！ 1 000Mbit/s 呢？ 1 000 000 000bit/s 也就是 1Gbit/s！

这就是通信中不断被人提及的术语——“带宽”！

带宽在通信中具有两方面的含义。一个是频率范围（单位是 Hz），一个是数据流的频率（单位是 bit/s，每秒钟的位数），在模拟通信和数字通信中，这两者所表示的含义有所不同。我们来分析一下数字通信中一根线缆的数据流频率问题。对于一根线缆而言，假设线缆两边的设备让这条线缆拥有 100bit/s 的数据带宽。相当于一条 10 车道的道路，如图 8-2（a）所示。这 100bit/s 的线路带宽会不会被一直占用呢？未必！就像这 10 车道的道路，如果某个时刻，有 3 辆车通过，那么我们说在 10 车道可利用的情况下，实际的流量为 3（如在 t_1 时刻）。对于线缆来说，虽然容量为 100bit/s，但在 t_1 时刻，只有 30bit/s 的数据流量，而在 t_2 时刻，只有 60bit/s 的数据流量，或者叫数据带宽［如图 8-2（b）所示］。

我们可以把 100bit/s 理解为线路的标称带宽，而 30bit/s 则是某一时刻的实际带宽占用量。线路两边的设备会按照线路的标称带宽进行设计，因此标称带宽成了我们日常所描述的线路带宽的数值。比如 100M 以太网，就是指这根网线的标称带宽为 100Mbit/s。

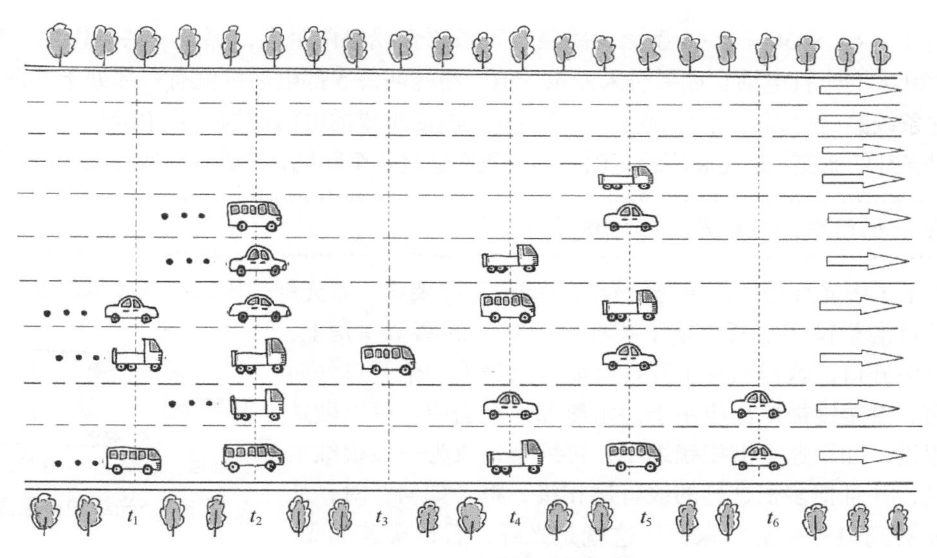

图 8-2（a）　10 车道某时刻的车辆

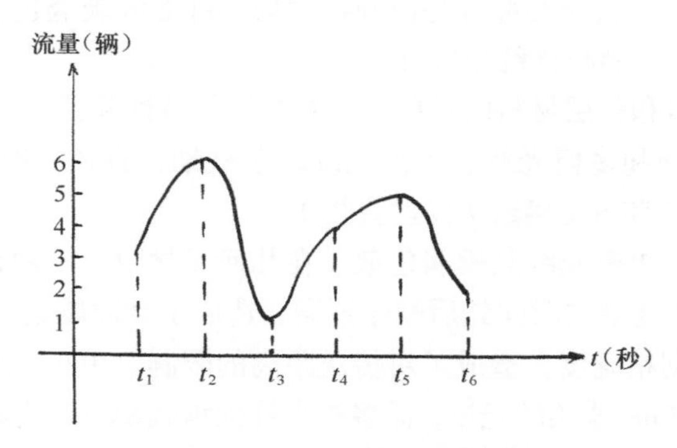

图 8-2（b）　某时刻的数据流量

看得见的"线"——有线网络的传输介质

1. 光纤

我们经常看到这样的描述：在比一根头发丝（直径 60 ~ 90μm）还要细得多的光纤上，可以提供上万人同时打电话的容量。这只是一个简单的除法。对于一对 622Mbit/s 的光纤（一根收一根发）传送通道，如果传送 64kbit/s 的语音，那么能传送多少路呢？622Mbit/s 就是 4 条 155Mbit/s，就是 4 × 63 条 E1 线路，每条 E1 线路 30 路语音，这样下来就是 4 × 63 × 30 = 7 560 条语音线路。每条语音线路两个人，那么一共可以供 7 560 × 2=15 120 人同时打电话！如果引入爱尔兰值，高峰期每 5 部电话机就有一部处于通话状态，那么这条线路就可以容纳 7 560 × 5=37 800 部电话组成的电话网的对外中继！

对光纤的研究，是光通信的基础。下面我们通过 3 个问题，来讲讲一些有关光纤的事儿。

第一个问题：光纤是如何传送信号的？

为了了解光纤是如何传送信号的，我们有必要看一看光纤的内部结构（见图 8–3）。

见过潜望镜吗？两块镜子装在一个盒子的两个拐角上，盒子两头开口，这样从一个开口就能看到另外一个开口外面的东西。潜望镜被广泛应用于潜水艇和坦克当中。可以做这样的假设，如果这个潜望镜缩小，再缩小，成为一根很细很短的线，并且把多根这样的线首尾相接，将会如何？对，从一头能看到另外一头的东西！这就是光纤，看似柔若无骨，其实可容宇宙！

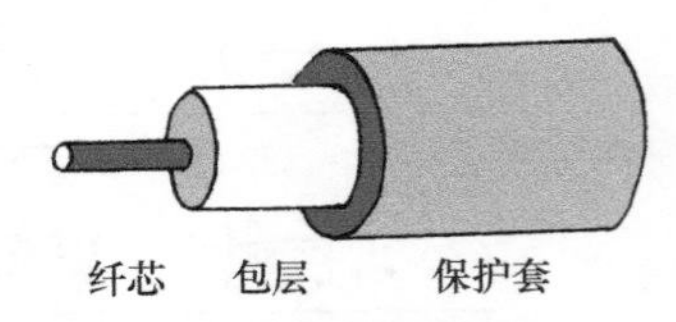

图 8-3 光纤的横截面图

通信中使用的光纤，其核心部分是由圆柱形玻璃纤芯和玻璃包层构成，最外层是一种弹性耐磨的聚乙烯护套，整根光纤呈圆柱形。

纤芯的粗细、材料和包层材料的折射率，对光纤的特性起着决定性作用。

光纤分为单模光纤和多模光纤。单模光纤纤芯极细，直径一般小于 10μm；多模光纤纤芯较粗，通常直径在 50μm（接近头发丝直径）。

从光波长来区分，单模光纤其模间色散（在几何光学中，一种频率的光波以不同的角度入射到光纤中，到达终端的时间先后顺序不同，造成了脉冲展宽，从而出现的色散现象，这种现象将会降低数据精确度，造成了对传送距离的限制）很小，适合于远程通信，一般承载 1 310nm 或者 1 550nm 波长的光波；而多模光纤则承载 850nm 或者 1 310nm 波长的光波。从光纤的损耗特性来看，1 310nm 正好处于光纤的低损耗窗口，因此成为光纤通信的理想工作窗口，也是现在实用光纤通信系统的主要工作波段。1 310nm 常规单模光纤的主要参数由 ITU–T 在 G.652 建议中确定，因此这种光纤又被称为 G.652 光纤。

而多模光纤可传多种模式的光，但其模间色散较大，这就限制了传输数字信号的频率，而且随着距离的增加会更加严重。因此，多模光纤传输的距离就比较近，一般只有几千米。

光纤零成本，因为其原材料的主要成分是“硅”。硅？这个元素好熟悉啊！对，Intel 的 CPU 也是硅做的！所有芯片的主材都是硅！要不美国怎么把计算机业核心区叫作“硅谷”呢？全世界范围内所有地理范畴的“谷”都有硅。硅是泥土的主要组成部分（二氧化硅），成本低廉、获取方便。反倒是光纤外表皮的石化制品成本更高一些。

第二个问题：海底光缆是怎么埋下去的？

美国和中国是通过什么管线通信的？根据常规思维，无非两种途径：地下埋的，天上飞的。

天上飞的好理解，卫星！可是卫星的成本有多高？一颗卫星为了传送几十兆（也有几百兆到几个 G 的）比特速率的数据，投入太大了！一颗卫星从设计、制造到发射，一般都在几十亿元以上，要使卫星成为带宽通道，制造、发射、维护，每项成本都高得令人咂舌！想想美国铱星公司怎么死掉的。当然，特斯拉的埃隆 · 马斯克计划将上万颗通信卫星发射上天，可这也只是一个梦想，况且仔细算算账，这上万颗哪够用啊！

现实点，最好在地下埋光缆。问题又来了：美国和中国之间，难道走加拿大—阿拉斯加—俄罗斯—中国？可是从阿拉斯加怎么到俄罗斯呢？它们之间没有陆地连接！中国和美国之间是浩瀚的太平洋，是海底光缆大显神威的时候了！

深海光缆的结构比较复杂：光纤铺设在 U 形槽塑料骨架中，槽内填满油膏或弹性塑料体形成纤芯。纤芯周围用高强度的钢丝绕包，在绕包过程中要把所有缝隙都用防水材料填满，再在钢丝周围绕包一层铜带，然后焊接搭缝，使钢丝和铜管形成一个抗压和抗拉的联合体，在钢丝和铜管的外面还要再加一层聚乙烯护套——讲的这么热闹，其实就是一个意思：这样严密多层的结构是为了保护光纤、防止断裂以及防止海水的侵入。在有鲨鱼出没的地区，在海缆外面还要再加一层聚乙烯护套。

海缆系统的远程供电也十分重要，海底电缆沿线的中继器，距离在 60 ~ 70km，要靠登陆局远程供电。海底光缆用的数字中继器功能多，比海底电缆的模拟中继器的用电量要大好几倍，供电要求有很高的可靠性，不能中断。

铺设海底光缆的船装有大量的专用设施，船在海上边行驶边拉缆。而海缆就直接铺设在海床上，光缆很粗很重，外皮有很强的耐腐蚀性，不用在上面埋泥沙之类的覆盖物，这样可以最少地触动周围的海底生态环境，并且增加海底生物的遮掩地和附着物面积，有利于海洋生态环境。一般来说，海底光缆本身的设计就必须保证光纤不受外力和环境的影响，要考虑海底压力、船锚和海洋生物的伤害（千万别指望在海底写上“光缆无铜，偷之无用”的标语来教育凶猛或者温和的海洋动物）、渔船拖网，还要考虑铺设与回收时的张力。海缆的维护也非常复杂，一般都是通过光脉冲来寻找断点的。

正是这种复杂性，全世界能生产和铺设海底光缆的公司很少，成本也高昂（当然比卫星还是便宜很多）。

1850 年，法国电报公司曾在英法之间的英吉利海峡铺设了世界上第一条海底电缆，当然，只能发送莫尔斯电码，50 多年后，环球海底通信电缆才完全建成。1988 年，美国与英国、法国之间铺设了越洋的海底光缆，全长 6 700 千米，这是第一条跨越大西洋的通信海底光缆，标志着海底光缆时代的到来。第 2 年，跨越太平洋的海底光缆也建设成功，全长

13 200 千米，从此，海底光缆就在跨越海洋的洲际海缆领域取代了同轴电缆，为全球互联网的广泛互联奠定了基础。

1997 年 11 月，我国参与建设的全球海底光缆系统（FLAG）建成并投入运营，这是第一条在我国登陆的洲际光缆系统，分别在英国、埃及、印度、泰国、日本等 12 个国家和地区登陆，全长 27 000 多千米，其中，中国段为 622 千米。

2000 年 9 月 14 日，随着亚欧海底光缆上海登陆站的开通，由中国参与建设、连接亚欧海底几十个国家和地区的亚欧海底光缆系统正式开通。

海底光缆是国际互联网的“中枢神经”，它承载了全球 90% 以上的国际语音和数据传输，没有它，互联网只是一个个孤立的局域网而已。目前，全球的海底光缆总长接近 100 万千米，可绕地球 20 多圈！

第三个问题：我国的光纤网建设情况如何？

我国的光纤研究从 20 世纪 70 年代中期开始起步，经过 40 多年的发展，光纤光缆产业已经雄踞世界前列。

20 世纪 90 年代开始，国内通信产业的飞速发展带动了光纤通信市场的快速增长，最近 10 年，移动通信、流媒体、人工智能、物联网、云计算、虚拟现实等技术的快速发展，又为光纤通信注入了强心针，使得光纤的铺设速度日新月异。我国的基础电信运营商，2018 年之前，光缆线路总长度累计已达 4 000 万千米，加上广电、电力、石油等行业，全国所用光缆总长约为 6 000 万千米，耗用光纤 20 亿芯千米！

目前，国内已建成的八纵八横的主干光纤网，覆盖全国 90% 以上的县市。

我国著名的“八纵八横”通信干线，是原邮电部于 1988 年开始的全国性通信干线光纤工程，项目包含 22 条光缆干线、总长达 3 万多千米的大容量光纤通信干线传输网。其中，值得一提的是，“兰（州）西（宁）拉（萨）”光缆干线穿越平均海拔 3 000 多米的高寒冻土区，全长 2 700 千米，是我国通信建设史上施工难度最大的工程！

何为“八纵八横”呢（见图 8–4）？

八纵是：哈尔滨—沈阳—大连—上海—广州；齐齐哈尔—北京—郑州—广州—海口—三亚；北京—上海；北京—广州；呼和浩特—广西北海；呼和浩特—昆明；西宁—拉萨；成都—南宁。

八横是：北京—兰州；青岛—银川；上海—西安；连云港—新疆伊宁；上海—重庆；杭州—成都；广州—南宁—昆明；广州—北海—昆明。

2. 同轴电缆

用金属做传送介质，在没有光缆的年代是绝对的主流。金属缆实际上可以承担高带宽的应用。所有的金属都能够导电，因为它们的电磁波通过能力很强。铜金属因为在地球上

蕴含量丰富（和金、银相比）、物理特性好（容易弯曲、不易折断、耐蚀性高）、电子特性优异（电阻系数小）而被首选为通信电缆的原材料。当然，在电力传输上，它因为相同的特点，也被选为电力传输的首选介质。

图 8-4　八纵八横通信干线

金属电缆在通信网的应用中，以同轴电缆和双绞线最为广泛。本节讲述同轴电缆（如图 8-5 所示）。

同轴电缆由同轴的内外两个导体组成，内导体是一根金属线，外导体是一根圆柱形的套管，一般是细金属线编制成的网状结构，内外导体之间有绝缘层。电磁场封闭在内外导体之间，带来的好处是辐射损耗小，受外界干扰影响小。同轴电缆多用于 E1/T1 接口线缆、广电网络、设备的支架连线、有线电视、共用天线系统以及彩色或单色射频监视器的转送，在早期的计算机局域网中也经常使用，就是局域网的 10Base2（细缆）和 10Base5（粗缆），现在，它们都被 10BaseT 及其后的升级品所替代，已经基本退出了历史舞台。Base 后面的数字表示最大传送距离的百分之一。10Base2 最大传送 185m，10Base5 最大传送 500m。在光纤出现以前，同轴电缆是传输容量最大的传输

图 8-5　同轴电缆

媒介。

同轴电缆有两种阻抗，75Ω 和 50Ω。如果你把电缆的一头内外导体短路，从另外一头能够用万用表测量到其电阻 。不同的传送需求，选用不同阻抗值的同轴电缆。比如用于视频传送的，一般采用 75Ω，这可不是随便定义的！因为在低功率应用中，材料及设计决定了电缆的最优阻抗为 75Ω。用于视频的同轴电缆，传输带宽可达 1GHz，常用 CATV 电缆的传输带宽为 750MHz，而同轴电缆的优质传送，是让每个家庭享受流畅、清晰、稳定的电视节目的基础！ E1/T1 之间的同轴电缆也采用 75Ω 的阻抗。

同轴电缆的接头一般是用基础网络连接头——也就是大名鼎鼎的 BNC 接头，在第 19 章会有描述。

3. 双绞线

每一对双绞线由绞合在一起的相互绝缘的两根铜线组成，每根铜线的直径在 1mm 左右，可以用于模拟或数字传输。为什么把铜线“绞合”在一起呢？在通信中是为了抗干扰，也就是防止“噪声”对数据造成影响。注意，绞合的铜线并非“屏蔽”噪声，而是通过数学物理方法将噪声抵消，从而还原真实的数据信号。当然，双绞线的抗干扰能力无法和同轴电缆相比，因此在传送多路语音时，一般会选择同轴电缆或者光缆而不是双绞线。

双绞线最初的广泛应用就发生在一路语音的传送场景下——连接电话机的那根导线，俗称“电话线”。物理学中的“噪声”和平时生活中说的“噪声”是不同的。物理学中的很多“噪声”一般都不是真的发出声响，它们是传送过程中的其他电磁干扰，是通信信号的“车匪路霸”，比如手机放到线缆旁边，手机发出的电磁波就会对线缆的磁场造成影响——因为这种电磁波也在铜金属的通过频率范围内，这就会对铜缆正在传送的数据造成破坏。双绞线就是一种比较廉价的减小这种破坏的传送介质（见图 8-6）。

除了电话线，计算机局域网也普遍使用双绞线线缆。局域网之所以“局域”，就是指范围不大，不需要传送很长的距离，但是传输的质量必须高，线缆所在环境条件一般都很差（比如可能经常弯曲、扭曲），而需求量庞大，需要低成本、部署灵活方便的解决方案。双绞线正好满足了这一点。

图 8-6 双绞线，两根线的伟大友谊

电话线一般采用一对或者两对双绞线，而局域网采用 4 对，这些“线对”都被装在一根套管中。也有将更多线对装入一根套管，称为“大对数电缆”，一般用于从电信机房连接到室外的交接箱，从交接箱再通过若干对双绞线电缆分别连接到千家万户，用于语音通信或者 ISDN、xDSL 等的数据传输。大对数电缆在线缆铺设过程中更加方便。

计算机局域网中经常使用的双绞线有屏蔽和非屏蔽之分，屏蔽双绞线（STP，Shielded Twisted Pair）的抗干扰性好，性能高，用于远程中继线时，最大距离可以达到十几千米，这个距离已经突破了一般意义上的“局域网”。高性能决定了其高成本，而光纤完全可替代它并有更好的性能和更低的成本，所以 STP 一直没有广泛使用。应用广泛的是非屏蔽双绞线（UTP，Unshielded Twisted Pair），其传输距离一般为 100m 左右，常用的有 5 类线、5 类的加强版——超 5 类线、6 类线等，5 类线可以支持 100Mbit/s，而 6 类线则可以支持 1 000Mbit/s 的以太网连接，是连接桌面设备的首选传输介质。RJ–45 的水晶头和线览如图 8–7 所示。

双绞线两头可安装 RJ–45 或者 RJ–11 的水晶头，这个透明的头用于插入以太网交换机、HUB、计算机以太网卡或者其他 IP 设备的 RJ–45 插孔；RJ–11 接头用于插入电话机、PBX 的 RJ–11 插孔。

双绞线也可用于 E1/T1 信号的传送，由于线序不同，其两端的接口称为 RJ–48 接口。

在第 19 章会对 RJ–45、RJ–11 和 RJ–48 进行介绍。

图 8-7　RJ-45 的水晶头和线缆

4. 以太网延伸工具——光纤收发器

5 类线、6 类线只能传送 100m，根本无法满足远距离传送的要求，因此，人们发明了光纤收发器，用光纤延续 LAN 的信号，将接收来的以太网电信号转化为光信号，并在光纤上传送，到达目的地后再通过另外一台光纤收发器将信号接收后还原为电信号，送入路由或者交换设备、终端上的电接口。

如果让 5 类线延长到 100m 以上，以太网的效率就会严重降低，而采用光纤收发器，可以把 5 类线、6 类线的电信号转化为单模或者多模的光信号并传送出去，在接收端用完全对称的方式把光信号还原为电信号。因此光纤收发器一般被当作以太网长距离延伸的工具。

由于光纤收发器简单、易用，人们给它起了一个有灵性的名字——“光猫”。

有线传输设备和网络

从线路本身而言，其物理特征决定其传送的容限和特征。线路既不能做交换，也不能做路由，只能做传送——比如线路只会改变 IP 数据包的时间性能（延迟、抖动等），而无法改变 IP 数据包的内容参数（包头和净荷的内容），除非出现了误码。线路的传送带宽取决于两边连接的设备的时钟频率（有关时钟频率的概念，第17章将进行详细讲解）。

对于100Mbit/s以太网，在两台设备（有可能是以太网交换机、路由器、光纤收发器或者计算机网卡）之间连接5类（或以上）双绞线或者光纤，这些线缆就是100Mbit/s速率的带宽，最大可以支撑100Mbit/s的数据流通过。

对于622Mbit/s的SDH环，在两台SDH的节点机（一般称为ADM，即分插复用设备）之间用光纤连接，由于ADM的端口时钟频率为622Mbit/s，因此光纤也具有622Mbit/s的传输速率，最大可支撑622Mbit/s的数据流通过。

线缆两端连接着设备，它们的作用是接收外部信号并进行有效的信号调整，以保证信号在接下来的线路上稳定传送，或者将调整后的信号通过某种方式呈现出来。

下面将介绍有线传送网的网络技术。

1. 光纤传输网先驱——PDH

PDH是在光纤两端提供时钟和速率的设备之一，是传输网的“先驱”。PDH的意思是“准同步数字序列”，说它是“准”同步，是因为PDH采用的不是真正的同步方式。PDH只能用作点对点的情况，而不能像其继任者SDH那样呈环状布局。

PDH最经典的设备是“小八兆”。在一对光纤两段各放置一台“小八兆”，这对光纤可以承载4个E1/T1，如果是4个E1，那么就是8Mbit/s速率。大家可以想象，在每个“小八兆”上还有4个E1接口。

随着技术的进步，基础的传输网络几乎被SDH、DWDM等所统治，PDH基本已经被淘汰。

2. 形形色色的接口转换器

之所以叫作“接口转换器”，是因为这些小盒子的两端，分别有一种数据接口，如以太网接口和E1接口、V.35接口和E1接口等。这就给人一种假象：它们把以太网接口和E1接口进行了一个“转换”或者把V.35接口和E1接口进行了一个“转换”。其实，通信中的“接口转换”，技术原理都不是那么简单。信号因接口转换而改变了传送方式，其电气参数、帧格式等参数都可能发生变化，时钟同步方式也要发生变化。

V.35是ITU-T从20世纪60年代起开始制定的V系列接口建议之一，几经修改，已经成为一个较为全面和规范的建议，其中V.35 ~ V.37统称“V.35协议族”，实现48kbit/s ~ 144kbit/s数据传输的调制解调器。而V.35建议本身被看作是数据速率在48kbit/s和64kbit/s之间的宽带模拟调制解调器和数字终端设备（DTE）之间的接口。这在窄带时代也算是不小的进步，但随着宽带网的普及，V.35的使用范围越来越小。

3. SDH

不了解SDH就无法了解通信网。美国Bellcore公司率先于20世纪80年代提出了SONET（Synchronous Optical Network），美国国家标准学会（ANSI）通过一系列有关SONET的标准，

尔后ITU的前身CCITT接受了SONET概念，并将其重新定名为“同步数字系列”，使之成为不仅适用于光纤也适用于微波和卫星传输的通用技术体制。同步数字系列就是我们常说的SDH（Synchronous Digital Hierarchy），这里面的单词Hierarchy是指“序列”，表明SDH不是单一速率，而是有一个系列的速率，相互之间有某种内在联系。通常SDH/SONET称为“光同步数字传输网”，它已经成为通信网中“传输网”的代名词。从PDH到SDH，是一次重大革命。

PDH无法组成环网、没有倒换保护机制，而SDH在这一方面堪称完美！在前面的优化一章，我们做过介绍。

SDH拥有全世界统一的网络节点接口（NNI），它是真正的数字传输体制上的国际性标准。既然是“标准”，谁支持它，谁就能和所有支持它的其他设备对接、兼容、配合。很长一段时间，世界各国数字通信设备基本上都采用目前已被淘汰的PDH。PCM有两种不同的地区性数字体制标准：一种是俄罗斯、欧洲和中国采用的以2.048Mbit/s为基础的PCM32；另一种是北美和日本系列，以1.544Mbit/s为基础的PCM24。由于这两种系列具有不同的比特率，因此各个国家的设备只有通过光/电转换变成标准电接口才能互通，在光路上则无法实现互相调配。这给国际间互连互通带来了巨大的障碍！SDH横空出世，带着一套开放的标准化光接口，使PDH的两大数字系列得以兼容，可以方便地在光路上实现不同厂家新产品的互通，使信号传输、复用和交换过程得到极大简化，成本大幅降低，效率大幅提高！

SDH当然还有诸多好处，我们介绍如下。

- 它拥有一套标准化的信息结构等级，称为同步传送模块（STM，第4章我们已经介绍过），并采用同步复用方式，使得利用软件就可以从高速复用信号中一次分出、插入低速支路信号，不仅简化了上下话路的业务，也使交叉连接得以方便实现。
- SDH拥有丰富的开销比特（约占信号的5%），以用于网络的运行、维护，并实现了远程管理。
- SDH具有自愈保护功能，可大大提高网络的通信质量和应付紧急状况的能力。第6章中我们已经介绍过SDH的环保护能力。
- SDH网的结构有很强的适应性，它就像航空母舰，可以装载多种类型的信号，PDH、ATM、IP甚至Ethernet都能够在这艘航空母舰上承载。

4. MSTP：多业务传送平台

随着各种数据业务的比例持续增大，TDM、ATM和以太网等多业务混合传送需求的增多，广大用户的接入网和驻地网都陆续升级为宽带，城域网原本的承载语音业务的定位无论是在带宽容量还是在接口数量上都不再能达到传输汇聚的要求。为满足需要，思科公司最先提出了多业务传送平台（MSTP，Multi-Service Transport Platform）的概念。MSTP将传统的SDH复用器、光波分复用系统终端、数字交叉连接器、网络二层交换机以及IP边缘路由器等各种独立的设备合成为一个网络设备，进行统一的控制和管理，所以它也被称为基于SDH技术的多业务传送平台。

MSTP充分利用了SDH技术的优点——给传送的信息提供保护恢复的能力以及较小的时延性能，同时对网络业务支撑层加以改造，利用2.5层交换技术实现了对二层技术（如ATM、帧中继）和三层技术（如IP路由）的数据智能支撑能力。这样处理的优势是MSTP技术既能满足某些实时交换服务的高QoS的要求，也能实现以太网尽力而为的交互方式；另一方面，在同一个网络上，它既能提供点到点的传送服务，也可以提供多点传送服务。如此看来，便可发现MSTP最适合工作于网络的边缘，如城域网和接入网，用于处理混合型业务，特别是以TDM业务为主的混合业务。从运营商的角度来说，MSTP不仅适合于新运营商缺乏网络基础设备的情况，同样也适合于已建设了大量SDH网络的运营公司，以SDH为基础的多业务平台可以更有效地支持分组数据业务，有助于实现从电路交换网向分组网的过渡。

在第10章的数据通信中，我们要从数据网角度对MSTP进行分析。

5. 多车道高速公路：WDM

光通信系统可以按照不同的方式进行分类。如果按照信号的复用方式来进行分类，可分为频分复用系统、时分复用系统、波分复用（WDM，Wavelength Division Multiplexing）系统和空分复用（SDM，Space Division Multiplexing）系统。所谓频分、时分、波分和空分复用，是指按频率、时间、波长和空间来进行分割的光通信系统。

应当说，频率和波长是紧密相关的，$c=\lambda f$，频率f与波长λ的乘积则是光速c，光速c是恒定的，波长λ和频率f成反比关系。

“频分”本应和“波分”没有区别，但在光通信系统中，由于波分复用系统采用专门的光学分光元件分离波长，不同于一般通信中采用的滤波器（限制不需要的频率通过的装置），所以两者属于完全不同的系统。

WDM利用一根光纤可以同时传输多个不同波长的光载波的特点，把光纤可能应用的波长范围划分成若干个“波段”，每个波段作为一个独立的通道，来传输一种预定波长的光信号，如图8-8所示。光波分复用的实质是在光纤上进行光频分复用（OFDM），只是因为光波通常采用波长参数而不用频率参数来描述、监测与控制。随着电—光技术的向前发展，在同一光纤中波长的密度会变得很高。因而，使用术语“密集波分复用”（DWDM，Dense WDM）。与此对照，还有波长密度较低的WDM系统，较低密度的就称为“粗波分复用”（CWDM，Coarse WDM）。

这里可以将一根光纤看作是一条带有立交桥的道路，传统的TDM系统只不过利用了这条道路的地上一层，提高传送速率就相当于在这一层车道上加快行驶速度，来增加单位时间内的运输量。而使用DWDM技术，类似在这条道路上修建了多层立交桥，每层都可

以同时行驶车辆，并且每层互不影响，基于这一原理，光纤获得了大量未开发的传输能力。WDM 系统的原理和光谱示意如图 8-8 所示。

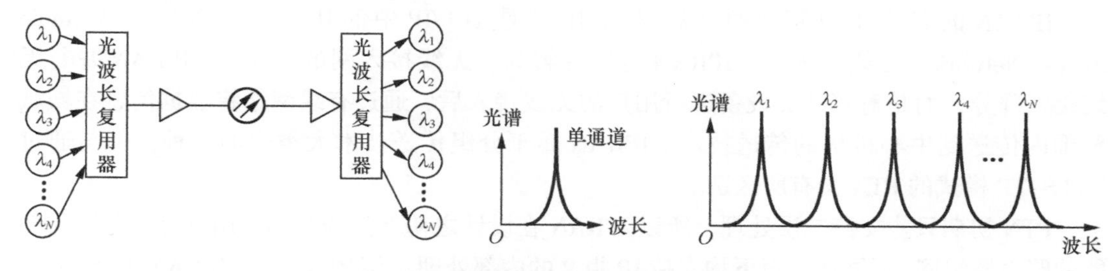

图 8-8　WDM 系统的原理和光谱示意

光波分复用一般应用波长分割复用器（这是比吉利刀片都厉害千万倍的一种特殊的“刀片”）和解复用器分别置于光纤两端，实现不同光波的“耦合”（复用）与“分离”（解复用）。

6．分组传送网、IP 化无线接入网、切片分组网

（1）分组传送网（PTN）

广域范围内的传输通道，目前，我们知道由 SDH 负责解决，在城域范围内，MSTP 用以解决 TDM 和以太网的传送，但是有一个场景，使 MSTP 逐渐显露疲态，那就是基站数据回传业务。随着 3G、4G 网络的普及以至马上要发力的 5G，其大部分交互信息都是数据业务，语音等 TDM 业务虽然重要，但所占带宽比例越来越低，数据业务，尤其是 IP 业务所需带宽量大，实时性、突发性强，要适应这个场景，就需要用到分组传送技术，也就是分组传送网（PTN）。

而 PTN 技术则完全不同，它采用 MPLS 技术的传输版本——MPLS-TP，利用二层 MPLS 的隧道（后期也逐渐加入了三层处理功能），实现数据业务的稳定传送，提供端到端的 QoS，通过 MPLS 的流量工程实现对业务路由和带宽的控制，以避免负载不均衡造成的拥塞问题，当突发业务或网络保护引起网络拥塞时，再通过 MPLS 支持的 DiffServ 机制（回顾一下第 6 章的有关内容）实现对业务承诺带宽的保障。另外，PTN 还可以实现对 E1 类 TDM 链路的仿真，也可以支持如交互式视频类型的恒定速率的以太网业务。

MPLS-TP 是为传送网量身定制的标准，是需要面向连接的，所以 PTN 没有无连接的 IP 逐条转发机制。MPLS-TP 按照 MSTP 标准制定了一整套端到端的 OAM 功能。在第 17 章运营支撑和管理计费中，我们将介绍 OAM。可以这么说，除了传送通道由刚性变为弹性之外，PTN 与 MSTP 的其他方面非常相似。

然而就是这个“弹性”，让 PTN 适用范围与 MSTP 完全不同。MSTP 的技术核心依然是 SDH，成熟稳定，对于大颗粒、固定速率、刚性带宽需求量、在城域范围内的企业应用，是不错的选择。PTN 的特点更适合城域范围内的 4G/5G 基站数据回传。中国移动主要采用

这种技术体制实现移动网络数据回传。

（2）IP化无线接入网（IPRAN）

IPRAN的名字千万别“顾名思义”，IP还是TCP/IP中的IP，但RAN原意为Radio Access Network，无线接入网。IPRAN应该理解为“无线接入网的IP化”。IPRAN并非无线接入部分，而是对基站类设备进行用户的无线接入后，通过有线网络将数据信息在城域范围内传送到中心机房的传送技术。IPRAN属于分组传送技术大类中的一种，但与通过MPLS-TP模式的PTN又有所区别。

PTN初期只能支持二层处理，所以IPRAN在设计之初就强调全部采用具有完备三层功能的路由器组网，网络从上至下均支持IP报文的内部处理。与PTN相比，IPRAN的优势是，三层功能是非常完备和成熟的，可以全面支持IPv4/IPv6三层转发及路由功能，支持MPLS三层功能、三层MPLS VPN及三层组播；并且，IPRAN在网管、OAM、同步和保护方面融合了传统传输技术的优秀元素，并进行了相应改进。

也正因此，中国电信将IPRAN设备主要定位于IP城域网，位于城域网接入、汇聚层，向上与业务路由器相连，向下接入客户设备、基站设备。中国联通则在核心层采用IPRAN，接入层设备对IPRAN、PTN不进行限制，但所有设备均需支持IP/MPLS。

（3）切片分组网（SPN）

在5G即将到来的今天，PTN的升级版本——SPN出现了。SPN是基于以太网传输架构，继承了PTN传输方案的功能特点，并进行了增强和创新，用以满足5G业务的需要。

在第13章移动通信中我们将详细讲述第五代移动通信技术，也就是我们常说的5G。5G对于4G是一次历史性的革命，带宽量增大、时延降低，那么对传送网的要求也提高很多。对于过去4G不能做的事情，通过5G就能够实现，比如5G有一种业务模型叫作超可靠、低时延类业务，用户面的目标时延在0.5ms以内，对于医疗、无人驾驶等诸多领域，这个目标是必须达到的。如果无线部分时延小，而城域传输网的时延很大，这类应用根本无法变为现实。

SPN的诞生，对这类应用是重大利好。

SPN架构融合了从物理层到网络层的功能，设备形态是光电一体的融合设备，通过SDN架构（SDN，软件定义网络，在第18章将详细介绍）能够实现城域内多业务承载的需求。其中，二层、三层分组有保证网络灵活连接能力（参考PTN和IPRAN）、灵活支持MPLS-TP（参考PTN）、汇聚路由（参考IPRAN）等分组转发机制。然后，重点来了！

一层通道实现“轻量级”的TDM交叉，支持基于66bit的定长块TDM交换，提供分组网络“硬切片”！

把这句话重新描述一下就是：对于那些对时延要求很高、带宽要求不高的业务，给客户一种专用承载工具，提供特殊的专用通道，让这些流量用最快的方式交换、转发并传送

到目的地。

中国移动推出的 SPN 方案，正在 ITU-T 标准化，业内主流厂商也已经开发完成，预计在 2019 年实现商用。

总之，诸如 DWDM、SDH、以太网、IP、MSTP、MPLS 等物理层、数据链路层、IP 层多种技术争夺分组城域传送网的市场过程中，各类 IP 传送技术互相借鉴、取长补短。上述几种技术架构，适用场景、业务诉求点、管理也分别在各自的领域发挥着各自的优势。

7. OTN 和 ASON：光传送网与智能光网络

如果要传送高容量的业务，利用 WDM 的不同光波传送；如果要传送 TDM、以太网业务，采用 SDH/SONET 整个体系架构，这似乎已经成为不错的搭配。

随着业务量的不断增大，带宽需求持续提高，我们将遇到一个“小麻烦”：一批超大型的货物需要长途运输，去找 WDM，他说，没问题，我这里的运载能力一流，运输工具超大，但就是……我无法负责这些东西的安全性，丢了我可不负责……。于是去找 SDH，他说，没问题，我这里的运载能力一流，想从哪里出发，想到哪里，中间各种保护、管理、调度，要多安全有多安全，但就是……我必须把你这东西拆成小箱子运输，可能经常还要搬上搬下，因为，我这里运输工具不够大啊……

看到了吧？WDM 的性能虽然让人满意，但它只能点对点可达，在业务保护、管理、调度等方面存在巨大的局限性，无法适应业务的高质量传送需求；而 SDH/SONET 却偏重于业务的接入和汇聚，结构复杂、大带宽传送能力薄弱。直观去想象，如果将 WDM 的光传送处理能力和 SDH 的电层处理机制进行结合，岂不美哉？于是，出现了 OTN 技术。

光传送网（OTN），综合两者之优秀基因：以波分复用技术为基础，利用其中与 SDH/SONET 类似的电层，为客户信号提供在波长或子波长上传送、复用、交换、监控和保护恢复的技术。可以把 OTN 理解为智能化的 DWDM，有相应的智能控制系统（电交叉、光交叉）。光交叉界的大牛 ROADM（可重构光分插复用器）和更牛的 OXC（光交叉连接）等技术，可以对多个光方向（如 4 个方向）中每个方向 80 个甚至更多载波进行交叉，假如一个载波有 10Gbit/s 的业务，那么单节点交叉容量可以达到 3.2Tbit/s。截至目前，业界已经有实现单载波 400G、6 000km 超长距传输的现场试验（当你看到这本书的时候，这些数字可能又要高得多了），未来，5G 骨干网海量带宽的承载就要靠 OTN 技术。电交叉的实现方式也有多种，与光交叉相比，容量稍低，但达到 Tbit/s 级别也不成问题。这就是为什么业界有此共识——OTN 是传送网的未来！

若把 DWDM 比作高速公路，它拥有超大容量、超高速率和超长距离传送，而 SDH/SONET 是城市快速路，拥有多种接入手段，多种交叉连接和复用交换手段，还具有多种维护、调度和保护措施。OTN 呢，就好比有立交桥的高速公路，在接入用户和业务调度方面拥有如红绿灯和交管系统一样的智能调度系统。那么这个小麻烦就解决了。

无论是SDH/SONET、ATM，还是以太网业务，OTN都可以将其进行透明传送。这里所谓的“透明”，是指将这些业务作为“净荷”完整地封装到OTN中，而不是将它们拆开揉碎进行处理再送入光传送网中去传送。

自动交换光网络（ASON）是以OTN为基础的自动交换传送网，其概念是ITU在2000年提出的，基本设想是在光传送网中引入控制平面，以实现网络资源的按需分配从而实现网络的智能化。ASON更多的是强调通过标准的控制信令将智能控制引入光网络，不仅仅让光传送网拥有超高性能、安全保护能力、管理维护能力，还让它能够自动发现网络拓扑、自动寻找路由，因此具有灵活的调度能力，可以实现不同厂商设备的互通和互操作。ASON实现了将传统的环状结构向网状结构的过渡，解决了端到端的电路建立能力，可以实现全网共享备用资源。许多运营商利用ASON的伸缩性提供全网的伸缩性，直接向用户提供诸如紧急突发服务、流量工程、虚拟专网等特色服务。

别拿空气不当导体——无线传输技术

几十年前，国内的无线网络覆盖已经极其发达。这种无线网络的接收终端，我们称为“半导体收音机”。20世纪六七十年代，它和缝纫机、自行车、手表一起，被新婚家庭奉为“三转一响”。接下来大家熟知的无线网络应用，是无线电视。在有线电视网普及以前，电视机都是靠天线接收电视信号的。直到20世纪末，各种电信意义上的无线固定和移动网络才获得广泛应用。

“无线网”是一个笼统的概念，不用线缆的传输都是无线传输。无线网最大的优势是不用挖沟埋线、不用架设若干电线杆，甚至终端都可以在一定范围内自由移动！

根据频率、应用场合、传送信号类型的不同，常见的无线网络通信系统除了广播、电视外，还有Wi-Fi、移动网（从GSM到5G）、蓝牙、ZigBee、对讲系统、LMDS/MMDS、卫星等。无线网络既可以传送模拟信号，也可以传送数字信号，有线网络能够提供的业务，无线网络也悉数能够提供。

无线通信技术中的一些重要分支，已经完全独立并成为专门的通信学科，如卫星通信将在下一节专门介绍，而移动通信作为其中最重要的分支，将会在第13章介绍。

在无线电波中，我们一般根据频率或波长将其分为长波、中波、短波和微波4个区域。

长波主要沿地球表面进行传播，又称地波，也可在地面与大气层中的电离层之间形成的波道中传播，距离可达几千千米到上万千米，能穿透海水和土壤。但波长越长，干扰噪声也会越大。长波多用于海上、水下、地下的通信与导航，如潜艇的通信。

中波在白天主要靠地面传播，夜间也可由电离层反射传播，主要用于广播和导航。一般中波广播（MW）采用了调幅方式（AM），所以在不知不觉中，MW就与AM画上了等号。

实际上中波广播只是诸多利用 AM 调制方式中的一种。比如高频中的国际短波广播所使用的调制方式也是 AM，甚至比调频广播更高频率的航空导航通信（116 ~ 136MHz）也是采用 AM 方式，只不过我们日常所说的 AM 波段指的就是 MW。

短波主要靠电离层反射的天波传播，可经电离层一次或多次反射，传播距离可达几千甚至上万千米，适用于应急、抗灾通信和远距离越洋通信。

微波主要是以直线距离传播，但受到地形、地物及雨、雪、雾、灯天气因素影响较大。它传播稳定、传输带宽宽，地面传播距离只有几十千米，能穿透电离层，对空传播可达数万千米，主要用于干线或支线无线通信、卫星通信等。下面重点介绍微波通信。

1. 微波通信

微波是我们常用的一种物质，它无色无味却能量强大。物理学中的微波，是指频率在 300MHz ~ 300GHz 的微波信号，波长在 0.1mm ~ 1m 的电磁波，也叫作“超高频电磁波”，说它“高”，是和一般的电磁波相比；说它“微”，是指波长值很小。

通信中使用的微波频率有以下几个具体的波段（如图 8-9 所示）。

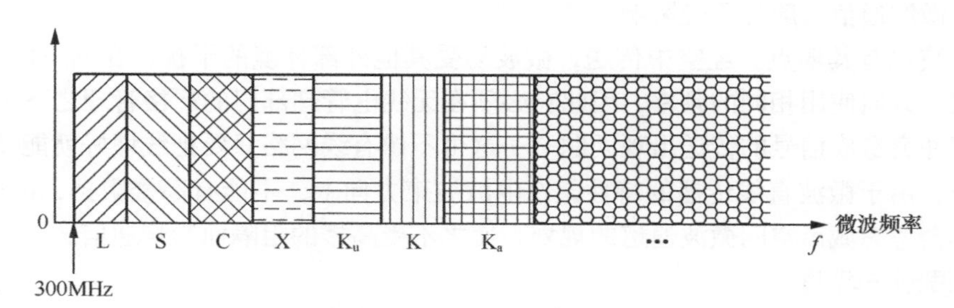

图 8-9　微波频率的几个波段

L 波段：1 ~ 2GHz，常用于移动通信。

S 波段：2 ~ 4GHz，主要应用于微波接力通信和地球站之间的卫星通信。

C 波段：4 ~ 8GHz，主要应用于微波接力通信和地球站之间的卫星通信，C 波段是其中应用最多的。

X 波段：8 ~ 13GHz，主要应用于微波接力通信和地球站之间的卫星通信。

Ku 波段：13 ~ 18GHz，主要应用于微波接力通信和地球站之间的卫星通信。

K 波段：18 ~ 28GHz，主要应用于空间通信和近距离的地面通信。

Ka 波段：28 ~ 40GHz，主要应用于地球站与空间站之间的通信。

这里举几个例子：

中国北斗 1 号试验卫星导航系统是全天侯、全天时提供卫星导航信息的区域系统。该系统在国际电联登记的频段为卫星无线电定位业务频段，上行频率 1 610 ~ 1 626.5MHz

（在 L 波段），下行频率 2 483.5 ~ 2 500MHz（在 S 波段）。

我国的 3G、4G 网络运行在 L 和 S 波段。以 4G 为例，中国移动为 1 880 ~ 1 900MHz、2 320 ~ 2 370MHz、2 575 ~ 2 635MHz；中国联通为 2 300 ~ 2 320MHz、2 555 ~ 2 575MHz；中国电信为 2 370 ~ 2 390MHz、2 635 ~ 2 655MHz。

我国的 5G 将采用 S 和 C 波段。当前工业和信息化部向三大电信运营商发放了 5G 系统中低频段试验频率使用许可。其中，中国电信和中国联通获得 3 500MHz 频段（S 波段）；中国移动获得 2 600MHz（S 波段）和 4 900MHz 频段（C 波段）。

微波站的设备包括天线、收发信机、调制器、多路复用设备以及电源设备、自动控制设备。天线是所有无线设备必需的发送和接收装置，本章会有专门章节进行介绍。

之所以把微波作为通信的首选频段，是因为微波“能量巨大”：频带宽、容量大、传播稳定，地面传播距离只有几十千米，能穿透电离层，对空传播可达数万千米。因此，微波主要用于干线或支线无线通信、卫星通信，无论是传送电话、电报，还是传送数据、传真，甚至传送视频都成为可能。微波通信具有良好的抗灾性能，在水灾、风灾以及地震等自然灾害中，微波通信一般都不受影响。

但微波也有其弱点。经空中传送，微波易受其他外部环境的干扰，在同一微波电路上不能在同一方向使用相同的频率，因此它必须在无线电管理部门的严格管理之下进行建设，防止频率冲突造成信号的传送出现问题——这可不像有线网络只要把线埋好就能使用了。

此外，由于微波直线传播的特性，在电波波束方向上，不能有高楼阻挡，因此城市规划部门都会考虑城市空间微波通道的规划，使之不受高楼的阻隔而影响通信。

2. 调制与解调

有了微波的频率分配，我们就要考虑如何利用微波传送信息。通信信道上传输信息时，并非采用原始信号的频率，而是用振荡器产生一个比较高频率的电波——“载波”，用来承载低频原始信号（就是“基带信号”）的传送。

为什么搞这么复杂？是通信专家为了提高通信技术复杂度吗？当然不是！根据奥卡姆剃刀原则，“若无必要，毋设实体”，载波的使用，是现代无线通信的重大创举。

首先，为了获得较高的辐射效率，天线的尺寸一般应大于发射信号波长的四分之一，如果原始信号频率过低，那么波长就会很长，天线的尺寸就会加大，实现起来成本会变高，有的甚至根本无法实现。

其次，将原始频率的信号调制到载波频率上，可以把多个基带信号分别搬移到不同的载波频率上，可以实现信道的多路复用。我们可以这么理解，天线就像一个人给对方打手势，他如果两只手同时打，那么就可以更快地把信息传递给对方，这里面每只手都是一个载波频率。当然，你可以用更多的“手”来打手势，也就是用更多的载波频率来承载不同的基带信号，这样，复用率会更高。

最后，经过调制后的信号，系统抗干扰、抗衰落能力明显增强，传输的信噪比也会提高。当然，提高信噪比是以牺牲传输带宽为代价的。

因此，在绝大部分情况下，都需要将输入的低频率信号“调制”到高频载波上，才能保证原始信息的高效率传送。在无线电通信系统中，选择合适的调制方式是提高传送能力的重中之重。

调制方式有很多，根据调制信号是模拟信号还是数字信号，分为模拟调制和数字调制，模拟调制方式有调幅（AM）、调频（FM）和调相（PM）等。数字调制方式有振幅键控（ASK）、移频键控（FSK）、移相键控（PSK）、差分相移键控（DPSK）、正交幅度调制（QAM）、正交频分复用（OFDM）等。你可以将振幅键控理解为通过两种振幅图形表示 0 和 1，移频键控用两种频率图形表示 0 和 1，移相键控用两种相位变化表示 0 和 1。当然，现实的调制过程，可能表示振幅、频率、相位的图形不止两个，可能是 4 个［如正交相移键控（QPSK）］甚至更多。

这就好比人做手势：大手一挥是 1，小手摆摆是 0，摆动幅度区别含义，这是 ASK；手快速摆动是 1，慢慢摆动是 0，摆动频率区别含义，这是 FSK；手从左向右划过是 1，从右向左划过是 0，摆动相位区别含义，这是 PSK；与上次姿势一样是 1，与上次姿势不同是 0，相位差异区别含义，这是 DPSK；如果两只手各自在两个互相垂直的平面上做大手一挥或者小手摆摆的动作，那么同一时刻可以输出两位信号、表达 4 种不同的意思，这就是 QAM。

我们可以用图 8-10 来进行一个简单的示意。

数字调制技术比模拟调制技术具有更好的抗噪声能力、稳定性高、灵活性强、安全性好，但传输带宽较大，对设备的处理能力要求也随之提高。目前，微波通信大都采用数字调制。

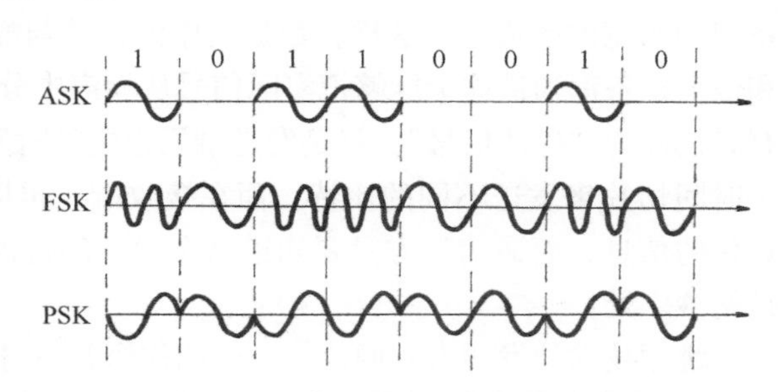

图 8-10　振幅键控、移频键控和移相键控示意

被载波调制后的高频电振荡称为已调波，它经过信道传送到接收端，经过“解调”后恢复成原始基带信号，完成传送的全过程。

3. 扩频、跳频和直接序列

在无线通信技术中，如果有高安全级传送需求，比如在军事领域的应用，就会用到一个关键的概念——扩频。作为无线通信领域最基本的术语之一，我们需要了解它的基本原理。

“扩频”就是扩展频带的宽度，简单的理念是将一个窄带传输“隐藏”在一个宽带传输中。扩频通信是把通信信号所占用的频带宽度扩展成比信息带宽高许多倍后进行传输

的技术。

扩频通信技术是在发送端先对要传送的信号进行信息调制（上一节介绍的内容），形成数字信号，然后由扩频码发生器产生的扩频码序列去调制数字信号，以“展宽”信号的频谱（一般是扩展到100 ~ 1 000倍）；展宽后的信号再经射频调制后发射出去。在接收端，收到的带宽射频信号变频至中频后，再用相同的“扩频码序列”进行同步“解扩”，使被传送的扩频信号恢复成原来的信号。

在传统的无线通信系统中，为了节约宝贵的频率资源，在能保证通信质量的前提下，总是尽量采用最窄的带宽；而扩频通信却总是反其道而行之，虽然浪费了宝贵的频率资源，但也正因此，它有很强的抗干扰性能，因此首先用于军事通信。无数惨烈的案例告诉我们，在军事通信中，通信的安全可靠最为重要。现在，扩频通信已经成为电子战中不可或缺的通信手段，并且在雷达、导航、遥控、跟踪等多个领域广泛应用。近年来，随着民用通信的迅速发展，扩频通信也广泛应用于移动通信、卫星通信等领域。

扩频一般采用多种具体的实现方式：常见的跳频（FHSS）和直接序列（DSSS），以及跳时扩频、混合扩频等。我们重点介绍FHSS和DSSS这两种完全不同的技术思想。

DSSS又称为“噪声调制扩频”。在应用中，实际信号与一系列精心挑选过的“噪声”信号相结合——不对吧，老杨，我们花那么大精力把噪声过滤掉，你可倒好，要把噪声再引入进来，这不是“引狼入室”么？！别急啊各位看官，专家毕竟是专家，就有这个“变废为宝”的本事！且听我慢慢道来：本来的窄带信号，可以通过一系列的噪声被扩展到一系列相当宽的频道上，这样，数据流中的比特与噪声比特相结合形成更宽的信号。而信源和信宿设备都知道这个能够把实际信号从噪声中分离出来的“密码”——PN码。这个密码有时被称为“碎片信号”，就是发送端用很短的时间切片来进行频繁的载波频率的切换，每个时间切片来发送不同的比特，而在接收端，再用PN码将基带信号识别出来。用噪声隐藏你的信息，而通信双方只要知道这个噪声的特性，那么有效信号将安全地被传送，这就是精妙之处！

跳频技术的发明人有两位，一位叫作海蒂 · 拉玛，美丽的好莱坞女明星；另一位叫作乔治 · 安太尔，先锋派作曲家——这听起来有些匪夷所思。他们从钢琴中找到灵感，制作了原型机并获得了专利，为Wi-Fi（这也是下一小节的内容）、CDMA无线通信奠定了基础。1942年，他们将此专利捐献给美国政府，希望能够对第二次世界大战的胜利有帮助。然而美国军方无法想象将类似自动钢琴的东西装在武器中能有什么作用，甚至由于海蒂的某种特殊身份，军方担心被两位“外行发明家”糊弄了，于是这项技术被封存起来。20世纪50年代后期，扩频技术偶然被运用到军队计算机芯片中，随后又逐步应用于手机、无线电话和互联网协议的研发上。1985年，一家美国小公司在“跳频”技术的基础上悄悄开发出名噪一时的CDMA技术，并利用申请下来的专利，迅速成为全球500强企业，这家企业就是

大名鼎鼎的高通（Qualcomm）。

所谓直接序列（DSSS）扩频，就是直接用具有高码率的扩频码序列在发送端去扩展信号的频谱，而在接收端用相同的扩频码序列去进行“解扩”，把展宽的扩频信号还原成原始的信息。

举个简单的例子，甲要把一个 100 个数字组成的序列（A1 ~ A100）通过邮差送给乙，但邮差是有窃密可能的，怎么办？你和乙事先商量一个“PN 码”，分别保存起来，比如这个码是由 100 个数字组成的序列（B1 ~ B100），甲拿一张纸，将 A1 ~ A100 分别加上 B1 ~ B100 得到 C1 ~ C100（注意，数字增加，可能位数也增加，所需“带宽”也要相应增加，这在扩频技术中不可避免）。将 C1 ~ C100 这 100 个数字写在明信片上，交由邮差送给乙，而乙只要拿出之前和甲协商好的 B1 ~ B100 序列，用 C1 ~ C100 分别减去 B1 ~ B100，得到的结果就是 A1 ~ A100 序列了，信息被还原，本次通信结束。而那位邮差，只能到 C1 ~ C100，无法获取真实信息。

当然，实际的通信传送远远比这个例子复杂，但从原理上讲是一致的。如果将 B1 ~ B100 比作刚才所提到的“噪声”和“PN 码”，这就是跳频序列（FHSS）；如果将 B1 ~ B100 比作刚才提到的“具有高码率的扩频码序列”，那么这就是直接序列（DSSS）。

通信技术一脉相承。FHSS 和 DSSS 构成了无线 LAN 初期标准的功能基础，并最终被融进我们再熟悉不过的 Wi-Fi 中。

4. Wi-Fi

目前，Wi-Fi 技术在家庭、办公室中的应用已经非常广泛了。我们首先介绍一下 Wi-Fi 命名的由来。Wi-Fi 是 Wireless Fidelity（无线保真度）的缩写。现在，Wi-Fi 已经成为无线局域网（WLAN）的代名词。

Wi-Fi 的历史，要从一个 1999 年成立的“无线以太网兼容性联盟”的组织说起。这个组织的任务是对不同厂商生产的无线局域网（WLAN）设备之间的互通性进行认证。2002 年，这个组织改名为我们熟知的“Wi-Fi 联盟”。联盟认证的根据是美国电气和电子工程师学会（IEEE）通过的 802.11x 系列标准。经过 Wi-Fi 联盟认证的标志，在产品上贴有“Wi-Fi”的标志，颁发“Wi-Fi”证书。

WLAN 的最初目的是在传统的局域网中引入无线的概念，从而使局域网中的用户可以摆脱线缆的束缚而具有一定的移动性。WLAN 使用高频率波段，发射功率比一般手机还要微弱，所以对人体没有危害，通常也不会与家用或办公电器相互干扰。况且，它本身留有 12 个信道可供调整、选择。

WLAN 不仅使人们享受到无线上网的乐趣，使企业的办公环境更加整洁，在建筑物中无须复杂的布线，只需要在局域网任何一个终端位置部署访问节点（AP，Access Point）——其实就是我们常用的无线路由器，安装有 Wi-Fi 终端的电子设备（如计算机、手机、家电等）

就可以接入局域网了。一旦 Wi-Fi 连接进入互联网，我们就把路由器无线电波覆盖的范围称为“热点”。规模大一些的无线网络，比如整个园区、办公大楼等的 Wi-Fi 覆盖还有位于核心节点的 AC(Access Controller)，用以管理控制区域内无线网络的多个 AP。

Wi-Fi 从 1997 年的 802.11 标准开始，陆续经历 802.11(2.4GHz)、802.11a(5GHz，最高速率 54Mbit/s)、802.11b(2.4GHz，最高速率 11Mbit/s)、802.11g(2.4 GHz，最高速率 54Mbit/s)、802.11n(2.4GHz 和 5GHz，在 20MHz 和 40MHz 频宽下最快分别是 72 Mbit/s 和 150Mbit/s) 等几代标准。注意，之所以后续版本增加了 5GHz 的频段，是因为 2.4GHz 频段太过拥堵，后文将介绍的蓝牙、ZigBee，都使用这一频段。

2012 年，IEEE 的 802.11x 技术标准从 802.11n 升级到了 802.11ac，2016 年又升级为 802.11ac Wave2。这两个标准，都可以同时支持 2.4GHz 和 5GHz 两个频段。并且它们的数据传输通道大大扩充，802.11ac 理论传输速率最高达到 1Gbit/s，实际传输速率在 300 ~ 400Mbit/s。但 5GHz 频率的穿墙能力较差，信号衰减也很大，只适合室内小范围覆盖和室外网桥。目前，802.11ac Wave2 已经成为无线标配。

与 802.11ac 同时被提出的还有 802.11ad，它并不是 802.11ac 的继任者，而是工作在 60GHz 频段，且无线传输速率也高达 7Gbit/s，致命缺陷相当突出：传输距离太短，不超过 10m，无法穿墙，因此，没有发展起来。

2018 年年初，在拉斯维加斯 CES(国际消费电子展) 上，Wi-Fi 联盟正式发布了 802.11ax，这被称为 Wi-Fi 的第六代标准。802.11ax 也基于 2.4GHz 和 5GHz 两个频段，若终端和 AP 都支持 802.11ax，在 160MHz 频宽下最高速率将达到惊人的 9.607Gbit/s！预测不久的未来，支持 802.11ax 将成为 Wi-Fi 标配。

我们来比较一下 802.11ac Wave2 和 802.11ax 这两者的技术差异。

802.11ac Wave 2 的一个主要特性是应用了一种叫作多用户输入输出(MU-MIMO)技术，使得其 AP 节点可以同时向多个客户端发送数据包，解决了 AP 之前一次只能和一个终端通信的问题。802.11ac Wave 2 支持的最大规格是 4 × 4 MU-MIMO，可以同时向 4 个终端共享下行的 MU-MIMO 数据包。

相较而言，802.11ax 拥有 8 × 8 MU-MIMO，可以同时向 8 个终端共享上行、下行的 MU-MIMO 数据包。另外，采用 802.11ax 标准的设备从 AP 向终端发送数据包时，一个数据包可以面向多个终端节点发送，而且这几个终端节点也能够协调，同时向 AP 端、网络上行发送数据包。数据包同时到达 AP，AP 同时接收所有的数据包，因此效率就有所提高。

802.11ac 及之前 Wi-Fi 标准采用的都是 OFDM 调制方式（我们在介绍载波、调制与解调中提到过），采用这种方式的设备，在网络中，在同一帧中只有一个标准数据包，传给客户端的时候不管帧的大小，从网络协议的角度来看，在信道发送方面额外的系统开销都是

一样的。另外，在 OFDM 系统中，用户占用了整个信道，随着用户数量的增多，用户之间的数据请求会发生冲突，服务质量会越来越差。

而 802.11ax 采用的是正交频分多址（OFDMA）调制方式，这项技术是 OFDM 技术的演进版本。OFDMA 如今已经在蜂窝移动网络中普遍应用，其可以把各种大小的数据包从调制的角度组合在一起，系统开销可以通过共享而降低，并能同时支持上行和下行，因而效率得到提高。同时，OFDMA 每一个调制信号的符号长度变成 802.11ac 的 4 倍。调制的长度越长，在多路径的情况下，AP 端、客户端就能有更多的机会充分利用多路径，通过更宽的窗口把不同角度反射过来的信号组合在一起。这就使实际应用场景中，特别是远距离传输时，在多路径比较强的情况下，解码能力增强，接收的稳定性也更强了。

5. 蓝牙技术

蓝牙技术（Blue Tooth）是由爱立信、IBM、英特尔、诺基亚和东芝等几家著名的公司联合起来制定的统一标准，目的是实现终端之间短距离数据传送，比如手机和耳机之间、笔记本和手机之间、笔记本之间的数据传送。由于其传输速率不高，传输距离也不能太远，因此被称为“短距离无线电技术”。

说起“蓝牙”的名称由来，有一种说法还真与牙齿有关：狼牙在月夜里会发出蓝光，而狼牙虽然参差不齐却能紧紧地啮合在一起，这种短距离无线电技术正是希望将外形各异、用途迥异的终端设备“啮合”在一起，故得名“蓝牙”。较权威的解释是：这个称呼来自于公元 10 世纪丹麦的一位国王 Viking 的绰号——Bluetooth。这位国王将当时的瑞典、芬兰与丹麦成功地统一起来，今天用他的名字来命名这一新的技术标准，显然含有将计算机行业、通信行业、家电行业等各自为战的局面统一起来的美好愿望。

利用小巧灵活的蓝牙技术，耳机、笔记本电脑、智能音箱、智能手表和手机等移动通信终端设备之间的通信变得非常简单。同时，还可以利用蓝牙让这些设备与互联网通信。说得通俗一点，就是蓝牙技术可使一些能随身携带的移动通信设备和计算机设备，不必借助电缆就能连网，并且能够实现无线接入互联网，其实际应用范围还可以拓展到各种消费电子产品和汽车等。在后面介绍物联网时，我们还会提到蓝牙技术。

蓝牙设备采用的是跳频技术（FHSS），能够抗信号衰减，有效地减少同频干扰，提高通信的安全性。与 Wi-Fi 早期所占用的频段一样，它也运行于全球范围开放的 2.4GHz 上，蓝牙设备（见图 8-11）一般都比较小巧，简单而可靠。

如果各位认为蓝牙技术的传送速率不够高，传送距离也不够远，那么接下来给各位介绍的就是大带宽、远距离无线传送技术，人称“无线光纤”的 MMDS 和 LMDS。

图 8-11　蓝牙设备

6. 无线光纤——MMDS 和 LMDS

工作频段在 10GHz 以上的点到多点固定无线传输设备一般称为本地多点分配系统（LMDS，Local Multipoint Distribution System），而 3.5GHz 频率的设备被称为多通道微波分配系统（MMDS，Multichannel Microwave Distribution System）。中国已经在多个城市商用了这两种系统。LMDS 除了军方的 10.6GHz 频率外，还可应用在 26GHz、28GHz、31GHz、38GHz 等频率上。LMDS 和 MMDS 被称为“无线光纤”，可见在无线设备中，它们的带宽是很高的。这类设备一般都采用一个基站的多个扇区对应多个远端节点的接收装置，不同的厂家将 LMDS 和 MMDS 设计为可支持 IP、TDM 等透明数据通道，用以解决最后一千米的数据、语音接入问题。MMDS 一般的可用带宽为双向几十兆比特每秒，而 LMDS 带宽则可高达一百多兆比特每秒——这就是它们被称为无线光纤的理由。LMDS 采用高频率，因此器件成本也远高于 MMDS。

高频率的无线电波，优势是可使用的带宽高，缺点是受外界环境影响较大，频率越高，雨衰就越严重。尤其是在我国南方湿热空气中，LMDS 很难发挥它的“无线光纤”的作用。

7. WAPI

WAPI 是我国自行制定的无线网传输标准。

WAPI 是 WLAN Authentication and Privacy Infrastructure 的英文缩写，即“无线局域网鉴别与保密基础结构”，是无线局域网（WLAN）中的一种传输协议，它与现行的 802.11b 传输协议比较相近。WAPI 是针对 IEEE 802.11 系列中所涉及的安全问题，经反复论证并充分考虑各种应用模式，在中国无线局域网国家标准 GB 15629.11 中提出的 WLAN 安全解决方

案。同时，这个方案已由 ISO/IEC 授权的 IEEE 注册权威机构审查并获得认可，甚至分配了用于 WAPI 协议的以太类型字段。2005 年，ISO 的 SC6 法兰克福会议上，由于 JTC1 秘书处和 IEEE 的反对，WAPI 冲刺国际标准的计划搁浅，这是由国际间深层次的利益争斗造成的。与 WAPI 竞争的是 802.11i。WAPI 的安全性虽然获得了包括美国在内的国际上的认可，但是一直都受到 Wi-Fi 联盟商业上的封锁。

8. 其他常用无线通信技术

新的、常用的无线通信技术层出不穷，我们给各位介绍几种。

- 超宽带（UWB，Ultra Wide Band）：该技术是一种以极低的功率（约 20mW），在极宽的频率范围内（最高可达 7.5GHz），以极高的速率（可达 500Mbit/s）传输信息的无线通信技术。该技术最早应用于雷达及防窃听等军事通信。它被认为是未来无线个人通信的备选技术。
- ZigBee 技术：这是一种耗电极低的短距离无线网络技术。取名 ZigBee，据说是取蜜蜂用曲折的舞蹈方式表示采蜜方向的含义。对于这种技术，2001 年就成立了一个叫作“ZigBee 联盟”的组织，希望研究开发一种拓展性强、便于部署的低成本无线网络，可以广泛应用于家庭、办公室等小范围内，实现家用电器的自动控制以及环境信息的自动采集测量等。
- Z-Wave 技术：Z-Wave 是一种低成本、低能耗、高可靠性的短距离双向无线通信技术，主要应用于家庭自动化、小型工业控制等领域。该技术工作于 868/908MHz 频段，有效覆盖范围在室内是 30m，室外露天大于 100m。最大数据传送速率只有 9.6kbit/s，是一种窄带应用，不适合用来传送音频、视频等数字信号，只用来传送各种控制信号。
- RFID 技术：无线射频识别技术（RFID，Radio Frequency Identification），它是近年来 IT 厂商竞相开发的一种热门应用技术。它利用无线电射频与被识别物体进行双向通信，实现数据交换，从而达到识别物体的目的。由于其识别过程无须与物体直接接触，因而被称作“非接触式射频识别”。第 18 章介绍物联网时我们会再次提到这一术语。
- 无线 Mesh 网：又称为“无线网状网”或者“无线多路网”。它可以与各种宽带接入技术和移动通信技术结合在一起，组成一个含有多跳无线链路的无线网状网。传统的无线接入技术，主要采用点到点或点到多点的拓扑结构，这种结构一般都存在一个像移动通信基站那样的中心节点。而在无线 Mesh 网络中，采用一种多点到多点的网状拓扑结构。在这种结构中，各个网络节点通过相邻的其他网络节点，以无线多路的方式相连。这种无线网状网的组网方式，可以大大增加系统的覆盖范围，同时可以提高系统的宽带容量和通信的可靠性。

9. 天线简介

我们对天线并不陌生。过去的电视机、广播、汽车，现在的 Wi-Fi 盒子，都能一眼看到天线。今天的手机其实也是有天线的，只是由于技术的进步，大部分手机的天线被隐藏起来了。

无线电发射机输出的射频信号功率，通过馈线（电缆）输送到天线，由天线以电磁波的形式辐射出去。电磁波到达接收地点后，由天线接下来（仅仅接收很小一部分能量），并通过馈线送到无线电接收机。可见，天线是发射和接收电磁波的一个重要的无线电设备，没有天线就没有无线电通信。

天线品种繁多，以供不同频率、不同用途、不同场合、不同要求的使用。按照用途分类，可分为通信天线、电视天线、雷达天线等；按工作频率分类，可分为短波天线、超短波天线、微波天线等；按方向性分类，可分为全向天线、定向天线、点对点天线等；按外形分类，可分为线状天线、面状天线；按照放置地点分类，又可以分为室内天线、基地天线、手持台天线、车载天线等。

当导体上通以高频电流时，在其周围空间会产生电场与磁场。按电磁场在空间的分布特性，可分为近区、中间区和远区。设 R 为空间一点距导体的距离，在 $R<<\lambda/2\pi$ 时的区域称近区，在该区内的电磁场与导体中电流、电压有紧密的联系。在 $R>>\lambda/2\pi$ 的区域称为远区，在该区域内电磁场能离开导体向空间传播，它的变化相对于导体上的电流、电压就要滞后一段时间，此时传播出去的电磁波已不与导线上的电流、电压有直接的联系了，此区域的电磁场称为辐射场。必须指出，当导线的长度 L 远小于波长 λ 时，辐射很微弱；导线的长度 L 增大到波长的四分之一左右时，导线上的电流将大大增加，因而就能形成较强的辐射。

发射天线正是利用辐射场的这种性质，使传送的信号经过发射天线后能够充分地向空间辐射。如何使导体成为一个有效的辐射导体系统呢？这里我们先分析一下传输线上的情况，在平行双线的传输线上为了实现只有能量的传输而没有辐射，必须保证两线结构对称，线上对应点电流大小和方向相反，且两线间的距离远远小于 π。要使电磁场能有效地辐射出去，就必须破坏传输线的这种对称性，如采用把二导体成一定的角度分开的方法，或是将其中一边去掉，都能破坏导体的对称性而产生辐射。

比如我们将距离终端 $\pi/4$ 处的导体成直状分开，此时终端导体上的电流已不是反相而是同相了，从而使该段导体在空间点的辐射场同相迭加，构成一个有效的辐射系统。这就是最简单、最基本的单元天线，称为半波对称振子天线。电磁波从发射天线辐射出来以后，向四面传播出去，若电磁波传播的方向上放一对称振子，则在电磁波的作用下，天线振子上就会产生感应电动势。如此时天线与接收设备相连，则在接收设备输入端就会产生高频电流。这样天线就起着接收作用并将电磁波转化为高频电流，也就是说此时天线起着接收信号的作用，接收效果的好坏除了电波的强弱外，还取决于天线的方向性和半边对称振子与接收设备的匹配。

通信网络中，所有无线网络都离不开天线，Wi-Fi 的 AP、手机、基站、室内直放站、卫星，存在着各种形状、各种尺寸的天线。

高空孤独的通信巨人——卫星通信

卫星通信，顾名思义，通过卫星进行通信。严格来讲，就是地球上（包括地面和低层大气中）的无线电通信站间利用卫星作为中继而进行的通信，当然，它也属于无线通信技术。卫星通信系统包含哪些呢？首先，要有一颗神奇的、挂在天上的卫星。卫星被发射上天，成为高空孤独的通信工具。然后，需要地球上有一系列装置和这颗卫星进行配合。既然是悬挂在地球上面如此之高的卫星，那么卫星通信的通信范围就很大。只要在卫星发射的电波所覆盖的范围内，任何两点之间都可进行通信，并且不易受陆地灾害的影响，可靠性高。只要设置地球站电路即可迅速开通，同时可在多处接收，能经济地实现广播、多址通信。

我们可以想象，手电筒照射一个球体，手电筒距离这个球体越远，球体表面被投射到的部分越大，反之，被投射到的部分越小。卫星是在地球以外的轨道上运行，其“照射”范围远远大于地球上的其他无线通信设施，因此其通信范围非常大。

那么通信卫星到底距离地球有多远呢（见图 8-12）？我们知道，波音飞机距离地球的距离是 10 000m（也就是 10km），而卫星呢？一般被发射在赤道上方 3 600km 的同步轨道上，另外也有中低轨道的小卫星通信，如摩托罗拉公司设计的铱星系统（因准备发射的卫星数量和“铱”原子的电子数量一致而得名）。

图 8-12　卫星通信

卫星在空中起“中继站”的作用，即把地球站发上来的电磁波放大后再反送回另一地球站，就像在空中放了一面镜子，卫星只需要“反射”一下电磁波即可。由于静止卫星在赤道上空 3 600km，它绕地球一周的时间恰好与地球自转一周一致，也就是我们常说的“一天”的时间，23h56min4s。站在地球上的人向天空看卫星，卫星仿佛静止不动。三颗相距 120° 的卫星就能覆盖整个赤道圆周。也就是说，人类只要发射 3 颗卫星，不考虑卫星容量的问题，单纯从是否能与地面站联系的角度来说，就足够用了。所以，卫星通信很容易实现越洋和洲际通信。卫星通信其实是一种特殊的微波通信，因为它工作在1 ~ 10GHz频段，从前面我们了解的情况看，也属于微波频段。人类的需求是无止境的，科学家们为了满足越来越多的需求，已开始研究应用新的频段。

发射卫星技术要求高、所涉及的技术类型众多，因此发射卫星的水平和数量，与国家的综合实力密切相关。用卫星进行通信的成本也极其高昂，采用卫星线路，一般都是按照kbit/s计算带宽，并且和目前在地球上的有线、无线通信线路比起来，卫星通信的成本呈数量级增长。即便如此，卫星通信还是有其不可替代的优势。在地球上大量有线、无线网络无法覆盖的地方，卫星通信就成了唯一的通信介质。古有“烽火连三月，家书抵万金”的名句，今天有“深山孤岛处，通信靠卫星”的现实。有了卫星通信，全球几乎任何一个角落都有通信介质可供人类使用。卫星通信成本虽高，但是对使用它的用户来说，绝对物有所值！无论从卫星的体积、成本、技术含量以及它所处的高度，都当之无愧是通信设施中的“巨人”。

卫星通信是人们最容易产生遐想的通信技术之一，很多UFO爱好者同时也是卫星通信的爱好者。当今卫星通信发展迅猛，如著名的甚小口径天线地球站（VSAT）系统，以及中低轨道的移动卫星通信系统，都受到了人们广泛的关注和应用。前面我们提到过的特斯拉创始人埃隆 · 马斯克，就号称要发射上万颗这样的中低轨道移动通信卫星。

1970年中国发射了第一颗人造地球卫星“东方红一号”以后，卫星通信在我国首次被应用，并迅速发展。目前，银行、民航、石化、水电、气象、地震预警、证券等行业和部门都建有专用的卫星通信网，大多采用VSAT系统，全国已部署了几千个地球站。

Chapter 9

第9章

电话交换网

1990年一个大雪纷飞的夜晚，郑州信息工程学院的研究室里仍灯火通明。通信专家邬江兴和他的战友们仍在画图、分析、测试，问题似乎层出不穷，没有考虑到的问题仍然很多，然而很快又被他们一一克服……几个月后，他们花费不到1000万元人民币研制的科研成果诞生了！

20世纪80年代，某型万门国外进口的程控交换机在我国电话网上运行，数亿美元的外汇悄无声息地流向西方国家，我国的通信命脉在不知不觉中被他人控制。为了不让这座金矿旁落，邬江兴团队成功研制出具有世界先进水平的大容量数字交换机——04机，并使之产业化、国产化。他们第一次把研究大型计算机的先进技术移植到04机身上，并首次提出了逐级分布控制结构，创造出全分散制式的T型交换机。04机产业化之后，巨龙通信诞生。随后，大唐的SP30、华为的08机、中兴的10机相继问世，彻底打破了外国企业垄断程控交换机的状况。“巨大中华”成为20世纪90年代中国通信设备制造业最杰出的代表。

现在我们将带领各位读者进入各个通信应用网络，让大家领略当代通信的精髓，并了解应用网络的基础知识。我们将先从公众电话交换网（PSTN）讲起。在本书第一版中，PSTN还是一个传统、经典的内容，然而10年后的今天，PSTN正陆续在各大运营商退网，新的语音网络都将采用NGN/IMS架构。但对PSTN的理解，有助于各位理解NGN/IMS，本章将给各位读者介绍电话交换网的前世今生。本章的目的很简单，就是让各位明白——电话是怎么打通的。

自动交换：就来自于那次“灵感一闪”

人人都知道，电话至少要两方参与才能完成一个通话过程。任何事物的发展都是从最简单、最基本的形态开始的，因此我们能想象到，最早的电话网一定只有点对点的“一根线”。那时候的电话用户少，电话是名副其实的“奢侈品”——其实不要说100多年前电话刚发明的时候，就算是在20世纪后期，电话对中国人而言，不也是奢侈品么？高昂的初装费、座机费和通话费，对于大部分家庭而言，都是一笔不小的投资。

随着用户数的逐渐增多，电话网络结构逐渐变得复杂，超过4个电话用户时，任何两点之间都直接拉电话线是不现实的。于是，出现了人工接线员。当A要和B通话，A只要摘机，就接通了接线员；接线员会问，“您要哪里？”A回答：“我找B”。接线员会手动把A和B的线路连接起来，电话就接通了。

自动交换机从步进制、纵横制发展到程控交换机和今天的软交换，电话交换网在100多年的时间内不断技术革新。我们将带着读者从几个角度来了解电话交换网。

公众电话交换网（PSTN）

1. PSTN 的分层结构

桌面上的电话机，一般情况下都连接到两类设备上——一类是通过电话线直接连接电信机房的交换机，另一类是先连接到一台用户交换机，然后连接到电信机房的交换机上。前者一般是家庭和小企业用户，或者大企业中的 VIP（Very Important Person，指企业的老板或者高层管理人员）用户；后者一般是企业用户。

电信机房的交换机则一层一层互连起来，构成了全国以至全球范围内庞大的电话交换网。我们把这个庞大的电话交换网叫作 Public System of Telephone Network，中文学名是“公众电话交换网”，这就是大名鼎鼎的“PSTN”。目前，世界上很多国家的电信运营商已经陆续关停其 PSTN 网络，PSTN 网络正在从鼎盛走向衰亡，将和铜缆线路一样，终有一天，将彻底退出网络核心。

电话交换网络的各种交换机分为 C1、C2、C3、C4、C5 几种类型，每种交换机放在交换网中不同的位置，并赋予不同的使命，C 是 Class，“类”的意思。每个国家的人口数量、经济发展数量不同，C1 ~ C5 的分布情况也不尽相同。在中国，最早划分是按照 C1 为大区中心、C2 为省中心、C3 为地区中心、C4 为县中心、C5 为端局设计的，但是在实际的交换网络建设中，C2、C3 逐渐退化并最终消失，只有 C1、C4 和 C5 交换机真实存在，这是通信网典型的骨干、汇聚和接入 3 个层次，如图 9-1 所示。

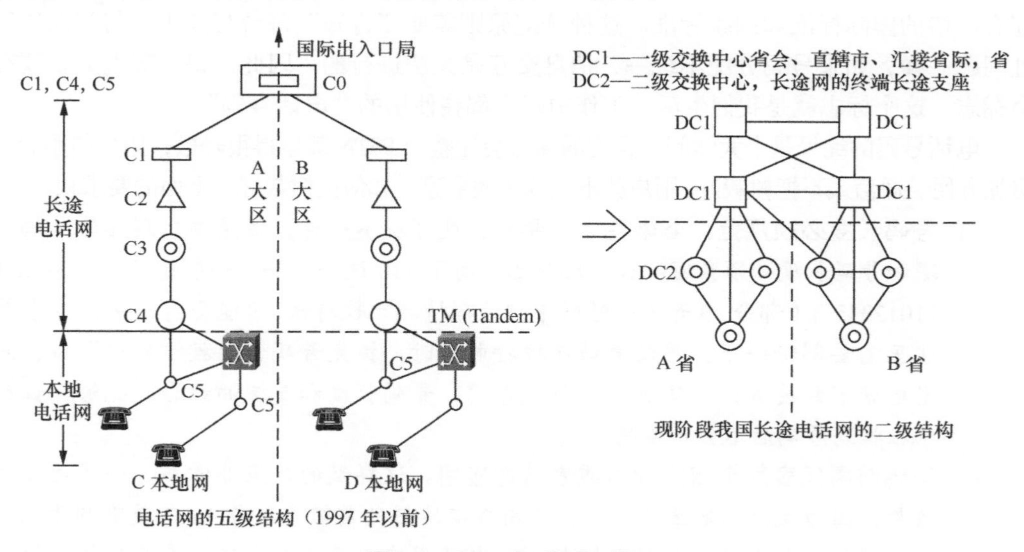

图 9-1　C1、C4 和 C5 局

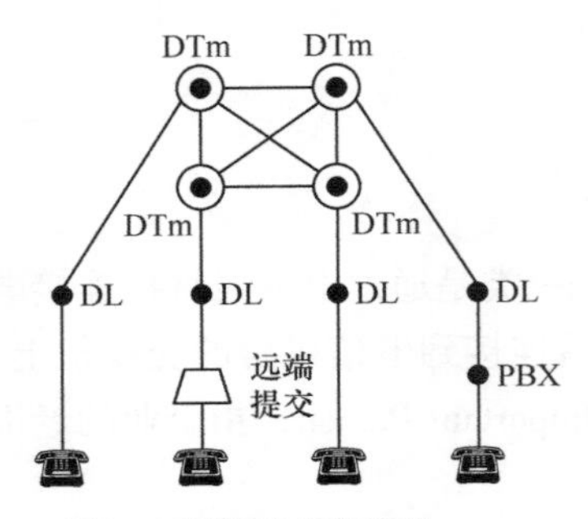

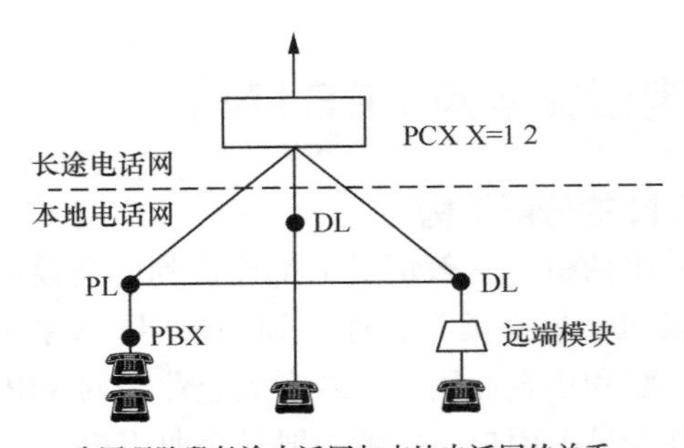

图 9-1　C1、C4 和 C5 局（续）

C1 交换机作为国内 PSTN 的核心节点，同时承担着与其他国家、地区交换机的连接工作；C4 交换机叫作汇接局交换机，作为中继互连、汇聚和分发话务量的交换机；而 C5 交换机则连接用户终端电话、企业 PBX 或者接入网，并将所有呼叫出局送到 C4 交换机上去。每种类型的交换机具体功能都是有差异的，如 C5 交换机就要对主叫号码进行认证，而 C4 交换机则不负责这项工作。

2．电话号码的分配

在第 5 章，我们已经给各位初步介绍了电话号码的分配原则。我们知道，电话号码分配有严格的国际标准和国家标准，这种分配原则需要“告知”每台交换机。与其他任何地址问题一样，如果号码分配不统一，信息交互是无法进行的。因此，每一部电话必须有一个标志，这个标志就是我们生活、工作中每天都在使用的“电话号码”。

电话号码的编号是个大学问！合理的编号会让整个 PSTN 都显得很轻松，用户使用起来也更加方便。通信人不把树栽好，用户就不能愉快地乘凉。如何把树栽好？下面的要求缺一不可。

- **号码长度必须规范。**全球各地的号码长度可以不一样，但是细化到具体号码，前缀和号码长度必须紧密配合，比如已经有了 110 这个号码，一般情况下就不允许有 11012345 了（部分 95 开头的呼叫中心号码情况比较特殊，可能会有 5 ~ 17 位长度）。这里需要解释一下，移动电话在拨打电话时，拨完号码需要按“发送”键，而固定电话不需要如此，从统一的角度考虑，号码长度和前缀的结合，能够保证交换机在收到号码后不会产生歧义。
- **号码前缀代表某个特定地区或者特定应用。**这样做的优点非常多。一是便于用户拨号，因为拨打本地区的号码，不用拨本地区的前缀（区号）；二是有利于电话号码的扩展，如果电信公司新增加一个电话用户，无须在全球所有交换机上增加到

这个用户号码的路由。比如某台交换机设置本地号码为81312001 ~ 81313000，它只需设置81312×××的路由即可，也许其中只有200个号码被分配给了客户，未来若有新的客户申请，从未使用的号码池中选择一个空置号码，安装完成后，不需要通知全国的所有运营商在各自管辖的交换机上增加新增号码的路由，因为所有交换机已经对81312×××的号码进行了相关的路由设置，只要一切配置OK，该电话号码就可以正常使用了。

根据上述需求，国际上制定了全球规范，各个国家在国际规范的基础上结合自身特点制定了本国规范。下面就拿我国的规范举例，看看本地网的编号规则。

（1）本地网的编号

本地网就是一个城市的PSTN。本地网中的每个普通用户，其号码位数都是一样的，用户的电话号码随着局数的增加，编号可采用6、7或者8位。这时号码是由两部分组成：局号和话机号。其中局号由2 ~ 4位数字组成，话机号仍是4位，如64968888，则由“64局”和“968888号”两部分组成。虽然分成两部分，但是无论是书写还是拨号，这些数字并不分开。

本地网用户进行长途、特种业务等通信时，由首位号区分。首位号码的含义如下：

- 1为特种业务号码或移动电话号码的首位号；
- 2 ~ 8为市话号码的首位号；
- 9为长市话号码或市郊号码的首位号；
- 0为长途全自动的字冠前缀。

（2）特种业务号码和特服号码

当用户遇到火警，需要迅速报告消防队或公安局；用户修理电话、申报障碍、查询电话号码等，都需要迅速地用电话联系。这类号码不同于普通用户的号码，是作为电信业务和社会服务而设的，要求接续速度快、准确无误，因此特种业务的电话号码位数少，有利于用户记忆和拨打。每个国家对此类号码都有规定，中国的特种业务号码为我们熟悉的“1XY”3位编号，11Y主要用于故障申告、长途人工挂号、报告火警匪警等，如112市话报障；12Y主要用于一些社会服务项目，如121天气预报等。

10开头的5位号码，是电信运营商保留的特别服务号码，比如中国电信的客服号码10000，中国联通的10010和中国移动的10086；以10开头的3位号码，都是和国际电话业务有关的特服号码；部分以13、14、15、17和18开头的11位号码，属于移动运营商使用的手机号码段。中国移动号段：134/135/136/137/138/139/150/151/152/157/158/159/182/183/184/187/188/147；中国联通号段：130/131/132/155/156/185/186/176/145；中国电信号段：133/153/180/181/189/17

（3）长途网的编号

长途前缀（“0”）+区号+本地网号码组成了长途网的编号。我国长途自动电话的前缀为0，市内号码已经在市话网确定了，剩下的就只有长途区号，我们需要进行一些解释。

我国“地大物博、幅员辽阔”，政治、经济、电话业务条件差距很大，因此长途区号长度也有一定差别，分别为 1 位、2 位、3 位和 4 位，编号情况如下。

- 北京：全国中心，区号编为 10。
- 中央直辖市及省间中心：区号为 2 位，编号为 2*X*，*X* 为 0 ~ 9，如武汉为 27、西安为 29、天津为 11、广州为 20、上海为 21、成都为 28、沈阳为 25 等，共有 10 个编号。
- 省中心、地区中心：区号为 3 位编号，(3 ~ 9)*XY*，其中，*X* 为奇数，*Y* 为 0 ~ 9，所以共有 $7 \times 5 \times 10 = 350$ 个编号。
- 各个地市：区号为 4 ~ 5 位编号，共 3 500 个。

综上所述，我国总的长途区号有 $1 + 10 + 350 + 3\,500 = 3\,861$ 个。

（4）国际电话编号

要拨打国际长途，就必须先拨呼叫国际电话的标志号，这个号由国内长话局接收识别后，呼叫接入国际电话网。每个国家的标志号不完全相同。如我国规定为“00”，英国为“010”，比利时规定为“91”等，这些标志号并不是国际长途区号的组成部分。都是拨打到美国（国际编号为 1）的电话，从中国拨打，以 001 开始，而从英国拨打，则以 0101 开始。

接下来讲述的才是国际长途的区号——国家号码。按 ITU 规定，国家号码由 1 ~ 3 位数字组成，第 1 位数为“世界编号区”，即世界分成若干个编号区，每个编号区配 1 位号码。世界编号区的划分及其编码分配如下：

1　　北美（美国和加拿大比较特殊，采用统一编号的长途国家网，国家号码为 1 位，就是标号区码“1”）；

2　　非洲；

3 和 4　　欧洲（由于欧洲国家众多、电话密度高，分配两个编号区）；

5　　南美和古巴；

6　　南太平洋；

7　　前苏联诸国；

8　　北太平洋（东亚）；

9　　远东和中东；

0　　备用。

电话数量多的国家号码为 2 位数，电话数量少的是 3 位数，以保证总的电话号码长度不超过 ITU 的规定。如在第 3 编号区，法国为 33、荷兰为 31、葡萄牙为 351、阿尔巴尼亚为 335；在第 8 编号区，中国大陆为 86、日本为 81、朝鲜为 850。

各位读者无须背诵各国编号，虽然它们比圆周率稍微简单一些。全世界绝大部分的国家，你一生都不会去一次，这些国家使用着和你一样的电话机、一样的拨号规则、采用一样的信令拨打电话，也正因此，地球因通信网而成为“地球村”！

3. PSTN的拓扑结构

PSTN是由电话机、电话交换机和它们之间的连线组成的。PSTN中的交换机组成特定的“形状”，有助于有效利用资源、提高电话呼叫的稳定性。一个电信运营商，需要将若干台相同或不同品牌、型号的程控交换机互相连接在一起。这种连接都是由传输网提供的，被称为数字中继线。

程控交换机都有一个“外交部”——中继单元，中继单元上有若干个中继端口，它们可以被理解为“外交官”。任意两台程控交换机的“外交官”，如果速率一致、外交辞令（信令）一致，就可以通过数字中继线连接起来。这里的“外交辞令”可以是7号信令，也可以是PRI信令。对于程控交换机而言，某个端口同时支持两种信令是不可能的，这和人与人之间沟通不同，A对B说英语，B对A说汉语是可以的，甚至汉语英语混杂着说；但是在程控交换机中，某个端口不可能同时具备收发两种同质信令的能力，如不可能同时支持PRI和7号信令。

电话交换网最适合的拓扑结构是树状结构，这符合自上而下的行政管理模型。但是在较为核心的层面，一般采用全网状或不完全网状结构，这是出于对路由备份的考虑。

城市的每台直接连接用户的交换局都部署一定容量的程控交换机，它们一边通过铜线连接用户的电话机，一边通过E1/T1或者STM-1连接汇接层交换机。这就是我们之前提到的C5局连接到C4局。

如图9-2所示是省内常见的双子星结构在一个城市和两个城市的情形。

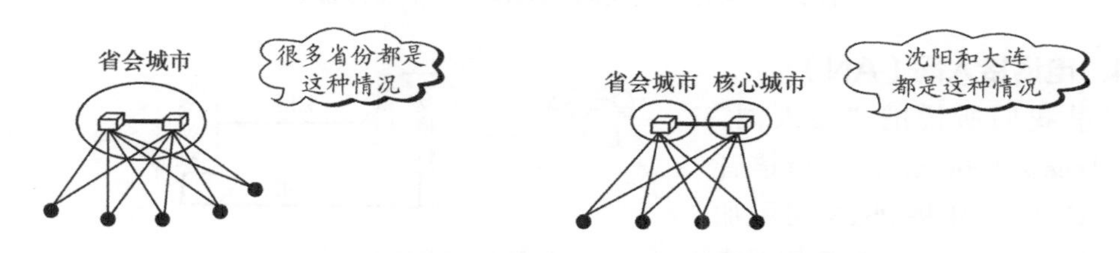

图9-2 双子星结构在一个城市和两个城市的情形

国家级语音骨干网一般按照国家行政区划分为几个大区，每个大区设置一个核心节点，所有该大区的省份，其核心地市的交换机直连大区核心节点，图9-3所示的是某运营商的全国PSTN骨干节点分布图。

交换机一般都可以设置“迂回路由”，如图9-4所示。在交换机的路由表中，要到达任意目的地，都设置一个主用出口和一个备用出口，当主用出口所连接的线路发生故障时，可以通过备用出口接续呼叫，最大化地减少因某条线路或者某个端口的故障造成全网业务的瘫痪。

还记得SDH的路由保护功能吗？如果传输光缆被挖断，首先实施路由保护的是SDH环，这在第8章已经描述过。而PSTN也有迂回路由，或者说路由备份的功能。一般情况下，PSTN交换机间的中继连接都采用SDH，两个层面的路由保护，使PSTN更具有顽健性！

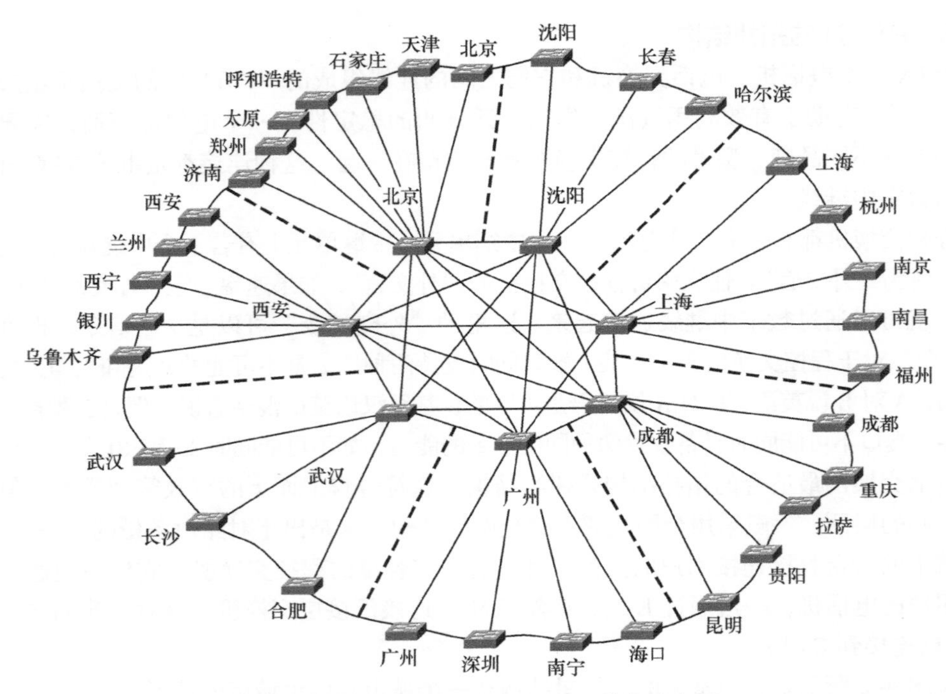

图 9-3　某运营商全国 PSTN 骨干节点分布图

4. 电话接入网（AN）

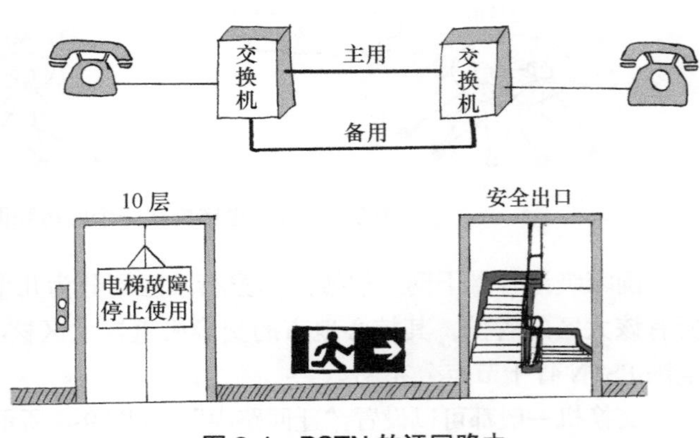

图 9-4　PSTN 的迂回路由

这里我们所说的“接入网”（AN，Access Network），特指语音网络。AN 是一种将 PSTN 用更加廉价的方式接入企业和家庭的网络形式。我们知道，PSTN 的 C5 局交换机一般是通过大量的铜缆进入千家万户，而采用 AN，可以将 C5 局交换机的端口延伸到距离客户更近的机房中去。AN 的接口一般采用 V5.2 标准，用 1 ~ 16 条 2.048Mbit/s 的链路构成，并将这些链路当作一个整体，由接入网交换机分配呼叫请求在接入 PSTN 时使用哪条链路。

5. PSTN 的话务强度测定

在语音通信网络中，“爱尔兰”（Erl）是衡量话务量大小的指标。它根据语音信道的占空比

来计算。如果某个语音信道等经常处于占用的状态，我们说“这个通道的爱尔兰很高”。如果 1 小时内信道全被占用，那么这个期间的话务量就是 1Erl。业界经验指出，当每信道话务量大于 0.7Erl/l（Erl/l 指每信道爱尔兰数）时，有些通话可能就会受到影响而无法接通，接通率就会下降。

呼叫频率可以用两个参数来表示：忙时试呼次数（BHCA，Busy Hour Call Attempts）或者每秒建立呼叫数量（CAPS，Call Attempts Per Second）。BHCA 测定的是在一小时之内，系统能建立通话连接的绝对数量值。测试结果是一个极端能力的反映，它体现了交换机的软件和硬件的综合性能，与网络拓扑无关。BHCA 值最后体现为 CAPS，接下来就是数学问题了：CAPS × 3 600=BHCA。一般来说，影响 BHCA 值的因素有交换机的容量、控制结构、处理机性能和软件设计水平。

电信运营商曾经都以 Erl 值为参考进行 PSTN 的扩容。

交换机原理

别怕，别看到“原理”二字就以为本节开始讲述高深的通信理论。事实上，如果去掉那些面目可憎的公式和高深莫测的图表，单纯从交换机的设计角度讲，它其实是一台非常有趣的计算机！我们将让各位读者愉快地理解交换机是如何工作的。

我们知道，交换机 + 管线 + 电话机是 PSTN 基本的组织形式。交换机是做什么用的？用来识别号码并根据号码进行“交换”的。交换机就像一个多岔路口，南来北往、熙熙攘攘，交换机告诉任何一个来自主叫方的电话呼叫，应该朝哪个方向走才能到达被叫方。

交换机这个活可不好干，它必须具备以下基本能力。

（1）它必须能够通过路由表识别出应该如何找到被叫方。

（2）它必须有指挥“搭通”电路的能力，并在通话结束后拆除电路。

（3）它可以识别主叫方的请求并通过内部机制搭通电路。也就是说，在它内部一定要能形成一条直通的物理电路，若干台交换机的所谓“直通电路”连接起来，加上交换机之间的线缆和交换机与电话之间的线缆，就构成了两台电话机之间的完整回路。

（4）它如果连接了电话机，必须能够向电话机供电。

（5）它能够存储所有电话通话的重要参数，如起始时间、终止时间、时长、主叫号码、被叫号码等，以作为计费的依据。

我们总结一下。

第 1 个能力叫作“寻址”。交换机必须维护一个“寻路指南”，也就是路由表，任何要接通电话的请求都可以通过路由表找到到达目的地的路径。电话交换机的路由表是根据“号码前缀”定义的。

第 2 个能力叫作“建链 / 拆链”。通话双方的需求是通过信令来传递和表达的。交换机

应具备读懂信令、处理信令和转发信令的能力。有了这些能力，交换机就可以在呼叫到来的时候搭建电路，在呼叫结束的时候拆除电路。

第 3 个能力叫作“交换”，指交换机自身必须具备搭建电路的资源，也就是说，交换机有电路搭建所必需的原材料，这种原材料不是钢筋也不是水泥，而叫作“交换矩阵”。具备第 2 个能力的交换机就成了“巧妇”，而具备第 3 个能力后，它就“可为有米之炊”了。

第 4 个能力叫作“馈电”，是指交换机必须具备馈电能力。我们使用的电话机，绝大部分是不用专门的外接电源的。如果你家里的电话机带有电源，一般是接子母机用的（家里的无绳电话）。建议你做个试验，将其电源拔掉，用另外一部电话拨打这个电话，你会发现，电话依然振铃，接起来依然可以通话。一般情况下，交换机通过用户线向电话机提供 –48V 直流电压，有呼叫进来，供电电压将在正向电位 +48V 上叠加 24V25Hz 交流电压，使其成为 72 ~ 90V 交流 25Hz 振荡信号，激发电话振铃。也只有在摘机的时候，才会有电流通过，这时的电流为 18 ~ 50mA，供电电压将至 7 ~ 10V。供电电压根据不同交换机略有不同。这是个很有趣的现象，我们不得不对当代电话系统的发明者表示由衷的钦佩：千万别小看这根电话线啊，它不但解决了电话信号的传输问题，还解决了电话机复杂的供电问题！为什么电话能够以那么快的速度在全球普及，与其精妙的设计是密不可分的。而以太网终端在这个问题上，就不如电话终端，虽然有以太网供电（PoE，Power over Ethernet）这样的方案，但由于种种原因，通用性远不如电话系统。

第 5 个能力叫作“记录”，就是 CDR（Call Detail Records）存储，它描述了呼叫接续的全过程。CDR 中所记录的参数，都是从原始的信令消息中获取的，是整个程控交换网中最原始、最直接的有关呼叫全过程的信息存储记录。对电信营运者来说，CDR 太重要了！所有基于 PSTN 的计费都是基于 CDR 计算出来的。

一通电话就是一支部队，每台程控交换机是一位经验丰富的指挥官，这次的任务是偷袭敌军。指挥官随时盯着作战地图（路由表），并通过侦查等手段识别我军和敌军所在位置以及通向敌军的路径，经过分析和部署（信令处理），决定在哪条路径上修路搭桥（链路的接续），经过努力，最终一举歼灭敌军，并在获胜后立刻指挥部队撤退并拆除路和桥（拆线）。必要时，还要自给自足地提供战备物资（馈电）。

下面，我们将向读者分别描述“作战图”“作战部署”和“路桥搭建和拆除”等问题。

作战图——程控交换机的路由

“作战图”就是程控交换机的路由表，表中所有内容都是根据实际网络情况人为设定的，不是交换机通过某种机制自动获得的，这相当于第 11 章所描述的 IP 网的静态路由方式。由于程控交换网的号码分配非常规则，因此路由也非常规则：根据不同的被叫号码，选择不同

的出局路径。而 IP 网络的地址分配，比电话网要凌乱和碎片化许多。

对于 C1 或者 C4 局交换机，一般来说没有直连的终端。当交换机获得一个呼叫，系统针对该呼叫的被叫号码进行查询，找到对应的路径，并通过该路径把呼叫转发出局。

作战部署——信令

在“程控交换机的路由”一节中，我们是基于一种假设：交换机已经“获取”了呼叫。那么这种呼叫在交换机上是如何获取的呢？这种呼叫的格式是什么？呼叫的信息通过什么传送？

PSTN 中，交换机之间、交换机和电话终端之间的交流都通过“信令”来传递和表达的。这并不难理解，任何两个事物之间发生联系，一定要通过某种特定的沟通渠道，比如语言，而电话交换机之间的“语言”，必须简练和精确，言简意赅地表达“我希望你做什么”或者“我不希望你做什么”或者“我希望你不做什么”或者“我不希望你不做什么”——听着有点绕口，但“信令”就是这种风格的语言。战争中，上级向下级发的作战部署，其实也是用这样简单、明了的语言，要不得半点遮遮掩掩、欲言又止。

我们在日常生活中，通过眼睛、鼻子、耳朵等多种途径来获取信息，两个人交谈，先看到对方；如果是盲人，双方都能发出一定的声响；那如果都不发出声响呢？两台交换机之间，或者交换机与电话终端之间，就是这样，它们不会发声、不会跺脚、不会做表情、不会做手势，更不会“暗送秋波”，它们只会发送某种特定的电流，发送某种约定的电压。

如图 9-5 所示是生活中两个人的对话示例。

图 9-5　生活中两个人的对话图例

看看这段对话。两个人先通过某种约定俗成的“喂”开始，达成“同步”，形成特定的语气、语速、交流语言（用英文还是中文），当这些都解决了以后，开始聊天。

人类是智能生物，而机器不是生物，其“智能”是人赋予的特定处理能力而已。问题来了：要赋予机器智能，是很麻烦的事情，人类一下子能判断的东西，若让机器判断，人类就必须能够还原自己分析和思考的全部过程，这真是个科学难题！也许是“不识庐山真面目，只缘身在此山中”吧！关于这一方面，有很多活生生的例子。比如，人一眼就能看出一张照片中的人是男是女，而让你说出自己的判断依据，那可费劲了！程控交换机的智能是人赋予的，在不了解其原理的人看来，反倒很难理解。其实你完全可以把程控交换机想象为具有这样特点的事物——机械、笨拙、忠诚、守规矩、一丝不苟，你没告诉它的东西，别指望它能“看到”“听到”“想到”或者“猜到”，更别指望它“分析到”或者自己去“创造”什么（也许未来人工智能将会改变这种现状，但是至少今天我们还不去考虑这个问题）。于是，信令的作用就是通过特定格式的“语言”，在PSTN的各个交换机之间、交换机与电话机之间互相转告消息，并共同处理一次通信的整个过程。

一次语音通话开始时，电话和交换机之间、交换机与交换机之间，必须传送特定的信令，让电路搭建起来；在通话结束后，通过某种触发（实际情况是，任何一方挂机），它们还要再通过特定的信令交互，才能结束通话、拆除线路并等待下一个通话的开始，防止交换和电路资源被浪费。

信令按作用区域划分，可分为用户线信令与局间信令，前者在用户线两头交互，用于电话机和交换机之间的信令传递；后者在交换机之间的中继线两头交互，也就是两台交换机之间的信令传递。

假设你要拨打电话，电话机和与之直接相连的交换机之间会发生如图9-6所示的过程。

（1）a想要拨打电话给b。

（2）先把电话机a听筒摘起来，这时候，电话机会通过电话线告诉直接相连的交换机A：“我要开始拨号了”，于是交换机A发送一个信号给电话机a，电话机a则从听筒里传出一种连续的“嘀——”声，于是你就可以拨号了（这属于用户线信令）。

（3）在你按键或者拨动拨盘的时候，号码会通过电话线传送到交换机A上（这也属于用户线信令）。

（4）交换机A根据被叫号码，将希望通话的信息传送给被叫方电话机b直连的那台交换机B（中间很可能经过多台交换机）。（这就属于局间信令了）。交换机B发送特定信号给被叫方电话机b，告诉它电话机a希望与该电话机通话

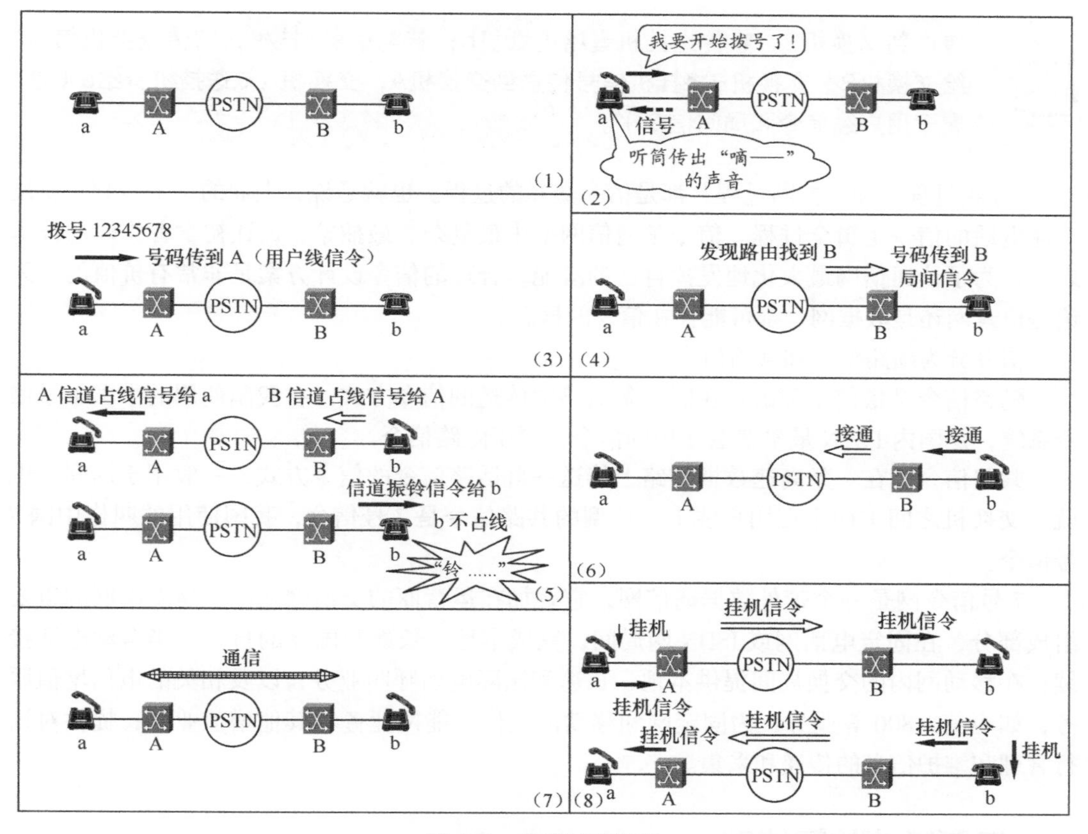

图 9-6 电话呼叫流程

(大家都猜出来啦，还是属于用户线信令！)。

(5)被叫电话机 b 若占线，交换机 B 传送占线信号给交换机 A(局间信令)；交换机 A 传送占线信令给主叫方电话机 a(用户线信令)；若被叫电话机 b 不占线，交换机 B 传送振铃信号给电话机 b，电话机 b 振铃(同上，属于用户线信令)。

(6)电话机 b 振铃后，若被叫方接起电话，则被叫方电话机 b 传送接通信号给交换机 B 和 A 以及中间所有交换机，电路开始搭建，完成后通话开始(这属于用户线信令和局间信令)。

(7)通话。

(8)若电话机 a 挂机，它传送挂机信令给交换机 A，交换机 A 将挂机信号

传送到交换机B，它传送挂机音给电话机b；若电话机b挂机，它传送挂机信令给交换机B，交换机B将挂机信号传送到交换机A，交换机A传送挂机音给a（这属于用户线信令和局间信令）。

"呼叫过程"和"挂断过程"都是信令交互的过程。也就是说，上面的7个步骤，就是一通电话的信令逻辑全过程。信令是通信网络中最复杂、最抽象、最让初学者头痛的技术之一，为了让通信网最大化地发挥自己的潜能，合理的信令设计方案是非常有价值的。无论是语音网还是数据网，都可能存在信令的概念。

信令分为随路信令和共路信令。

随路信令是指信令和语音在同一条话路中传送的信令方式，在我国使用的中国1号信令系统，是国内PSTN最早普遍使用的信令，属于随路信令。

共路信令是在一条高速数据链路上传送一群话路信令的信令方式，一般用于局间（也就是交换机之间）而不在用户线上。典型的共路信令是7号信令，我国使用的叫作中国7号信令。

7号信令网是一个带外数据通信网，它叠加在运营商的交换网之上，是支撑网的重要组成部分，在固定电话网或ISDN网局间，完成本地、长途和国际的自动、半自动电话接续；在移动网内的交换局间提供本地、长途和国际电话呼叫业务，以及相关的电信增值服务，如短信、800等业务；为固定网和移动网提供智能网业务和其他增值业务；提供对运行管理和维护信息的传递和采集。

无所不能的智能网

在PSTN上可以实现大量所谓的"增值业务"。这里我们提到的"增值业务"，是指通话以外的所有业务，所有国家对"增值业务"都有明确规定，在第16章专门介绍，而本节，我们将从技术角度描述除了基本通话以外宽泛的"增值业务"是怎样炼成的。

有些增值业务，是直接通过程控交换机实现的，如缩位拨号（把特定用户的号码省略几位直接拨出）、三方通话（开个小会）、呼叫转移（我去哪儿你打哪儿）、遇忙回叫（一个电话都不漏掉）、闹钟（提醒我、叫醒我）、免打扰服务（别理我，烦着呢），等等。在描述智能网业务之前，我们先看看这些基础的电信业务能给客户带来何种便利吧。

- 缩位拨号：在电信公司办理完这项业务后，你就可以把自己经常拨打的一些电话，用1～3位自编代码来代替。
- 呼叫前转：你可以在离开家或办公室时，把临时去处的电话号码（或者你随身携带的小灵通或手机号码）"告诉"PSTN，这以后，打到你家或者办公室的电话便会自

动转移到你的临时去处的电话号码（或者你随身携带的小灵通或手机号码）。当然你要记住，在回到家里或者办公室里，应及时注销。这项服务又被称为“跟随业务”。

- 遇忙回叫：启用“遇忙回叫”服务后，拨不通电话时便可挂上话筒等待，一旦对方电话空出来，交换机便会自动回叫你的电话。这不仅节省时间，也节省了交换系统的“体力”。
- 三方通话：在不中断与对方通话的情况下拨叫第三方，实现三方共同通话。三方通话和会议有相似之处，都是多人对话，但是实现原理上完全不同。

要在程控交换机上增加新业务，就要对程控交换机的软件进行修改。但是这种工作的难度很大，修改周期都很长，难以做到快速引入新业务。智能网就是在这种增值业务需求不断旺盛的情况下诞生的。

智能网是一种特殊的网络，它能够把更多的“智能”加载到 PSTN 上去，实现更加丰富的业务。那么“智能网”为什么能做到这一点呢？

“智能网”就是“剥夺”程控交换机的逻辑控制权，由专门的系统对业务进行管理，控制 PSTN 予以实施。引入专门的系统，可以在多厂商环境下快速引入新业务，并能安全加载到现有的电信网上使之运行。这又是一种新的分工细化，管交换的好好做交换，管业务的专心做业务。这个专门的系统，就是“智能网”。我们提醒各位读者：其实智能网带给 PSTN 的，不是功能的增加，而是控制权的分离和由之带来的新业务开发的便利性。智能网实现新业务，是将交换机的交换部分与业务控制逻辑部分分离，程控交换机只完成基本的交换和话务统计功能，业务控制逻辑则由专门的部件——业务控制点（SCP，Service Control Point）来完成。然而真正给 PSTN 网络带来交换与控制分离革命的，是软交换技术。

软交换网络的诞生

7 号信令的复杂度，让大量增值业务的产品提供者、服务提供者望而生畏，虽然智能网提出了业务与交换分离，但这两者之间的复杂信令，让技术体制上的分离，变成了技术难度垄断上的合并，没有足够的实力，要通过智能网开发新业务，仍然困难重重。

随着 TCP/IP 技术的成熟，软交换技术浮出水面。

很多初学者会有这样的疑惑：交换怎么还用硬度来形容？难道还有硬交换不成？事实的确如你所想，程控交换机组网就是“硬交换”。在“软交换”这个名词诞生之前，根本没有“硬交换”这个称谓；当软交换技术诞生时，为了与过去的技术对比，才有人形象地将过去的程控交换机的交换模式称为“硬交换”。所谓“软”或者“硬”，都是用来形象地比喻交换的核心部件，交换芯片与控制软件是否解耦：如果控制软件独立于交换芯片，则是以下要详细描述的“软交换”，反之，则视为“硬交换”。正是这“不经意”的区别，造就

了电信网的根本性变革和业务能力的大幅度提升，也造就了新一代电信网崭新的基础架构。

软交换并不是一种简单的提高交换能力，或者用更先进的交换技术替代原有交换技术的技术，而是由增值业务的新需求促成的、崭新的电信网体系架构的技术基础。

在传统电信网增值业务匮乏的状况下，如何改进？当然，最容易想到的办法是：头痛医头，脚痛医脚。不是增值业务匮乏么？我们造啊！让设备开发商和运营商合作，不断在PSTN、智能网上生成各种增值业务，这不是很好的解决方案吗？诚然，历史上一直在采用这种方法来创造增值业务，800号、IP卡、虚拟网、一号通、录音、语音信箱……但是，随着电信市场更加普遍化服务的需求加剧，增值业务需求此起彼伏，业务开发速度必须适应市场的快速变化，而传统的交换控制和交换逻辑两者形成的“大锅饭”局面造成呼叫流程的修改越来越复杂，“造业务”的难度也越来越大！

如何让更多的人充分发挥智慧和潜能，在电信网络上创造出更多、更新的业务，从而规避“谁制造的电信设备，谁才能在其上实现增值业务”的尴尬局面？

接下来的问题就是，通信网络应该如何部署，才能让增值业务的部署效率大幅度提高，从而满足更多的客户群体个性化的业务需求？这么多的理论知识，是不是有点头大了？休息一下，让老杨带你去喝喝茶，顺便了解一下这家茶馆的老板，是如何把生意做大的。

几年前，老李的一个朋友开了这家茶馆，当时的经营非常类似传统电信运营商建设的电信交换网络——大而全：茶馆里面提供茶水饮料、提供桌椅板凳，有服务员为客户端茶倒水，并雇佣各类专业人士为顾客唱歌、捶背、掏耳朵等，如图9-7所示。

图9-7　茶馆经营活动示例

然而竞争激烈，服务种类必须不断提高，才能留住顾客。比如有客户希望有麻将牌供顾客玩耍，那么茶馆就要购置麻将牌；一些顾客希望能提供唱英文歌曲的服务，茶馆赶快贴出招聘启事，招聘英文歌手。接下来的事情，就是这个茶馆老板要应对不断扩大的员工队伍和不断增加的人工成本。茶馆越来越膨胀，不停地雇佣员工和提供设施，投资不断加大，管理难度也不断增加。这一状况让老板非常头痛，他不但要支付每个月高额的房租、水电、茶叶等的成本费用，还要支付这些员工的薪资、食宿、保险、住房公积金等费用，还要考虑麻将牌的保存、清洗、维护，麦克风坏了还要去维修，桌椅出了毛病还要请木工师傅……不断增加的成本吃掉了利润，茶馆生意岌岌可危！

茶馆老板做不下去了，把茶馆盘给了我们这位主人公——非常聪明且精明的老李。没有金刚钻，老李绝对不揽这瓷器活。他开始考虑茶馆的生意到底怎么做，才能最大化地节省成本又提高利润，以防昨日重现。于是他开始对茶馆的经营进行大刀阔斧的改革（如图9-8所示）：他和所有提供“增值服务”的员工签署协议，不再聘用（当然是严格遵照劳动法），而只保留那些负责端茶倒水和收银的服务员，这是茶馆的基础服务。接着他开始打出广告，欢迎有“增值服务”的人或者团队与他联系，比如掏耳朵的个人、捶背团队、租赁麻将的个人、唱歌团队（当然包括唱英文歌的团队），任何人或者队伍，只要有想法、有一定资金实力和技术，符合该茶馆的风格（如中式茶馆最好能穿着唐装汉服；唱歌的人最好不要唱摇滚，喝茶的人不希望太闹），就可以来报名。

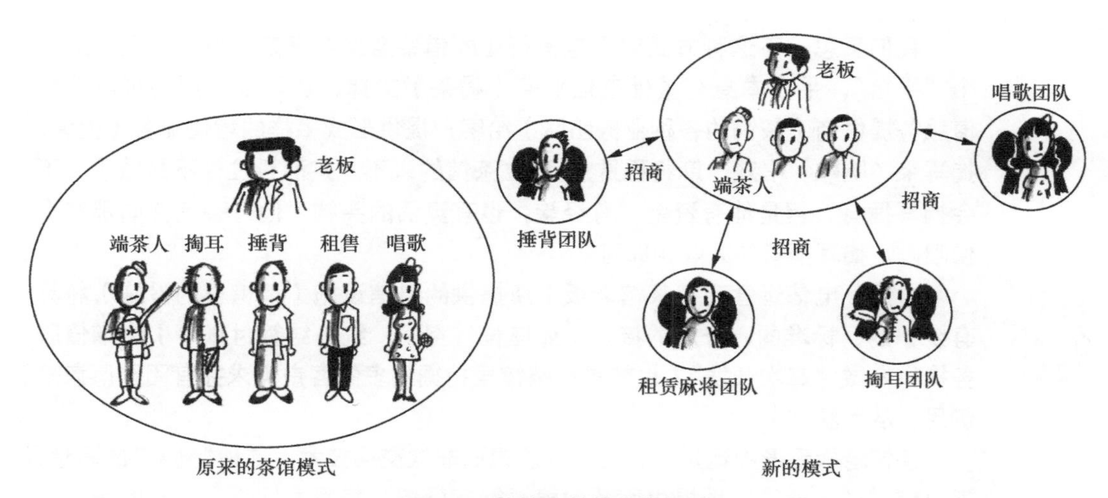

图9-8 茶馆经营模式的变迁

接着，老李规定了以下基本规则。

- 所有来茶馆给顾客提供服务的人，都统一通过茶馆向客户报价，并由茶馆代为收费。

- 按照比例或者按照“包月”的形式向茶馆缴纳一定比例的费用（具体采用哪种形式，根据各自的业务特点定义）。

这种模式的优点显而易见。

- 茶馆可以很容易吸引各种有特色的服务团队来给顾客提供服务。
- 因为不再专门雇佣提供增值服务的员工了，运营成本降低，管理难度降低。
- 提供服务的团队要向茶馆缴费，并且由于大部分利润归自己，而利润多少主要取决于自己的服务质量，因此服务团队的服务意识明显改善，比过去的体制下提供服务的积极性大大提高，服务质量会大幅度提升。
- 服务团队可以不断轮流更替，这样顾客不断有新鲜感。
- 每个服务团队，都要尽力做好自己的专业范围内的工作，并且要不断创新，否则就可能被淘汰，这些团队并不由老李来直接管理，而是由懂这个业务的人来管理，比如合唱团，他们可以自己写歌、自己组织排练、自己选择新歌来唱。这保证了专业的团队做专业的事，避免外行人管内行人的情况，而服务团队的收入也大幅度增加。

顾客数量增多，茶馆总利润持续上升，而成本大幅度降低，这是所有老板都希望看到的。服务团队积极性提高，顾客也愿意支付更多的钱来享受高质量的服务，团队的收入也日益增长。当一个城市有若干个这样的茶馆，每个有一技之长的人或团队都可以根据市场状况不断调整自己的日程，可以在多个茶馆中“串场”。

我们反思一下这种方式对于电信行业的借鉴意义：开茶馆更多的是建立一个“平台”，平台本身有基础电信业务（喝茶）支撑，还可以利用各种电信增值服务提供商（茶馆的各种业务团队）给客户提供形式多样的增值业务（捶背、掏耳朵、唱歌、唱戏、麻将租赁）。建立茶馆的人不一定而且往往不是歌手、不会掏耳捶背，但是他有资金、有经验，也有灵活的头脑。他开茶馆并向那些提供唱歌、掏耳捶背的人收租即可。

当然，电信运营商（茶馆老板）所提供的电信设施（茶馆里的设施）将具有统一的、标准的、开放的接口（如座位、空间、统一结算付账等）供增值服务提供商做“二次开发”（也就是在茶馆里挖掘更多的客户需求并有团队愿意来满足，从而获利）。

茶馆老板无形中运用了软交换的思想而非软交换技术。这种“分离”的思想，把电信网“大一统”地提供服务的模式彻底颠覆，将原本捆绑在一起的承载体系和业务体系彻底分离，从而激发了人的主观能动性，越来越多具有巨大商业价值的增值业务将不断涌现出来！

我们不厌其烦地用如此大的篇幅去讲这个故事，就是期待读者们认真理解并做出对比，从中得到启发。电信网的增值业务如何规划、如何部署、如何运营，不仅仅是技术问题，更是个经济学问题。软交换是把控制和交换分离，后面章节介绍的SDN，也是要把控制与转发分离。技术体制未必完全相同，但其经济学思想是一致的。而软交换、SDN不过是根据这些经济学原理构建的技术体系而已。

软交换的理念，更多考虑的是业务的创新速度而非业务本身。就业务本身而言，软交换和“硬交换”都可以提供数量繁多的增值业务。既然交换的控制部分从交换中独立出来，只要将其标准化，就很容易被更多的人管理和控制。任何人根本不用关心底层交换过程如何，只要有满足市场需求的业务，规划好呼叫流程和商业模式，就可以按照标准定义的函数来写应用了。

以软交换思想为基础，电信专家提出了“下一代网络”的概念——NGN（Next Generation Network）。NGN不是某个具体协议，也不是某项具体的技术创造或者技术创新，而是在基于任何传送、交换、路由等技术机制的网络架构基础上的、更加符合行业价值链成长的、更能快速实现用户个性化需求的新一代电信网络架构。

NGN改变的不仅仅是某个或者某些通信网的技术细节，而是整个电信运营体系的组织架构，电信主导运营商可能因此而瘦身，社会闲散资源将被充分利用，真正创造“百花齐放、百家争鸣”的电信增值业务新局面！

在理解所有NGN和软交换的概念之前，有必要对IP网中的语音信令有基本的了解，H.323、SIP和MGCP以及H.248/MEGACO，就是这里面最常用的信令。

几种IP呼叫信令——百舸争流

NGN主要承载在IP/MPLS网络之上。NGN、软交换的各种实体都将采用IP呼叫信令来建立链路，这就像基于TDM网络的PSTN各个实体之间采用电话信令进行通信一样。最常用的IP呼叫信令有H.323、SIP、MGCP/H.248等，让我们看个究竟吧（见图9-9）。

图9-9 各种IP信令

1. H.323协议简介

在20世纪末21世纪初，会议电视系统有两种标准：H.320和H.323，前者基于ISDN的TDM电路，后者基于IP分组，它们的最初目的是把基

于局域网的多媒体系统连接到基于广域网络的多媒体系统上。而以IP网络为基础的H.323会议电视系统逐渐得到了更广泛的应用。本节介绍H.323，这是最早、最成熟也是最烦琐的IP呼叫信令协议。

严格地说，H.323应该叫作一个"协议族"，它是由一系列协议组成的"框架性结构规范"，因为它包含了多种ITU标准。H.323架构定义了4个主要的组件：终端（Terminal）、网关（Gateway）、关守（Gatekeeper，简写为GK，也称"网守"）、多点控制单元（MCU，Multi-Point Control Unit）。

综合来看，GK作为核心管理和控制部件，与所有终端建立关系，当有呼叫申请，通过号码把主叫与被叫呼通，并通过MCU控制媒体流的混合和分发，形成会议机制。当需要与其他体制的网络互通时，如和PSTN语音互通，还要通过网关在中间进行翻译。这就是一个完整的H.323体系。

2. SIP简介

会话初始化协议（SIP，Session Initial Protocol）从类似的权威协议——如HTTP以及SMTP——演变而来并且发展成为一个功能强大的新标准。SIP是由互联网爱好者发明的，不用做基因比对，了解它的人都能看出它是典型的"互联网的孩子"，聪明、宽容、外向，因此开放、灵活、可扩展。SIP激发了Internet以及固定和移动IP网络推出新一代服务的威力。SIP能够在多台PC和电话上完成网络消息，基于Internet建立会话。SIP也因此让人们感觉到，它在Internet上的表现，大大优于现有的多数协议，如将PSTN音频信号转换为IP数据包的媒体网关控制协议（MGCP，下一节将详细讲解）。使用SIP，编程人员可以在不影响连接的情况下在消息中增加少量新信息，从而支持新媒体的传送。

由于SIP的消息构建方式类似于HTTP，开发人员能够更加便捷地使用通用的编程语言（如Java）来创建应用程序。等待了数年、希望使用SS7和高级智能网络（AIN）部署呼叫等待、主叫号码识别以及其他服务的运营商，都希望利用SIP通过最短的时间实现高级通信服务的部署。这种可扩展性已经在越来越多地基于SIP的服务中取得重大成功。

SIP出现于20世纪90年代中期，源于美国哥伦比亚大学计算机系副教授Henning Schulzrinne及其研究小组的研究。Schulzrinne教授除了与其他人共同提出通过Internet传输实时数据的实时传输协议（RTP）外，还与人合作编写了实时流传输协议（RTSP）标准提案，该协议用于控制音频视频内容在Web上的流传输。

Schulzrinne本来打算编写多方多媒体会话控制标准。1996年，他向IETF提交了一个草案，其中包含了SIP的雏形。1999年，Schulzrinne在提交的新标准中删除了与媒体内容方面无关的条目。随后，IETF发布了第一个SIP规范，即RFC 2543，并于2001年发布了RFC 3261，标志着SIP的基础已经确立。从那时起至今，IETF已发布了几个RFC增补版本，充实了安全性和身份验证等领域的内容。

我们列举说明第三方呼叫控制的呼叫流程。第三方控制指的是由第三方控制者在另外两者之间建立一个会话，由控制者负责会话双方的媒体协商。第三方呼叫控制通常用于会议、接线业务（接线员创建一个连接另外双方的呼叫）。同样，使用 SIP 也可以借助第三方呼叫控制来完成许多业务，如点击拨号、通话过程中的放音等，而且实现起来非常方便。SIP 的呼叫流程如图 9-10 所示。

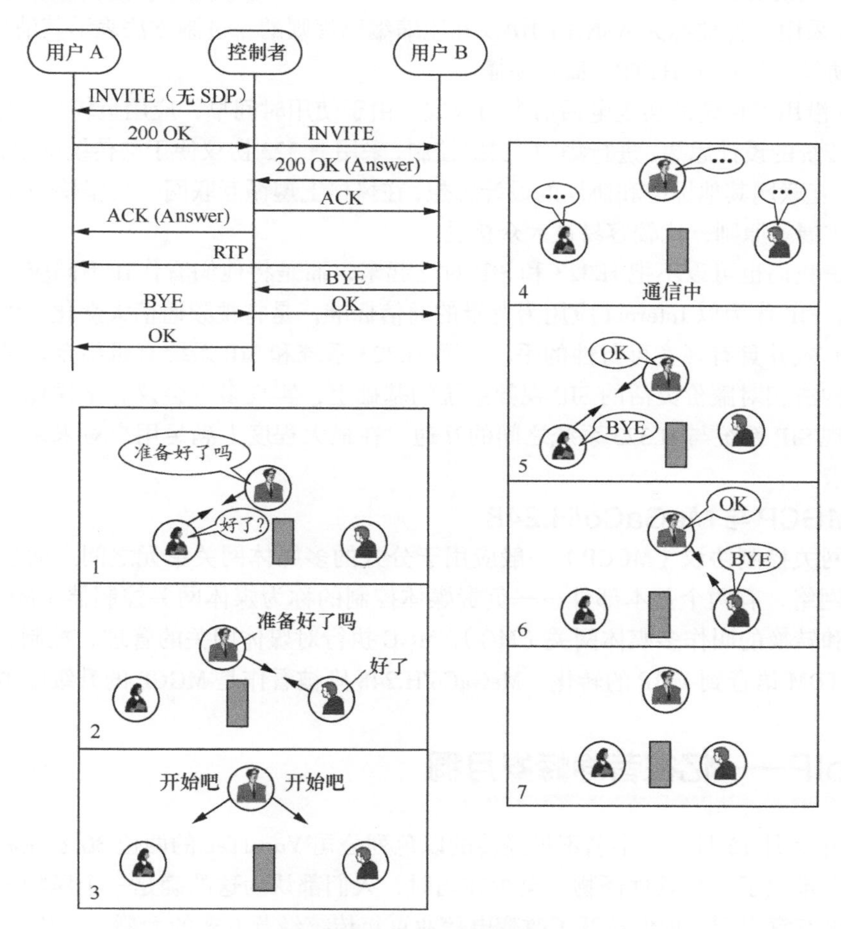

图 9-10　SIP 的呼叫流程

3. H.323 还是 SIP，这是一个问题

软交换技术中最常用的 IP 呼叫协议，是 H.323 和 SIP。关于 H.323 和 SIP 的争议曾经很激烈。

H.323 和 SIP 分别是通信领域与互联网两大阵营推出的建议，看看它们各自的倡导者——ITU 和 IETF，你就能想象它们之间的竞争一定非常惨烈并且一定会长期存在。H.323 试图把 IP 电话当作是众所周知的传统电话，只是传输方式发生了改变，由电路交换变成了分组交换。而 SIP 侧重于将 IP 电话作为互联网上的一个应用，较其他应用（如 FTP、E-mail 等）增加了信令和 QoS 的要求。H.323 和 SIP 支持的业务基本相同，也都利用 RTP 作为媒体传输的协议，但 H.323 相对复杂。

H.323 采用一种被称为 ASN.1 的协议和压缩编码规则的二进制方法表示其消息，而 SIP 基于文本协议，类似于 HTTP，简单易懂。

H.323 沿用了传统的实现电话信令的模式，由于使用时间早，应用量较大。H.323 符合通信领域传统的设计思想，进行集中、层次控制，采用 H.323 协议便于与传统的电话网相连。SIP 借鉴了互联网其他标准和协议的设计思想，在风格上遵循互联网一贯坚持的简练、开放、兼容和可扩展等原则，比较容易被大众接受。

当然，我们也可以不把 H.323 和 SIP 对立起来，而是将他们看作在不同应用环境中的相互补充。SIP 作为以 Internet 应用为背景的通信标准，是将视频通信大众化、引入千家万户的一个有效并具有现实可行性的手段。而 H.323 系统和 SIP 系统有机结合，又确保了用户可以在构造相对廉价灵活的 SIP 视频系统的基础上，实现多方会议等多样化的功能，并可靠地实现 SIP 系统与 H.323 系统之间的互通，在最大程度上满足用户对未来实时多媒体通信的要求。

4. MGCP 与 MeGaCo/H.248

媒体网关控制协议（MGCP）一般应用于分开的多媒体网关单元之间。通过 MGCP 呼叫组成的网络，有两个基本部件——负责媒体控制的称为媒体网关控制器（MGC），负责媒体处理和转换的叫作多媒体网关（MG）。MGC 执行对媒体网关的管理、控制，而 MG 执行诸如由 TDM 语音到 VoIP 的转化。MeGaCo/H.248 则被看作是 MGCP 的升级版本。

VoIP——忆往昔峥嵘岁月稠

1995 年 2 月 15 日，一个名不见经传的以色列公司 VocalTec 的两位 30 岁左右的创始人突发奇想，推出了一个软件怪物。至少在当时，人们都认为这的确是一个怪物——连开发者本人都没有意识到，他们拉开了改变电信业百年传统经营方式的大幕。VoIP 由此诞生！

这个软件怪物在今天的人看来其实很简单，可以在刚刚兴起的互联网上的两台 PC 之间传送语音业务。这款软件叫作“Internet Phone”。在此之前，电话网和互联网唯一的结合点是利用电话网的接入电缆实现互联网的接入（拨号上网或者 ISDN，充其量还有 xDSL）。

VoIP，其实就是将语音的媒体流从 TDM 转换到 IP 网络的所有技术体制的总称。由此，开启了语音分组化的大门！ VoIP 技术为 NGN、软交换技术提供了丰富的历史经验和教训，

并成为这两者的重要技术基础。如 H.323 协议，就是由刚才讲到的 VocalTec 公司起草，并最终正式成为国际标准的。

NGN——万般业务竞自由

有了上面的技术基础，我们再次回到这个“非技术”但是又“非常技术”的名词——NGN。NGN 被定义为一种全新的电信网络体系架构，它融合了 IP/MPLS 技术和多媒体通信技术，提出了分层和开放的概念，从面向技术和管理的传统电信网络转变成面向客户、面向业务的新一代网络，用专家的话说，“NGN 是业务驱动型网络架构”。

关于 NGN 的概念，首先要说明，在其被提出之前，并没有“上一代”网络之说，但是逻辑上的上一代网络，应该是以交换能力和封闭的业务功能为核心的电信网络。那么，如果未来有了比 NGN 更先进的理念，我们该如何称呼？说实话，专家们也并没有认真地去研究。通信行业总是这样，每个新的思想，都被人们寄予厚望，并希望是最终的、最完善的、最完美的。但是事实上，从来没有哪个技术能够赢得永远的未来。NGN 之所以被专家称为“下一代”网络，是因为它是面向业务的，而非面向传输、交换、路由、无线、多媒体等技术细节的。它的包容性，让电信业者有理由相信，未来无论细节技术如何发展，面向业务的理念，将永葆青春。如果这个理念成立，那么 NGN 将是相当长时间内人们追求的目标。

1. NGN 网络发展

1996 年，美国克林顿政府提出了下一代互联网（NGI）行动计划。随后，国际通信界诸多大腕制订了大量分别由大学、政府部门、行业团体、标准化组织和公司参与的 NGN 行动计划。

在 NGN 部署的问题上，全球老牌的电信运营商都抱着务实、谨慎、乐观，以及保守的态度，从 PSTN 向 NGN 逐步过渡；而新兴的电信运营商似乎对 NGN 网络更感兴趣，他们的胆子很大，步伐更快，随之而来的风险也更大。目前，国内主流运营商的核心网已经基本采用 NGN 技术架构。

2. NGN 的关键技术

NGN 采用的核心技术是软交换，而软交换有两个明显的特征。

- 承载与控制分离：控制是指对 NGN 中所有组成部件的协调、组织和管理，而这种控制不依托于任何一种承载网络。IP/MPLS、ATM、TDM、帧中继，哪个都行。从这一点上讲，NGN 有着博大的胸怀。
- 业务与呼叫分离：呼叫与业务密不可分，但业务过多地与具体的呼叫逻辑纠缠在一起，业务有一种“拔不出来”的感觉。如果在两者之间有一个清晰的界面，而呼叫逻辑被封装成几个标准的应用程序编程接口（API），那么新的业务只需要调用这几个 API 就能轻松实现，这绝对是个上佳的方案！NGN 就是这么做的！

从发展的角度来说，NGN/软交换是从传统的以电路交换为主的PSTN逐渐迈向以分组交换为主的数据网络的产物，它可以承载原有PSTN的所有业务，并把大量数据业务“分流”到IP/MPLS网络中，以减轻PSTN的负荷，同时又由于采用IP技术而增加和增强了许多新老业务。从这个意义上讲，NGN/软交换是基于TDM的PSTN语音网络和基于IP/MPLS分组网络融合的产物，它使得大量语音、视频、数据相结合的业务类型在NGN/软交换上得以轻松实现。

在业务的提供方面，NGN/软交换网络具有以下特点：

- 平滑继承PSTN的语音业务和智能网业务；
- 语音增值业务提供能力更为灵活，且具备支持多媒体业务的能力。

3. NGN的主要特点

架构开放、业务驱动、支持分组化承载和拥有独立的网络控制层，是NGN架构最大的特点。

另外，网络互通和网络设备网关化、多样化接入方式、提供多业务支持、网络覆盖面广，都是NGN能够成为未来电信基础架构的重要依据。

NGN是一个哲学课题，它教给运营者如何点石成金！

4. NGN发展中存在的问题

（1）网络安全问题

不安全的网络就像一个噩梦。而NGN的一个特点是开放性端口增多，这导致其安全性有可能下降。交换网络本身的安全，必须由其承载网——IP网的安全策略来保障，因此这张IP网和其他IP网必须隔离。要保证用户的账户信息和通信信息不被非法的第三方窃取和监听，必须考虑相应的安全认证策略。这给NGN带来了超高的复杂度。

（2）承载网QoS的无奈

NGN承载网将采用以IP为主流的分组网络。但是，IP网本身的QoS问题并没有彻底解决，MPLS的大规模应用还需要时日。能否以及如何为NGN所承载的语音及视频等实时业务提供所需的QoS服务保证，是NGN发展所面临的主要问题。

与解决安全问题的策略一致，基础电信运营商建设NGN，往往采用专门建设一张新的IP网的形式，比较典型的，如中国电信的CN2，这是一张“保养”得非常好的IP网，被称为“轻载网”。而非基础电信运营商就必须架构在基础电信运营商的网络上，其QoS受到基础运营商的制约，这自然是一种无奈的状况。

（3）网络互连互通的尴尬

随着NGN技术的不断发展，协议本身也需要根据业务需求不断地完善和补充。先实施后标准化往往会带来各厂家在协议一致性上的混乱。因此就造成当前的互连互通状态极其尴尬的局面，如果不尽快结束这种状况，NGN发展将陷入一个瓶颈。IP信令的多种多样并不是一件好事。目前业界普遍采用SIP作为呼叫信令，一定程度上缓解了兼容性问题。

（4）业务开发正在探索

NGN 的业务层是对网络运营商、ISP、ICP、ASP 和用户完全开放的，他们都可以在 NGN 的业务层上创建业务、经营业务。最典型的是 VoIP，网络运营商提供电话到电话的 IP 电话服务，ISP、ICP，甚至用户可以开展 PC 到 PC 的 IP 电话服务，能够快速、灵活地提供丰富的业务，这是 NGN 的一个优势。

5. NGN 发展的前景展望

"融合"可以向用户提供各种形式的业务和"一站式"的服务，使用户不管是在固定环境中还是在移动环境中都能享受同样的服务。融合还给运营商带来增加收入的机会，减少引进新业务的风险，特别适合全业务的经营。而 NGN 的目标就是这样一个能够提供多种业务的融合网络。

"融合"是大势所趋，它将打破产业发展的瓶颈并形成对分业经营行业架构的有力挑战。在产业融合的大背景下，有效竞争将成为健康电信市场的合理取向和政府监管的现实选择，融合将有力地推动电信市场化并进一步深化信息产业改革，任何试图阻挡融合大潮的体制和做法都是不可能持久维系的！

在当前电信行业转型的大背景下，全业务运营成为中国各大运营商考虑得最多的问题，而全业务运营必然要求在网络和业务层面全面实现固定移动融合。从网络发展的趋势看，固定移动融合（FMC，Fixed and Mobile Convergence）是网络发展的目标和方向，FMC 首先是业务层的融合，如业务捆绑销售，但 FMC 的最终演进方向必然是网络层的融合。而 IMS 为 NGN 指明了融合的方向。

软交换的技术实现——对外开放，对内搞活

最基本的 VoIP 运营系统就是由软交换、落地和终端组成。绝大部分的 VoIP 虚拟运营商采用这种简单的体系，向用户提供分支机构互连、拨打固定电话或者移动电话的业务，赚取客户拨打电话费用和运营商落地结算费用之间的差价。

1. 软交换体系的基本参考模型

在传统的程控交换网统治电信网的时代里，增值业务是个奢侈的服务。任何有创意的想法，从开始部署到实现业务，都是极其漫长的过程。造成这种状况的根本原因是增值业务承载在封闭、专用的 PSTN 上，这些"创意"必须架构在 PSTN 所用的产品上。不同厂家的交换机，对某个特定"创意"的支持能力都是不一样的。

这种封闭、孤立以及不开放、不灵活的状况，在智能网建设起来以后有所改变。但是智能网的核心技术——7 号信令，又极其复杂，在其上开发增值业务，不是那么容易的事情。

我们再看 IP 网络的发展。IP 网因其开放、融合的特性，在全球迅速蔓延，并形成了

强大的业务开发群体。

因此有专家在20世纪90年代开始呐喊：未来电信网，将架构在IP网络上。但是这种呼声太早了，当时，B-ISDN的梦想正在通信人内心深处跃跃欲试，ATM技术正大放光彩，人们正在赋予它更多的想法。而IP网作为未来电信网核心的理念，直到NGN被提出后才真正被人重视，B-ISDN的梦随着ATM应用的严重萎缩而衰落，一切都预示着IP网将统治整个通信网！

有了客户的业务需求（天时），有了IP网络高速发展的基础（地利），也有了业内的统一思想和标准化组织的不懈努力（人和），软交换技术浮出水面。

回想一下程控交换机，它的外接口线部分和内部控制部分是一体的，如果我们把它拆开，中间通过IP网连接，会如何呢？控制部分单独存在，它就像人的大脑，而外接口线也单独存在，它就像人的四肢，它们之间通过IP网络交互控制信息，因此需要传送指令的"神经系统"，而这种"神经系统"则是由H.323、SIP、MGCP、H.248等信令体系来完成的。

一个标准的软交换网，就包含上述的两类重要部件——被拆解下来的"内部控制部分"和"外接口线"。内部控制部分的功能，采用通用的CPU或者专用高端CPU，加入IP端口，采用标准信令呼叫协议（如H.323或SIP或其他），并提供标准的增值业务开发API，就成了一台软交换服务器（"大脑"）。外接口线部分增加IP端口后，加入适当的逻辑控制部分，就成了我们常说的"网关"（Gateway）或综合接入设备（IAD，Integrated Access Device），网关和IAD就是"四肢"了。

软交换不但可以平滑地继承PSTN的语音业务和智能网业务，还使得语音增值业务提供能力更为灵活，并且具备支持多媒体业务的能力，业务设计与部署更为灵活快捷，并支持第三方业务的开发和部署能力，极大地丰富了业务和应用。如一号通、彩铃、IP Centrex（IP化的集中用户交换机）、Web800、视频通信、统一通信等。

2. 软交换及其周边的功能实体

软交换通过各种协议与各个功能实体通信。

软交换通过对用户接入网关、综合接入设备的控制，解决用户的数据、语音等的接入要求；通过信令网关与7号信令网互通，通过中继网关与PSTN互连；认证、鉴权的AAA服务器，用于管理整个软交换体系的网管服务器，用于提供增值业务的应用服务器组；软交换之间也可以实现互连互通，或者与其他IP增值业务网实现互连互通。

而软交换，就处于核心的位置。

要研究软交换，就得研究所有和软交换有关的功能实体。下面来看其中几个周边的基本功能实体。

（1）**应用服务器**：在IP网内向用户提供多种智能业务和增值业务。

（2）**信令网关**：是7号信令网与IP网的边缘接入和收发信令消息的信令代理，主要完

成信令消息的中继、翻译等，信令网关功能可以和媒体网关功能集成在一个物理实体中。

（3）**媒体网关：**用来处理电路交换网和 IP 网的媒体信息互通。按照媒体网关设备在网络中的位置及主要作用，实现与传统 PSTN/ISDN 中 C4/C5 交换局的汇接接入（中继网关），或者各种传统电话机、PBX 的接入（接入网关）等。

实时传输协议（RTP）——鹰击长空，鱼翔浅底，媒体实时流

前文我们多次提到，IP 是网络层协议。在互联网众多协议中，IP 层和应用层之间是传输层，这一层使用的主要协议是面向连接的 TCP 和非面向连接的 UDP。

TCP 是面向连接的，人们首先想到 TCP——可靠传送，舍我其谁？但是事情仿佛总是在跟我们开玩笑。由于 TCP 要经常重发 IP 层因差错而抛弃的部分，这反倒让实时的 VoIP 通话失败率更高！这可是个致命问题。而恰恰是不被人看好的 UDP，却承担了 VoIP 的大任。原因只有一个——UDP 不需要重发。有人要问了，UDP 是无连接的，怎么能传送实时性要求高的 VoIP 业务呢？是的，UDP 是无连接的，这使得 IP 传送语音包经常发生错乱的情况，影响语音通信的正常进行。那么就需要用一些新的工具，规避或者尽量规避错乱现象的发生。比如在起点给每个语音包打上标签，标上号码，到达终点后按照标签号码重新排列。

在哪里打标签呢？当然是 IP 数据包内部喽！IP 数据包头中有一个 8 位的指示“协议类型”域，一共可以定义 256 种协议类型，并且有大约 200 种类型已经被定义，其中就有传送实时媒体流所需要的 RTP。RTP，全称是 Real-Time Transport Protocol，学名“实时传输协议”。

有了 RTP，实时媒体流传送就无忧了！是这样吗？不尽然。真正能够保证媒体流实时传送的只有网络质量，而 RTP 只是 IP 数据包在网络上通过“尽力传送”到达目的地后，提供必要的方法来管理这些数据——按照 RTP 规定的编号重新排列这些数据，比如它可以打时戳、编序列号、发送监控负载标识，尽可能保证实时业务在 IP 网中实时传送，仅此而已。但这已经能解决实时媒体业务的很多问题了。

解决 IP 网络上实时媒体传送，更完善的解决方案是 RTP 结合 RTCP 使用。刚才讲到，RTP 本身并不能为按顺序传送数据包提供可靠的传送机制，也无法规避网络拥塞。但如果它和 RTCP 配合使用，就可以由 RTCP 提供这些服务。RTCP 触发每个参与通话者周期性地传送 RTCP 包，其中含有已发送数据包的数量、丢失数据包的数量等统计资料。发送方可以利用这些信息动态地改变传输速率，甚至改变有效载荷类型，这样做的好处是让实时性业务走在前面，非实时性业务走在后面甚至被丢弃。RTP 和 RTCP 配合使用，能以有效的反馈和最小的开销使传输效率大幅度提升。

实时媒体在 IP 网络中的传送，对以 IP 为基础的未来通信网络具有重大的战略性意义。

IP 网络的语音编码——谁主沉浮？

在 IP 网络上传送语音，可以对数字语音编码进行压缩后传送，这样的好处不言而喻：节省带宽资源，减少语音时延，在无法保证质量的 IP 网络上尽可能完好地传送语音信号，让通话双方更满意。但是，事物总是平衡的，节约了带宽，也不可避免地损失了声音的信息，其质量自然会有所损失，无法与非压缩的语音质量相媲美。鱼和熊掌，在通信界一次次地要做出选择。图 9-11 介绍的几种 IP 网络语音传送编码，是目前应用最广泛的。

图 9-11　几种语音编码，是指语音的几种压缩格式

1. G.711

G.711 编码是指用一个 64kbit/s 未压缩通道传输语音信号，这种 64kbit/s 的通道，可以是 TDM 的 E1 通道，也可以是 IP 通道。如果采用 IP 通道，一般在 IP 网络边缘将 PCM 的 64kbit/s 语音信号直接“塞入”IP 数据包后进行传送。在 IP 网络质量完全有保障的前提下，使用 G.711 格式，音质与 PSTN 是没有区别的；在 IP 网络质量无保障的情况下，使用 G.711 格式会有较大隐患：IP 网络稍有问题，如某个时刻发生网络拥塞，语音质量将严重下降。

因此，一般在带宽极其充裕的 IP 网络内，如局域网、行业专网，才会使用 G.711 编码格式，在大部分广域网范围内，普遍采用以下几种压缩编码。

2. G.729

G.729 是 ITU-T 制定的，它提供了分组化语音应用所需的“静音抑制”算法，G.729 对语音进行编码和压缩，使语音的传输速率降低为 8kbit/s 即可。

G.729B 标准出自 ITU-T 的 G.729 建议书，它是 G.729 的增补版，其主要目标是在 IP 网络质量无法保证的情况下，提高 IP 网使用效率的算法。为了在 IP 网络上传送语音业务，G.729B 竭尽所能，VAD（静音检测）、DTX（断续传送）、CNG（静音抑制）配合使用，让音质尽可能清晰、流畅、优美。

3. G.723

G.723 也是 ITU-T 制定的，不过它是双速率语音编码，它可以工作在 5.3kbit/s 和 6.3kbit/s 两个方式上，相应地，分别采用两种复杂的技术——代数码激励线性预测（ACELP）和多

脉冲最大似然量化（MP–MLQ）。从应用者角度来说，G.723是压缩率较高的IP语音编码，与G.729B一样，在VoIP系统中获得了广泛的应用。

实际上，大量的VoIP系统都采用G.711、G.723和G.729混合编码。

4. iLBC

iLBC编码格式是一种特别适合互联网传送的编码方式。无论在高丢包率条件下还是在没有丢包的条件下，iLBC的语音质量都优于目前流行的G.723、G.729等标准的编解码。而且丢包率越大，使用iLBC的语音质量优势越明显。通常情况下，为了衡量IP网络语音质量，将≥5%丢包率的网络情况定义为VoIP的极限网络条件。经过语音质量测试，即使在5%丢包率的情况下，iLBC仍然能够提供相当于GSM手机的语音质量！

很多人知道iLBC，都是通过Skype这个即时通信软件。正是这种语音编码的巨大优势，使Skype获得了快速发展！

5. G.726

ITU–T的G.726语音压缩编码，学名“自适应差分脉冲编码调制（ADPCM，Adaptive Differential Pulse Code Modulation）”。

ADPCM是针对16位（或8位或者更高）声音波形数据的一种有损压缩算法，它将声音流中每次抽样的16位数据以4位存储，压缩比1 ：4。压缩/解压缩算法非常简单，是一种低空间消耗、高质量、高效率声音获得的好途径。保存声音的数据文件后缀名为.aud的，大多是用ADPCM压缩的。

IMS——移动网中的软交换

承载与控制分离、业务与呼叫分离，这并不是固网的专利。在移动网中，需求同样存在。只是在移动网中，并不称其为软交换，而叫作“IP多媒体子系统”，简称IMS。之所以被称为“子系统”，是从整个移动通信网的总体来讲，IMS只是其中的一个IP多媒体子网，是为移动通信这一大网服务的。

移动网的终端是可以移动的，而移动性总是和“漫游”“注册”“安全”等关键词紧密联系的。IMS既然作为移动网的“多媒体”“子系统”，就需要考虑移动性带来的新变化。

由于IMS出现得比软交换要晚一些，因此业界的讨论更加充分，规划也更加合理和理性。论据之一就是全部采用SIP作为呼叫控制和业务控制的信令，而不像软交换那样多协议并存。从定义上看，IMS是一个“子系统”，它定义的是一个网络架构。如果整个移动网络是一部汽车，那么IMS将成为其增值业务的“发动机”，是移动数据业务增值应用的触发器！

从IMS的技术机理上说，它对控制层功能进行了进一步分解，实现了会话控制和承载控制在功能上的分离，使网络架构更为开放、灵活，有专家形象地说，IMS实际上比传统软交换更“软”。

和每个人的感受大抵相同，哪里最安全？在家最安全。而经常处于移动状态的终端，其安全性势必会受到影响。在这方面，IMS可谓考虑周全。IMS的安全性是通过鉴权认证、接入安全建立、信令加密、承载和业务流的安全控制、划分安全域等方式来保证的，尤其是在漫游控制方面，IMS是做了大量“功课”的。

IMS是不是只能支持移动的终端呢？其实不尽然。IMS与软交换一样，采用业务、控制、承载完全分离的水平架构，业务与接入是无关的。移动终端能接入，固定终端、Wi-Fi、LAN、xDSL自然更是没有问题。那IMS就成了固网—移动融合（FMC）演进的技术支撑和基础。

对于人来说，思路决定出路；而对于技术来说，特性决定前途。IMS的分离特性以及面向移动网设计的特点，使其成为名副其实的移动网增值业务“发动机”（见图9-12）。

图9-12　IMS是未来电信网络增值业务的“发动机”，其承载网是IP网

业务新目标——滚滚长江东逝水，统一通信成主流

当思科公司（CISCO System）打着“统一通信”的大旗，提出了通信向企业信息化靠拢后，统一通信（UC，Uniform Communication）的概念就不断推陈出新，越来越多的厂家宣布支持UC并提供UC的解决方案。

什么是UC？若干年来，人们一直沿用这种方式——用计算机查看电子邮件，用电话进行语音沟通，用传真机收发传真——不同的系统分别管理不同类型的通信方式，并使用不同的工具来进行访问。通信是人类与生俱来的要求，而我们已经进入信息化社会，有没有可能

改变以上烦琐的通信方式，让信息交流变得更加简单？这个问题的提出，是UC诞生的原动力。

设想一下：无论任何时间、任何地点、使用任何设备，都可以毫无限制地进行交流，而且将语音、电子邮件、手机短信、多媒体内容、传真以及数据等形式的内容都集合到一起，可以用手边的任何一款设备发送和获取信息。

UC 是一个概念、一个理想，并不是一种特定的技术体制。设备制造商、电信运营商、增值服务提供商、软件供应商都提出了各自对 UC 的理解，并且这种理解都是站在各自历史上的优势产品和解决方案的角度，距离真正意义上的“统一”或者“融合”仍然存在一定距离！

在行业和企业的应用中，统一通信扮演着将企业的办公自动化、客户管理、物流管理、数据通信、传真、邮件、视频系统、呼叫中心等功能融合为一体的角色，真正实现将企业的业务流程和管理流程与现有通信技术无缝连接，从而提高企业的工作效率，降低因信息不畅带来的成本。

ICT——CT 与 IT 渐行渐近

信息与通信技术不同于传统通信的概念，它始终围绕通信如何为信息服务、信息如何利用通信渠道这一课题展开研究。

为了更好地理解 ICT，有必要对信息技术（IT）和通信技术（CT）的历史和现状进行一个分析。

IT 是随着计算机的广泛应用发展起来的。IT 涵盖了计算机信息的存储、运算、读写、识别、鉴权、压缩、查询、检索等环节的处理工作，也就是说，如何利用计算机的 CPU 来生成、管理、分析和使用大量的数据。

CT 是电话、传真、数据、互联网等技术的统称。CT 解决信息的传送问题。也就是说，根据信息的属性不同，采用合理的手段交换信息。

在过去，IT 和 CT 的结合是非常有限的。呼叫中心中的数据库营销就是将海量的客户信息均匀分配给每个座席员，由经过培训的座席员给客户拨打电话、介绍产品，获取的信息填入相应表格，并把录音存储到指定的地址空间，对于确认采购的客户还要转给商务部门进行订单流程处理。这个过程，是 ICT 的典型应用之一。

IT 与 CT 渐行渐近，如图 9-13 所示。它们的结合，是在行业融合逐渐深入和信息社会诉求强烈两大背景下产生的。ICT 作为“信息与通信技术”的全面表述，更能准确地反映支撑信息社会发展的通信方式，同时也反映了电信在信息时代自身职能和使命的演进。

随着新的 IT（诸如芯片技术、物联网、大数据、云计算、人工智能、多媒体等）在更广泛的范围内应用，以及新的 CT 技术（如光传输技术、IMS、NGN、互联网、5G）的大规

模商用，ICT的融合更加势不可挡。尤其是大数据领域的技术革命异军突起，又将ICT升级为DICT，信息时代的变革，就是这么一路猛进高歌！

图9-13 ICT——IT与CT融合

Chapter 10

第 10 章 数据通信

1936年，24岁的英国数学家图灵发表了一篇论文，提出了一种抽象模型。这种当时只存在于想象中的机器，由一个控制器、一个读写头和一根无限长的纸带组成。纸带起着存储的作用，读写头能够读取纸带上的信息，纸带上可以用固定间隔是否有小孔表示1和0，将运算结果写进纸带，控制器则负责对搜集到的信息进行处理。这种结构看起来简单，但事实上，它与算盘之类的古老计算器有着本质的区别：如果在控制器中输入纸带上存储的不同程序，就能处理不同的任务。实际上，它在理论上是一种通用的计算机。这种机器因图灵而得名"图灵机"。正是得益于其逻辑架构及工作方式，才有了今天我们普遍使用的计算机，也才有了现代的数据通信领域。

为了纪念图灵对计算机科学的巨大贡献，美国计算机协会于1966年设立一年一度的"图灵奖"，以表彰其在计算机科学中做出突出贡献的人，"图灵奖"被喻为"计算机界的诺贝尔奖"。图灵是现代计算机和人工智能的鼻祖。

1954年夏天，图灵被发现死于家中的床上，床头还放着一个被咬了一口的苹果。警方调查后认为是中了含有剧毒的氰化物，调查结论为自杀。1976年，一个叫史蒂夫·乔布斯的年轻人与他的两个朋友成立了一家叫作"Apple"的计算机公司，以这个被咬了一口的苹果作为公司LOGO，虽然其LOGO被多次修改，但缺口苹果的造型一直沿用至今。

数据通信往往被定义为"数字信息的接收、存储、处理和传输"。我们知道，计算机中的文件就是数字信息，无论这个文件存储的是文本、图像还是视频，都由明确的数字"1"和"0"组合而成。很多信息源，开始并不是大量1和0的组合，但是它们能够通过某种编解码技术，转化为1和0的组合，比如数字视频等多媒体信息，它们也在数据通信网上进行传送和交互。接下来，我们发现，任何的原始信息，都可以通过特定的处理，变成1和0的组合，"数字信息"的范畴不断扩大，以前不能用数字信息表示的其他信息也逐步"数字化"，为融合通信创造了必要的技术准备。

在本章我们将列举传统意义上的几种典型的"数据通信"的技术体制及其应用，而不拘泥于某种技术体制究竟属于哪个范畴、哪个门类。

还从电话网的铜线开始——xDSL

如果说电话线是一棵白菜，通信人能把这棵白菜做成好几道佳肴。说它是白菜，因为它的确太普通、太寻常，但如果充分利用、巧妙烹饪，则营养丰富、味道鲜美。

之所以叫作"电话线"，是因为铜线的一部分频率资源被用来传送电话信号了。大部分没有被使用的资源，都白白浪费掉了。

DSL技术，可以将铜线中未使用的高频部分的资源有效利用起来，使电话线继续发挥

自己的价值！

xDSL，x 可以有多种取值。每种取值代表一种技术，DSL 家族兄弟姊妹甚多，目前应用最广的是 HDSL、ADSL、VDSL、SDSL 以及带有 G 字头的若干 DSL 技术。

ADSL 是 DSL 界的大牌明星，其使用规模在全球范围是最广泛的。

A 是 Asymmetric 的缩写，表示"双向不对称"，对于 DSL 而言，用户端向核心网的方向称为"上行"，一般用于请求信息或上传信息；反之称为"下行"，用于内容下载。之所以 ADSL 被广泛应用，就是看中其通道的不对称性，与互联网流量的不对称性完全一致，适合用户接入互联网的应用场景。

信息流的数据量较大，需要的带宽较宽；而请求信号的数据量很小，需要的带宽也较窄。这有点类似于答记者问。记者的提问总是寥寥数语，而回答则往往长篇大论。

ADSL 技术需要在局端和用户端的设备都具备"分离功能"，这种分离功能，将语音和数据通过在铜线上的不同"通过频率"截然分开。

ADSL 接入互联网，每个客户独享从用户端到运营商 IP 骨干网或者城域网的带宽，对于 20Mbit/s 以内的大部分用户需求而言，是非常合适的。

一般情况下，ADSL 能传送 3 ~ 5km 的距离，根据国内电话区局机房的分布情况而言，这个距离可以满足大部分用户的需要。

随着互联网的进一步发展，越来越多的信息将被上传和下载，对带宽的需求是无止境的。ADSL 也要与时俱进。

随后，ITU-T 陆续通过了新一代 ADSL 标准——ADSL2、ADSL2+ 等。人们把这一系列的变革称之为第二代 ADSL。ADSL2+ 把传统的最高全双工 2Mbit/s 速率提升为最小下行 16Mbit/s，上行 800kbit/s，下行最大传输速率可达 25Mbit/s，并且，其传输距离也有所提高。

ADSL 接入电信运营商的 IP 网络，需要进行身份认证。基于 IP 技术的认证方案中，最流行的当属 PPPoE，这里面的"E"就是 Ethernet（以太网）。

如果采用 PPPoE 技术承载从 ADSL 用户端到局端之间的点对点连接，在局端就需要一种将 PPPoE 进行"终结"的设备。这种设备称为"宽带接入服务器"（BRAS）。

网关设备之所以被称为"网关"，就是因为它汇聚了来自多个用户的数据流量，就像骨干网络的一个城门，让谁接入、让谁访问、如何访问，都由网关负责与"有关部门"协商。网关就是城门的守卫者，它只需要按照相关命令执行相应操作。用户如果希望访问互联网，就要通过路由器、PC 机发起 PPP 的连接，就像拿到一张通往网关的车票，被封装到以太网帧这样的"汽车"中被运送到网关，再掏出车票就可以下车，相当于 PPP 的终结——这就是 PPPoE 的全过程。然后，网关根据每个用户车票的情况进行处理，对于未付费用户，网关有权拒绝其进入网络；对于已经付费的用户，看用户购买的是什么套餐，2Mbit/s 的就给 2Mbit/s 带宽，10Mbit/s 的就给 10Mbit/s 带宽。用户与运营商签署合同时就约定了其开通日期和带宽值，这些信息被输入到 RADIUS 中，由 BRAS 执行对带宽的管理及操作。

为什么会有认证、计费和管理的要求呢？我们知道，电信网络是一张可管理、可运营的网络，需要对用户的访问权限进行认证，需要对用户收费，也需要对用户进行带宽管理。无论是电信网还是企业网，都不能只考虑网络是否连通，还要考虑运营和管理，只有这样，电信网才能称之为电信网，企业网才能称之为企业网，它们也才能在国计民生、企业经营中发挥真正的作用。在第 17 章我们会详细介绍有关电信网运营支撑和管理计费方面的知识。

回到 ADSL。ADSL 技术的强大生命力，就在于让电话线这棵“老树”发了宽带这根“新芽”！由此我们认为，任何新的技术，都一定要与现实情况相结合，有效继承，充分利用，节约投资，增加收益，相信这是永远不会过时的投资理念。

除了 ADSL，还有其他几种 DSL 技术也在组网实践中获得了比较广泛的应用。

高比特 DSL（HDSL，High bit Digital Subscriber Line）非常成熟并已经获得较为广泛的应用。这种技术可以通过现有的铜双绞线以全双工 T1 或 E1 方式传输，且传送距离可达 3.6 ~ 5km！

除了 HDSL，其他几种 DSL 技术，如 SDSL、VDSL 等，也和 ADSL 一样，基本都应用于 IP 传送而不是 TDM 传送。

甚高比特 DSL（VDSL，Very bit DSL）技术是部分高端 IP 用户享受的一种 IP 接入方式。VDSL 也是不对称类型的，在 1.5km 以内传送速率可达 13Mbit/s。VDSL 与 ADSL 一样，在局端和用户端配置 Modem，电话业务通过分离器和耦合器加入信道，从而实现电话业务和数据业务的隔离传输。

对称比特 DSL（SDSL，Symmetric bit DSL）技术也是部分高端 IP 用户享用的、对称的 IP 接入方式，一般应用于双向带宽相同的线路中，其速率为 160kbit/s ~ 2Mbit/s。一般的最高传输长度为 3km。

G.SHDSL 是对称的高比特用户数字环路。G.SHDSL 可比其他 DSL 技术产品传输更远的距离，并具有速率 / 距离自适应的能力。使用一对电话线，支持 192kbit/s ~ 2.312Mbit/s 的可变速率；如果使用两对电话线，则可支持 384kbit/s ~ 4.72Mbit/s 的速率。

DSL 技术是利用电话线中的高频信道传输数据，高频信号的弱点是损耗大并易受到噪声干扰。因此对 xDSL 来说，速率越高，传输距离越短。此外，双绞线的线径、质量等参数也会对 DSL 的速率造成影响。

随着光纤入户的流行，DSL 技术正在逐渐退出历史舞台。

局域网互连的技术——帧中继

帧中继（FR，Frame Relay）是一种连接局域网的技术。

局域网和语音网有什么区别？局域网是由计算机组成的，计算机之间传送的信息，最

大的特点是突发性强，不像语音业务一样流量均匀（即使不说话，照样有“空信号”传送）。当你浏览一个网页，打开页面后长时间处于阅读状态，这时候并没有数据流通过网络“流”向你的计算机。通信世界里，语音网和数据网曾长期处于“对峙”地位，各自领域有各自领域的专家，各自专业有各自专业的标准，而真正最大的区别，是它们的流量突发性方面的表现完全不同。局域网之间的连接当然也可以通过 DDN 来承载，但是 DDN 带宽固定，不管局域网之间是否有数据流量，DDN 线路始终被占用，如果局域网之间的数据量瞬时增大，DDN 并不会“网开一面”，为其专门提供超额带宽，那么这时候数据就会在线路上发生拥塞。

用帧中继解决这类问题得心应手。它将数据信息以“帧”的形式传送，并采用存储转发模式，其使用的传输链路只是一种逻辑链路，可以实现统计复用，而不像电话交换网那样是实际的物理连接。用道路和车辆来举例，假设有 100 辆车，每辆都从 10 种颜色中选择一种并涂上这种颜色，在一条道路上行驶，每种颜色的车辆形成的车队就相当于占用了一条逻辑链路。而统计复用正是帧中继支持突发业务的关键所在！

如果有 50 条最大突发量为 2Mbit/s 的帧中继连接在同一条物理链路上，该物理链路可能只需要 30Mbit/s——除非这 50 条连接在同一时刻到达 2Mbit/s——但这种情况的发生在理论上存在，通信作为应用技术，绝不是一个“唯美主义者”，它只以“满足需求”为准绳，在追求完美的过程中把握性能和价格的“平衡”。

在一条物理连接上，可以同时通过多条帧中继的逻辑链路，不同的逻辑链路，用不同的数据链路通路标识符（DLCI，Data Link Channel Identity）来进行标识（就像刚才的例子用颜色来标识逻辑链路），而每个 DLCI 标识出来的“链路”，将承载一个业务流。DLCI 仅仅用于链路标识，在帧中继的交换机中或者路由器中可以被修改，DLCI 占用帧头中的 8 位，因此其取值范围是 0 ~ 255。

帧中继一个帧的长度可达 1 600 字节，适合于封装局域网的数据单元。大家还记得吗？以太网帧最大可达 65 535 字节，对于这样的超大“货物”，用帧中继这样的“船”来运载，效率将是非常高的。

帧中继是典型的面向连接的交换技术。当客户申请一条帧中继连接，电信运营商的维护人员将在帧中继网上建立一条逻辑链路。随着 ATM 的成熟，帧中继业务被承载在 ATM 网络上，纯粹的帧中继网逐渐退出了历史舞台。

学院派经典技术——ATM

在第 6 章已经简单介绍了 ATM 和 IP 的世纪之争。以技术为导向是前 100 年电信发展的主要思维方式，而 21 世纪的通信发展，必须以应用和客户为导向。这就是 IP 胜出的根本原因。用一句话来形容 ATM 技术，那就是“看上去很美”！

那么我们将从几个角度描述ATM为什么“看上去很美”。

- 协议标准严谨。无论ATM的分层结构还是帧格式，以及ATM的适配层协议，只要你潜心去读，你就会感受到，每一种封装、每一种适配，都是由在电信领域工作多年的专家们精心设计出来的，如此一丝不苟、如此严整、如此不容置疑！
- 应用宽泛而有序。ATM适应所有语音、数据和视频业务，并提供所有业务的承载能力。ATM把各种业务类型可能对网络形态造成影响的所有参数都做了周密安排，并针对每种参数，在链路中都进行了相关定义。仅从支持业务类型而言，ATM“百密而无一疏”。

- 微妙地平衡于效率和效果之间。在帧长方面，ATM曾“思前想后”：帧过长不利于实时业务；帧过短，帧头占了很大比例，效率很降低。最终，专家们给ATM取了一个固定帧长——53字节，可谓“增之一分则太长，减之一分则太短”。
- QoS完美而烦琐。ATM最为人津津乐道的是它完备的QoS保障能力。由于对可能影响网络形态的所有参数都考虑进去了，因此ATM保证QoS的能力是前无古人的。但“成亦萧何，败亦萧何”，完美意味着复杂，复杂的结果就是流行性差。ATM的衰落，因为烦琐，也因为太过形式上的“完美”。
- 命运悲壮而无奈。ATM留给电信业巨大的思考空间，电信专家们不得不感慨，这是一个遗憾。ATM如果有灵，是不是也会如周瑜般感慨：既生ATM，何生IP？

我们把ATM技术当作标本进行解剖，是为后续对IP的讲解铺路，ATM的经验和教训影响了其后多种数据通信和传输技术体制。在目前绝大部分的教科书和论文里，对ATM原理的论述，其参考意义远远大于其应用价值。这里介绍ATM的技术要点，希望读者能够从数据通信的一般原则上去理解，而不要把它孤立起来。

1. 固定帧长保证快速交换

大大小小、高高低低、胖胖瘦瘦，使这个世界丰富多彩。而ATM则采用53字节的固定帧长，期待让这个世界更加精彩。这53字节的帧，名字叫作“信元”。

固定帧长有利于交换芯片的转发。在通信网这个完全自治的系统中，固定的分组长度，可以很容易判断“车头”在哪里，“车身”在哪里，而不需要耗费专门的机制去确认。在这53字节里面，前5个字节叫作“信元头”，其他48个字节叫作“净荷”。信元头中有以下信息：该信元要路过的通道的标志。在下文的两级交换中，就要用到信元头中的通道标识——虚

通道标识（VPI，Virtual Path Identity）和虚通路标识（VCI，Virtual Channel Identity）值。

关于 VPI 和 VCI，我们要分清楚这么一个概念：VPI 和 VCI 在信元中作为帧的标识，也在 ATM 交换机中用于电路的标识。也就是说，车辆上有编号，它会根据自身的编号主动选择该编号指定的道路（如图 10-1 所示）。

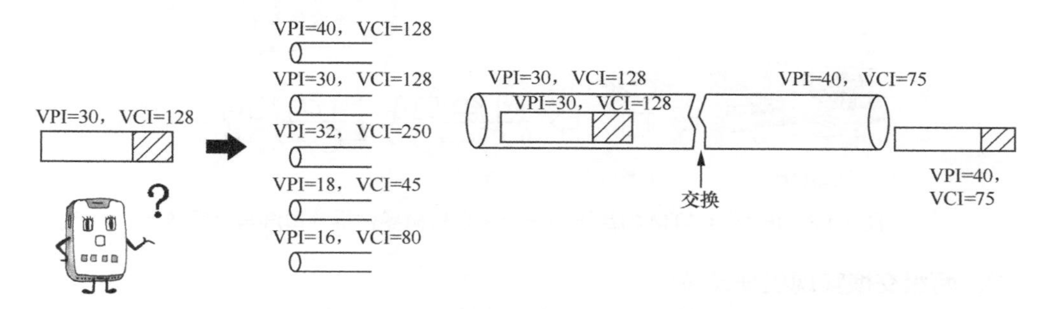

图 10-1　信元 VPI/VCI 和通道 VPI/VCI 的关系

2. 统计复用支持多种业务

ATM 是一种面向连接的技术。也就是说，在数据包传送之前，道路已经铺设好了。这条通信通道称为虚通道（VP，Virtual Path）或者虚通路（VC，Virtual Channel）。VP 是大管道，VC 是大管道中的小管道。

ATM 最大的特点是对 QoS 的支持能力，而能够实现 QoS 的根本原因是，ATM 支持统计复用。什么是统计复用呢？就是动态而非静态地、见缝插针地、勤俭节约地、公平合理地利用信道资源——这真是一种美好、理想、和谐的状态！

怎么理解"公平合理地利用"？一块蛋糕，优先级最高的人独享其中的一部分；剩下的，按照优先级高低来分享。那么，当还剩半块蛋糕，而剩下人的优先级都一样怎么办？抢！谁先来谁先得！谁吃得快谁吃剩下的！道理就这么简单！

ATM 把业务分成几种类型，按照优先级特点起名为 CBR、VBR、UBR、ABR 等。利用不同的适配层（AAL，ATM Adaptation Layer），接入交换机将数据信息向 ATM 信元进行"适配"。

比如要运送一个 IP 数据包，IP 包有一定的长度，需要拆分到多个信元中，到达目的地后的信元要拆开包装，重新组装成一个完整的 IP 包，如图 10-2 所示。这里有一个陷阱！到达目的地的信元，是否会出现顺序错乱的情况？会的！ ATM 网并不承诺完全按照发送顺序接收信元，那怎么办？还好，AAL 层在每个被拆掉的 IP 包前面加一个编号字段，这个字段将占用 ATM 的净荷而不是信元头。大家看，一个 1 000 字节的 IP 包，并不是拆分成 1 000/48 个信元！因为这 48 个字节的净荷里面还有一些 IP 包拆分后的编号和组装信息。

试想，将一台大型机械拆成无数小部件，如果不给每个小部件都做详细的编号，如何再组装起来呢？这些“编号”是因封装而额外带来的“开销”——怪不得计算机专家总报怨ATM的效率太低，不仅仅是信元头，连净荷都不是那么“净”！

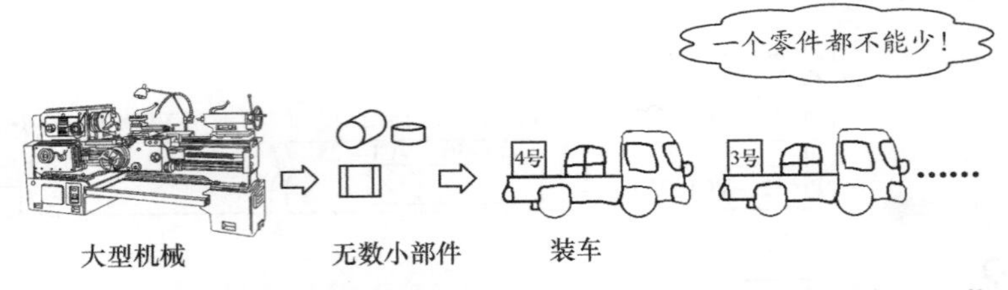

图 10-2　IP over ATM 相当于把一个大型机械零件拆分到汽车上运送

3. 两级交换实现粗细颗粒

ATM 技术充分考虑了配置链路过程中的便捷性。两级交换就充分体现了这一点。一般来说，某一类型的业务用一个 VPI 进行标识，这类业务中的每个呼叫用 VPI/VCI 的组合进行标识。比如从 A 地到 B 地，有语音业务、数据业务和视频业务，从 A 开始，所有语音业务都将 VPI 设置为 30，而每通电话采用 VCI=1 ~ 255 中的任意值；所有数据业务都将 VPI 设置为 31，而每个业务连接采用 VCI=1 ~ 255 中的任意值；视频业务 VPI 设置为 32，每个业务连接采用 VCI=1 ~ 255 的任意值。当然，这些管道的标识值可以在交换过程中被改变。

ATM 的两级交换并非绝无仅有，比如 MPLS 就比 ATM 更生猛！MPLS 甚至支持多级交换！每个 IP 数据包每打一层标签，就是一级，而 MPLS 可以支持打无数层标签。

4. ATM 的兴衰

ATM 技术曾经在全球范围内有比较广泛的应用。在 20 世纪末，ATM 技术成为宽带综合业务数字网（B-ISDN）的技术基础，专家们梦想 ATM 将成为未来数据网络的核心，它的 QoS 保障机制、多业务的支持能力，在互联网、数据通信、视频通信刚刚起步时，太符合人们对网络的诉求了！请看看本节的标题——“学院派经典技术”，实至名归！

但是随着 IP 技术因开放性和简易性受到用户追捧，ATM 技术逐渐从核心层进入汇聚层以致传送网的范畴，从占领桌面退缩到传送平台。IP over ATM 的技术复杂性造成其支持 IP 业务的能力非常有限，传输性能的提升又让 ATM 的 QoS 特性优势越来越不明显。从这些角度看，ATM 逐步退出历史舞台是必然的。

IP over SDH——驴唇对上了马嘴？！

我们知道，IP 是一种不定包长的、突发性强的技术；而 SDH 则是固定帧格式的传送

模式。SDH 的稳定性、安全性让 IP 技术觊觎已久。不断创新的通信技术让 IP 享受到了 SDH 的承载水平。常用的有以下几种方式：IP over ATM over SDH、IP/PPP/HDLC/SDH、IP/LAPS/SDH、GFP 封装方式。在通信界，这几种技术经历过若干次争论，尤其是对于 IP 与 SDH 之间要不要加入 ATM 层的问题一直争论不休。最终，ATM 技术衰落了，IP 直接通过 LAPS、PPP/HDLC 或者 GFP 方式映射到 SDH 的帧结构中。这个结果，曾经让当年的很多数据通信专家大跌眼镜！这简直是驴唇不对马嘴！可实际情况是，驴唇不但对上了马嘴，而且“对”得还很不错呢！

假设一个工厂生产了大量货物，每个月的生产量不固定，有一定突发性，如何规划其物流，这是管理学上的课题。目前采用的都是大小相等的轮船运输，其稳定性好、价格低廉，那么就有很多方式可以采用。

1. 第 1 种方式：IP over ATM over SDH

将这堆货物拆成若干等份，直接装到轮船上运送出去。这种方式对生产量突发性非常强的工厂来说是比较适用的，对于急件可以保证其先运输出来，对于时间要求不严的货物，可以晚些运送。IP over ATM over SDH 采用这种方式。

IP over ATM 可以充分利用 ATM 速度快、容量大、多业务支持能力强，以及 IP 简单、灵活、易扩充和统一性强的优点，然而其网络体系复杂、传输效率低、开销损失大（25% ~ 30%），而且 ATM 设备比较昂贵，因此无法满足 IP 业务发展的要求。

2. 第 2 种方式：IP over PPP over HDLC over SDH

将货物分堆摆放，每堆分别装入通用容器（PPP 和 HDLC），然后装船。通用的容器存放货物，稍显麻烦，有一定开销，效率中等。

PPP/HDLC 是 IETF 定义的 IP over SDH 链路层映射协议，它是将 IP 数据包通过 PPP 进行分组，并使用 HDLC 协议对 PPP 分组进行封装，构成一个个 HDLC 的帧，最后将其映射到 SDH 的虚容器中。这种方式开销损失少，比 IP voer ATM 的方式在效率方面有所提高。这种方式的具体应用就是路由器上的 POS 端口（Packet over SDH）。

3. 第 3 种方式：IP over LAPS over SDH

将货物分堆摆放，每堆分别装入专用容器 LAPS 中，然后装船。专用的容器更加适合货物存放，因此效率较高。

SDH 上的链路接入规程（LAPS，Link Access Procedure SDH）是武汉邮电科学研究院提出并被 ITU-T 采纳的标准。LAPS 与 PPP/HDLC 类似，但它是把以太网的 MAC 帧直接封装到 LAPS 帧的数据区，比 PPP/HDLC 操作简单，因而效率提高。这种方式的具体体现是 MSTP 中的以太网传送，有时候称为 EoS(Ethernet over SDH)。

4. 第 4 种方式：GFP

显然各种 IP over SDH 都具有各自无法克服的缺点，然而新的 SDH 技术中，各种业务都可以通过一种叫作 GFP 的技术进行封装后在 SDH 上传输，使用 GFP 一方面可以克服 ATM 开销大的缺点，同时它还能避免 LAPS、PPP/HDLC 等采用帧标志定位带来的一系列缺点；另一方面它又能提供各种数据接口，使 SDH 能承载多种类型的业务。

IP over WDM/OTN——大速率，大流量

SDH 的最高商用速率是 10Gbit/s，已经不能满足数据流量的爆炸式增长，急需另外一种承载方式：IP over WDM/OTN，在 WDM/OTN 系统中采用 SDH 帧或者 GE/10GE/40GE/100GE 等帧结构，将 IP 业务映射进 WDM /OTN 系统，通过 WDM/OTN 系统的波道复用技术，实现 IP 业务的超大带宽传输。目前商用 OTN 可接入的 IP 速率可以达到 400Gbit/s 以上。

语音数据的“杂交”技术——MSTP

语音通信发展了 100 多年，而数据通信满打满算也就几十年的时间。这种时间上的不平衡性，造成在电信业不同的发展阶段产生的技术体制都有明显的“倾向性”。

如 SDH，从设计之初到开始大规模部署，都是用以传送语音的。它被用来传送数据业务，简直就是“大姑娘上轿，头一回”，我们可爱的、忠实的、稳重的 SDH 有点晕，数据业务突发明显，怎么能像传送语音业务那样稳妥呢？有设备制造商想到一个方法，在 SDH 设备上增加 IP 板卡，并进行一定技术优化，最终形成了一个新的传输网门类——多业务传送平台（MSTP，Multi-Services Transport Platform），我们在第 8 章中，从传输网的角度分析过 MSTP，本节我们将从数据网络的角度再进行分析。

仅仅看 MSTP 的这个 M，有些读者估计有些糊涂了——ISDN 是综合业务，ATM 是多业务，怎么又出来一个 MSTP，也叫“多业务”呢？

不同发展阶段对“多业务”的理解不完全相同。说 MSTP 是“多业务传送平台”，首先定义了它作为传送网的范畴，接着描述了它可以传送多种业务，如 TDM、IP。从前面的描述中可以知道，TDM 可以传送语音、视频、数据业务，而我们也知道，Everything over IP，那么我们就理解了，MSTP 为什么叫作“多业务”了吧？

我们不但要让 SDH 提供诸如 E1、STM-1 等的同步序列信号，还要求它提供 10/100/1 000M 的以太网接口，并且还要充分考虑以太网信号的突发性需求！这就是 MSTP 的宿命。

MSTP 是以 SDH 技术为基础的，吸取 SDH 安全、可靠的优点，既能提供传统的 TDM 语音链路，也能提供日益增长的、突发性强的数据和视频专线链路。

我们还要对“多业务”再多讲两句。通信网通俗意义上所指的带有“多业务”特征的技术体制，应具有以下特征：

- 支持丰富的业务端口，而不仅仅是支持 IP 端口或者 TDM 端口；
- 提供的交换、交叉连接带宽丰富，能够支持各种大带宽业务；
- 对每种业务类型都有所贡献，而不仅仅提供透明的传送通道；否则，几乎所有的网络形态都可以称为“多业务网”，那么也就无所谓“多业务网”了；
- 对每种业务的 QoS 差异有所考虑，对带宽的利用率提高有所贡献。

客观地说，MSTP 只能勉强算作“多业务”网，其组网应用如图 10-3 所示。

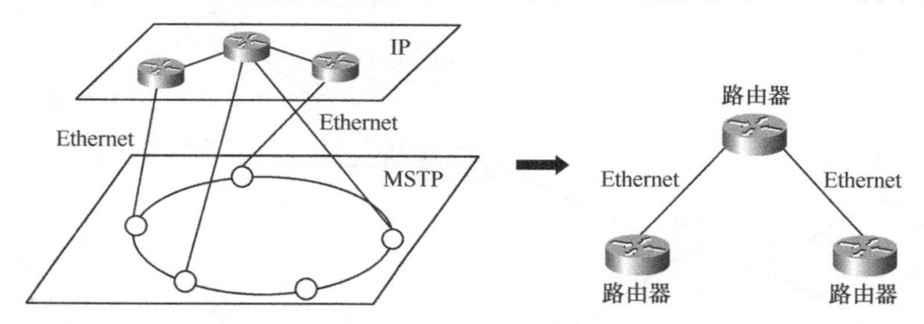

图 10-3 MSTP 的组网应用

MSTP 的原理，其实就是把以太网的帧“塞入”GFP、PPP、LAPS、VC 虚级联（如 DCAS）等容器里，将端到端的以太网线路隐藏在了 SDH 中。MSTP 可以提供的接口是 10/100/1 000M，但是实际速率一般是 $N\times$ 2Mbit/s，N 的具体数值是可以根据需求进行调整的。从这里可以看出，MSTP 承载的 IP 业务，带宽是“有级变速”的，这一点和 ATM 完全不同。MSTP 的可贵之处就在于可以继续使用 SDH 的倒换功能，保证线路的稳定性。正是因为这个原因，MSTP 称为“电信级城域以太网”技术。

应该说，MSTP 传承了 SDH 所有的优点，其核心还是 SDH。MSTP 并不是革命性技术，只能说是一定程度上的“杂交”技术。在相当长一段时间中，MSTP 成为城域传输网采用的主流技术体制。采用 MSTP，只需在原有设备 SDH 上增加板卡、升级软件即可，投资规模不大。这种模式在数据业务发展初始阶段，的确给人耳目一新的感觉。

光纤进入千家万户的希望之星——无源光网络

无源光网络（PON，Passive Optical Network）的最大特点不是“胖”，而是其中的关键部件——光分支器不需要电源。说具体点，在这个设备向终端分发信号时，有一个光分支点，光分支点只需安装一个无源的光分支器即可（小时候玩过三棱镜的读者对此一定不会太陌生）。

最初的 PON 包括基于 ATM 的 PON（APON）和基于以太网的 PON（EPON/GPON）——这里，我们又遇到了 ATM 和 IP 技术的碰撞！ APON 和 EPON/GPON 具有 PON 的共同优点，它们的竞争在本质上是核心网中的 ATM 和 IP 之争在接入网中的继续，其结果可想而知！ EPON是IEEE 802.3ah工作组制定的标准，在它刚刚获得胜利的同时，ITU-T又提出了GPON（吉比特以太网无源光网络）的标准，它可以灵活地提供多种对称和非对称上下行速率，传输距离至少达60km。PON下行采用广播方式，上行采用时分多址方式，可以灵活地组成树形、星形、总线型等拓扑结构，在光分支点只需要安装一个简单的无源光分支器即可。图10-4所示就是PON的拓扑图。

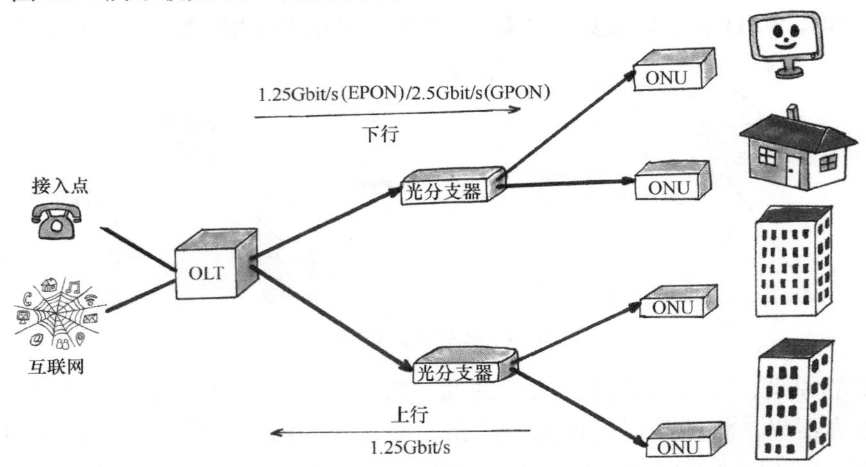

图10-4 PON的原理拓扑图

EPON和GPON有如下很多共同的特点。

- **高接入带宽**：GPON下行速率高达2.5Gbit/s，上行速率也可达1.25Gbit/s，EPON采用上下行各1.25Gbit/s的速率。两者的速率都不低。
- **节省光纤资源**：都采用点到多点的树状广播形网络拓扑结构，如图10-5所示，从局端的一芯光纤，最后可以分支到32/64个终端ONU设备，极大地节省了馈线部分的光纤资源，特别是对于地域广阔的地区，或者原有光纤资源有限的运营商，采用PON技术组网可以大大提高光纤资源的使用效率。
- **设备运维和管理成本低**：PON光纤接入技术，只有局端（OLT）和用户侧设备（ONU）为有源设备，其中间的光分布网络采用稳定性高、体积小巧、成本低的无源光分支器，无须提供电源、空调等机房设备，也不占用机房空间，只需安装在光交接箱或光缆配线架的适当位置即可，易于维护。

“性格决定命运，特性决定应用”，PON的特点决定了其应用场景的宽泛性和组网方式的灵活性。比如“PON+DSL”方案，它将DSLAM尽量靠近用户，克服xDSL接入距离和带宽的限制——前文说过，DSL技术的传送距离对带宽影响很大，如果大部分铜线被光纤代替，这种影响就能尽可能减小！这种方案保护已有铜线投资，为逐步实现从铜线到FTTH

的过渡奠定基础。

相对 EPON 技术，GPON 更注重对多业务的支持能力（TDM、IP、CATV），上连业务接口及下连用户接口更为丰富，比如它支持 10GE 以太网接口、GE 以太网接口、FE 快速以太网接口、STM-1、E1、模拟电话接口等，可提供 FTTH、FTTB、FTTO、FTTC+LAN（DSLAM）等多种接入方式，同时 GPON 能够支持传统的 TDM E1 业务，可提供移动基站互连、PBX 接入以及大客户 E1 专线接入，同时能够提供时钟同步以及电信级 QoS 保证，从而保证电信运营商在采用新的宽带接入技术的同时不放弃原有租线业务，而 EPON 对传统租线业务的支持能力非常有限。

按道理说，GPON 应该有更广泛的应用，但受制于历史的发展和个别人为因素，当前 EPON 技术相对完善，芯片设计难度也较低，产业链比 GPON 成熟。从应用场景看，EPON 更适合部署中小规模 FTTx，如个人用户和小型写字楼；而 GPON 则更适合于部署大规模 FTTx，如对技术要求高的企业用户、大的园区等。我国的电信运营商都普遍重视 PON 的发展，正从宽带点到点以太网光纤系统和 EPON 开始，逐步过渡到 GPON 阶段。

光纤是个好东西，但并不是只有传统的电信网才用光纤，有线电视网也用光纤！那么怎么利用这些有线电视网的光纤传输资源，为数据网提供服务呢？接下来的一节给各位读者介绍。

用电视网传送数据——CATV 的双向改造和数据应用

CATV（Cable TV）就是我们常说的有线电视网。电视网和数据网能扯上关系吗？当然能！当今的 CATV 是由光纤和同轴电缆混合而成的网络，它通达千家万户，如果能把它利用起来传送数据，再好也不过了！但是我们都知道，CATV 从应用模式上，是单向广播式的传送，而数据网络则需要双向传送。要采用 CATV 网传送数据信息，就得考虑如何把单向广播方式调整为双向传递方式。

注意，与 CATV 有关的一些术语在通信界历来不太统一。从惯例上说，有线电视网上提供的数据业务，是基于一种叫作 HFC 的技术。但 HFC 不就是光纤同轴混合网吗？它和 CATV 有什么区别呢？问题就在这里，业界更喜欢把经过双向改造的 CATV 网称为“HFC”，而未经过双向改造的称为“CATV”。下文我们提到 HFC，都是指双向改造后的 HFC，如图 10-5 所示。

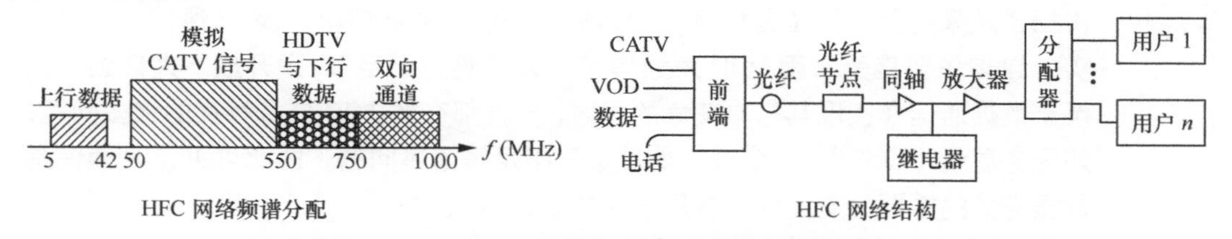

图 10-5　HFC 的网络频谱分配和 HFC 的网络结构

CATV 的双向改造，本质上是对其光纤和同轴电缆两部分分别进行从单向传输到双向传输的改造过程。从前端到光纤节点这一段光纤通道，可采用 WDM 方式。从光节点到住户这段同轴电缆通道，一般采用 FDM 频分复用。

有线电视分配接入网双向化改造后，应用 Cable Modem（简称 CM）来进行传输。这是放在住户家里的、安装在 Cable（同轴电缆）末端的一个小盒子。这个小盒子利用原有 HFC 网络，不需要重新铺线，改造工程量小，容易安装，可以进行远程管理，其技术标准和产品成熟。目前主流标准是 DOCSIS 2.0。CM 产品大规模生产，其价格早已适于大规模推广应用。Cable Modem 技术可实现长距离传输，适合在居住比较分散的郊区推广。

有线电视网络双向化改造中，应用较为广泛的是 LAN 技术。最初将采用 FTTC 和 FTTB+LAN 方式。随着 PON 技术的快速发展，利用有线电视网的光纤实现 EPON + LAN 成为一种不错的方案，但是 LAN 需要重新铺设线路，其应用受到很大的限制，在大多数应用条件下，EPON+LAN 方案还是需要解决入户线路问题的，并且它没有统一的技术标准，难成规模，这给有线电视网络运营商选择双向改造的技术方案带来极大的困难。

除此之外，还有一种源自欧洲的有线电视电缆承载 IP 网络的技术叫作 EoC（Ethernet over Cable），是基于同轴电缆网，使用以太网协议的接入技术。其基本原理是采用特定的介质转换技术（主要包括阻抗变换、平衡 / 不平衡变换等），将符合 802.3 系列标准的数据信号通过入户同轴电缆传输。EoC 技术可以充分利用有线电视网络已有的入户同轴电缆资源，解决最后 100m 的接入问题。根据介质转换技术的不同，EoC 技术又分为有源 EoC 技术和无源 EoC 技术。

但毕竟“光进铜退”是网络发展的必然趋势，随着用户对带宽的需求不断增加，有线电视网中的大量宝贵传输资源，将逐渐被深度挖掘出来。

老杨有话说——从数据通信到IP通信

日新月异的技术，让我们不断抛弃过去概念的同时，也不得不更加宽泛化地理解一些我们熟知的名词和术语。数据通信，就是一个不断发展和变化的术语，它只能代表一种大体的范围，我们不必对名称本身太较真儿，否则，就显得太被动、太僵化、太学院派。一切都可以转化为数据，无论信息开始是什么类型、什么形式。

在传送数据的网络上，分组化的大潮汹涌澎湃，以 TCP/IP 为核心的通信网占据了越来越重要的位置！有一种趋势——谈数据通信就是谈 IP 通信。这是现实，你首先要接受。因为 IP 太强悍了、太“魅力十足”、太开放、太自由，以至于数据通信在实现其基本使命的同时，一直都在解决 IP 自身存在的诸多问题，如服务质量（QoS）、安全性、地址编号不足等诸多问题。由此可见，IP 通信是数据通信的重要分支，我们将用一章的篇幅讲述它。

下一章，让我们进入 IP 通信的世界。

Chapter 11

第 11 章 路由与交换基础

1984年，一对来自斯坦福的教师夫妇，莱昂纳德·波萨克（斯坦福大学计算机系主任）和桑德拉·勒纳（斯坦福商学院的计算机中心主任），在美国硅谷的圣何塞成立了一家公司。

他们在自家的车库里设计和制造了一种名为“多协议路由器”的联网设备，希望把斯坦福大学中互不兼容的计算机网络连在一起。于是，这家公司制造出全世界第一台路由器。最终，他们成功连接了该大学的5 000台计算机，创建了第一个真正的局域网系统。

这家公司叫思科网络（CISCO）（见图11-1）。两位系主任的联姻，曾是业界的一段佳话。

硅谷位于美国西海岸城市旧金山南部。旧金山以雄伟的金门大桥著称，因此思科的名称就取自sanFrancisco中的CISCO，标志就是金门大桥的图案。

图11-1　思科LOGO的变迁

历史告诉我们，任何所谓“打开新的篇章”，总伴随着争斗、流血，而TCP/IP是个天大的例外！TCP/IP在潜移默化中，改变了我们的工作、生活中的每个细节，更重要的是，它彻底改变了人类文明的发展进程。21世纪刚刚开始，就有无数人意识到了一个通信发展的大趋势——Everything over IP，就像英国人发现瓦特改造的蒸汽机若为工厂所用，效率将以百倍千倍的速度提高，美国人发现核的力量若应用于军事则能改变整个战局；今天，全球的人们已经意识到，TCP/IP无处不在，它的核心思想就是“网络互联”，将使用不同底层协议的异构网络，在传输层、网络层建立一个统一的虚拟逻辑网络，以此来屏蔽所有物理网络的硬件差异，从而实现网络的互连。在此基础上，新的物理网络又都逐渐向TCP/IP靠拢，原来的各种其他制式的通信协议逐渐退出历史舞台，IP逐渐统治了整个通信网络。于是就有了Everyting over IP以及IP over Everything。

现在让我们把目光投向一张全国规模的IP网。把它看作是一张城市交通网的话，那么本章要研究的是城市交通中城市主干线、次干线、交叉路口、交通标志、信号灯、人行横道等之间的关系，以及它们如何工作才能满足人们安全、快速、方便的出行需求。那么在IP网中是如何安全、快速、有序地将数据包送到目的地的呢？

本章我们将介绍IP网络中路由与交换节点——HUB、IP交换机和路由器，然后告诉各位IP网是如何有条不紊地工作的。

IP 网的钢筋混凝土——HUB、以太网交换机和路由器

如果说城市交通网的基本要素是道路、交叉路口和交通指示牌，那么构建 IP 网络最基本的材料则是线路和 HUB、以太网交换机和路由器，线路属于传输网范畴，剩下的 3 类设备，则是 IP 网络的核心部件，是 IP 网的“节点”，如图 11–2 所示。

这 3 种设备的目的就是将真实数据从出发地发送到目的地。什么是“真实数据”呢？“真实数据”就是终端设备之间传送的、携带有效信息的数据。这 3 种设备并不是任何真实数据的出发地或者目的地（虽然 ICMP 的包可以从某台路由器出发到另外一台交换机终止，但严格地说，ICMP 并不是“真实数据”，而是系统专门定制的一种检测包，就像铁路的维修车，并不是搭载乘客的），它们是“真实数据”的必经之路，而真正的出发地和目的地是各种 IP 网络的终端设备——计算机、网关、手机、Pad、网络传真机、网络打印机等。如果合理搭配这些网络设备，就能让真实的数据快速顺利地达到目的终端，并尽可能节约资源和保证安全。

图 11-2　构建 IP 世界的“节点”“全家福”

如果你不想做一个“十指不沾泥，鳞鳞居大厦”的业外人士，那么就需要去了解外表光鲜的高大建筑物的内部，构建这个建筑物的原材料有多么精益求精，而研究这些原材料构成的科学体系是怎样的严丝合缝！

1. HUB 和交换机

HUB 的外观很简单，一个方盒子（做成圆的也未尝不可），几个 RJ–45 的接口、一排指示灯、一根电源线，仅此而已。虽然它已经完全退出了历史舞台，但也别小看了它，HUB 曾是“共享式以太网”的核心设备。共享式以太网的每个接入终端都共享一根总线，谁要发言，就先去抢线，为了能发言，每个终端不得不学会“抢答”。以太网发展初期，都采用复杂的直线型连接，配有终结器，一旦某段线缆出了问题，整个局域网将无法正常工作，就像乘坐公交车时大家都排队候车，并且先下后上，如果有一个人不守秩序非要车门一开就往上冲，那么结果肯定是该下车的下不来，该上车的也上不去了。

HUB 的工作原理是广播，一个数据包需要送达所有端口，这样不仅造成资源的浪费，耽误时间，更要命的是往往会给网络带来可怕的“广播风暴”。于是，专家们引入了“交换式以太网”，其核心设备是以太网交换机，它可以使多组通信同时进行。图 11-3 所示为共享式和交换式的区别。交换式以太网的交换机保存着每个终端的 MAC 地址对应表，可以直接传送数据，无需广播到所有端口，从而保证以太网风平浪静。以太网交换机分为二层交换机和三层交换机。二层交换机工作在 TCP/IP 架构的第 2 层——数据链路层，就是以太网层；而三层交换机则可以工作在第 2 层和第 3 层（协议层，即 IP 层）。二层交换机不处理任何路由功能，与之连接的每个终端都在同一个 IP 地址段中。三层交换机则带有路由功能。根据设置的不同，与之连接的每个终端可能在同一个 IP 地址段中，也可能不在一个地址段中。

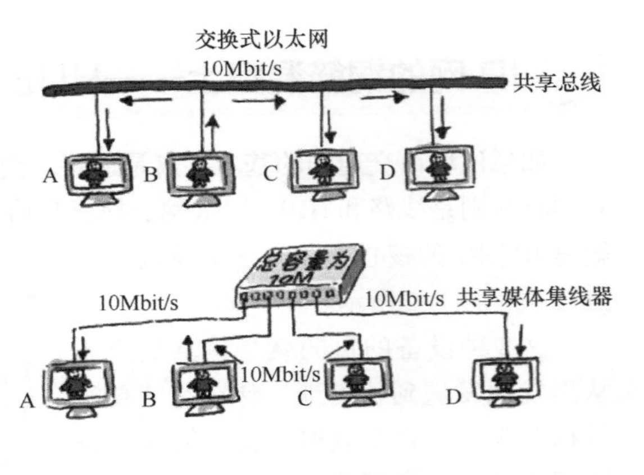

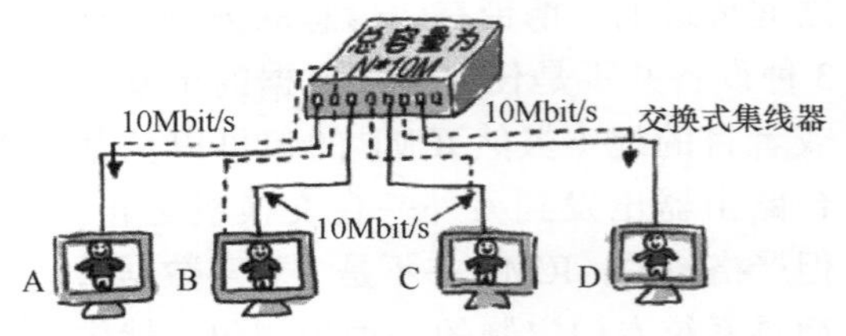

图 11-3　共享式和交换式

有了 HUB 和交换机，以太网的线缆也发生了革命——非屏蔽双绞线开始应用在星型局域网中，于是它就成了我们平时所说的“网线”。RJ-45 接口代替了过去被称为 AUI 的接口而成为计算机和 HUB 或以太网交换机的标准接口。HUB 或以太网的应用使某条电缆或某个设备的故障不至于造成整个网络的设备都遭受残酷的“连坐”——这可不是危言耸听，在 10Base2 连接局域网时代，任何一段细缆出现问题，全网就会崩溃。有了 HUB，才使以太网技术的局域网真正“稳定”下来。

绝大多数的企业办公局域网目前都采用以太网交换机而不是 HUB。特别是 VLAN（虚拟局域网）技术的广泛应用，使交换式以太网比共享介质以太网有明显的性能优势，使用者会感受到更快的数据交换速度。随着交换芯片成本的降低，二者当前价格已经非常接近，HUB 基本已经被用户淘汰。

当多个二层交换机用以太网线连接起来（称之为“级联”），二层交换网络上的所有设备都会收到广播消息。如果这个以太网终端数量过多，泛滥的广播信息会造成网络效率大幅降低。很容易理解，一个办公室有三五个人还好，如果有三五百人，他们同时交谈，每个人还能安心工作吗？工作效率还能保证吗？在以太网的局域网里，“广播风暴”是个令人头痛的问题。

解决这个问题的方法，是在一个二层交换网络内进一步划分为多个虚拟的局域网（VLAN）。这里的“虚拟”是“逻辑”的意思。也就是说，按照一定的逻辑关系将主机划分为若干群组，这种群组是逻辑组，和主机所在的物理位置无关。

在实际应用中（见图 11-4），比如一个企业，可以把每个部门的计算机划分为一个 VLAN；一个学校，把不同的院系划分为不同的 VLAN。根据需要，可以把一个屋子的主机划分为两个 VLAN，也可以把不同屋子的主机划分到同一个 VLAN 中去。

图 11-4　VLAN 的应用

在一个 VLAN 内，由一台主机发出的信息只能被具有相同虚拟网编号的其他主机接收，局域网的其他成员则收不到这些信息。各部门、各院系、各处室内部广播，“井水不犯河水”。

因此有人把 VLAN 称为“广播域”。

稍等，真的是井水不犯河水？现实环境里，两个 VLAN 之间的终端很可能要发生关联。各部门有分工也有协作，各院系有交流，各处室也有密切的关联啊。过去我们说，局域网之间可以直接进行通信，无须路由器。但是划分 VLAN 后，这种情况将发生变化——在一个以太网内的主机，如果被划分在不同的 VLAN 中，它们之间的通信，只要通过一台路由设备就行。路由设备可能是路由器，也可能是三层交换机。

路由器在下一节进行介绍，那么先说说三层交换机是何方神圣。

一个大型企业，局域网被划分为 50 个 VLAN，VLAN 之间的通信需要占用大量的路由器端口和处理能力。解决了“广播风暴”，却带来了成本压力——路由器可不便宜，并且效率也会大打折扣。于是，三层交换的概念就在这种情况下被提出了。

三层交换机是在二层交换机的基础上增加三层路由功能。

爱思考的读者第一感觉就是，只要把二层交换机的内核加上路由器的内核，组装在一起，不就是三层交换机了么？从理论上说，这是站得住脚的，但是在工业实践中，三层交换机和路由器采用的转发机制不完全相同。

早期的或者低端的路由器通常用软件来实现转发，用通用的处理器（比如X86架构的CPU）来处理IP包，往往采用最长匹配的方式，实现复杂，效率很低，因此其转发能力肯定不如专业的交换芯片能力强，在网络中就会成为瓶颈。而三层交换机的路由查找是针对“流”的，它利用高速缓存技术，在成本不高的情况下能够实现快速转发。

2. 路由器

（1）路由器能干什么？

最为有效的工具似乎才称为“器”，古人祭祀用“祭器”、打仗用“武器”、喝酒用“酒器”，封建社会代替奴隶社会，因为耕地用上了“铁器”，替代了“石器”或者“青铜器”。而搭建IP网络，则要用“路由器”。当前，那些“器”已经有几十万甚至上百万年的历史，而路由器则只有几十年，是典型的“大器晚成”。但路由器带给全人类的变革，恐怕是其他的“器”无法比拟的。

路由器是组成IP网络最主要的选路设备。

路由器是一个能够让进入其“体内”的、携带原始信息的数据包选择出口道路的盒子。

路由器是一个引路者，当你在陌生的城市中，找不到到达目的地的道路，引路者将指引你正确的方向，并将你送达出口（见图11-5）。

图11-5　IP包在路由器内被处理的过程

路由器是一个信息中转站，它能够将不同制式的网络连接在一起。数据可能以各种方式进入路由器，如以太网帧、ATM信元、SDH帧、PPP帧、HDLC帧、帧中继帧等。

无论采用哪种方式，路由器都会把数据“打开”并进行分析，根据出口线路的类型重新封装到帧或者信元中。就像货物乘船从水路进入港口，而在港口又被打包到火车上运送到内地。

路由器还是一台特殊的计算机，虽然它长得和我们经常使用的计算机看起来区别实在太大了（当然，计算机的概念早已经被扩大化）。早期的路由器，就完全采用传统计算机的体系结构。它也有 CPU、内存、中央总线、挂在共享总线上的多个网络物理接口。

IP 网与交通网如图 11–6 所示。

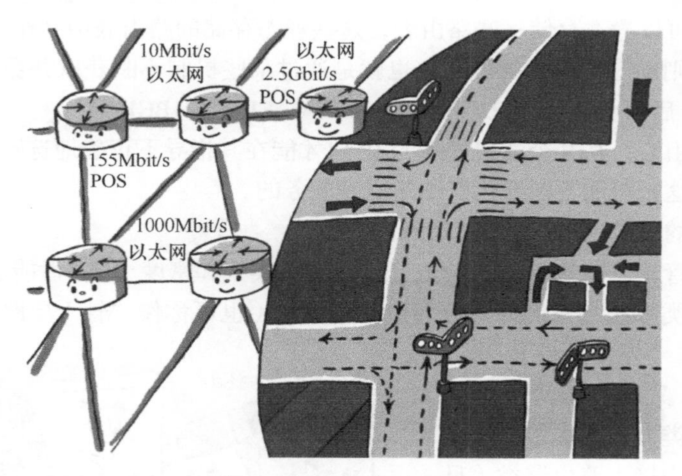

图 11-6　IP 网与交通网

路由器专门执行各种路由协议，并进行数据包的转发工作。也就是说，它擅长执行 TCP/IP 规定的内容，却不擅长做绘图、科学计算、电子游戏、多媒体处理等方面的工作。

路由器还能做很多诸如安全、拨号、VPN、流量控制、负载均衡、地址转换、安全等方面的工作，每个制造者都有不同的构想，他们往往赋予路由器更多的使命。

路由器的接口类型可以涵盖通信技术中几乎所有的接口类型，选择哪些接口类型的路由器，完全取决于它们的应用场景。下面是最常用的接口类型。

- 以太网接口：包括电接口（RJ–45 居多）和光接口（单模或多模光纤接口），光接口的接头类型很多，外观都有一定差异，比如 SFP（吉比特接口）、SFP+（+ 吉比特接口）等，越来越多高的接口也逐渐被使用，比如 40GE、100GE 甚至更高速率的接口等。
- E1/E3 接口、T1/T3 接口、DS3 接口：BNC 接口、RJ–48 接口，在逻辑上还分信道化、非信道化，信道化是指可以将一个 E1/E3、T1/T3、DS3 接口拆分成多个逻辑端口，每个逻辑端口可以有自己独立的 IP 地址、封装格式等。

- 通用串行接口：可转换成 X.21 DTE/DCE、V.35 DTE/DCE、RS232 DTE/DCE、RS449 DTE/DCE、EIA530 DTE 等接口。
- POS 接口：155M、622M、2.5G、10G 等。
- 电话接口：最常用的是 RJ-11 接口，也就是普通电话机上的那种接口。
- ATM 接口：2M、8M/IMA（反向复用，多条低速线路捆绑为一条虚拟的高速线路）、155M、622M 等。

路由器有自己的记忆。其中最关键的记忆，是它的路由表。

每台路由器可以静态存储一些路由表，这些静态存储的路由表项叫作“静态路由”；也可以按照一定规则动态更新它的记忆，也就是通过某些机制不断获取并更新自己的路由表（这叫动态路由，后面会介绍 RIP2、OSPF、IS-IS、EIGRP、BGP 等）。

有了这张路由表，从某个端口进来的 IP 包才能在其指导下正确地选路。所有的路由协议，都是为获取这张可能不断变化着的路由表服务的。

（2）路由器的分类

路由器因所管辖范围的不同，体积、容量、端口类型和密度、转发性能也有很大的差异。按照最俗套的分类方法，我们将其分为核心路由器（也可称作“骨干层路由器”）、汇聚路由器（有人称作“分发层路由器”）和接入路由器（又称“访问层路由器”）。也有的分类方法舍去了“汇聚路由器”而都归为接入路由器类（见图 11-7）。

图 11-7　路由器家族

按照通用的以背板交换能力来区别，电信运营商省级核心路由器的交换容量通常大于 100Gbit/s（这些参数随着带宽需求量的增加在不断升级、放大），也就是说，每秒钟能处理 100GB 以上的数据，一般被用作核心层路由器；2.5 ~ 100Gbit/s，被用作汇聚层路由器；低于 2.5Gbit/s 的，称为“接入路由器”。

核心路由器部署在网络的核心位置，一般都是大个子。这类路由器的接口类型不多，但接口的速率都很高，很少有 2Mbit/s 以下的。在线应用的核心层路由器，所存储的路由表一般也非常庞大。由于处于网络核心，这类路由器对安全性、稳定性要求最高。因此，一般要采用控制部件热备份、双电源热备份、双数据通路等技术保障硬件的可靠性。

常见的核心路由器，有思科的 CSR 系列、Juniper 的 T1600 系列、华为的 NE5000E 系列等。

汇聚路由器部署在核心层和接入层之间，而实际上汇聚层也经常采用三层以太网交换机。汇聚路由器的接口类型丰富，容量中等。

这类路由器起到承上启下的作用。对下，将用户侧的数据流量收集起来，能在本地进行路由的，就尽快路由，不能在本地进行路由的，就向上，将收集起来的流量送到核心路由器上去。

典型的汇聚路由器，如思科的 ASR9000 系列、Juniper 的 M120 系列、华为的 NE40 系列等。

接入路由器距离用户最近，是用户网络和骨干 IP 网之间的桥梁，容量较小，接口数量不多，因此每台路由器的接口种类也不多，但是不同的路由器，接口类型差异很大。一般情况下，这类路由器的路由表项都很少，甚至很多小企业或者家庭用的路由器，路由表只有几条甚至只有一条，且都是人工输入的，比如家庭路由器就只有一个“网关”选项，所有从终端接收到的 IP 包，只要访问非相同网段的目标，都无条件地从这个网关地址转发出去。这种人工输入的路由表项，叫作“静态路由”。另外，许多接入路由器还支持诸如 PPTP、IPSec、L2TP、GRE 等 VPN 协议。

典型的接入路由器，如思科的 26 系列、Juniper 的 E 系列、华为的 AR 系列等。

（3）路由器的性能如何提高？

路由器是网络中的交叉路口，信息在线路上传送，是不会引起任何拥塞的，那么拥塞的发生地一定都出现在路口上。这就像道路交通，正常的道路交通，如果不发生车祸等非可控因素，都是在交叉路口、道路的出入口发生拥塞的。如何解决拥堵问题呢？

城市交通管理部门和道路规划部门一般采用以下几种方式：

- 提高道路的承载能力，扩宽交叉路口的道路宽度；
- 设置红绿灯，提高交叉路口车辆在单位时间的通过率；
- 在交叉路口建设立交桥，避免多个方向的车辆同时涌入同一路面。

新的路由器设计，也采用和道路交通治理类似的方式。

第一类，越来越多的功能以硬件方式实现，具体表现为用精简指令集（ASIC）芯片装备路由器。ASIC 芯片的好处是去掉了复杂的、和路由交换关系不大的处理逻辑，对让芯片把精力都放在和路由处理直接相关的功能上来，专一就意味着高效。

第二类，放弃使用共享总线，采用交换背板，这就是“交换式路由技术”。

第三类，并行处理技术在路由器中运行，模块化设计，这将极大地提高路由器的路由处理能力和速度。

路由的发现——路由协议

前文讲过，路由器如果没有这些路由表就无法转发数据包，IP 数据包就会像无头的苍蝇，不知道该到哪里去。那么路由协议是如何生成路由表的呢？方法不外乎人工设置或者

自动获取，即静态路由协议和动态路由协议。但是 IP 网络的地址规划和电话网不同，任何一个 IP 地址存在于哪个地理区位，都有很大的不确定因素——IP 地址的分配并不像电话号码的分配那样，每个国家、每个地区都有自己独有的前缀（国家代码和区号）。

因此，IP 专家设计的路由表获取方式，是一种混合方式，通过人工设定一部分，通过路由协议获取一部分，由这两部分合成完整的路由表。很多初学者在学习了大量技术细节后，仍然对"路由协议"本身存在理解上的偏差，这里我们需要向各位读者明确：路由协议是为了满足路由器获取路由表的需要而制定的标准化协议。通过一系列路由协议，让 IP 网的所有路由器快速、准确地获取全网路由信息，从而指引 IP 数据包的方向。也就是说，路由协议只负责获取路由表，而 IP 数据包进入路由器后向何处去、如何去，则是路由器的路由查询和数据转发功能所负责的工作。

我们来具体看看这两种路由获取方式。

- 第一部分，人工指定路由，就是我们常说的"静态路由"。静态路由中，一类是由于明确知道某个 IP 地址段的精确方向，而由人工设定该路由表项；另一类则称为"缺省路由"，就是向路由表中没有明确标识方向的所有数据包提供一个统一的、默认的出口。缺省路由非常重要，使用好了可以简化路由表，使用不当可能导致路由循环。
- 另一部分是动态路由，采用动态路由协议获取路由信息。常用的动态路由协议有 RIP2、OSPF、IS-IS、EIGRP、IGRP、BGP 等。如果没有一系列的动态路由协议，那么 IP 网上的用户接入方式就不会如此方便灵活，IP 网的维护管理工作也要比现在复杂多了！

静态路由协议就像交叉路口上的交通指示牌，是人工一条一条写好后放上去的，这种方式比较直接，但如果路由信息有变化，就要人工更改，而且网络大了，路由数目也会增加，假如还在每台路由器上一条一条地写，要写到什么时候啊？别着急！动态路由协议已经解决了这个问题！在城市交通中，司机在开车时不仅要会看交通指示牌或地图，更重要的是要注意观看路上的动态电子液晶指示牌或者认真收听交通广播台的实时路况信息。这些实时路况信息会告诉我们比那些静态的交通指示牌或地图更及时、更准确的信息，哪里开始交通管制了，哪里有故障车了，哪条高速又封路了，如图 11-8 所示，这些信息对司机来说非常重要，因此必须及时传递到位。正是这个原因，这些信息往往通过动态电子液晶指示牌、交通广播或电子地图（如高德地图）来告诉大家，当然这些信息都是通过某种方式（摄像实时监控、信息员报告、交通局公告或者电子地图的实时提醒等）获取的。

IP 网络也和城市交通网一样，经常会有网络中继链路的中断或增减、路由节点的增减、链路带宽的扩容、新用户的接入等网络变化，这时候，动态路由协议能够在一定范围内很快通知所有运行相同路由协议的相关路由器进行路由表的更新。不同的路由协议对"一定范围"有不同的定义：OSPF 中的同一个 Area 就是一个范围，IS-IS 中同一个 Level 就是一个范围。（注意，是一定范围内的所有路由器，非整个网络上的所有路由器，否则任何一

个微小的网络变化就会造成全球的互联网路由器发生路由更新，那将是灾难性的！）

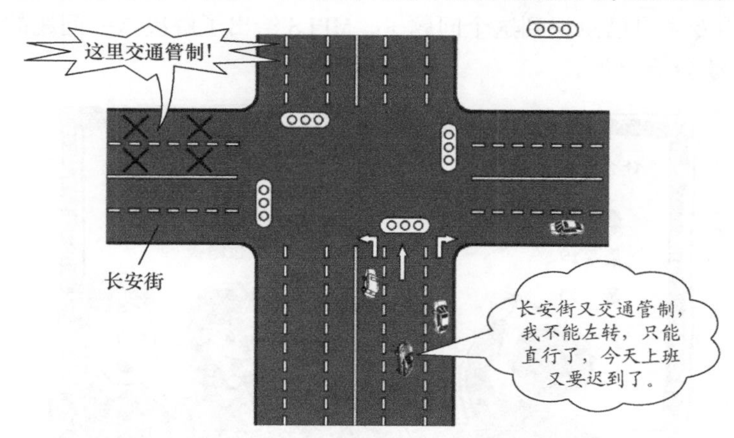

图 11-8　实时路况信息的例子

任何网络的调整，都要保证整个 IP 网络最大限度地不受影响。要知道，网络的上述变化，每天、每小时、每分钟可能都在发生！

聪明的读者现在已经了解了动态路由协议是怎么回事了吧？你在堵车时经常会替交管部门考虑如何管理城市交通的“大事”，不妨拿 IP 网进行比较。这两者确实有些相似的地方。但是不同的是，IP 网负责选路和转发功能的都是路由器；而城市交通中负责选路的是司机，负责转发的是交叉路口。稍后我们将介绍几个主流的路由协议，说说各种动态路由协议是如何高效率工作的。

我们知道，从王府井到鸟巢之间有很多条路，网络上任何两台终端之间的路径，也很可能不止一条，那么用什么方法来选择“最佳路径”呢？对于道路来说，最宽阔、最平坦、最短、最不拥挤、管理最完善、不收或者少收过路费的道路是最佳路径。而在路由协议中，也有对路径的评价指标，比如路由跳数、路由成本等，都是寻找最佳路由的计量依据（见图 11-9）。

不同的路由协议对“路由成本”定义不完全相同，它们都会定义自认为合理的“成本”：OSPF 为 10^8 除以端口配置带宽，IS-IS 则为所有的端口都默认分配一个值为 10 的路由成本……我们无须刻意记忆这些成本算法，只要了解每种路由协议都有一套规则，来衡量任何两个节点间的链路的可通过程度，就不妨碍对路由协议的理解了。路由器是绝对诚实的机器，它只会选择成本低的链路，不会选择成本高的链路，如果两条成本一样高，就都选——这就是“负载均衡”的基础。但这种诚实有时会显得过于呆板，比如成本低的链路由于某些原因出现拥塞，路由器却始终对那条成本高的链路“视而不见”，哪怕这条链路正处于空闲状态。当然这不是路由器的错，而是网络规划出了问题。在城市交通网中，有时也会遇到这种情况：交叉路口的一个方向根本没有车辆却依然长时间绿灯，而另一方向

的车辆已经排起了长队，这是因为红绿灯的设置时长不符合该交叉路口的情况罢了。不过大家放心，路由专家早已意识到这个问题了，MPLS 给出了解决这一问题的方案——流量工程（TE），后续会给予介绍。

图 11-9　什么路是最佳路径？

接下来的部分，我们将描述几种常用的动态路由协议。路由协议可以分为内部路由协议和外部路由协议，RIP/RIP2、OSPF 和 IS–IS 都属于内部路由协议，BGP 是唯一的外部路由协议。

1. RIP2 和 RIPng：距离向量协议

最简单的动态路由协议就是 RIP，它称为“距离向量协议”，目前我们使用其升级版 RIP2。RIP 的路径成本算法非常简单。

在 RIP 中，路由器每隔 30s 就将所谓的“距离向量”信息发送到相邻路由器，路由表只存储到目的地站点的最佳路径的下一跳地址。RIP 允许最大跳数为 15 跳（Hop，就是通过的网络节点数），超过 15 跳被认为是不可达的。新的基于 IPv6 的 RIP 协议 RIPng，在信息格式和地址方面比 RIP2 有所加强。

2. OSPF：开放最短路径优先

开放最短路径优先（OSPF，Open Shortest Path First）是一种典型的“内部网关协议”。

OSPF 采用的算法称为 SPF（最短路径优先）算法，有时也以它的发明者 Dijkstra 命名——“Dijkstra 算法”。这种算法，把每一台路由器都作为“根”（Root）来计算其到每一个目的地路由器的距离，每一台路由器根据一个统一的数据库计算出网络的拓扑结构图，这个结构图类似于一棵树，这就是著名的“最短路径树”。在 OSPF 路由协议中，最短路径树的树干长度，即支持 OSPF 的路由器到每一个目的地路由器的距离，就是我们上面提到的“路

由成本”。

有了 SPF 算法，我们分析一下 OSFP 的工作步骤。OSPF 是一种“链路状态的路由协议”，其运行一般分为 3 个步骤，我们以路由器 A 为例，假设它已经做好了相关的物理连接、路由协议、IP 地址的配置，让我们看看它和它周围的路由器是如何协同工作的。

第 1 步，路由器进行初始化或网络结构发生变化（如增减路由器、链路状态发生变化等）时，路由器会产生链路状态广播数据包（LSA，Link-State Advertisement），这个数据包里包含路由器上所有相连链路的信息——其实也是所有端口的状态信息。路由器 A 开始工作，它首先看看自己所有的端口所在的网段，并把这些信息存放到 LSA 数据包中。

第 2 步，所有路由器会通过刷新（Flooding）的方法来交换链路状态数据。Flooding 是指路由器将其 LSA 数据包传送给所有与其相邻的运行 OSPF 协议的路由器，相邻路由器根据其接收到的链路状态信息更新自己的数据库，并将该链路状态信息转送给与其相邻的路由器，直至全网稳定。路由器 A 把 LSA 数据包传送给所有与其直接相连的路由器——B 和 C，当然，B 也会把自己的 LSA 数据包传递给与其直接相连的路由器——A 和 C……所有本区域内的路由器都会做相同的事情，直到这个过程完成，形成稳定状态。

第 3 步，经过一番轰轰烈烈的传送 LSA 的过程，每个路由器都开始根据 SPF 算法计算到达所有网段的最短路径，并自动编写一条条路由表项。路由表中包含路由器到每一个可到达目的地的成本以及到达该目的地所要转发的下一个路由器（Next-Hop）。到此，OSPF 路由协议可以说已“收敛”了，如图 11-10 所示。

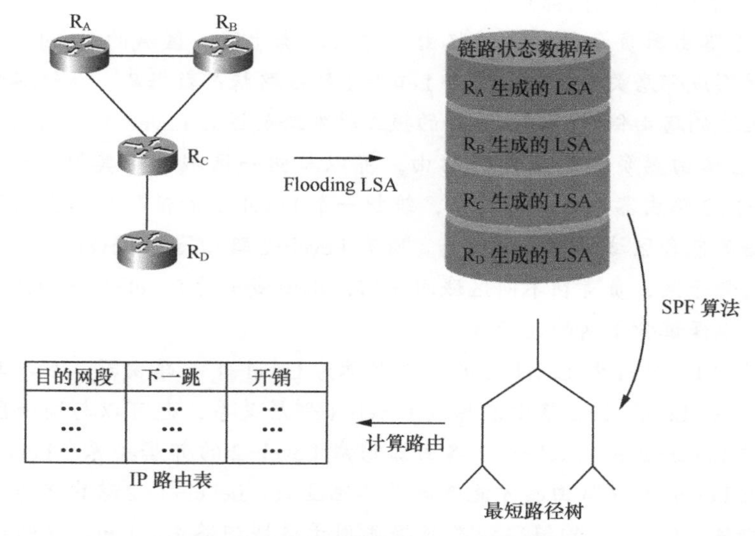

目的网段	下一跳	开销
…	…	…
…	…	…
…	…	…

图 11-10 路由表的生成（以 OSPF 为例）

可以想象，当所有的路由器都经过上述步骤，获得了所有的路由表项，整个网络就会“趋于平稳”。当有 IP 数据包从任何边缘路由器进入网络，根据其目的地地址，寻找正确的路由表项，就可以进行数据包的转发了。

当网络状态比较稳定时，网络中传递的链路状态信息是较少的，网络也是比较“安静”的。这也正是链路状态路由协议区别于距离矢量路由协议的一大特点。

目前电信运营商已经普遍采用 IS-IS，一些企业专网依然采用 OSPF。这并不妨碍 OSPF 成为最经典的内部路由协议之一，值得我们认真研究。

3. IS-IS：中间系统互连协议

在 ISO 规范中，一台路由器就是一个中间系统（IS，Interactive System），一台主机就是一个末端系统（ES，End System）。提供 IS 和 ES（路由器和主机）之间通信的协议，就是 ES-IS；提供 IS 和 IS（路由器和路由器）之间通信的协议（也就是路由协议），叫 IS-IS（就是“是，是”的英文）。

与 OSPF 一样，IS-IS 也维护一个链路状态数据库，并使用 SPF 算法得出最佳路径，采用 Hello 报文来查找和维护邻居关系。但是 IS-IS 使用“区域”来维护一个“等级”的概念，在区域之间都可以使用路由汇总来减少路由器的负担，并具有认证功能。

为了支持大规模的路由网络，IS-IS 在路由域内采用两级的分层结构。一个大的路由域被分成一个或多个区域（Areas）。并定义了路由器的 3 种角色：Level-1、Level-2、Level-1-2。区域内的路由通过 Level-1 路由器管理，区域间的路由通过 Level-2 路由器管理。下面简要说明一下这 3 类路由器角色。

- Level-1 路由器负责区域内的路由，它只与属于同一区域的 Level-1 和 Level-1-2 路由器形成邻居关系，维护一个 Level-1 的链路状态数据库，该链路状态数据库包含本区域的路由信息，到区域外的报文转发给最近的 Level-1-2 路由器。
- Level-2 路由器负责区域间的路由，可以与同一区域或者其他区域的 Level-2 和 Level-1-2 路由器形成邻居关系，维护一个 Level-2 的链路状态数据库，该链路状态数据库包含区域间的路由信息。所有 Level-2 路由器和 Level-1-2 路由器组成路由域的骨干网，负责在不同区域间通信，路由域中的 Level-2 路由器必须是物理连续的，以保证骨干网的连续性。
- 同时属于 Level-1 和 Level-2 的路由器称为 Level-1-2 路由器，可以与同一区域的 Level-1 和 Level-1-2 路由器形成 Level-1 邻居关系，也可以与同一区域或者其他区域的 Level-2 和 Level-1-2 路由器形成 Level-2 的邻居关系。Level-1 路由器必须通过 Level-1-2 路由器才能连接至其他区域。Level-1-2 路由器维护两个链路状态数据库，Level-1 的链路状态数据库用于区域内路由，Level-2 的链路状态数据库用于区域间路由。

无论是哪个级别的路由器，它只能属于一个区域，区域边界在链路上。IS-IS 是目前电信运营商应用最广泛的内部网关路由协议。

内部路由协议就介绍到这里，在学习外部路由协议之前，我们有必要先认识一下什么是“自治域”。

4. 自治域（AS）：我的地盘我做主

就像把全球的互联网分成若干个“王国”一样，每个国家的运营商、机构、企业都可以申请自己的自治域。在 IP 网络中，一个自治域是拥有同一选路策略、在同一技术管理部门下运行的一组路由器。承担家庭和企业用户接入互联网的 163、169 网络，专门用于承载 NGN 业务的 IP 网（如中国电信的 CN2）、某行业企业的专用 IP 网等，都是独立的 AS。国内的电信运营商受到多次拆分和重组的影响，一般都拥有一到多个自治域，小规模企业一般都隶属于其接入运营商的自治域，大企业或者机构有可能有自己的自治域。

每个自治域都有一个独立的编号，如 AS9929、AS4837、AS4134 等，有心的读者可以查查这些 AS 号都属于哪些运营商。这个编号最大是 65 536。各自分配的 IP 地址都有明确的 AS 归属。自治域是工作在一起以提供内部选路的路由器的汇集。在外部世界看来，整个 AS 可被看成是一个“单一实体”。

要理解自治域的概念，首先要从整个互联网的路由双层架构体系讲起。

整个路由环境首先被分割成许多 AS，每个 AS 都使用自己的内部路由环境。这些网域使用内部路由协议（如前文所述的 OSPF 或者 IS-IS），用于维护当前网域内部拓扑的完整映射表以及维护网域内任意两点间的“最佳路径”的集合。虽然这种方法能够应用于相当大的网络路由，比如中国某个运营商的全国网络，但是并不能解决整个互联网规模的网络。因此需要有路由体系的第二层——域间路由域。域间路由环境描述了 AS 间是如何互联的，并且避开维护各个域内的传输路径。在域间路由空间中，到某个地址的路径被描述成到达某个具有特殊地址前缀域的一系列 AS 的集合。

当前使用 BGPv4 来维护域间路由，下面介绍边界网关协议。

5. BGP：边界网关协议

如果把每个 AS（见图 11-11）想象成一个独立自主的国家，每个国家（AS）都有自己统一的法律、文字（管理规范和路由策略），也有自己的国民（路由器、交换机、接口、网段等）。

整个互联网是由多个组织、多个团体各自的网络“相互连接”而成的，每个网络由不同的组织建设、管理和维护，这些网络内部可能采用不同的路由协议或者管理策略，如何让整个互联网

图 11-11 自治域

中任何两个不同AS网内的主机找到对方呢？这个问题由外部路由协议BGP来解决。

就像英语被定为世界上许多国际性组织会议的“通用语言”一样，不同的AS之间要想实现网络层的互通，也要使用统一的“语言”，于是就出现了BGP。边界网关协议（BGP，Border Gateway Protocol）是Internet的路由协议，是“外部协议”，这一点有别于OSPF和IS-IS。

电话交换网中并没有BGP的概念，因为电话交换网是统一管理的，任何一个国家、省份的电话号码，都有明确的前缀。而在互联网中的IP地址并不是这样的。同一个AS内的IP地址，前缀千差万别，并不统一（这是技术和历史的双重原因造成的，本书不对此现象的成因做过多描述）。因此，每个AS必须把自己内部的网络情况和IP地址分配告知其他AS，以利于不同管理者的网络之间互相访问，如图11-12所示。

图11-12 BGP的原理

互联网上每个AS都通过BGP向其“对等互联伙伴”广播其网络信息。BGP是一种“路径向量协议”，因为它所广播的是到达某一特定目的地所需的路径信息，而不像前面讲到的OSPF一样采用LSA广播路由器的直连网段。BGP并不会告诉我们数据包是如何在自治域内传送的，也不会像OSPF那样知道整个网络的情况。BGP也可以称为“距离向量协议”，因为除了几个不大的变化，其他都与距离向量协议类似。BGP协议解决的是在任何一个自治域都不清楚与其互连的自治域内部是怎么回事的情况下，通过何种方式（当然是在自治域之间传递最少信息的情况下）、让任何一个自治域内的主机找到另外一个自治域内的主机。并且，BGP并不是单纯负责“寻找路径”工作的，它还为电信运营商提供了一种优化网络、调整IP网络流量的方法。

我们不妨用外交的例子来进行类比。

BGP拥有的一些属性让它比别的路由协议多了一些路由控制手段，其实就是AS的管理手段，从这个意义上说，BGP有点像外交中的一种原则或实施方法。在外交领域，有“和平共处五项原则”，而BGP不去干涉任何AS的“内政”，它提供各项原则和各种手段，协调两个对等的AS之间的关系。这些“手段”就是BGP的属性，我们在这里只举例说明两

种常用的属性。

- AS_PATH属性，由AS路径段的序列组成，BGP允许通过加长BGP路由表项中的AS_PATH属性来影响选路结果，从而达到管理者的某种目的。这个“手段”有点类似国家对经济进行宏观调控时常常使用的央行利率调整，当然，通过“降息”手段来调控经济要比AS_PATH复杂多了，因为影响经济的因素要比影响路由选择的因素多得多。
- COMMUNITY属性：就是一系列4个八位组的数值，BGP允许在路由中携带附加的数值，并在两个AS之间传递互连双方已经商量好的数值，这些数值可看作是区分不同用户的“暗号”，这样就方便对不同的“暗号”实施不同的路由策略了。当然，“暗号”的含义是双方商量的，可以表达任何意义。如何使用好此属性，是每个网络管理者必须考虑的问题。

TCP与UDP：IP的传输协议

IP包畅游在网络中，从主机A出发，不辞劳苦，风尘仆仆赶到主机B。当然，整个过程占用时间都是以毫秒或者秒计算的。

在主机B，需要判断，所有希望到达的IP包，是否都安全地抵达。可能发生的情况是，IP包在行进中因拥塞而被路由器、交换机抛弃。

这需要一个机制来保障。于是专家们制订了TCP传输协议。

其实我们知道，IP技术，我们更应该称为TCP/IP技术。

TCP是面向连接的技术。也就是说，基于TCP的两台主机，在通信之前要先建立信息交互（IP协议则没有这种交互），主机之间的设备和线路，只负责处理下三层（物理层、数据链路层和网络层）的工作。

TCP负责发现传输过程中的问题，一有问题就发出信号，要求重新传输，直到所有数据安全、正确地传送到目的地。

这是个不太容易直接讲明白的道理。

如果你要将一堆货物从A地运送到B地，假如我们运用TCP/IP的思想，首先要把货物装车。IP包就是一种适合运送的车辆，而IP则规定了如何将货物拆分并装到车上。A地到B地之间，要经过很多路口，IP还规定了每辆车如何选择A到B的路径——当然，在任何一个路口，货物无须被卸载、检验和重新装车。TCP则更像A、B两地的管理者，它们通过尽可能简单的手段（如装箱单）来保证这堆货物安全运送，B地的管理者一旦发现有丢失，则要求A地重新发送，并且这一“要求”也是通过IP包传送过去的。

在TCP的管理之下，IP的传送安全得到了一定保障，但是同时也将因管理而损失效率（见图11-13）。

图 11-13　TCP 的管理

从帧格式上，与 TCP 有关的内容就隐藏在 IP 包的数据部分。第 4 章介绍过 IP 包的结构，我们说过，包头后面就是数据。其实这些“数据”并不纯粹——数据部分的其前 20 个字节依然不是“数据”，而是 TCP 头部，后面才是要传送的“数据”！而这些所谓“真正的”数据，被称为“TCP 的数据”，而它们实际上也未必纯粹。

TCP 为了保证信息的可靠传输，动用了不少手段，如数据分块、维护计时器、发送确认、校验和计算、丢弃重复数据、流量控制等。

TCP 是一种面向字节流的服务，它并不知道自己传送的是二进制数据、ASCII 码字节，还是其他什么格式。连接双方的应用程序负责对传输的数据进行解释。

TCP 被大量流行的应用程序使用，如 Telnet、Relogin、FTP 和 SMTP。

除了 TCP，还有一种传输层协议叫作 UDP，它比 TCP 简单。UDP 官方规范 RFC768，只有短短三页纸的内容。

包括网络时间协议、域名解析协议在内的许多协议，都由 UDP 提供服务。

TCP 有建立初始化连接的过程，很多人将其称之为“握手”，而 UDP 则没有这个概念。

UDP不提供可靠性，它发送应用程序数据到IP层的数据包中（从第四层向第三层发送），但不保证在 IP 网络内这些 IP 包能够到达其目的地。鉴于这种不可靠性，很多人都有这样的疑惑：那干嘛要这种协议？ TCP 如此完美，又何必添此累赘？！

非也，非也。

TCP 所做的事情，是保证 IP 包在某种合理的要求下安全传输，从 A 地到达 B 地。

也就是说，在 A 和 B 之间，如果采用 TCP，则两地的人事先商量好某种沟通方式，比如在出发地 A，货柜上贴一张标签"这柜货物重 1 千克"，在目的地 B，检验这个货柜是否 1 千克重，如果是 1 千克，说明货物完整到达，如果不到，则必须通知出发地 A，要求重新传送。而 UDP 则没有这套机制，到货后直接拆包使用，发生问题，自认倒霉。

基于这一风格，UDP 最擅长的领域是那些查询—应答服务，交换的信息量小，即使发生信息丢失的小概率事件，通过应用层软件也可以弥补。你托朋友给在南方的亲戚带一盒北京产的糕点，用 UDP 即可，如若丢失，损失不会太大；如果是给客户邮寄纸质合同文本，则必须采用 TCP 了。UDP 的管理如图 11-14 所示。

图 11-14　UDP 的管理

 ICMP：IP 网检测基本工具

前面讲到，路由器和交换机并不是真实数据的起始点和目的地，但是可以作为一些非真实数据的起始点和目的地，它们就是 ICMP 数据。

如何确认自己的计算机是否连接到互联网？你可以打开浏览器看能否打开网页，你可以打开 QQ 看是否能"上线"……但是这并不是最科学的方式，因为如果一切都很顺利还好办，但是假如并不顺利呢？你发现打开浏览器，根本无法打开网页，或者 QQ 根本无法上线，怎么办呢？造成网页无法打开、QQ 无法登录的原因有很多，也许是软件设置问题，也许是账号、密码错误问题，这时你需要进一步检测是不是网络出现了问题，你怎么检测呢？你需要一个工具！

TCP/IP 已经为你准备好了一系列简便而实用的工具，虽然它的名称有点复杂——互联网报文控制协议（ICMP，Internet Control Message Protocol），但这并不妨碍它成为互联网中应用最广泛的工具之一，广泛到网络工程师几乎每天都要用它，广泛到非专业人士也必须掌握基本的使用方法来对付企业里各种各样的上网环境。ICMP 也是 IP 层协议的组成部分，专门用来报告错误信息和其他应引起注意的情况。

ICMP 有两个“大名鼎鼎”的命令，一个叫作 PING，另一个叫作 traceroute。无论是什么操作系统，都有这两个命令（traceroute 在有的操作系统中采用简写 tracert）。以 Windows 操作系统为例，PING 命令是互联网时代 DOS 命令中使用频率最高的命令之一，因为我们运行 Windows 的资源管理器，就可以做绝大部分 DOS 命令能做的工作，如对磁盘文件的处理。但和 TCP/IP 网络有关的操作，人们还是使用 DOS 命令行的方式，比如：

ping 202.102.7.1；

ping www.sina.com.cn；

tracert 202.102.3.4。

其他操作系统，如 LINUX、UNIX、Solaris，命令与此相似。PING 命令就像一个“飞去来兮”的玩具，运行该命令的节点 A 将触发一个特殊的 IP 数据包从本地发出，这个 IP 包将轻装上阵——只携带了出发地和目的地的 IP 地址，以及一个简单的计时器和计数器（都设置为从 0 开始计时和计数）。这个 IP 数据包和一般的 IP 数据包一样在网络上寻找路由，每到一个网络节点，计数器会自动加 1，直到到达目的节点 B。在节点 B，这个 IP 数据包将报文的源、目的地 IP 地址进行一个调换，其他内容不变，再返回到 A。如果这个 IP 数据包顺利回到起始节点 A，则说明 A 和 B 之间双向路径均通畅，如果它没有回来，那么 A 和 B 之间至少有一个方向上的路径是不通的。从上面的描述可以看出，PING 命令是用来检测两个 IP 节点间连通性的工具。当这个 IP 数据包回到起始点 A，计时器和计数器中的当前数据将显示在屏幕上。

追踪路径的命令叫作 traceroute，看看 trace 这个词就会明白了。在英文里，trace 是“追踪、追寻”的意思。既然是追踪、追寻，就要有所反馈，而 traceroute 的特点，就是“一步一回头”，从起始节点 A 开始的特殊格式的 IP 数据包，也携带计时器和计数器，也是从 0 开始计时和计数。这个包和 PING 命令发出的 IP 数据包类似，在寻找路由方面并没有过人之处，只是采用了这种机制：它每到达一台路由设备，就会向起始节点 A 发送一个反馈消息；当这个特殊的 IP 数据包到达目的节点 B 并发送最后一个反馈消息后，命令终止。在起始节点 A，会显示 A 和 B 之间的所有经过的路由器地址。使用 traceroute 命令，可以检测

当前路由状态下，数据包经过的所有路由器节点，并向起始点报告所有经过的路由器与起始节点 A 之间的时延和距离（跳数）。这个命令，颇似探险小分队每到一个新的地点就给总部发回相关信息，让总部知道到达目的地的详细路径。

PING 和 traceroute 命令的原理，就像图 11-15 所示的这个跋山涉水的小卡通。

图 11-15　PING 和 traceroute

灵活运用 ICMP 命令，可以方便地检测网络的连通性、基本性能参数，有助于网络工程师快速定位故障、处理故障并排除故障。在你的计算机上运行几个命令试一试，你会有所收获！

Chapter 12

第12章 互联网通信

第二次世界大战以后，美国和前苏联两个超级大国之间的冷战持续多年。20世纪60年代末，美国国防部突发奇想，提出一种“分散系统”的理念。1969年，美国国防部下属的美国国防高级研究计划局（DoD/DARPA）的领导利克利德提出“巨型网络”的概念，设想“每个人可以通过一个全球范围内相互连接的设施，在任何地点都可以快速获取各种数据和信息”。这个概念的提出，在当时的普通人看来简直是天方夜谭，但这个设想，无疑是今天的互联网的精辟总结！于是他们建立了一个叫作ARPANET的网络，这就是互联网的雏形。

本章将进入我们最为熟悉的通信方式之一——互联网通信。互联网无孔不入、无坚不摧、无处不在，在四分之一个世纪时间内迅速普及，其内容之丰富多彩、业务之包罗万象，是其最初缔造者始料未及的。

本章我们将从互联网的发展历史开始讲起，并对互联网的基本应用做一简要归纳。

互联网的诞生

追溯互联网的历史是一件有趣的事，就好像回想你熟悉的城市这十年都是如何变化的一样。虽然伟大的发明背后总有不平凡的经历，但是大多数人觉得互联网就是那么润物细无声地来到了身边。

ARPANET诞生后的1972年，计算机业和通信业的拔尖儿人才齐聚美国首都华盛顿，大伙一起参加了第一届国际计算机通信会议。在热烈的讨论氛围中，会议决定在不同的计算机网络之间达成共通的通信协议。随后，石破天惊的Internet处女秀开场了——会议决定成立Internet工作组（没错，就是那个IETF），负责建立这种标准规范。这是Internet第一次出现在世人面前，也是第一次从官方的嘴中蹦出来！

虽然Internet出世了，但是显然空具一个名号而已，如同嗷嗷待哺的新生儿，除了喝奶什么也不会。1974年，IP和TCP问世，才意味着处于散兵游勇状态的计算机网络能够通过大家都熟悉的语言进行通信，也表示互联网不但有了内容，并且在“团结就是力量”的真理指引下，具备了令世人瞩目的话语权！说到这里，不能不提及花白头发、留着络腮白胡子的老头温顿·瑟夫。这个曾在谷歌里特立独行的老头年轻时与伙伴罗伯特·卡恩领导小组开发了TCP/IP并向全世界免费开放，从而造就了今天互联网的无比辉煌！

就在1980年，温顿·瑟夫提议各个网络内部使用自己的通信协议，与其他网络通信时统一采用TCP/IP时，“互联”这一崇高命题不由自主地到来了。1983年，ARPANET将其网络核心协议由过去的NCP改变为当今的TCP/IP，标志着互联网大发展的时代到来了！美国国家科学基金会（NSF）于这时跳将出来，利用TCP/IP建立了名为NSFNET的广域网。初期，他们以56kbit/s的通信线路为基础，1989年升级至T1（回顾一下PCM的1.544Mbit/s

编码格式，而我国是 2.048Mbit/s 的 E1），到 1991 年，NSFNET 的子网已经扩展到 3 000 多个，由此奠定了今天异常繁荣的互联网之基础。

蝼蚁再多，也无法撼动大象，NSFNET 独木难支，并不足以支撑起今天互联网时代华丽的开局。实际上，NSFNET 吸引的用户当中不仅有很多学术团体、研究机构，更为重要的是，个人用户也开始参与到这个网络当中。越来越多不同类型用户的加入，让这个本来无趣的技术资源共享区开始变得热闹非凡。人们渐渐地不安分于板起面孔交流资料，各种形式的沟通也开始盛行并越来越有吸引力。至此，Internet 完成了由资源传播通道到交流通信平台的角色转换，这个转换过程缓慢而细微，就如同一场蒙蒙春雨，轻柔地滋润大地。

从当年 4 台终端的互连，到今天数以十亿计的计算机、手机、物联网终端连接在这个庞大的网络上，互联网的高速发展给我们和后人无数的启示。

IP 技术在互联网中成功的诀窍

把任何的数据拆分成小的单元，用某种标识符标示出每个单元的开头和终结。在每个单元里，标明了颇有哲理的 3 个问题：你是谁？你从哪里来？你要到哪里去？随后，是千奇百怪的数据信息。整个体系就是 IP，简单、灵活、随遇而安。

我们利用 IP 技术，把希望传送的任何信息，包括文字、图像、视频甚至一个请求等信息，封装到一个个 IP 数据包中，通过路由器、交换机、线路（以及一些安全设备、流量管理设备）组成的网络传送到对方即可，这在第 4 章讲述过；IP 地址规划好以后，可以让世界上任何一台连网的计算机迅速找到另外一台连网的计算机，这在第 5 章讲述过；IP 技术还规定了路由规则和路由表的各种获取方式，采用 MPLS 技术可以优化 IP 网络的流量管理，这些，在第 11 章我们都介绍过。然而这些都不是 Everything over IP 的“杀手级”原因（见图 12-1）。存在，一定有其合理之处，到底是什么让 IP 处于垄断地位呢？如果你用技术的观点去看待它，恐怕会迷失方向。下面让我们带各位去分析一下吧！

图 12-1 Everything over IP

在信息通信技术发展过程中，出现了两个风格迥异的流派。一个是传统的电信学院派，另一个是新型的计算机行业的自由派。

学院派的专家，性格严谨，他们更多地从技术底层开始分析，不断否定、创新、再否定、再创新，他们不允许客户信息有任何不可控的损失，无法忍受网络不稳定、不稳健、不安全、不可扩展，他们精心设计每一个细节，一丝不苟、严丝合缝。于是，他们从PSTN到X.25到DDN到帧中继到ATM，不断创造着历史。

自由派的专家，无拘无束、天马行空，他们擅长计算机上的各种软件和应用，期待一切都由计算机来控制和实现，他们往往先把两台计算机连通，然后再慢慢地解决其他问题，如通信质量不好、规范不统一、扩展性不强、流量不均衡、用户访问内容距离较远等问题。

这两派经常华山论剑、一决高低。学院派，在IP问题上终敌不过自由派。虽然学院派有1000个反对的理由，但现实就这么残酷——IP技术迅速占领市场、发展壮大，并将传统的数据通信技术都收编为自己的一个辅助分支。一切电信技术，如果不能与IP有很好的互通能力，这种技术基本要消亡。

IP的渗透能力完全取决于其本质思想——先解决简单的，再解决复杂的；先解决表面的，再解决深层次的；先解决当前的，再解决即将发生的。IP技术从来没考虑解决所有的问题，于是在起步阶段时，“质量差”“能力弱”成了IP技术的常用定语。但是让人始料不及的是，一个神话诞生了——它迅速走红，并正努力解决所有问题。谁都不得不承认，IP已经占领了每个人的桌面、每个家庭的客厅和每个人的手掌之上，甚至物联网的崛起，也是源自于IP技术的蓬勃发展！

至今思科都宣称自己是计算机公司而不是电信公司，虽然若干年来它最大的客户都是电信运营商，虽然其电信产品年产值一直处于全球前列。

当然，我们不很情愿地看到，IP占据了互联网的主流技术后，或者说因为IP技术发扬光大并迅速形成互联网之后，其问题日渐暴露：服务质量总是凑凑合合，安全问题总是层出不穷，流量工程乏善可陈，IP地址不足更是让人们伤透了脑筋。

虽然如此，IP技术还是以胜利者的姿态屹立于互联网基础协议的宝座上，已经没有人讨论是它绑架了互联网把生米做成熟饭，还是互联网依赖它获得了高速发展。总之，IP技术已经稳坐中军帐！接下来的一节，我们将向各位总结一下接入互联网的诸多方式。

千变万化的接入方式

互联网接入方式千变万化，DDN、xDSL、光纤、PON、Cable、FTTx、微波、移动网、VSAT……如图12-2所示。人类发明的几乎所有通信接入网，都可以用于接入互联网。互联网是应用而不是技术本身，互联网的精髓是思想而不是技术细节。

本节最重要的，是要说清楚什么是“接入互联网”。

从发展的眼光看，互联网最早就是一个局域网，局域网之外的某个人通过某种方式能够与这个局域网共享数据，另外一个人也如法炮制……当有10 000个人能够和这个局域网共享数据，并且这10 000个人之间也能够共享数据，这个网络就有了一定的规模，成为一

个“共享体”。接着，更多人开始通过各种方式进入这个“共享体”中（这时候还不能说是“互联网”）。很快，人们就意识到这个共享体的巨大实用价值，并意识到要获取其实用价值的途径是简单而开放的（回顾一下第 4 章我们介绍过的梅特卡夫的著名定律）。这引起了以运营获利为目的的电信运营商的关注，于是他们开始建设自己的 IP 网，建设 IDC 以存储内容，并通过一定的带宽与这个共享体互通，同时将这个共享体开放给所覆盖的公共用户，使自己成为共享体的一部分，从中获取承载、接入的利润。

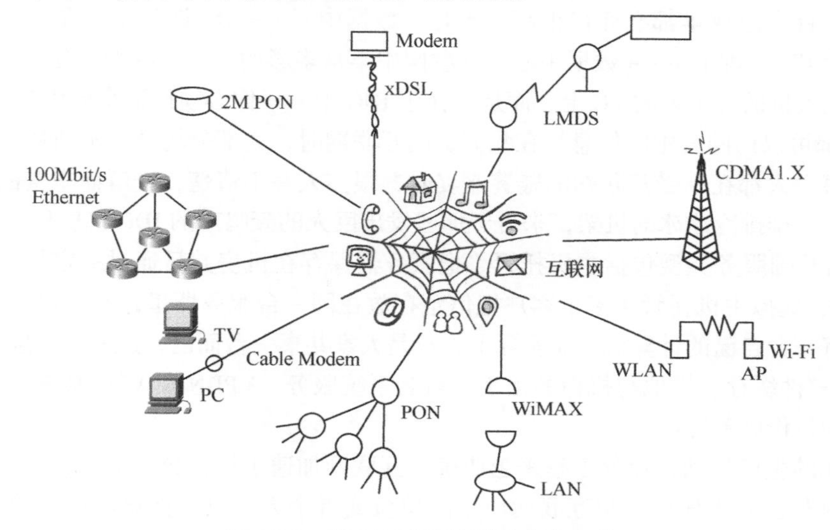

图 12-2　接入互联网的手段丰富多彩

越来越多的运营机构和企业加入，在接入这个共享体并能够访问别人信息的同时，还把自己的信息共享出来供别人使用。当这种共享体发展到一定规模，就成为“互联网”了。

回到我们刚才留下的问题——什么是接入互联网呢？互联网很难有清晰的边界，它不像 PSTN，若干台电信运营商的交换机加电、连线、配置并开始放号，这就是 PSTN。把铜线铺设到千家万户，就是把客户的电话接入电话网了。

作为一个使用互联网的人，通过各种线路（包括有线和无线）、各种设备（×× 器、×× 机、×× 猫）和各种协议，连接电信运营商或者 ISP 的数据网，做好相关的配置，能够通过浏览器访问 WWW，通过 Outlook 或者 Foxmail 收发电子邮件，通过微信与你的朋友聊天，刷微博、刷抖音，那么这就是“接入互联网”了！

而电信运营商或者 ISP，他们建立自己庞大的 IP 网并与其他国际、国内运营商的 IP 网互连，这是电信运营商的“互联网接入”。而这种“接入”更多是一种“互连”，因为它们建立的网络本身就是互联网的重要组成部分，这时候用“接入”二字就稍显牵强。

接下来的一节，讲解互联网内容的主要载体——数据中心。

互联网内容的主要载体——IDC

互联网高速发展，网络系统需要更高的访问速度，电子商务需要更加安全的信息传送。无论是信息提供者还是需求者，对访问速度和安全性都提出了更高的要求。如果信息提供者把服务器放置在自己的企业或家庭中，这显然会浪费大量的资源——无论管线投资还是系统维护，社会总成本都会变得很高。于是，数据中心——DC 诞生了。在互联网中的数据中心称为 IDC，即 Internet 数据中心。互联网中丰富多彩的内容，绝大部分并不存在于每天需要开机关机的每个人的 PC 上，而是存在于 IDC 中——你必须保证全球用户如有需要 7×24 小时都可以访问其中的信息！在我们访问互联网时，大部分场合是不断从 IDC 获取数据的。当每个人都在享受互联网的饕餮盛宴时，很多人并不清楚，光鲜而丰富的内容，大都来自那些一排排冷冰冰的机架，来自于那些发出巨大的轰鸣声的 IDC 机房！

IDC 的基础服务类型包括主机托管（把服务器保存在机房并且通过一定带宽连接到互联网上去）、虚拟主机托管（多个客户把信息存放在同一台服务器里，对于每个客户而言，都仿佛拥有一台自己的计算机，而实际上，只是大家共享一台而已，这就叫“虚拟”主机，如 VPS）、邮件缓存、场地与机柜的出租、域名系统服务、VPDN 及 VPN 系统、缓存技术、数据存储和备份服务等。

社会化的生产活动，让分工越来越明确。互联网加速了社会分工的过程，而互联网的建设也不例外。对于任何参与互联网应用的单位或者个人，只要把自己擅长的一面做好，而把自己并不擅长的“推”给别人去做，“人人为我，我为人人”，才能保证各自在专业的领域发挥优势，从而创造出更多、更丰富和更实用的技术、内容和服务。试想，对于一个专业制作网站的人或者企业，如果花大量精力在服务器带宽问题、安全问题和 IP 地址申请的问题上，他还有精力做出让人满意的网站吗？

为使这种社会化的大分工在互联网行业更加有效地体现，电信级的 IDC 必须具备以下几个必要的元素，才能满足客户的基本需求。

- 带宽：如果不想使 IDC 仅仅成为“服务器存放处”，那就需要足够的带宽。带宽是判断 IDC 实力的第一参数。一个电信级的 IDC 到底需要多大带宽接入互联网？很难给出确定的回答，就像问一个人一天要喝多少水、吃多少饭一样，它不是绝对的、标准的、死板的。从经验规律上来说，应当至少（注意，是至少）拥有两条 10Gbit/s 速率的线路通过不同路由与骨干网相连。典型的电信级 IDC 不应仅仅是骨干网的高速接入网，而应该是世界上所有独立网络的“对等网络”。IDC 所拥有的带宽资源，将直

接影响用户访问的服务质量。

- **对等网络、独立的 AS 和 IP 地址。**没有 IP 地址，就上不了互联网，而 IDC 如果缺乏 IP 地址，就算有再大的存储空间，又能干什么事情呢?
- **以太网交换机：**核心以太网交换机应当是十吉比特以上级别，总吞吐量在 100Gbit/s 以上，应采用双备份，以提高网络的可靠性（不是不能凑合，那就看客户的接受程度了）。
- **服务器：**IDC 的核心设施是服务器。专门为 ISP、ICP 和 ASP 设计的 Internet 服务器，除在性能上满足 Internet 应用的要求外，从结构上考虑，它应当是一种薄型机架式服务器，或者“刀片式”服务器。在第 18 章介绍云计算时，我们还将介绍 IDC 服务器的虚拟化和云化等新理念。
- **存储设备：**IDC 应设置存储备份设备（如机械硬盘 HDD、固态硬盘 SSD、磁带机、大容量磁带库、蓝光光盘存储），对于有高速大容量要求的设备，还应当考虑磁盘组和磁盘阵列甚至磁盘塔，上述设备都应采用一种叫作 RAID5 的技术，从而动态地备份数据信息。对于重要的核心设备，除了应用上述技术外，还可直接采用“镜像技术”，同时还应考虑通过网络进行异地备份。如果资金允许，IDC 可采用 SAN 系统作为全面的存储解决方案。SAN 可以看作是一种类似于 LAN 的新型网络，可以解决目前磁盘阵列所采用的传统并行 SCSI 技术存在的问题，即磁盘上的数据成为某一种服务器的专有资源，一旦该服务器所拥有的存储设备发生故障，整个系统对这部分的存取将会中断。低成本的存储平台和软件的结合正在迅速推动存储市场的商品化，IDC 的存储也是如此。随着软件定义存储（SDS）开始影响市场，这一趋势将会进一步加速。

- **防火墙：**防火墙的原理和保安的作用很类似。只有获得授权的人才能进入小区，也只有被认为是合法的 IP 数据包才能进入 IDC（攻击包一般都有自己的特征）。

E-mail——互联网的经典应用

互联网是什么？经此一问，有的人脑海会浮现“HTTP”“QQ”“微信”“游戏”……一千个人或许会有一千种答案，但是有一个符号，大家一定不陌生，这就是“@”。这表示什么？ E-mail！作为最常用、最普及的 Internet 应用之一，E-mail 的生辰是一个值得大家纪念的日子，当然，前提是汤姆林森的记性不差。

人生不如意十之八九，所以汤姆林森的记性确实差，他只能记得“大约”是1971年的秋天，他所在的公司受聘于美国军方，研制一种可以通过计算机网络发送信息的程序，汤姆林森为了区别每个用户，就在用户名后加入了“@”符号，电子邮件由此诞生！虽然当今E-mail是最平常的互联网应用之一，但是出世之后的这段时间却相当平淡，因为20世纪70年代ARPANET用户不仅不多，甚至可以称为“凤毛麟角”。此外，艾瑞·奥尔曼还没有开发出Sendmail系统也是一大原因。1979年，奥尔曼编写了一个专门传送邮件的系统——delivermail；1980年，伴随SMTP，奥尔曼将邮件系统升级为Sendmail，难能可贵的是，这一升级之后，整整20年，这个邮件系统一直都以开源形式存在，随后的E-mail高速发展，Sendmail的免费与开源功不可没！

等到Hotmail被收购之前，E-mail已经深入民心。随着中国接入互联网，E-mail使用者越来越多，1998年，由163.net开始，掀起了一股免费电子邮箱的高潮，国内各大网站纷纷推出免费电子邮箱服务，电子邮箱的普及度越来越高。但凡网民，E-mail是必备的沟通工具。尤其在企业，电子邮件的群发性、便捷性获得了广泛的使用。

当前人们最常使用的E-mail软件终端有Outlook（微软作品）、Foxmail（微信之父张小龙的作品）等，它们可以通过标准的POP3和SMTP接收和发送电子邮件。

POP3规定了怎样将个人计算机连接到Internet的邮件服务器并下载电子邮件，是Internet电子邮件的第一个“离线”协议标准。SMTP是一组用于从源地址到目的地址传输邮件的规范，通过它来控制邮件的中转方式。

WWW、HTTP与门户网站

互联网发展迅速，却总无法渗透到亿万平民百姓，人们总觉得它缺了点东西，直到万维网的诞生。WWW，是World Wide Web的意思，中文译名也很有趣，“万维网”，读音Wan Wei Wang，瞧，也是3个W！2000年后的互联网泡沫造就了一批靠门户网站发展起来的ICP（互联网内容提供商），国内知名的门户网站如新浪、搜狐、网易、腾讯等（四大门户），他们的缔造者未必有通信或者电信行业的背景，也没有深厚的广告业背景，新的技术催生新的商业模式，新的商业模式催生了互联网行业英雄辈出。

当门户网站的拥有者因为业务模式问题而忧心忡忡时，也是一大批网站正在迅速消失时，刚刚兴起的移动增值业务，短信、彩铃、彩信给了它们巨大的生存机遇。

WWW的核心技术是超文本传送协议（HTTP）。将文字、图片、声音、视频如我们现在看到的网站一样展现在你的面前，在今天看来稀松平常的事情，在20世纪末，则对人类眼球产生了剧烈的冲击！HTTP是用一种叫作超文本链接语言（HTML）编写的，其中可以含有Java的应用。超文本是20世纪末期的发明，距苏美尔人发明“楔形文字”已有5千

年以上的时间，它是使计算机能更加适应人的联想习惯的信息结构方式，其原理就是“文本链接”。1989 年，欧洲核子研究组织（CERN）因为资料众多难以管理，因而采用超文本的方式来降低资料的维护和检索花费的时间。这个任务被分配到蒂姆 · 伯纳斯 · 李身上，他建立这个系统时，或许并不知道这个系统将开启一扇资讯新世界的大门。1993 年，HTML 标准使得万维网一改严肃的文本界面，这个平台的建立，使页面上呈现出更多的元素——文字、图片、表格、声音、动画……毫不讳言，正是这些元素的加入，才让人们对死板的万维网有了兴趣并得到大众的关注，万维网才有了勃勃生机，最后一发不可收拾，造就了一个非同凡响的时代！随后的 WWW，能用鼠标点击的地方已经不仅仅是文本了，还有图像、图形等，因此业界提出了新的概念——“超媒体”。

BBS、FTP、Telnet

回顾互联网业务的发展历史，比列举层出不穷的互联网业务类型更有趣。

第一代互联网应用是从 BBS、FTP 和类似于 OICQ 这样的即时通信软件开始的。在粗糙的 DOS 界面上发帖回帖，对于现在的我们来说已经快要忘记了吧。最著名的水木清华等经典 BBS 保留 DOS 模式很长时间，那是一种返璞归真，那叫一个“范儿”！粗糙的界面抵挡不了人们参与其中的巨大热情。在高速发展的现代社会，在 BBS 中找到志同道合者一起沟通、畅所欲言，那种兴奋是无法用语言形容的！

FTP 是最早的文件传输方式。Telnet 可以登录到远程计算机上进行各种操作。这两种应用在早期互联网共享数据、互通有无中广泛应用，但是随着拥有更加友好用户界面的应用诞生，FTP 和 Telnet 的用户群只剩下网络工程师了。

即时通信

犹太人从来都不缺乏天才，在即时通信（IM，Instant Messaging）软件的贡献上，4 个犹太人可谓是里程碑式的人物。1996 年，4 个并不是科班出身的以色列籍犹太小伙发明了 ICQ。短短 5 年，ICQ 的使用人数就飙升到 1 亿，并且由于沟通更为简便和即时，相较于 E-mail 更受欢迎。不少媒体惊呼，“IM 将在 2004 年取代 E-mail”，反映了 IM 一时的万丈风光。1999 年，一款中国人开发的 IM 软件雏形出现了——腾讯公司提取了一些 ICQ 的元素，推出了 OICQ Beta1 版本，中国的用户有了自己的 IM 软件。有如神助一般，OICQ 推出之后一路顺风顺水，短时间内风靡全国。仅仅一年，注册用户就达到了 500 万人，同时在线人数也达到了 10 万；次年，OICQ 更名为 QQ，在中国 IM 市场上过关斩将，注册用户不断攀上新的高峰。庞大的用户群体形成了风潮，一时之间，网民们在网络中邂逅，不免将“有事

儿就 Q 我”当成一句问候。2011 年，腾讯公司推出另一款即时通信软件——微信（WeChat），对语音互聊功能有所增强，并将大量移动互联网理念加入其中。IM 在互联网的所有应用当中，是最平民化，也是民众基础最大的。让我们看看何谓“即时通信”？即时通信是通过互联网实现的点到点或者点到多点的即时交互信息传递业务。所传递的信息五花八门，文本、语音、视频、数据、文件，还有动画。它是 P2P 通信中的一种，实时性是其最主要的特征，它继电话业务后，又一次实现了真正意义上的实时“对话”。当前的即时通信工具，不仅仅是人与人之间的交流，还有各种各样的公众号、便民服务、购物等内容，可以说是个人通向互联网生活的超级门户。

搜索引擎

如果没有搜索引擎，浩瀚无比的网络世界就犹如一座巨城，居住着数以亿计的居民，纵横交错的街道以千万计，要找到你想要到达的地方，难于上青天！可以很肯定地说，没有搜索引擎的支撑，互联网的发展绝非现在的一日千里，因为人们接受不了那么多毫无头绪的信息充斥在互联网中。

比 WWW 先出生、“疑似”搜索引擎的系统——Archie 问世 3 年后，“蜘蛛侠”spider 程序诞生了。spider 放出无数的“搜索机器人”，这个名字也是由此而来——在网上爬啊爬的。1994 年，包含有 54 000 数据量的 Lycos 首次在搜索结果中使用了网页自动摘要。

或许已经有不少读者看到这里有些心急火燎了，因为大家可能期待在这个讲述搜索引擎的故事中一开始就看到那个被神话得一塌糊涂的身影—— 谷歌（Google.com）。其实，谷歌的出身并不华丽，它只是斯坦福大学的一个小小的项目 BackRub。1997 年 9 月 15 日，拉里 · 佩奇注册了 google.com 域名，年底，谷歌凑齐了三驾马车——谢尔盖 · 布林、斯科特 · 哈桑和阿兰 · 斯特拉姆伯格，开始了蜕变之旅。1999 年，谷歌结束了内部测试，推出了 Beta 版本。2000 年，还很弱小的谷歌升级了数据库，这个时候 Yahoo！将其选作搜索引擎，谷歌借此东风扶摇直上九万里，成为今日搜索巨擘，并在人工智能、无人驾驶、机器学习、语音理解等多个领域成为全球最顶尖的高科技企业。

当前，最大的汉语搜索引擎是 baidu.com（百度，取自“众里寻她千百度”之意）。

搜索引擎开创了很多新的商业模型，比如通过搜索结果的位置来定价。搜索引擎最大的收入来源就是广告收入，这些广告并不像门户网站那样把商家的广告排列起来，而是根据关键词排名。如果你的企业销售打印机，你可以申请把你的企业名称和网站链接放在“打印机”这样的关键词搜索结果的第 1 页甚至第 1 行（当然，这样的关键词被点击后成本很高）。而搜索引擎主要的收费模式是根据客户的点击量。这种点击转化为订单的成功率很高，效果显著，因此成为新的广告模式。

搜索引擎的优点是，可以根据关键词从浩如烟海的网页中抓取出需要的信息。这个优点也给搜索引擎带来了诸多麻烦。最大的问题是搜索引擎的排名方式，纵容了一些制假贩假分子利用排名进行非法活动，而搜索引擎公司很难甄别。另外，搜索内容涉及的版权问题，尤其是音乐搜索、视频搜索和图书搜索带来的版权问题和法律问题，都给搜索引擎公司惹过麻烦。

当然，瑕不掩瑜，搜索引擎依然是互联网经济的重大商业契机。当今的搜索引擎，你可搜索的东西已经不仅仅是关键词，还可以是地图、卫星照片、图片、视频等。用户输入的内容，也不仅仅是文字，还可以是图片、音频等。

电子商务、阿里巴巴的淘宝网和支付宝

互联网开创了电子商务的新时代。今天任何人打开计算机或者手机，连接互联网，输入购物网站的网址或者打开 App，你就进入了一个超级 Shopping Mall，其规模是超大的！

电子商务按照甲方乙方类型可以分为 B2C（企业对用户）、B2B（企业对企业）、C2C（个人对个人）和 B2G（企业对政府）4 类。不同的购物网站或 App，其电子商务类型决定了其客户群的范围。

淘宝、京东、苏宁易购等，成为中国电子商务的杰出代表；在西方名气最大的当属亚马逊。阿里巴巴是典型的 B2C，而阿里巴巴旗下的淘宝网则属于 C2C，支付宝和微信支付更是为互联网支付提供了必要的诚信保证。

互联网绝不仅仅带来个人娱乐方式的改变，更多的应该是人们生存模式的变革。在若干年前我们幻想的，在短短十多年间就已经普及了，没有强大的通信网络做支撑，这一切不过是镜花水月。

电子商务很大程度上冲击了现有的传统商务模式，让世界上任何两个能够接入互联网的个人或者企业都能够快速结合并形成订单。传统按照地域划分代理商的模式在电子商务面前正在轰然崩溃，除了一些大的消费品如汽车、房产外，网上直接交易所占比重正在逐渐上升，即使是汽车和房产，网上咨询也成了最主要的客户了解产品的手段，近几年，二手车交易已经实现互联网化，房屋租赁市场和二手房销售市场也在逐渐走向互联网化。

远程教学和远程医疗

提到互联网应用，不得不提到远程教学和远程医疗。这两者是任何人提到互联网业务时，都不可避免被提及，但至今实现都举步维艰的业务。

人们希望用技术手段将好教师和好医生的覆盖范围进一步增大，让他们为更多的人提供服务。远程教学可以以多种方式实现，企业可以采用会议电视方式实现教学功能，而面向家庭用户端的在线教育也异常火爆。

远程医疗也必须依托于保证质量的高带宽传送信息。远程传送图像，如传送 CT 照片，多出一个马赛克就可能对诊疗结果的准确性造成根本性影响，这是医疗本身无法接受的！远程医疗的初级阶段是医疗专业的垂直门户网站，它们距离真正的远程医疗还有一段很长的路要走。经过若干年的发展，国内已经涌现出一批口碑好、服务周到的网站。

网络游戏

30 多年前的某一天，夜深人静，英国埃塞克斯大学的罗伊 · 特鲁布肖闲极无聊，指下划出了这样几个字母——MUD(淤泥，泥巴)。这 3 个字母所蕴含的意义无疑能够瞬间“雷倒”对游戏痴狂的玩家们，把他们打入 18 层泥巴潭。MUD 代表了网络游戏时代的到来！

当 MUD 用简陋的文字界面和乏味的输入指令方式叩响全世界玩家的心门时，还没有多少商人嗅到这个潜力巨大的商机，因为那时候的网络还不够普及，因此商业游戏界最成功的都是单机版的游戏——永远的仙剑、打不完的三国、没完没了的大航海和 “做梦也会笑”的大富翁。随着智能手机的普及，越来越多的优秀手游作品纷纷出现,《王者荣耀》《我的世界》《LOL》《绝地求生》的热度一浪高过一浪。

在网络游戏中，由于延迟或者网络状况的抖动，可能会将客户端的效果产生一定的扭曲和卡顿，影响玩家体验以及进一步的操作。要降低因为延迟带来的体验问题，不同的服务商采取的策略有所不同。

游戏服务商通过两种策略提升游戏玩家的体验，一种为客户端预测，另一种为延迟补偿。客户端预测就是在用户进行操作时，一方面客户端向服务端发包说明用户操作，另一方面客户端自己进行一定的预先行动，等到服务端确认后，根据服务端返回的结果，进行状态修正。延迟发生后，需要把客户端当前目标的位置尽快地和服务端位置进行同步，一般采用插值或瞬移等方式。延迟补偿是服务器端的行为，就是在服务器端发现了客户端的网络延迟后，将服务器状态回滚到延迟前，再进行运算，以改善延迟带来的用户体验问题。延迟补偿除了用于改善因延迟带来的用户体验，实际上更重要的是为了防止由于“客户端预测”而可能导致的作弊行为。

而对于运营商的接入网而言，通过 DPI 技术对游戏流量进行识别，将其“牵引”到速度快、延迟小的链路上去，也就是让流量流向距离游戏服务器更近的网络出口上去。这是非基础带宽运营商的常规操作手段。

市场上还有不少专业的游戏加速器服务商，他们的技术原理是使用用户通过 VPN 通道，将游戏玩家的网络连接到一台具有多线出口的服务器上，服务器将根据游戏类别和到达游戏服务器的网络质量判别玩家流量从哪个出口流向游戏服务器，从而实现游戏加速的目的。所以在用户的计算机上要运行 VPN 客户端。

网络直播

移动互联网时代，一部手机在手，随时随地就可直播。全民直播，是当下娱乐和电竞行业的一大特征。主播们通过低门槛的直播，将自己的爱好“上传云端”，与其他有相同爱好的人共享，同时赚取“礼物”，获得收入。

自 2015 年开始，光纤和移动 4G 网络逐渐普及、上网资费降低、流媒体直播技术日益成熟，为网络直播的繁荣奠定了基础。

共享经济

共享经济将是大势所趋，能够盘活社会闲置资源，提高资源的利用效率，对于用户来说，可以通过较低成本满足自己的需求。共享经济已渗入到人们的吃穿住行等方方面面，如共享单车、共享雨伞、共享马扎、共享服装、共享充电宝、共享书柜、共享汽车……

自 2012 年滴滴打车和快的打车成立后，我国便进入共享经济时代。此后又有多家网约车平台相继成立，美国 Uber 也于 2014 年进入中国市场，自 2016 年起，共享单车出现在人们视野并以野火燎原之势火遍中国，然后在两年后迅速降温，但无论结局如何，这种共享经济的大胆尝试，可以为后来者的创新和创造提供宝贵的经验依据。

互联网的普遍服务，通过资本的介入放大了其力量，这一时期的共享经济是资本冒险家的乐园。

知识付费

如果活字印刷术改变了人类的出版行业，那么分答（2018 年更名为“在行一点”）、知乎 Live、喜马拉雅 FM、罗辑思维们则在此基础上又实现了一次变革。

知识付费的本质，就是把知识变成产品或服务，以实现商业价值。知识付费有利于人们高效筛选信息，付费的同时也激励优质内容的生产。

有关碎片化信息的价值衡量问题，以及版权问题，是知识付费领域大家争议较多的问

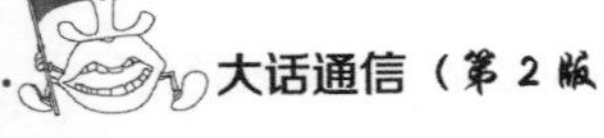
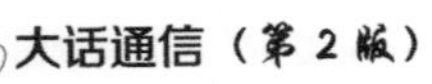

题。然而这种模式带来的民众对知识获取的便捷性是毋庸置疑的。

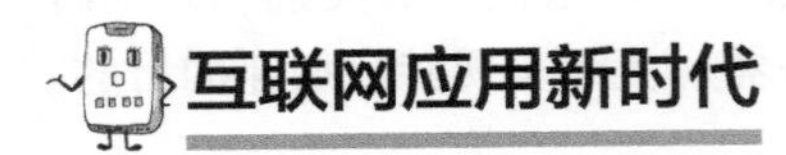

互联网应用新时代

近些年来，互联网发生了微妙的变化。传统的 ICP，都是由专业人士们提供信息内容。而后来的很多应用，充分利用互联网用户的智慧，让网民自己组织自己的信息。就是从“大家点击我”变成“大家点击大家”，有人把这种变革称为 Web 的 1.0 版本升级为 Web 2.0。

Web 2.0 不是某种技术，而是一种更广泛利用社会资源的管理理念。这里面的代表业务是博客（Blog）、微博、维基网（Wiki）和沃客（Work）。

博客和播客允许任何人在互联网标准平台上建立自己的管理区域并发布消息。最著名的博客，如国内的新浪博客，曾一度吸引了诸多名人和炒作名人的人士。

维基网更像是一部自由的大百科全书。任何人把自以为是的知识挂在网站上，会有对此感兴趣的人去审核。若审核通过，则进入条目。这种海量的条目就组成了一个百科全书式的万象世界。

继博客、微博等之后，沃客、威客、短视频成为互联网领域创造的新名词。

新的应用体系强调的是互联网内容的创造和分享，只需建立基础框架，任何人、单位、团体都可以自行添加内容，并共享给公众，不像传统的互联网应用，由 ICP 提供内容，而用户更多的是浏览。通过 Web 2.0，每个人都可以成为互联网信息的发布者，从而更深入地参与互联网信息的发布。如果说传统的互联网内容是到饭店里点餐，那么 Web 2.0 更像是一次 DIY 的野餐，每个人发挥自己的聪明才智做出菜来供大家品尝。

进入移动互联网时代，Web 一词热度明显下降。手机作为人们办公和生活的必备工具，与计算机一起，共同承担起互联网接入的重任。知识付费、区块链、移动办公、在线支付、共享经济、智能穿戴的普及，都将彻底改变人类的行为习惯，与前几十年的互联网应用不同的是，它们与人的距离更近，不但让人类获取信息更快、更便捷，也极大地方便了我们的购物、支付、社交和学习。

作为通信人，最大的骄傲就是，无论互联网应用进化到哪个程度，都离不开我们提供的管道。

互联网的攻击手段

在第 6 章，我们曾提到过通信网络的安全问题，也提到了互联网的安全，在本节，我们给各位介绍一下互联网中的各种网络攻击（见图 12–3）。

图 12-3　疯狂的肉鸡

● 主动攻击与被动攻击

网络攻击分为两种类型。

一种类型是，攻击者携带访问所需信息主动出击，他们伪装成用户需要的信息类型，对被攻击者实施破坏行为。主动攻击会导致某些数据流的篡改和虚假数据流的产生。

主动攻击包含以下几种子类型。

篡改消息：消息的某些部分被篡改、删除。

伪造消息：攻击者发出含有其他实体身份的数据信息，假扮成其他实体，从而以欺骗方式获取一些合法的数据或者用户权限。

拒绝服务型：对被攻击者实施的导致其异常的、资源耗尽的、欺骗型的攻击类型。

数据驱动攻击：包括缓冲区溢出、格式化字符串攻击、输入验证攻击、同步漏洞攻击、信任漏洞攻击。

另一种类型是，不进行数据修改，而是收集被攻击者的信息。这种类型被称为“被动攻击”，如果不做相应防护，数据的合法用户很难觉察到这种行为。虽然名字取得很低调，但这种攻击实施起来更具有欺骗性，如果攻击取得成功，对被攻击对象的数据是致命的。被动攻击包括以下几种子类型。

窃听类：键击记录、网络监听、非法访问数据、获取密码文件等。

欺骗类：主动获取口令、隐藏恶意代码、部署网络欺骗。

● 木马病毒

木马病毒一般都是在下载安装一些不安全的软件和浏览一些不安全的网站时侵入到计算

机中的。所以，安全管理员会经常提醒用户，不要浏览不安全的网站，不要安装不安全的软件。恶意木马制造者会利用各种方法将自己的软件或者网站伪装成与合法的、可信赖的软件或应用高度相似的状态，其手段非常隐蔽，如果不睁大眼睛加强戒备，还真不容易识别。

● APT 攻击

高级持续性威胁（APT，Advanced Persistent Threat），就是利用先进的攻击手段对特定目标进行长期、持续性网络攻击的入侵形式。APT 攻击的原理相对于其他攻击形式更为高级和先进，主要体现在 APT 在发动攻击之前需要对攻击对象的业务流程和目标系统进行精确的收集。在收集的过程中，攻击会主动挖掘被攻击对象信任的系统和应用程序的漏洞，利用这些漏洞组建攻击者所需的网络，并利用 0day 漏洞（系统商在知晓并发布相关补丁前就被掌握或者公开的漏洞信息）进行攻击。

透过现象看本质，APT 是黑客以窃取核心资料为目的，针对客户所发动的网络攻击和侵袭行为，是一种蓄谋已久的“恶意商业间谍威胁”。这种行为往往经过长期的经营与策划，并具备高度的隐蔽性。APT 的攻击手法，在于隐匿自己，针对特定对象，长期、有计划性和组织性地窃取数据，这种发生在数字空间的偷窃资料、搜集情报的行为，就是一种“网络间谍”的行为。

APT 攻击的整个过程分为以下几个阶段：扫描探测、工具投递、漏洞利用、木马植入、远程控制、横向渗透（从一台被攻击的机器向内网延伸），然后，行动！

● 分布式拒绝服务 DDoS 攻击

借助于客户 / 服务器技术，将多台计算机联合起来作为攻击平台，对一个或多个目标发动 DDoS 攻击，从而成倍地提高拒绝服务攻击的威力。

我们可以想象一下一个恶霸想要欺负一个老实的店家，他会怎么做呢？恶霸们会扮作普通客户，将店家门口堵得水泄不通，赖着不走，或者总是与营业员有一搭没一搭地搭讪，也可以装作是大客户，让店家上上下下忙活半天最后发现都是一场空……总之，让真正的顾客不能或不敢进入，或者让店家没有精力服务于其他客户，这就是“拒绝服务”（DoS）。网络安全领域中 DoS 和 DDoS 攻击就遵循着这些思路。

通常，攻击者使用一个偷窃账号将 DDoS 主控程序安装在一台计算机上，在一个设定的时间主控程序将与大量代理程序通信，代理程序已经被安装在网络上的许多计算机（被称为“傀儡机”或者“肉鸡”）上。代理程序收到指令后，立刻对指定攻击对象发动攻击。利用客户 / 服务器技术，主控程序能在几秒钟内激活成百上千次代理程序的运行。

DDoS 的攻击方式有很多种，最基本的就是利用伪装的合理服务请求（就像几十个人来到一家小面馆，只点了一份面还要求人人都喝到面汤）来占用过多的服务资源，从而使合法用户无法得到服务的响应。单一的 DoS 攻击一般是采用一对一方式的，当攻击目标 CPU 速度低、内存小或者网络带宽小等各项指标不高时，它的效果是明显的。随着计算机与网络技术的发展，计算机的处理能力迅速增长，内存大大增加，同时也出现了万兆级别的网络，

这使得 DoS 攻击的困难程度加大了——目标对恶意攻击包的“消化能力”加强了不少。这时候分布式的拒绝服务攻击手段（DDoS）就应运而生了。DDoS 就是利用更多的傀儡机来发起进攻，以更大的规模来进攻受害者。

互联网的安全防护帮手——防火墙

1. 什么是防火墙?

初听“防火墙”这个名字，各位可不要往房屋、建筑的安全方面去想，这个“墙”是一道逻辑墙，而非实体墙。当然，这也的确是一道墙！一道不能挡盗贼却可以挡黑客，不能防寒暑却可以保护内网隐私的铜墙铁壁！

防火墙的作用，就是防止未获得授权的数据包进入私有领地。

一般来说，防火墙可以是一个物理盒子，也可以是计算机上的一个软件，用以协助人们排查非法潜入的攻击，或者协助人们过滤掉不必要的信息。总之，它扮演的角色，是防窃听、防窃取、防黑客。

硬件防火墙可以理解为一台计算机，也可以理解为一台路由器。

说它是一台计算机，是因为它拥有和一台计算机一样的 CPU、内存操作系统、软件等，只是它的作用比较单一。

说它是一台路由器，是因为它具备如路由器一样的物理接口，还具备基本的路由功能。

防火墙一般情况下至少拥有 2 ~ 3 个网络接口，在企业网环境下防火墙一般“串”在互联网（外网）和企业内网之间。防火墙的应用如图 12-4 所示。

图 12-4　防火墙的应用

防火墙与路由器是同时代出现的，我们称最早的网络层防火墙为第一代防火墙，采用了包过滤技术，也就是把包打开，看看源地址是哪里，目的地址是哪里，协议类型是什么，源端口、目的端口是什么，根据这些信息来判断这个包是否安全，并决定这个包的未来命运——接收（Accept）还是放弃（Drop）。包过滤防火墙可以阻止外部主机伪装内部主机的 IP，却不能阻止对于外部主机伪装外部主机的 IP 欺骗，而且它不能防止 DNS 欺骗。其防御能力，就像办公楼门前的保安，只能处理基本的盗窃和低等级的犯罪，并不能解决其他复杂的安全隐患。

1989 年，贝尔实验室推出了第二代防火墙，即电路层防火墙，同时提出了第三代防火墙——应用层防火墙（代理防火墙）的初步结构。

第二代防火墙能够主动截获 TCP 与被保护主机间的连接，并代表主机完成握手工作。当握手完成后，防火墙负责检查，只有属于该连接的数据分组才可以通过，而不属于该连接的则被拒绝；由于这类防火墙只检查数据包是否属于该会话，而不验证数据包内容，所以处理速率较快。

第三代防火墙则是在建立连接之前，基于应用层对数据进行验证，所有数据包都在应用层被检测，并且维护了完整的连接状态以及序列信息。应用层防火墙还能够验证其他的一些安全选项，而且这些选项只能够在应用层完成，比如具体的用户密码以及服务请求。代理服务器防火墙就属于应用级防火墙的一种具体实现。

1992 年，USC 信息科学院的鲍勃 · 巴登开发出了基于动态包过滤技术的第四代防火墙，后来演变为目前流行的“状态监视技术”；1994 年，以色列的 CheckPoint 公司开发出了第一款采用这种技术的商业化的产品。动态包过滤技术是基于会话的，而静态的包过滤技术是基于数据包的。这是两者的根本区别。

不同于前面几代防火墙，第四代防火墙可以同时工作在 OSI 的第 3、4、5 层上。这一代防火墙也称为有状态的防火墙，它通过本地的状态监控表，用来追踪通过流量的各种信息，包括源 / 目的 TCP 和 UDP 端口号、TCP 序列号、TCP 标记、TCP 会话状态以及基于计时器的 UDP 流量追踪；同时，有状态防火墙通常内置高级 IP 处理的特性，比如数据分片的重新组装以及 IP 选项的消除或者拒绝。有状态防火墙甚至可以访问上层应用协议，如 FTP 和 HTTP，提供高层协议的过滤功能。也就是说，尽量利用这 3 层的所有状态信息，查找数据分组的所有可能造假的状况，发现攻击并给予处理。

防火墙作为企业保护自身数据和网络安全的关键设备，从传统的数据包过滤、网络地址转换、协议状态检查以及 VPN 为技术主体过渡到以深度数据包检测（DPI）、全栈可视化、内容检测、统一防护等为主体的下一代防火墙（NGFW），从而实现企业的智能化主动防御。NGFW 是可以全面应对应用层威胁的高性能防火墙，通过洞察网络流量中的用户、应用和内容，借助全新的高性能并行处理引擎，NGFW 能够为用户提供有效的应用层全方位安全防护。

仅仅根据五元组（指源 IP 地址，源端口，目的 IP 地址，目的端口和传输层协议）阻

止多种应用的攻击行为已经无法达到安全要求，而采用NGFW，就可以有效阻止细粒度的网络安全策略违规情况，并及时发出警报。这就意味着，即使有些应用程序设计可以避开检测甚至采用SSL加密，NGFW依然可以识别并阻止此类程序。“细粒度策略”就像一个明察秋毫的侦探立于城门之前，黑客拿着通行证，伪装成普通人，依然逃不过侦探的眼睛：黑客身上的各种特征被充分发掘出来，根本无处遁逃。硅谷的PaloAlto公司是这一领域的佼佼者，国内多家安全企业都在紧密跟踪这一领域。

2. 防火墙的工作原理

面对互联网形形色色的攻击，我们人类需要采取一些手段保护数据信息的安全以及网络的畅通。

国防战略，就是一个国家要面对敌国的各种进攻，包括主动的战争，或者间谍的渗透，一般会采取几种策略：建立军队、修筑城墙、建立国防线、设置关卡等。假设有一个进入城门的通道，通道有卫兵把守，任何人进入，都需要卫兵询问3个基本哲学问题：

你是谁？

你从哪里来？

你到哪里去？

在来者回答了这些问题之后，卫兵在一份黑名单里面查找，看看来者的身高、体重、外貌是否符合黑名单中的某个人，如果不符合，那就放行，如果符合，你懂的。临近战事，城门通道管理会更加严格，他们会设置白名单——只有来者在白名单中才可以放行，否则一切免谈。这对应“网络级防火墙”。

再来一层更严格的：对于城门的任何“访客”，即使放行，也会被全程跟踪，他的任何行为，都将被专人盯梢，一旦发现其图谋不轨，立即将其抓捕。这对应“电路层防火墙”。

还有更加严格的方法：即使来者在白名单里，也不能保证其绝对安全，会让来者改乘另一专用交通工具继续前行，这一交通工具被全程监控。也就是说，会对进入城门的每个人都建立专门的稽查策略，将结果形成报告，以备事后审计。当然，这样操作，效率有所降低，但安全级别明显提高。这对应“应用级防火墙”。

如果上述方式还觉得不够安全，那么再来个更狠的：前面3种类型的检查、跟踪和监听都同时进行，还要对所有会话进行全面监控。这对应“规则检查级防火墙”，比如动态包过滤防火墙。

3. 防火墙有哪些功能部件？

防火墙是在外部网络（如互联网）和内部网络（Intranet）之间的一堵墙。当然，这堵墙必须得有一扇门，否则它将把内外网完全隔绝——这违背互连的初衷，因此并不是我们所希望看到的。

门有两个基本状态：开和关，防火墙也会说两个词：YES（接受）或者NO（拒绝）。最简单的防火墙是以太网桥，用来隔离两个网段，但这种原始的防火墙没有多大用处。

那么，这道门怎么设置，才能让防火墙起到作用呢？也就是说，这道门什么时候开、什么时候关呢？

我们先从这道门必须具备的4个基本功能部件说起。

首先，这道门需要访问原则。放哪些数据包进来？放哪些数据包出去？哪些数据包需要特殊处理？这些原则，组成了“服务访问规则”。

接着，这道门必须有有效的验证工具，以保证其验证结果的正确性。这有点像门禁系统。门禁系统可以采用射频卡，刷卡时，卡内信息与后台数据库的账号列表进行对比，确认后会发出“嘟”的一声，就说明验证通过。

然后，对于那些没有验证通过的数据包，这道门必须知道如何将他们过滤掉，因此防火墙必须具备“包过滤机制”。

最后，对于应用层的各种病毒，防火墙也应该有一定的防范能力。这种功能部件叫作“应用网关”。

4．防火墙的技术原理

防火墙采用的技术五花八门，形式也多种多样：有的取代系统上已经安装的TCP/IP协议栈，有的在已经有的协议栈上建立自己的软件模块，有的干脆就是一套独立的操作系统，还有一些应用型防火墙只对特定类型的网络连接提供保护，另外有一些基于硬件的防火墙产品，有些人称之为“安全路由器”。

如图12–5所示为防火墙最典型的应用场景。

图12-5　防火墙的应用

这是一种很常见的场景。两个网段之间隔了一个防火墙，一个网段内有一台 Linux 服务器，另一个网段则有一台 PC 机。

当 PC 机向 Linux 主机发起某种请求，PC 的客户程序就产生一个 TCP 报文并把它传给本地的协议栈准备发送。接下来，协议栈将这个 TCP 报文“塞”到一个 IP 包中，然后通过 PC 机的 TCP/IP 协议栈所定义的路径将它发送给 Linux 主机。在这个例子中，该 IP 包必须经过横在 PC 和 Linux 主机中的防火墙才能到达 Linux 主机里。

现在我们“命令”防火墙把所有发给 Linux 主机的数据包都给拒绝掉。完成这项工作后，防火墙出于怜悯，还会告诉客户程序一声——“Hi，我把你的数据给拒绝了啊”。接下来，只有和 Linux 主机同在一个网段的用户才能访问这台主机。

当然，我们也可以“命令”防火墙专门给那台可怜的 PC 机“找茬”，别人的数据包都被允许顺利通过，就它发出的不行。这正是防火墙的基本功能：根据 IP 地址做转发判断。但到了大场面，这种小伎俩就玩不转了，由于黑客们可以采用 IP 地址欺骗技术，伪装成合法地址的计算机，就可以穿越信任这个地址的防火墙了。

仅仅靠源地址进行数据过滤在实际应用中是不可行的，原因是目标主机上往往运行着多种通信应用。大多数情况下，不能因为要过滤掉某台计算机发来的某一种应用的数据包，而拒绝掉这台计算机发出来的所有数据包。

比如很多公司不希望员工上班登录炒股软件，那么就需要在防火墙上做相应的配置，使炒股软件无法正常登录到炒股类的系统服务器上。其实这种配置非常简单，只需要关闭炒股软件的相关应用即可。这样做就是为了防止“因噎废食”。

5. 其实，到处都是防火墙

当然，我们也可以以一种宽松的方式定义广义的防火墙。目前的操作系统、应用软件、路由器、交换机上，都带有一定的数据过滤机制。那么可以说，当前的计算机、路由器，甚至一些多媒体网关，也都可以做防火墙。

在企业局域网组网中，很多出口路由器（接入路由器）就承担了防火墙的一部分功能。

互联网的安全防护帮手——态势感知

大侠被官府追杀，来到一座破庙，听到周边鸟叫、泉鸣，看到老藤、断垣，闻到枯叶、花香，感觉阵阵杀气袭来，他紧握钢刀，随时准备战斗，果然有暗器袭来，他飞手用刀挡住，这时两个蒙面大汉从身后飞将过来，那高手也不着急，把刀向后一努，这二人立刻喋血倒地……这是我们在武侠小说中常见的情形，作者赋予了大侠一种特殊的才能，通过他过去的经验、教训，以及深厚的内功，就能够判断未来发生的危险。这种特殊才能，就有点像我们所说的“态势感知”。

态势感知是一种基于环境的、动态而整体地洞悉安全风险的能力，是以安全大数据为基础，从全局视角提升对安全威胁的发现识别、理解分析、响应处置等能力的一种安全策略，最终是为了决策与行动，是安全能力的落地。

武林高手的态势感知，也是根据外部环境，动态而整体地洞悉可能发生的危险，他的安全大数据，则是其丰富的经验教训，其识别、理解及响应能力，则是其内外功夫所致。在对周边环境做出分析后，他就能做出精确判断：能打赢不？打得赢就打，打不赢就跑！

网络安全也一样。要想获得整体的网络安全，全天候、全方位、全感官地“感知”网络安全态势是非常必要的。知己知彼，才能百战不殆。没有意识到风险是最大的风险！所有的武林高手都是如此才战无不胜的。

对网络管理拥有丰富经验的工程师常常会有这样的感慨：网络威胁具有很强的隐蔽性，一个技术漏洞、安全风险可能隐藏几年都发现不了，一张已经稳定运行一段时间的网络，管理员们最容易麻痹大意，他维护的网络，也许已经进入到“谁进来了不知道、是敌是友不知道、干了什么不知道”的状态——危机“潜伏”，一旦发作，后果不堪设想。这对企业网络而言，攻击一旦肆虐，办公环境就会陷入瘫痪；如果遇到了勒索病毒，企业主和CIO们将欲哭无泪；对安全级别要求很高的政府、金融行业等，网络安全漏洞造成的后果会更加严重，关键数据的丢失、被窃取、被篡改，都是“大意失荆州”的结果。

现阶段面对传统安全防御体系失效的风险，态势感知能够充分利用现有的所有安全领域的前沿技术，利用多年沉淀出的安全大数据，将其有效组织起来，全面感知网络安全威胁的态势、洞悉网络及应用运行健康状态、通过全流量分析技术实现完整的网络攻击溯源取证，帮助安全人员采取有针对性的处置措施。

如今，“态势感知”已经成为网络空间安全领域聚焦的热点，也成为网络安全技术、产品、方案不断创新、发展、演进的汇集体现，更代表了当前网络安全攻防对抗的最新趋势。

Chapter 13

第 13 章 移动通信

20世纪70年代初的美国，摩托罗拉和AT&T在通信技术多个领域展开激烈对战。

1973年4月的一天，摩托罗拉的工程技术人员马丁·库帕跑到纽约街头，掏出一个约有两块砖头大小的黑物体，并对着它“喂喂”了几句，引得路人纷纷驻足侧目。

这是世界上有记载的第一通移动电话，也是马丁打给他的一位在贝尔实验室工作的对手（对方当然是固定电话），对方也正在研制移动电话，但尚未成功。库帕后来回忆说：“我听到听筒那头的‘咬牙切齿’，虽然对方已经保持了相当的礼貌。”

其实早在20世纪40年代，贝尔实验室就造出了第一部所谓的移动通信电话。但是由于体积太大，又没有对其未来商业市场有足够信心，研究人员只能将其放在实验室的架子上，慢慢地就被人们淡忘了。谁能想到，几十年后，丑小鸭在别人手里成了白天鹅。

进入21世纪以后，越来越多的人都逐步和手机打上了交道，都在享受着移动通信带来的便利。在这个移动互联网时代，移动通信注定将成为我们必须浓墨重彩的重点内容。

本章我们将从技术的历史演进角度，介绍移动通信的一系列技术。

先搞清楚“辈分”

1987年开始，我国的移动通信网在珠三角地区开始商用，至今只有短短30多年的时间。随着1998年中国移动与中国电信的拆分，我国移动通信进入高速发展期。刚刚进入21世纪，移动通信超强的吸引力和巨大商机，让所有的运营商都趋之若鹜，移动通信牌照发放、频谱规划和分配、移动通信设备集采，都是整个电信业内最隆重的大事。

在讲述移动通信技术之前，我们有必要对移动通信“代”的概念进行阐述。移动通信技术总是习惯性地被人冠以“代”的概念，这是一个宏观而粗放的术语。

第一代移动通信是指模拟移动网技术。当然，“第一代”是模拟移动通信技术的“庙号”，因为在它高速发展时，并没有“第一代”这个称谓，GSM网开始规模建设并放号后，业界对之前基于模拟网的移动通信统称为第一代移动通信。

GSM和CDMA称为第二代移动通信，也是即将关闭的移动通信网络。

随后，业界又把WCDMA、cdma2000、TD-SCDMA以及2007年年底加入的WiMax称为“第三代移动通信技术”，把FDD-LTE、TD-LTE称为“第四代移动通信技术”，把更为革命性的、刚刚走出实验室的、标准化进程已经初具规模的新一代移动通信技术称为“第五代移动通信技术”。

如果没有技术上的重大革新和应用上的重大变化，如果没有因量变到质变的飞跃，是不能用“代”来形容的。比如带宽增加1M这本身并没有什么，但如果因带宽增加导致可以召开高清晰的视频会议，这可能就是一场小小的革命了。技术后浪推前浪，一代更比一

代强。移动通信在发展过程中经历的若干“代”，都是不断适应激增的用户量或新的业务需求而产生的。

在无线通信环境的电波覆盖区，如何建立网内终端用户间的连接，是任何一个无线传输系统首先要考虑的问题。作为思维惯性，我们提到移动通信首先想到的是手机，其实广播也是一种移动通信，但广播的技术要简单得多。广播只需要信号发送端发送一个信号，所有频率和发送端相同的中继器和终端（收音机）都可以接收这个信号，也就是说，每台收音机接收到的信号都是相同的，并且，收音机不会向信号发送端发送信息。而移动通信的难点，在于每条链路的内容并不相同，并且，绝大部分链路的信息流都是双向的。这个问题的本质，是一个“多址移动通信”问题——要想办法让每部手机都有一个和其他手机不一样的“地址”，让移动通信的网络系统能根据这个地址准确地找到它，而这个地址一定不能是手机号码，而是临时的：因为“移动”，手机会换到另外一个位置，就可能重新分配“地址”，这个地址不同于 IP 地址、电话号码，因为它必须和信号的某些物理特征有关。

无线多址的主要方式有：模拟系统中的FDMA、数字系统中的TDMA和CDMA。实现“多址”连接的理论基础是信号“分割”技术，也就是说，发送端进行恰当的信号设计，使发送的每一路信号都有所差异，以形成不同的信道，对应每个接收终端（如手机）；接收端必须安装具有信号识别能力的装置，从混合信号中分离、选择出相应的信号，反之亦然。移动通信的几代技术体制，大都围绕着上述的多址方式展开。

在展开介绍各代移动通信技术之前，我们首先需要知道，移动通信不断更新换代的本质究竟是什么。我们先从一个简单的公式开始。

$$c=\lambda f$$

相信我们在中学物理课本中都见过这个公式。c 是光速，为 3×10^8m/s，这是个固定值，爱因斯坦说过，无论你是在地球上，还是在高速行驶的宇宙飞船上，观察到的速度都是这个常数，与其他物体速度的概念完全不同。λ 是波长，f 是频率。就这么简单的一个公式，是无线通信技术的基础，无论是 1G、2G、3G 还是 4G、5G，无论怎么变化，都是在这个公式的基础上做文章。

随着移动通信技术的发展，使用的频率 f 是越来越高的。在单位时间内，频率越高，电磁波每秒钟就能做更多的动作，就能承载更多的数据信息，我们感受到的数据传送速度也就越快。

1G——充满梦想的一代

那时候老杨总是幻想自己的装束：身穿锦衣黑裤，带着最流行款式的墨镜，蒙太奇镜头一转，手中拿着一部砖头个头的大哥大！老杨年轻的时候（尤其是 20 世纪 90 年代初期

和中期），疯狂地喜爱香港电影，那里面的“大佬”，都是这么一副形象。那种“酷”，那种“帅”，对当时年轻人的影响可谓深远矣。即使是现在，讲述移动通信的老专家们，都经常拿当年香港电影中的镜头举例。这就是第一代移动通信的冲击力！那些年和老杨一样有这种梦想的年轻人恐怕不在少数。

第一代移动通信是全球范围内最早建设的移动电话网，拥有模拟网手机的人都是社会上的“精英”或者“富豪”。在我国，由于各地分别建设且建设时间先后不同，有爱立信和摩托罗拉两大移动电话系统等原因，模拟移动电话网形成了两套网络，各网地区使用各网的手机，不能互通。1996 年，我国各省模拟移动电话系统实现了联网，模拟移动电话已经可以在全国 30 个省（市、自治区）实现自动漫游。但高昂的终端费用、高昂的通话资费，让手机成为名副其实的奢侈品。因此很遗憾，老杨没有能够成为“大哥大”的真实用户。作为大学生，可支配开销寥寥无几，大哥大也只能在偶尔的幻想中憧憬一下。随着第二代移动通信的兴起，模拟网移动电话逐渐退出历史舞台。

GSM 创造历史

千禧年，老杨终于有了一部属于自己的手机——一款当时相当新潮的 GSM 大块头——别看是大块头，老杨已经觉得它很有大智慧了！ 1995 年，我国开始建设 GSM 数字移动电话网——俗称 G 网。1995—2000 年，中国的移动通信用户每年增长一倍——经济的振兴、科技的发展、人民生活逐渐走向小康，给移动通信带来了前所未有的发展机遇！

数字网的第一大魅力是漫游范围广泛，也正因此，中国移动推出一个听起来很霸气的品牌——“全球通”。G 网工作于 900MHz 频段，频带比较窄，随着近年来移动电话用户的迅猛增长，许多地区的 G 网已出现因容量不足而达到饱和的状态。为了满足广大用户的需求，又建设了 D 网。

D 网的基本体制和现有的 GSM900 系统完全一致，但工作于 1 800MHz 频段（因此称为 DCS1800 网），需要用 DCS1800 的手机。如果使用双频手机，那么在 G 网中也能漫游、自动切换。现在有许多城市是 DCS1800 系统和 GSM900 系统同时覆盖一个地区，称为“全球通双频系统”，它使“全球通”移动通信系统的容量成倍增长。

让我们回到 20 世纪 80 年代初，看看 GSM 的童年吧！当时，欧洲已有几大模拟蜂窝移动系统在运营，斯堪的纳维亚半岛（全球移动网最知名企业诺基亚和爱立信都来自那里）的 NMT 和大不列颠的 TACS，西欧其他各国也提供移动业务。当时这些系统都很“内馐”，只能在国内使用，而不能漫游到国外。为了方便全欧洲统一使用移动电话，需要一种公共的系统，1982 年，北欧几个国家联合体向欧洲邮电行政大会提交了一份建议书，要求制定 900MHz 频段的公共欧洲电信业务规范——好家伙，马斯特里赫特条约 9 年后才签署，欧

共体还没成立，移动通信就先要统一欧洲了！在这次大会上就成立了一个在欧洲电信标准学会技术委员会（ETSI）下的“移动特别小组”（GSM，Group Special Mobile）来制定有关的标准和建议书。标准中规定了 GSM 通信系统的几大功能单元，如图 13-1 所示。

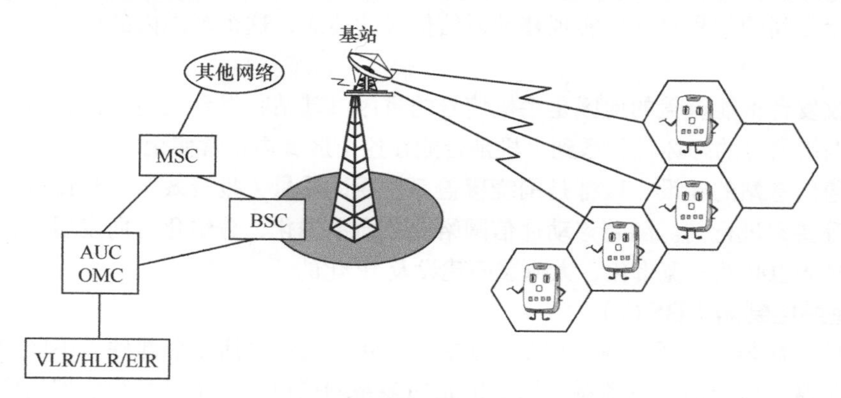

图 13-1　GSM 系统的组成

1. 移动台（MS）

别被名字唬住了，我们最熟悉的通信产品——手机 +SIM 卡就是 MS 的一种，当然还有上网卡、无线公话、MiFi(将移动信号转换为 Wi-Fi 信号的转换器）等。除此之外，MS 还包括车载式和应用在船舶或一些特殊场景下的多种类型的移动终端。手机和 SIM 卡配合使用，才能实现通话。SIM 卡是 Subscriber Identity Model 的缩写，意思是“客户识别模块”。小小一块卡，却存储了数字移动电话客户的信息、加密的密钥等内容，可供移动网络对客户身份进行鉴别，并对客户通话时的语音信息进行加密，用于防止并机和通话被窃听。

2. 基站收发台（BTS）

基站收发台是基站子系统（BSS）的信号收发部分。公用移动通信的基站收发台，是指在一定的无线电区域覆盖范围内，通过移动通信交换中心，与移动电话终端之间进行信息传递的无线电收发信电台。

基站收发台有 3 个功能。

一是和手机进行通信，两部手机通话，绝大多数情况下，并不是两部手机直接收发信号，而是通过基站来“中继”消息；二是进行功率控制，指基站对手机和自身的发射功率进行控制，让功率不要太大，也不要太小；三是进行基站之间的切换，指当用户在通话过程中由基站甲所在的区域移动到基站乙所在的区域时，可以有一个切换过程，通话继续，用户没有中断的感觉。

大家常看到房顶上高高的铁塔，上面安装着形状各异的天线，其实天线就是基站收发台的一部分。一个完整的基站收发台包括无线发射及接收设备、天线和所有无线接口特有的信号处理部分。基站收发台可看作是一个无线调制解调器，负责移动信号的接收、发送处理。

一般情况下，在某个区域内，多个子基站和收发台共同组成一个蜂窝状的网络，通过控制收发台之间的信号交互，实现移动通信信号的传送，这个范围内的地区被称为“网络覆盖面”。

基站收发台不能覆盖的地区是手机信号的盲区。基站收发台发射和接收信号的范围直接关系到网络信号的好坏，关系到手机是否能在这个区域内正常使用。

移动通信基站的建设一般都是围绕覆盖面、通话质量、投资效益、建设难易程度、维护方便性等要素进行的。随着移动通信网络业务向数据化、分组化方向发展，移动通信基站的发展趋势也必然是宽带化、大覆盖面建设及IP化的。

3. 基站控制器（BSC）

基站控制器是基站子系统（BSS）的控制部分。主要包括4个部件：小区控制器、话音信道控制器、信令信道控制器和用于扩充的多路端接口。一个基站控制器通常控制几个基站收发台，通过收发台和移动台的远端命令，基站控制器负责所有移动通信接口的管理，主要是无线信道的分配、释放和管理。

当用户使用移动电话时，BSC负责为你打开一个信号通道，通话结束时它又把这个信道关闭，留给其他人使用。除此之外，BSC还对本控制区内移动台的越区切换进行控制。如用户在使用手机时跨入另一个基站的信号收发范围时，控制器又负责将信号切换到另一个基站，并保持始终与移动交换中心（MSC）的连接。

在整个蜂窝移动通信系统中，覆盖区中基站的数量、基站在蜂窝小区中的位置、基站子系统相关组件的工作性能等因素决定了整个蜂窝系统的通信质量。

基站的选型与建设是组建现代移动通信网络的重要环节。

4. 移动业务交换中心（MSC）

对在其管辖区域中的移动台进行控制和交换的功能实体——MSC，本质上就是一种程控交换机，从基站获取手机信号进入交换机，采用和PSTN一致的方式进行交换。

稍等，如果和PSTN一样的方式，岂不是每个移动台都智能锁定在同一个基站下面了吗？而MSC正是负责这方面的工作。如果手机信号在基站之间进行切换，将涉及多个基站之间的协调，功率控制的好坏对全网的干扰水平也有影响，MSC和所有的基站都有逻辑通道，可以掌控全局，将整个网络管理得井井有条。

正是基于此，当我们在高速行驶的汽车、火车上打电话，能做到基站间的无缝切换。这是移动通信有别于有线通信最基本的特征。而家庭用的Wi-Fi，是做不到这一点的。

5. 拜访位置寄存器（VLR）

有了VLR和接下来的HLR，才让移动通信真正可运营、可管理，并魅力十足！VLR

用于存储与呼叫处理有关的数据，如用户的号码、所处位置区、向用户提供的服务类型等参数——这是一种特殊的服务器，在手机漫游时，VLR 的作用就凸显出来了——它存储了手机目前所在的位置（也就是存储这部手机当前在哪个基站注册，或者说，这部手机正在与哪个基站进行无线信号的交互）。移动中的手机不可避免要在基站之间进行“切换”，服务器记录手机的当前所在位置，非常重要！

6. 归属位置寄存器（HLR）

有了 VLR，就能知道手机当前处于哪个位置。而有了 HLR，系统就知道任何一部手机原始的注册地在哪里。如果 VLR 和 HLR 中有关城市的数据一致，说明该手机正在注册地；如果不一致，说明该手机处于漫游状态。如果系统判断出一部手机处于漫游状态，就可能要收取额外的漫游通话费（当然，现在国内已经完全取消漫游费了）；当该手机欠费停机，整个移动网可以保证它在全球任何地方都不能实现通话。

7. 设备识别寄存器（EIR）

存储有关移动台设备参数的数据库——用于识别手机标识的数据库服务器。

8. 鉴权中心（AUC）和操作维护中心（OMC）

AUC 和 OMC 是整个移动网的运营支撑管理系统。AUC 主管用户的鉴权，而 OMC 负责对整个网络的管理和维护。

下面我们模拟某个用户小周，通过她的经历，看看移动系统是如何工作的，如图 13-2 所示。小周是 A 城市的人，她在这个城市办理了一个手机号码，A 城市的 HLR 将记录这部手机的相关信息。如果它漫游到城市 B 的某个基站 W1，W1 获取该手机发送的请求信号并把该信号传送到城市 A 的 HLR 中，有专门的逻辑器件对 HLR 和 VLR 进行对比，来识别该手机是否为漫游状态，并根据该手机的计费方式、话费余额来决定是否允许该客户通话，避免欠费停机的手机在异地成功拨打电话。当有人拨打小周的手机时，电话即可直接呼叫到她目前所在位置——B 城市的基站 W1，而无须绕经 A 城市。

移动网开始支持数据业务，是从 GPRS 开始的。GPRS 是“通用分组无线业务”的简称，其与 GSM 有相同的频段、频带宽度以及相同的 TDMA 帧结构。因此，在 GSM 系统的基础上构建 GPRS 系统时，GSM 中的绝大部分部件都不需要进行改动，只需做软件升级。

GPRS 的理论速率极限是 172.2kbit/s，但实际商用的速率比理论值要低不少。这是因为如果要达到极限速率，一个用户必须占用所有可用的 8 个时隙（在第 4 章我们介绍过“时隙”的概念，就是 TDM 的时间切片），并且没有任何容错保护，而这个时候，话音就无法通信了。每个时隙多宝贵啊！如果运营商把所有的 8 个时隙都给同一个用户使用，在这个用户周围的 GSM 用户就会很郁闷——他们很可能因为抢不上线，连基本的通话功能都无法正常实现！为了解决这一问题，GPRS 的继任者登场——GSM 演进的增强型数据速率技术——EDGE。它能在利用现有频率资源的情况下（频率资源很可能比石油还金贵），提供高速的数据业务，最高传输速率474kbit/s，并使网络的容量和质量得到大幅度提高。

图13-2 HLR和VLR

 CDMA打破垄断格局

2001年，前中国联通在全国范围内建设容量为1 330万的CDMA网络，试图建成世界上最大的CDMA网络，从而形成GSM和CDMA两种制式在我国并存发展的局面，也形成了当时的中国联通GSM和CDMA两张移动网络并存的状况。自此，GSM垄断全国的格局被打破。受到专利费用的影响，国际上采用CDMA制式的运营商比GSM少很多。

有一些概念大家很容易混淆。CDMA移动通信体制（如中国电信运营的网络）采用了码分多址（CDMA）技术，但并非只有CDMA这种移动通信体制才能采用码分多址（CDMA）技术，比如后面我们将要讲到的SCDMA、3G通信中的WCDMA和TD-SCDMA等都可以采用。而本节的标题“CDMA打破垄断格局”中的“CDMA”，很显然，是指CDMA这种移动通信的体系架构而非码分多址技术。

“码分多址”是每一个信号被分配一个“伪随机二进制”的序列进行扩频，不同信号被分配到不同的伪随机序列中。在接收机中，信号用“相关器”加以分离，这种“相关器”只接收选定的二进制序列并压缩其频谱，凡不符合该用户二进制序列的信号就不被压缩带宽。结果只有有用信号的信息才被识别和提取出来。这就是CDMA网络保密性好的根本原因。

第 8 章在介绍扩频和跳频技术时我们讲过，美国高通公司享有 CDMA 技术体系大部分知识产权。说起高通，中国的通信人值得去研究。这个规模不太大却拥有大量专利技术的企业，曾是通信行业中发展最快的企业之一，它的出现让“一流企业卖标准，二流企业卖服务，三流企业卖产品”的理念深入人心。当然，这种状况也一直让人们感到不安，并试图绕开它的专利，3G、4G 的若干技术体制都体现了这一点。然而到了 5G，移动通信的标准格局发生了巨大变化，稍后我们会讲。

CDMA 中支持数据通信的技术被称为 CDMA 1.X，它的数据传送速率理论值为 153.6kbit/s，比 GPRS 的理论速率高很多。GPRS 虽然理论数值为 172.2kbit/s，但运营商一般只提供到 53.6kbit/s。这也成为 CDMA 制式在 2G 时代推广的优势之一。

专用业务移动调度系统——数字集群

GSM 也好，CDMA 也罢，这都属于公用移动通信系统。而本节将给各位介绍专用的移动通信系统——数字集群。它也是一种专用业务调度系统，是专用无线电调度系统的高级发展阶段。

如果各位对“数字集群”这个术语感到陌生，那我们再说一个名词，想必各位耳熟能详——“对讲机”！过去的无线电调度系统是单信道调度通信，一个人讲，许多人都能同时收听。而数字集群是能够通过拨号实现寻呼的无线调度网。

厂矿、油田、企业、机场、车队，这些专业领域都需要专用的调度通信系统。如果要满足每个行业的需求，当然可以针对每个领域，都分配一定的无线电频率，建设一套无线调度系统——这就有问题了：自然界的频率资源虽然是无限的，可是能够用于通信的频率却非常紧张。解决资源紧缺的方法不外乎两种：开源、节流。开源方面，专家们在不断尝试利用新的无线电频段，这类工作其实很难，毕竟总量有限；而节流方面，在合理利用有限的频率资源方面寻找出路。而集群移动通信系统正是在这种情况下脱颖而出的。

集群系统是把有限的信道集中起来，通过自动、动态、快捷的分配方式，为众多行业用户建立一套统一的无线电调度系统，采用统一的频率。也就是说，它是“集个体为群体，变专用为公用”。显然，这将大大提高资源的利用率。集群系统与移动通信系统最大的差别是，集群系统如果因信道没有空闲而致使某次呼叫未被接通时，系统中的排队系统能将主、被叫号码自动记录下来，一旦出现空闲信道，便会按呼叫的先后顺序接通。这是面向大众市场的移动通信系统所不具备的功能。

集群系统主要提供本系统内的无线通信，但它并不孤立——为数不多的调度台和移动台以适当的方式进入市话网，与市话用户建立通信联络。也就是说，集群系统可以和 PSTN、移动网实现互连互通。

我们可以把最早期的对讲机划归为模拟集群技术范畴的终端，按照移动通信“代”的说法，它属于第一代专用移动通信系统，而数字化后的集群系统则是第二代专用移动通信系统。我国自主知识产权的数字集群技术有华为技术的GT800和中兴通讯的GoTa系统，国际流行的数字集群系统有欧洲标准的TETRA、摩托罗拉的iDEN系统以及非常适合于铁路运输使用的GSM-R系统。

美国Nextel公司运营数字集群系统获得巨大成功，是目前全球范围内此类业务几乎唯一的成功典范。当然，Nextel模式照搬到中国未必成功，美国集群通信占整个移动通信市场10%的比例在我国也是无法达到的。在我国，TETRA和iDEN系统已经应用于公安、消防、交通、防汛、电力、金融等领域。

“小灵通”横空出世

客观地说，如果没有当年部分运营商的执着，我们很难提到“小灵通”这个名词，因为它本应距离我们很遥远，但却由于种种特殊原因，它曾在中国大地“忽如一夜春风来，千树万树梨花开”。

PHS是日本开发的网络系统，日本人称为“个人手持电话系统”，就是我们常说的个人无绳市话系统。自1995年开始，日本以NTT为主的多家运营商选用了这一技术。自1997年开始建设，2000年后，北方网通和南方电信进入建设高潮；而到了2006年，用户数达到了最高峰，接近1亿用户选择使用小灵通，随后开始急速下滑。

小灵通是一种个人无线接入系统，它采用所谓的“微蜂窝”技术——很小很小的蜂窝。小灵通虽然是移动通信技术，但被微妙地冠以“固定电话的补充与延伸”，堂而皇之地被未获取移动牌照的中国固网运营商中国电信和原中国网通采纳。小灵通保密性能是不错的，能够在网络覆盖范围内自由携带使用，拨打和接听市话、手机、国内及国际长途电话。小灵通采用32kbit/s语音编码，语音清晰，如果距离基站足够近，可以和有线电话媲美，小灵通电话可以支持短信（甚至可以和移动网络的短信互通），也可以支持数据通信，虽然应用并不广泛。

当然，小灵通最大的特点是移动“擦边球”。由于小灵通并没有被明确定义为移动通信技术，而是“固网的延伸”，是“无绳电话”，因此成了话费经济的代名词之一。也正是这个“固网延伸”，让它自一开始就实行单向收费，资费标准与固定电话基本一致（除了个别诸如小灵通包月之类的套餐外），而当时的移动通信领域是实行价格高昂的双向收费。

小灵通的诸多优点，也无法掩盖其技术落伍的本质。只是在特殊的历史时期，极大地冲击了传统移动通信的暴利时代。

2011年年底，小灵通所占频段（1 900 ～ 1 920MHz）全部被清理，小灵通退出历史舞台。

移动直放站和室内分布——目标：没有盲区！

严格地说，本章讨论的内容是“公共陆地移动网（PLMN）”，卫星移动通信等还不在此范围，我们可以从基站安装的位置是在陆地上还是在空中、海洋中来区别。无论哪种移动网络，都离不开交换机、基站控制器、基站、信道、一定频率的无线电波、移动终端这些基本“零部件”，有的部件我们看得见、摸得着，有的则不能。本节将讲述一种新的“零部件”，它一直默默无闻，却应用广泛，我们每天可能都在使用它，却常常熟视无睹。这就是移动网的直放站和室内分布系统，如图 13–3 所示。

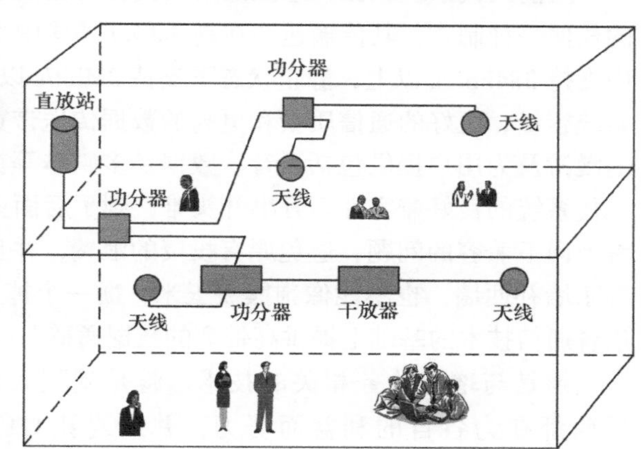

图 13-3 移动的直放站和室内分布

移动基站需尽可能覆盖每一个区域，但是不可避免会有覆盖盲区。直放站和室内分布系统就是用来解决基站难以覆盖的盲区问题。直放站是将基站信号进行延伸，迅速扩大无线覆盖范围的设施。如地下停车场、地下隧道、商场、电梯、公路、铁路等信号无法到达信号的地方，都可以安装直放站。

安装完成后，物业公司可能在某个显眼的位置贴上一个标志“×× 信号已覆盖”。直放站有 GSM 直放站、CDMA 直放站、PHS 直放站、SCDMA 直放站等，在 3G、4G 网络中还有各种技术制式的直放站。根据应用场景，有布放在室内的，也有裸露在室外的，有通过光纤延伸的，也有通过无线延伸的。可根据基站的密集性、用户话务量以及物理条件来综合决定如何部署直放站。

在有些地区，直放站和基站的比例高达 2 ∶ 1。每种移动通信的技术体制都采用不同的直放站，投入巨大，目前业界正在研究多种技术制式的直放站共用问题。

直放站还可以采用室内分布系统向用户端延伸。室内分布系统是将基站或直放站的信号通过无线 / 有线方式直接引入到室内的每一个区域，再通过小型天线将信号发送出去，使室内各个地方都能得到均匀分布的信号，达到消除室内覆盖盲区、抑制干扰的目的，为楼内的移动通信用户提供稳定、可靠的室内信号。

3G 提速移动数据传送

第三代移动通信技术（3G，3rd Generation），它还有一个更加专业的名字——IMT–2000，

IMT 是指 International Mobile Telecommunication，国际移动电信 -2000，为什么有这么一个奇怪的名字呢？“2 000”有以下几方面的含义：

- 3G 工作在 2 000MHz 频段；
- 在 2 000 年左右被提出；
- 最高业务速率为 2 000kbit/s。

看来，ITU 不乏幽默的专家，他们把毫不相干但是数字相同的几组数据用这个共同的数字来命名，一语多关。

与前两代系统相比，应该说第三代移动通信系统开始了真正意义上的多媒体通信。3G 的任何一种制式，其传输速率在高速移动环境中都可以达到 144kbit/s 以上，慢速移动环境中支持 384kbit/s 以上，静止状态下支持 2Mbit/s 以上，其设计目标是为了提供比 2G 更大的系统容量、更好的通信质量和更高的数据传送带宽，而且要能在全球范围内更好地实现无缝漫游及为用户提供包括话音、数据及多媒体等在内的多种业务，同时也要考虑与已有第二代系统的良好兼容性。万事开头难，到了后面更难。通信界、IT 界所有的新技术，都要考虑向下兼容的问题，避免原有投资的浪费，并且要充分考虑用户市场新的变化，既不能拆东墙补西墙，也不能像狗熊掰玉米，掰一个掉一个。那么 3G 的历史使命，将是在移动语音通信技术的基础上提供高带宽的数据通道，以满足丰富多彩的增值业务的需要。

越是与增值业务相关的技术，越是受到人们的青睐。各个国家、各个联盟、各个厂商都在为各自的利益而努力，并最终让 ITU 接受了 4 种制式的 3G 标准：WCDMA、cdma2000、TD-SCDMA 和 WiMAX。

CDMA 技术是 3G 中前 3 种标准的技术基础。1G 采用 FDMA 的模拟调制方式，这种系统的主要缺点是频谱利用率低、信令干扰话音业务。2G 主要采用 TDMA 的数字调制方式，提高了系统容量，并采用独立信道传送信令，使系统性能大为改善，但 TDMA 的系统容量仍然有限，跨区域的切换性能仍不完善。CDMA 以其频率规划简单、系统容量大、频率复用系数高、抗多径能力强、通信质量好、软容量、软切换等特点显示出巨大的发展潜力。下面我们将介绍 3G 的四大标准。

1. WCDMA——源于欧洲的 3G 标准

宽带码分多址（WCDMA，Wideband CDMA），源于欧洲和日本几种技术的融合。虽然名字比 CDMA 仅多一个 W，但是 WCDMA 和 CDMA 却相差甚远。WCDMA 也使用码分多址的复用技术，而且它跟高通的标准也很相似。但是 WCDMA 不仅仅是复用标准，也是一个详细定义移动终端怎样与基站通信、信号怎样调制、数据帧怎么构建等完整的规范集。

国际上有 100 多个国家、200 多张网络采用 WCDMA，如英国沃达丰、日本 NTT DoCoMo、西班牙电信、法国电信、美国 AT & T 等知名电信运营商。在国内，中国联通获得了 WCDMA 的运营牌照。

2. cdma2000——CDMA 的 3G 延伸

虽然 WCDMA、TD-SCDMA 都带有 CDMA 字样，但是真正意义上 2G 中的 CDMA 制式的继承技术是 cdma2000，即 cdma2000 1xEV。cdma2000 由高通公司为主导提出，摩托罗拉、朗讯和后来加入的韩国三星都有参与，韩国后来成为该标准的主导者。曾经使用 CDMA 的地区只有日、韩、北美和中国，从而导致 cdma2000 的支持者远远少于 WCDMA。由于 cdma2000 是 CDMA 标准的延伸，而与 WCDMA 互不兼容。

在我国，中国电信拥有 cdma2000 的运营牌照。

3. TD-SCDMA——国产通信标准 No.1

时分同步的码分多址技术（TD-SCDMA，Time Division-Synchronous CDMA）作为中国自己提出的 3G 标准，自 1998 年正式向 ITU 提交，经历风风雨雨，它完成了标准的专家组评估、ITU 认可并发布、与 3GPP（第三代伙伴项目）体系的融合、新技术特性的引入等一系列的国际标准化工作，最终艰难地走到了商用阶段。TD-SCDMA 标准成为首个由中国提出的、以我国自主知识产权为主的、被国际上广泛接受和认可的无线通信国际标准。

1998 年年初，在当时的邮电部科技司的直接领导下，由电信科学技术研究院组织队伍在 SCDMA 技术的基础上，研究和起草了符合 IMT-2000 要求的我国的 TD-SCDMA 建议草案，并提交到 ITU，从而成为 IMT-2000 的 15 个候选方案之一。ITU 综合了各评估组的评估结果，在 1999 年 11 月赫尔辛基 ITU-R TG8/1 第 18 次会议上和 2000 年 5 月在伊斯坦布尔的 ITU-R 全会上，TD-SCDMA 被正式接纳为 CDMA TDD 制式的方案之一。全球为之哗然，国人为之振奋！

中国无线通信标准研究组作为代表中国的区域性标准化组织，从 1999 年 5 月加入 3GPP 以后，经过大半年的充分准备和深入讨论，我国的提案被 3GPP TSGRAN（无线接入网）全会所接受，正式确定将 TD-SCDMA 纳入到 Release 2000（后拆分为 R4 和 R5）的工作计划中。

2001 年 3 月，包含 TD-SCDMA 标准在内的 3GPP R4 版本规范的正式发布，TD-SCDMA 在 3GPP 中的融合工作达到了第一个目标！

至此，TD-SCDMA 不论在形式上还是在实质上，都已在国际上被部分运营商、设备制造商所认可和接受，形成了真正的国际标准。

在我国，中国移动通信公司获得了 TD-SCDMA 的运营牌照。

我们承认，本章对 TD-SCDMA 特写，带有明显的民族倾向性。100 多年的近现代通信史，是近现代中国经济落后、生产力低下的一个缩影。中国每年花费数以千亿计的人民币用于购置西方发达国家的产品，从而无形中缴纳巨额的专利费用。拥有自己的通信标准，让全世界向中国缴纳专利费，是每个中国通信人应该具有的梦想。TD-SCDMA、WAPI、AVS，它们也许并不完美，但却是一个开始。

4. WiMAX

2007年，在ITU在日内瓦举行的无线电通信全体会议上，经过多数国家投票通过，WiMAX正式被批准成为继WCDMA、cdma2000和TD-SCDMA之后的第4个全球3G标准。但国际上采用该标准的运营商非常少。

WiMAX全称是“全球微波互联接入”，也叫作802.16，从这个名字你就能看出它和802.11的无线局域网标准之间的关系有多密切。是的，WiMAX和Wi-Fi都是IEEE所制定的协议标准。

Wi-Fi大家都很熟悉，是范围较小的局域网技术，而WiMAX可就牛了，那是城域网的技术范畴。说白了，WiMAX就是加强版的Wi-Fi。加强到什么程度呢？Wi-Fi最多无障碍传输几百米，WiMAX理论上可以传输50km，并且传输速率号称可达2Gbit/s，但是实际环境下一般只有300Mbit/s。

但是……“但是”来了——WiMAX是不能支持用户在移动过程中无缝切换，我国政府组织专家进行了充分的分析与评估，得出结论，WiMAX严格意义来说不是一个移动通信系统标准，而是一项无线城域网技术。不适用于高速移动时的无线数据接入，而只适用于笔记本等相对固定的终端的静态接入而已。为什么ITU将其批准成为第4个3G标准，那只能从技术之外的角度去理解了。

但是……再转折一次——WiMAX是一项IT领域向电信领域的“入侵”技术。3GPP和3GPP2好容易才维持住当时三大3G标准的结论，结果以英特尔为首的美国IT天团开始搅局。WiMAX果然生猛，一会儿正交频分多址（OFDM），一会儿MIMO多天线，这些技术都极大地提高了数据传送能力，受到行业追捧。3GPP坐不住了，赶快推出LTE（当时被称为3.99G），对标WiMAX。而OFDM、MIMO等，全部都被LTE采用——不得不说，这个世界真的很奇妙。

 4G赋能移动视频服务

随着数据通信与多媒体业务需求的发展，适应移动数据、移动计算及移动多媒体运作需要的第四代移动通信（4G）开始兴起。

2008年3月，在国际电信联盟—无线电通信部门（ITU-R）指定一组用于4G标准的要求，命名为IMT-Advanced规范，设置4G服务的峰值速率要求在高速移动的通信（如在火车和汽车上使用）达到100 Mbit/s，固定或低速移动的通信（如行人和定点上网的用户）达到1 Gbit/s。

2012年1月，ITU在2012年无线电通信全会上，正式审议通过将LTE-Advanced和WirelessMAN-Advanced（802.16m）技术规范确立为IMT-Advanced（俗称“4G”）国际标准。其中，根据双工方式的不同，LTE Advanced又分为频分双工（FDD，Frequency Division

Duplexing）和时分双工（TDD，Time Division Duplexing）两种制式。

TD-LTE（时分多址的 LTE 包含大量的中国专利，由中国主导，同时得到了广泛的国际支持，其上行理论速率为 50Mbit/s，下行理论速率为 100Mbit/s。

国外大部分运营商都采用 FDD-LTE（频分多址的 LTE）网络提供 4G 服务，FDD-LTE 上行理论速率为 40Mbit/s，下行理论速率为 150Mbit/s。

2013 年 12 月，工业和信息化部向中国移动、中国联通和中国电信三大电信运营商正式发放了 TD-LTE 牌照，意味着 4G 时代大幕拉起。2015 年 2 月 27 日工信部向中国联通和中国电信发放了 FDD-LTE 牌照。

至此，中国移动拥有 TDD 制式 4G 牌照，中国联通和中国电信拥有 TDD 和 FDD 制式 4G 牌照。我们常听到的“六模全网通”手机，六模是指 GSM、CDMA2000、TD-SCDMA、WCDMA、TD-LTE、FDD-LTE，即同时支持中国电信、中国移动和中国联通的 2G、3G、4G 网络。

LTE 和 3G 网络结构有一定的不同，LTE 网络结构中，核心网取消了 CS 域（电路域），只有 PS 域（分组域），其核心网络全 IP 化，被称为 EPC（Evolved Packet Core），语音、短信均采用 VoIP，即目前所说的 VoLTE，是架构在 4G 网络上、全 IP 条件下的端到端语音方案。VoLTE 相较 2G、3G 语音通话，语音质量能提高 40% 左右，因为它采用高分辨率编解码技术。VoLTE 为用户带来更短的拨号后的等待时间，比 3G 降 50%，大概在 2s 左右，而 2G 时代为 6 ~ 7s。此外，2G、3G 下的掉线时有发生，但 VoLTE 的掉线率接近于零。

4G 网络的核心，包含移动性管理实体（MME）、服务网关（SGW）、分组数据网络网关（PGW）和归属用户服务器（HSS）4 个主要网元。在这种架构中，控制面和用户面还未完全分开。2016 年，3GPP 对 SGW/PGW 进行了一次拆分，把两个网元进一步拆分为控制面和用户面，如图 13-4 所示，这被称为“控制面和用户面分离架构”。图 13-4 中的 PCRF 是策略与计费规则功能单元，提供策略控制、计费控制、业务数据流的事件报告等功能。

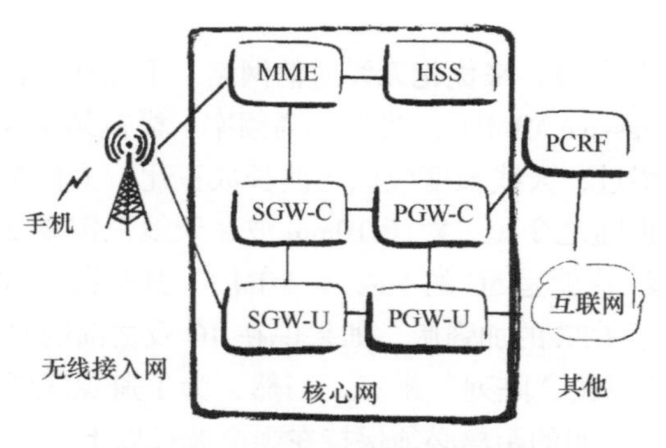

图 13-4　控制面和用户面分离架构

4G 的高速率数据接入，催生了一大批以音视频应用为基础的业务，短视频、直播等各种新的服务模式都在这一时期不断涌现出来。

5G 催生革命性新业务

当 4G 网络在全球开始商用的同时，第五代移动通信技术已在研究中，预计 2019 年开始规模商用。4G 因其被定义为“长期演进”而取名 LTE，5G 则因采用基于 OFDM 的全新空口设计的全球性标准，而被称为 5G NR（New Radio，新空口技术）。

2018 年，工业和信息化部下发通知，明确了我国的 5G 初始中频频段——3.3 ~ 3.6GHz，4.8 ~ 5GHz 两个频段，同时，24.75 ~ 27.5GHz、37 ~ 42.5GHz 高频频段正在征集意见。

目前，国际上主要使用 28GHz 进行试验，如果按照 28GHz 来算，微波波长大约只有 10.7mm，这就是 5G 的第一个技术特点——毫米波！

那为什么之前我们不使用毫米波呢？原因很简单，不是不想用，而是用不起！电磁波的一个显著特征是，频率越高，波长越短，就越趋近于直线传播，绕射能力越差，并且，频率过高，传播过程中的衰减也会越大，遇到雨雪天气，高频波就会遇到雨衰现象。这就是为什么卫星通信、GPS 导航的 10mm 波，如果有遮挡物就没信号了。如果 5G 用高频端，那么它的问题显而易见：覆盖能力会大幅度减弱，如果要覆盖同一个区域，需要的基站数量会远远大于 3G、4G。

在高频率的前提下，为了减轻覆盖方面的成本压力，5G 必须寻找新的出路，首先，是微基站——注意，不是“伪基站”。

基站按照覆盖面积和本身体积来看，可以分为微基站和宏基站两种，以前都是宏基站，体积大，覆盖面积大。而在 5G 时代，更多的将是微基站，到处都装，几百米一个，随处可见，因此不得不做出千奇百怪的造型，灵活地与周围环境相融合，避免用户在心理上产生不适感。

5G 还有几项很牛的黑科技，来优化无线通信网络。下面让我们介绍主要的几种。

大规模多进多出（Massive MIMO）。当然，高频率、微基站带来的好处是，手机天线可以更小了。前文我们介绍过，天线长度应该与波长成正比，大概是波长的四分之一，频率越高，波长越短，天线也随之变短，对于 10mm 波，天线只需要 2.5mm，可以完全塞进手机里，甚至可以塞很多根，这就是 5G 的 Massive MIMO。其实在 4G 时代就已经有 MIMO 了，5G 继续发扬光大，变成了 LTE 的加强版。如果说在 4G 及之前的时代，天线以“根”来计，那么在 5G 时代，天线可以按“阵列”来算，当然，为了避免无线信号之间的干扰，在天线阵列中，任何两根天线之间的距离必须保持在半个波长以上。

波束赋形。大家都见过灯泡发光吧？其实基站发射信号有点像灯泡发光，信号是向四

周发射的，对于光，当然是照亮整个房间，如果只是想照亮某个区域或物体，那么大部分光都浪费了，基站也是一样的，大量的能量和资源都白白浪费掉了。因此，我们需要一只无形的手，把散开的光（微波）束缚起来，朝着目标方向照射（发射）。波束赋形就是这么一只无形的手。在基站上布设天线阵列，通过对射频信号相位的控制，使得相互作用后的电磁波的“波瓣”变得非常狭窄，并指向它所提供服务的手机，而能根据手机的移动而转变方向。这样，微波就从漫无目的的“炸弹”变成了具有导向能力的“导弹”，准确地“砸”向目标，带来的效果是，手机信号会变得更强，能量也会大幅度节约。这是一种新的空间复用技术，由全向的信号覆盖变为精准指向性服务，且波束之间不会干扰，在同样大小的空间中提供更多的通信链路，极大地提高基站的服务容量。

设备到设备（D2D，Device to Device）。在 4G 及之前的技术，手机与手机之间的通信，必须通过基站，而在 5G 时代，情况发生一些变化。在同一个基站下的两个用户，如果相互进行通信，他们的数据可以不通过基站转发，而是手机到手机。这将极大地节省空中资源，减轻基站压力，不过如果你觉得这样就不用付钱了，呵呵，要知道，控制消息还是通过基站转发的，而且用着频谱资源，运营商怎么能放过你？

核心网功能虚拟化。在 5G 网络的核心，SDN 和 NFV（这部分内容将在第 18 章详细介绍）的崛起，让 4G 核心网那些“实体”“服务器”“网关”等和硬件相关的字眼荡然无存，虚拟化后的网络不再关注底层硬件，那些错综复杂的软件功能模块全部回炉重造，再淬火凝练成一个个软件意义上的网络功能（NF），每个网络功能逻辑上相当于一个网元，并且每个功能都完全独立自治。这些网络功能包括：网络切片选择（NSSF）、网络开放（NEF）、网络功能仓储（NRF）、策略控制（PCF）、统一数据管理（UDM）、鉴权服务器（AUSF）、接入及移动性管理（AMF）、会话管理（SMF）、用户面（UPF）和应用功能（AF）等（如图 13-5 所示）。

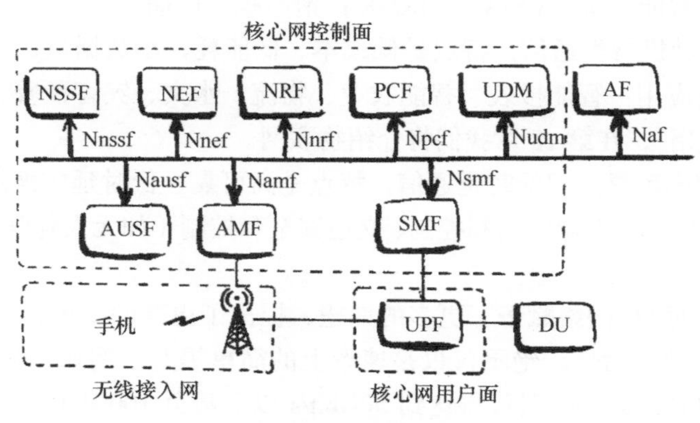

图 13-5　网络功能

正因为有了上述诸多黑科技，5G 成为 4G 之后的革命性技术。如果将网络带宽比作高速公路，5G 则是在 4G 的基础上，将高速公路进行了拓宽，并对时延等性能进行深度优化。5G 的最高峰值可以达到 10Gbit/s。传一个高清的视频，3G 需要二三十分钟，4G 可能只需要两分钟，5G 在 10 秒内就可以完成。对于时延敏感型的业务，如无人驾驶、实时控制，5G 的支撑能力也非 4G 可比的。

2015 年 2 月，中国 IMT-2020（5G）推进组发布的 5G 概念白皮书认为，综合 5G 关键能力与核心技术，5G 概念可由标志性能力指标和一组关键技术来共同定义。其中，5G 标志性能力指标为“Gbit/s 用户体验速率”，一组关键技术包括大规模天线阵列、超密集组网、新型多址、全频谱接入和新型网络架构。上面已经介绍过的大规模天线阵列是提升系统频谱效率的最重要的技术手段之一，对满足 5G 系统容量和速率需求将起到重要的支撑作用；超密集组网是指通过增加基站部署密度，可实现百倍量级的容量提升，是满足 5G 千倍容量增长需求的最主要手段；新型多址技术通过发送信号的叠加传输来提升系统的接入能力，可以有效地支撑 5G 网络海量设备连接需求；全频谱接入技术通过有效利用各类频谱资源，可有效缓解 5G 网络对频谱资源的巨大需求；新型网络架构基于 SDN、NFV 和云计算等先进技术可实现以用户为中心的更灵活、更智能、更高效和更开放的 5G 新型网络。

5G 不仅仅是 3G 或者 4G 网的速率升级，更重要的改进是，5G 将适应未来的各种更加复杂的业务需求。为了满足这一要求，5G 提出了“网络切片”的概念，其本质就是，将运营商的物理网络划分为多个虚拟网络，每一个虚拟网络根据不同的服务需求，如时延、带宽、安全性和可靠性等来划分，以灵活地应对不同的网络应用场景。前面介绍的利用切片技术，SDN、NFV 都是为网络切片提供支持的。

5G 网络所支持的应用场景被分为三大类。

eMBB 是移动宽带增强，包括以下各类场景及应用：家庭、企业、场馆、移动 / 固定 / 无线、非 SIM 设备、智能手机、VR/AR、4K/8K 高清电视、广播等。

mMTC 是指海量机器类通信，特点是低成本、低能耗、小数据量、大量连接数。它包括以下各类场景及应用：智能抄表、智能农业、物流、水文、灾害预警、追踪、车队管理等所谓“物联网应用”，在第 18 章我们将介绍物联网。

uRLLC 是指超高可靠、超低时延通信，特点是高可靠、低时延、极高的可用性。它包括以下各类场景及应用：工业应用和控制、交通安全和控制（如无人驾驶汽车）、远程制造、远程培训、远程医疗等。

正是由于人们对 5G 网络赋予了更多的期望，提出了更高的要求，因此 5G 是 4G 基础上的一场革命，其“革命性”绝不仅仅是速率上的简单提升。例如，4G 时代每个基站的带宽需求为 1 ~ 10Gbit/s，5G 时代将达到 50Gbit/s 以上甚至 100Gbit/s，有着几倍至十几倍的提升；在时延方面，未来 5G 要满足工业互联的场景需求，从端到端 20ms 缩减到端到端

1ms。5G 应用对承载网络的支撑能力上，无论在带宽、时延方面，还是在网络架构及时钟同步方面，都提出了全新的要求。

看完上面的内容，有读者可能会问，为什么业务对时延如此敏感？时延是阻碍物联网中智能汽车、智能医疗和智能工业领域发展的劲敌，高时延不仅会造成数据传输时效性的降低，还会影响安全。以智能汽车为例，人类的制动反应时间大概在 500ms 左右，如果汽车以 60km/h 的行进速度行驶，遭遇紧急情况时人往往会在车多行进 8m 后才进行刹车动作。而 5G 则要将时延降低到 1ms，智能汽车主动减速的安全性就提高很多。

对于未来的 5G 网络，老的技术体制需要适应新的形势，比如 CDN 网络，在内容路由、管理、推送以及安全性方面都面临新的挑战，而大量的新技术也将粉墨登场。下面我们列举几个主要的网络技术革新。

机器到机器（M2M）技术：作为物联网在现阶段最常见的应用形式，在智能电网、安全监测、城市信息化、环境监测等领域已经实现了商业化应用。到 2020 年，全球物与物之间的通信将是人与人之间通信的 30 倍甚至更多。商机无限啊！

M2M 的定义主要有广义和狭义两种。广义的 M2M 主要是指机器对机器、人与机器间以及移动网络和机器之间的通信，它涵盖了所有实现人、机器、系统之间通信的技术；从狭义上说，M2M 仅仅指机器与机器之间的通信。智能化、交互式是 M2M 有别于其他应用的典型特征，这一特征下的机器也被赋予了更多的“智慧”。

情境感知技术：随着海量设备的增长，未来的 5G 网络不仅承载人与人之间的通信，而且还要承载人与物之间以及物与物之间的通信，既可支撑大量终端，又使个性化、定制化的应用成为常态。情境感知技术能够让未来 5G 网络主动、智能、及时地向用户推送所需的信息。

5G 时代黎明将至，我们需要对 5G 以至整个微波通信进行一个总体回顾：3G、4G 以及之前的 1G、2G，其核心是人类对电磁波通信的掌控和利用，移动通信是其大规模的应用。人们总在“压榨”电磁波更多的潜力：传输速率更快、信号更好、加密性更强、适应场景更多等，但整体通信行业的市场发展，决定新技术能否获得应用。

一般来说，市场发展比技术总要慢半拍，就像 3G 前夜人们还在争论，3G 能给我们带来什么业务，而今天，已经没有人怀疑 3G 以至后来的 4G 业务的丰富程度，共享经济、移动支付、即时通信、智能穿戴、人工智能等新技术、新商业模式的出现、发展和普及，充分证明了移动带宽的巨大利用价值。

截至 4G 时代，人们真的已经将电磁波通信的“潜力”压榨干净了吗？没有！通信行业是否已经趋于停滞，不再发展？也没有！最终的结果是：技术和市场的双重动力，会继续推动通信产业向前发展，进入技术更强、应用更普遍的 5G 时代。

从 5G 开始，通信、计算、存储、控制之间会发生进一步的产业升级和技术融合，而且要从同时考虑软硬件的高度耦合角度出发。5G是个关键性的转变，产业将从今天的“以人为本”过渡为未来的“以物为本”。

5G是新时代的开始，也是第四次工业革命的基石，它将涵盖比智能手机更广泛的领域，包括住宅、汽车、办公室的每个角落。5G将再次改变我们的世界。

在第18章通信新热点中，对云计算、人工智能、物联网有了更深入的阐述后，相信各位读者才能真正理解，第五代移动通信对未来产业的发展起到多么根本性的作用。

移动网增值业务

移动通信的诞生，极大地方便了人们的交流和沟通，这二十多年来，基于移动通信的增值业务层出不穷。在移动增值业务中，我们不得不提到曾经最受大家欢迎的短信业务，当年它的大规模爆发式增长，是人们始料未及的。而彩信、彩铃业务的出现，满足了年轻人对时尚、流行元素的追求。手机游戏、WAP也都获得了一定的应用，不管其用户规模如何，它们都在很大程度上沾了“移动”的光。随着苹果和安卓两大移动操作系统的问世，App模式成为主流。手机通过App提供各种各样丰富的业务类型，传统的移动增值业务将逐渐被取代，有的（如短信）业务龟缩在特殊领域使用。可以这么说，移动网的增值业务普遍App化了。本节所介绍的移动增值业务，只限于传统增值服务，未来5G对全社会提供的其他更加丰富的增值应用，将会在本书其他章节进行描述。

1. 短信——始料未及的巨大成功

短信在设计之初，只是移动语音服务的附属产物。谁都没曾想，短信后来曾在10年左右的时间应用得如此火爆——拜年用短信、通知用短信、广告用短信，所有点对点、点对多点，都曾被这一毛钱一条的短信“垄断”了。尤其是对性格相对含蓄的中国人来说，即时通信还仅存在桌面的时代里，短信是再合适不过的通信工具了。然而随着移动互联网的普及，短信业务已经成为昨日黄花。

微信等即时通信软件的出现，对短信冲击几乎是致命的。但短信的生命力却非常顽强，今天用手机注册会员、寻找丢失的密码、账号认证所用的验证码，都是通过短信认证的。

2. 彩铃和彩信

彩铃全称为个性化回铃音业务，也叫作CRBT彩铃业务，是移动的重要增值业务之一，主叫用户听到被叫用户的回铃音不再是传统的长“嘟”声，而是可以根据客户喜好定制音乐、广告，也可以是客户自己录制的语音。彩铃现如今仍然被广泛使用，它是无法被App化的业务。彩铃的实现方式一般有服务器模式、智能网方式，当然也有在语音交换机或软交换平台上直接增加彩铃功能的。无论哪种方式，都可以理解为主叫先行呼叫到一台具有放音功能的服务器上，当被叫接通电话后，线路切回被叫，使主被叫通话。

彩信的学名叫作多媒体消息业务（MMS，Multimedia Message Service）。MMS 是通过移动通信中的数据通道传送的，比如 2G 中通过 GPRS 和 CDMA1.X 信道。客户要开通 MMS，必须先申请 GPRS 和 CDMA1.X 服务。由于传送的不仅仅是文字，因此彩信比短信的内容更加丰富。随着智能终端的普及和 4G 网络的快速发展，彩信、WAP、手机报增值业务已逐渐被其他丰富多彩的智能应用所替代，比如中国电信就在 2018 年 6 月 30 日下线了公众类全网彩信。

由于彩信业务资费高，不同品牌手机之间的交互很难标准化，一直没有大规模商用，随着手机即时通信业务的普及，彩信的应用价值几乎已经消失了。然而，近些年又开始兴起交互式彩信业务，通过系统软件，实现用户通过彩信看视频并进行交互式应答，可以应用于广告业务，受到一些商家的追捧。

3. 游戏

不知道你发现了没有，几乎所有有屏幕的设备似乎都在一夜之间有了游戏功能，即使这种设备的设计初衷并不是游戏机。从手机诞生开始，人们就发现，如果在手机里安装游戏软件，手机的销量会大增！而在新的增值业务出现以前，游戏是业务的常青树，无论是在计算机时代还是手机时代，游戏的魅力都是最大的。

当今手机游戏已经形成了一个庞大的产业，是移动互联网的一个支柱性产业。

4. WAP

在非智能手机时代，WAP 曾是手机上网技术中最好的选择。

如果当年没有 WAP，各种手持终端（除了手机，当时还有 PAD 等电子设备）就需要在浏览器打开 HTML，而 HTML 本就是给计算机准备的，手持终端这么小的屏幕显示起来非常困难，HTML 中丰富的超文本几乎要“撑破”手机屏幕，用户体验很差。

有了 WAP，采用 WML 而非 HTML，可以将网页内容很规整地显示在小屏幕上，提升用户体验。为了实现这一点，往往在 WAP 服务侧放置一套转换网关，将普通的 HTML 转换为 WML。然而，随着手机应用 APP 模式成为主流，WAP 逐渐完成了其历史使命。

5. 位置信息服务

移动业务与有线网业务一个非常明显的区别就是，移动业务可以随时调取用户的位置信息。

如果没有位置信息，你打开订餐网站，网页弹出的推荐方案，根本不考虑你在哪里，如果你在北京选择订一家川菜馆，反馈的结果很可能是成都市区一家著名的餐厅。你一定对其订餐服务不会太满意。

有了位置信息，你开车路过陌生的地方就不会再去想着打开纸质地图，而是用手机、GPS 系统中的导航服务，让你充满自信地驾驶座驾穿越城市的水泥森林，穿越沙漠、丘陵和山区。

有了位置信息，同城交友、同城易物（如二手车交易）、旅游打卡、运动轨迹等服务才成为可能。

全球最早开通的定位导航服务，是美国军方自 1958 年开始的项目，1970 年美国海陆空三军又联合研制了新一代全球定位系统（GPS）。他们经过 20 多年的研究实验，耗资 300 亿美金，到 1994 年，共发射了 24 颗覆盖全球 98% 地区的 GPS 卫星，用于提供 GPS 服务。这个系统可以保证在任意时刻，地球上任意覆盖点都可以同时观察到 4 颗卫星，以保证卫星可以采集到观测点的经纬度和高度，以便实现导航、定位、授时等功能。

中国北斗卫星导航系统（BDS，BeiDou Navigation Satellite System）是中国自行研制的全球卫星导航系统。是继美国 GPS、俄罗斯 GLONASS 之后，全球第三个成熟的卫星导航系统。

北斗卫星导航系统由空间段、地面段和用户段 3 部分组成，可在全球范围内全天候、全天时地为各类用户提供高精度、高可靠定位、导航、授时服务，并具有短报文通信能力，已经初步具备区域导航、定位和授时能力，定位精度 10m，测速精度 0.2m/s，授时精度 10ns。

2017 年 11 月，中国第三代导航卫星顺利升空，它标志着中国正式开始建造“北斗”全球卫星导航系统。

为了让移动终端能够接收定位卫星的信号，需要在其中安装专门的芯片。

上述 GPS、北斗这样的定位系统应用于广阔的室外环境，而在室内，如大型商贸城的推送业务、医院的导航、机场寻迹、博物馆导航等场景，定位则遇到了问题——摆放的设施、建筑物墙壁遮挡了卫星定位信号，或者信号在传播过程中的反射、衍射现象使得室内信道呈现多径传播、非视距传播等特点，从而限制了诸如 GPS、北斗在室内使用。于是出现了 RFID、超宽带（UBW）、蓝牙和基于 Wi-Fi/WLAN 的室内定位系统，采用三边定位法、三角测量定位法及位置指纹法等关键技术，将室内定位的精度提高到几厘米的范围。

超宽带定位系统是目前业界精度最高的商用定位系统。UBW 设计之初是用于短距高宽带传送的，但人们很快发现，利用其亚纳秒级超窄脉冲来进行近距离精确室内定位，再合适不过了。UBW 利用 6 ~ 8GHz 超宽带脉冲信号，实现较高的实时定位精度与定位容量。通常系统能够在实用环境中获取高达 15cm 的二维定位精度。UBW 无线通信是一种不用载波，而是采用时间间隔极短的（小于 1ns，也就是 1s 的 10 亿分之一）脉冲进行通信的方式，也被称作“脉冲无线电”。这是 UBW 频谱宽、功率低、抗干扰能力强的“秘籍”。

Chapter 14

第 14 章 个人和家庭的通信

1999年，微软与长虹电视合作，向中国广大消费者提供一种廉价个人计算机替代品，这就是所谓的“维纳斯计划”，使用嵌入式Windows CE操作系统简化版本（被称为“维纳斯”）的机顶盒或VCD机，售价只有一台PC机的五分之一左右，可以充分利用中国庞大的电视机资源（当时估计3.2亿台），从而可以让中国大多数并不富裕的消费者能够领略到精彩的互联网世界。

但是，当时我国互联网基础设施的发展比较薄弱，这一计划无疾而终。

“维纳斯计划”可谓生不逢时。没有足够的基础设施，无论多么先进的通信终端，无论多么美好的想法，都不过是摆设而已。我们今天形形色色的通信工具，丰富多彩的互联网或移动互联网的服务，无不依赖于通信基础设施的建设规模和发展速度。

形形色色的通信介质和通信手段，根据通信者所处环境的不同，通信的表现形式也不完全相同。个人随时携带的、家庭里安装的、企业部署的，都各有各的特点。

本章，我们将向各位读者介绍个人和家庭通信的主要手段和特点。如果让你列举10年来你家里的所有通信方式，你会发现一个有趣的现象——你一旦用上更先进的通信工具，过去的方式很快就被忘掉了。

好，想起现在用于个人和家庭的通信工具了么？固定电话、手机、ADSL？或者用小区宽带？还有电视，对！电视电缆作为通信介质的Cable Modem、机顶盒，还有吗？哦，多年前用ISDN？哈，好！还用过拨号上网？看来你是个老网虫啦！还有呢？对，*N*年前放弃的寻呼机！呵呵，这么回忆起来，还真不少！下面就随着我们的文字，让我们逐一回顾吧。

固定电话及其衍生的数据接入技术

1. 固定电话

就从固定电话开始吧！我们看看家庭里面的电话是如何工作的。要说清楚，我们需要从电信机房说起。

我们以北京联通为例。北京联通在北京城内八区六县多个机房都安装有程控交换机，比如华为的08机、中兴的ZX10等，或者语音网关设备，这些程控交换机或者网关设备之间互相有联系（通过电路或者IP网络等，并且很多交换机都拉出铜线到用户小区。我们知道，这些程控交换机组成的网就是PSTN，语音网关往往和NGN有关）。

电信机房拉出一捆捆的铜线到小区、路边，连接到一个像柜子一样的设施中，这个柜子被称为“交接箱”。交接箱一般都会上锁，如果哪个住户需要安装电话，北京联通的外线工程师将从交接箱中接出一条线到用户家里去。这里面有以下两种情况。

- 一种情况是，小区的开发商已经把铜线从小区中心机房部署到了室内墙壁上的一

个面板内部；这个面板，有一个 RJ-11 的插孔。工程师将连接交接箱和小区中心机房的线缆。家庭用户只将电话线连接墙上面板的插孔和电话机上的插孔，家里的电话机就连接到电话网了。

- 另一种情况是，小区开发商并没有做这一工作。工程师将直接从交接箱中引线并连接到你家的电话机上。

电话线是固网运营商的“宝贝”，因为基于这根电话线，通信专家们绞尽脑汁地加以“压榨”，从电话到拨号上网到 ISDN 到 xDSL(以 ADSL 为主)，不断提供新的服务，老树不断发着新芽。目前，电信运营商倡导“光进铜退”，光纤正逐渐取代铜线，中国主要城市基本已经实现了“全光化”。

2. 拨号上网、ISDN 和 xDSL

通信专家们在电话线上做文章，不断推出新的技术以充分利用这些铜线，先后出现了拨号上网、ISDN 和 xDSL 技术（以 ADSL 为主），以满足语音和数据接入的双重需要。而这一过程，也是家庭数据业务从无到有、从有到优的过程。

个人移动通信

个人移动通信，一般是指手机、小灵通、GPS、寻呼机等具有个人属性的通信手段。移动通信在目前来说属于个人通信，只有少数情况下带有一定的群体属性。

虚拟移动网（VPMN，Virtual Private Mobile Network），是指移动运营商推出的一种服务，一个待定人群中的所有人相互拨打电话，资费比标准资费要便宜一些。在通信资费比较高的年代里，这对一个企业、一个家庭、一个组织的多个号码而言，是非常具有吸引力的。VPMN 的技术实现，都是在移动运营商的计费系统中，将若干“组”号码之间的通话设置为特定的优惠资费。移动运营商包装成诸如“亲情号码”之类的业务包供用户选择，获得了成功。当然，“亲情号码”的数量是有限的，假如把所有用户都绑定在同一个亲情号码群里，那就是移动资费的全方位降价了。

GPS 在上一章移动通信的增值业务中已经讲述过了。

智能手机是目前个人移动通信的主要载体，这个我们再熟悉不过，就不再多讲。

电力线也能上网？ Yes！

电力线也能上网？答案是：Yes！电力线上网，学名电力线通信（简称 PLC），听起来应该挺新鲜啊。每个刚接触 PLC 的人都会有感慨：原来，我们根本不用铺设那么多的电话线、光纤，只要将电力线有效利用起来就可以通信了啊！其实，事实并非如此！

从表面上看，采用电力线承载数据网，就是利用电力线来进行网络数据的传输。只需通过连接在计算机上的“电力猫”，再插入家中任何一个电源插座，就可以实现14Mbit/s速率的上网冲浪，这一速率在今天的百兆入户时代并不算什么，但投入成本低，见效快啊，看上去好美!

从原理上讲，PLC是把载有信息的高频信号加载于电流，把电流当船，信息当货物，接收信息的调制解调器再把高频从电流中分离出来，并传送到计算机或电话，以实现信息传递。而这种技术，并非用电力线全程全网承载数据业务，而是最终的用户接入部分——请注意，最多几百米的距离，采用电力线传送——并在上网计算机前放置一台电力猫，它是类似于ADSL猫的一种调制解调设备。一般情况下，光纤到达楼宇配线机房，通过配线机房采用专门的调制设备（类似于DSLAM）将数据调制到电力线上，并通过电力线传送到各个家庭中去。电力线通信通常以电网的电压等级划分，可以分为高压电力线通信（35kV以上）、中压电力线通信（1 ~ 35kV）和低压电力线通信（1kV以下，380V/220V）。

但PLC容易受到电磁干扰，传输距离受限，并且家庭内所有电器设备在电压、电流、功率等方面的不确定性也造成阻抗难以匹配。在我国，电力线通信主要用于远程自动抄表功能、路灯控制等，使用规模一直不太大。

利用有线电视电缆的通信新技术

我国有线电视普及率非常高，因为我国铺设了世界上最庞大的有线电视网络。有线电视网的最后“一千米”带宽很宽，且覆盖率曾经又高于电信网，这让无数通信专家打起了有线电视网的主意。曾经，一个家庭往往会先购买电视机，再购买电话机，这就是当时广电网覆盖更广泛的原因。电信网形成时，只是为了一个业务——打电话，而打电话只要求64kbit/s的带宽，所以整个网络的设计也就受到局限。尽管电信运营商采取了ISDN、xDSL等技术，使当时的铜线可以达到平均几兆、十几兆级别的带宽，但提高的余地并不大。再往前走，成本将非常高，而传送距离、传送质量会快速下降。而有线电视网的同轴电缆，其带宽可以很容易达到很高。这就是第7章“传送网”一节描述的广电网双向改造所提及的内容。

用家庭中的电缆猫（CM）和局端的CMTS(俗称“头端”）组成的接入网，在双向改造后的HFC网络中用于传送语音、数据业务，是家庭接入互联网的可选项之一（如图14-1所示）。和广电网有关的另外一种带有通信功能的终端是数字电视机顶盒。

为了解数字机顶盒，我们有必要对“数字电视”先有一个基本的了解。往往大家最熟悉的东西却最容易被人忽视。电视播放的一整套系统，其实也符合通信的基本定义，之前它是一种单向的、广播式的多媒体通信终端，现在又增加了双向、点播方式。20世纪七八十年代的我们当时看到的电视节目是使用模拟信号传送声音、图像的，这被称为模拟电视，而数字电视从节目的采集、录制、播出、传输到接收，全部采用数字编码技术，这

一点与电信网中的模拟和数字信号的差别是一样的。有了数字电视以后，观众不仅能看到 DVD 般清晰的图像（现在又有了 4K 电视），享受到家庭影院般的音响效果，电视频道从几十套增加到几百套，听上数字广播，还能自行选择多样化、专业化、个性化的多媒体服务。比如数字电视可开设独立的、专业的、全天的频道，像电影、汽车、房产、MV、体育等专业频道，并且可以不插播广告。

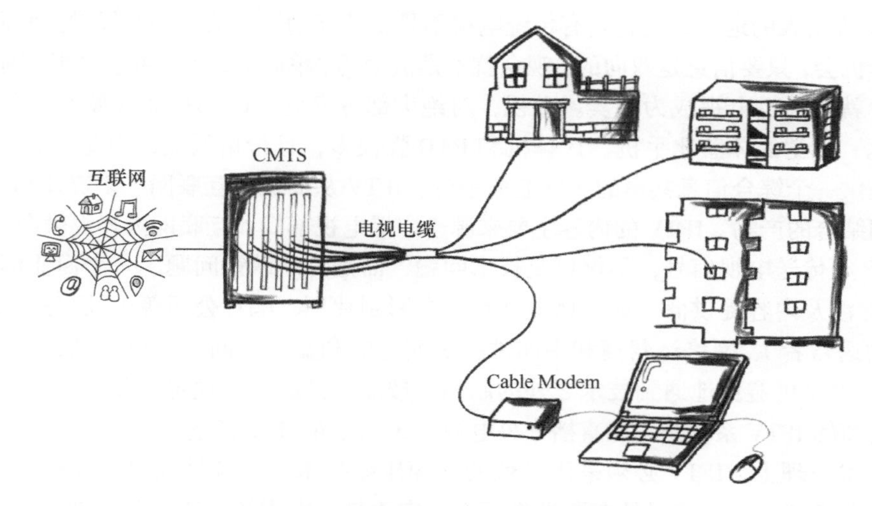

图 14-1　用 Cable Modem 连接互联网

需要指出的是，数字电视机的魅力不在于仅仅看看电视，而在于这种基于数字电视平台的业务应用，这些应用将会改变人们日常生活习惯。利用双向改造后的 HFC 网络和数字机顶盒技术，可以引入大量的交互式应用，如电子节目指南、按次付费观看、VOD、数据广播、互联网接入、网络游戏、IP 电话、可视电话、股票操作等，还可以利用机顶盒建立家庭网络，将 PC、打印机、传真机、DVD、监控系统等数字设备连接起来。如果真的成规模应用，将会给广电运营商带来难以估算的增值收入！

 IPTV 打破传统电视垄断

传统广播电视节目主要通过有线网、卫星电视、无线电视 3 种途径进行传输，数据传输采用单向广播方式，用户只能看直播。后来，随着互联网的发展，视频网站积累了大量内容，逐渐成为人们获取信息、娱乐身心的重要渠道。随着互联网网速的不断提升，手机平板的性能不断提高，人们通过互联网欣赏视频越来越便利，随便一个手机、一个平板都能连接电视看视频了，各种视频网站通过买断电视台的资源，已经可以播放几乎同电视一

样的节目了，甚至推出了直播业务。从这时候起，大量的电视用户从广电网转向互联网。

2005 年，随着中国第一张 IPTV 牌照的正式颁发，IPTV 业务在中国正式破冰。互联网协议电视（IPTV，Internet Protocol Television），是指基于 IP 的电视广播服务。该业务将电视机或个人计算机作为显示终端，通过宽带网络向用户提供数字广播电视、视频服务、信息服务、互动社区、互动休闲娱乐、电子商务等宽带业务。

IPTV 吸引人的地方，是它具有传统电视不具备的互动性，从而获取提供互联网增值服务的宝贵机会，只要信息是双向的，观众就不是被动的、单向的，那么可视电视、网络游戏、远程教育就能通过电视成为现实。电视，对绝大部分家庭来讲都是屏幕最大的电子产品，用户视觉、听觉的体验比手机、计算机和 PAD 强很多，且价格低廉，因此，双向的 IPTV 很容易提供一个综合信息共享的大屏业务平台。IPTV 从而成为互联网、多媒体和通信等多种技术相结合的产物。IPTV 的内容主要来源于广播电视部门和互联网内容提供商（ICP）。

在 IP 上传送电视信号，不仅仅是技术问题，而是一个政策问题、一个商业模型问题。IPTV 业务涉及内容提供商（如广播电视台、电影制片厂、唱片公司等）、服务提供商（业务平台的运营者）、网络运营商和中间件提供商等的利益分配问题。也正是这个问题，让 IPTV 的发展不可避免地遇到技术之外的制约。按照我国的法律规定，除非经过严格授权，其他运营商的 IPTV 系统是不能直播中央电视台 3、5、6、8 频道的。

从技术原理上，IPTV 必须采用高效的视频压缩技术，并且是双向交互式的，它在打破广电运营商传送电视节目的垄断性方面有一定贡献。中国的主流运营商都推出了自己的 IPTV 盒子，接上宽带，就能观看直播、录播和点播的电视节目。

Chapter 15

第 15 章 行业和企业的通信

20世纪80年代中后期，国内出现了200多家小型的国营交换机厂，但技术水平非常落后，只能生产一些小型交换机，主要销售给酒店、厂矿等用户，并且产能很低，客户要买交换机要排长队，要预付定金，半年后才能拿到货。

1987年，一位43岁的贵州籍退伍军人看到了这个机会，借了亲戚朋友几十万元创立了一家公司，作为某个用户交换机制造厂家的销售代理。他认为，中国正处于高速发展的阶段，通信网络建设将日新月异。他就利用这个机会，进入通信设备制造业。

奇迹就是这么诞生的。

30多年后，这家公司超越爱立信、诺基亚、阿尔卡特-朗讯等西方老牌电信设备制造企业，一跃成为全球最大的通信设备制造商。我相信大家都猜到了这家公司的名字和这位退伍军人的名字。嗯，没错，华为和任正非。

企业是赚取利润的载体和工具。企业爱财，必须“取之有道”，为了合理、合法地获取利润，企业的通信手段必须丰富多彩。政府、金融、厂矿、学校等行业用户因沟通、交流的需要，其通信手段也各不相同。行业和企业的主管越来越深刻地意识到，合理的通信网络建设和应用，能够大幅度地提高办公效率，加强与客户、服务对象、关联单位之间的沟通密度与质量。

行业和企业中最基本的通信是语音、数据和视频通信。这些通信手段，让人和人之间的交流变得越发顺畅。不需要见面，就可以讨论业务，提高了行业与企业的管理水平和工作效率，节约了宝贵的工作时间，并充分发挥了员工的潜力。通信系统可以使行业和企业把“好钢”都用在刀刃上。

语音是行业和企业内部最基础的通信业务形式。稍微有些规模的企业一般都会购置一台小交换机（PBX），它一边连接着每个员工桌面上的分机，另一边连接着电信运营商电话网。交换机在加入了排队功能、计算机电话集成（CTI，Computer Telephone Integration）功能后，可以成为行业和企业的呼叫中心。

数据通信让行业和企业的信息数字化、专业化，无论是客户资料，还是库存管理，都通过数据通信在人和人之间交流。行业和企业的对外窗口，也通过数据通信使客户和供应商更加便利地与其沟通。电子邮件、门户网站都需要数据通信网络作为支撑；办公自动化系统（OA）、资源管理计划系统（ERP）、客户关系管理系统（CRM）等的实施，都需要借助数据通信网络发挥更大的效能（如图15-1所示）。企业的数据存储和调取、分支机构之间语音和数据的互联互通、企业员工内部沟通交流，与云计算平台（还要分为私有云、公有云、混合云等）之间的信息交互，有可能还涉及广域网范围内的企业通信，涉及VPN或者SD-WAN，这些都是企业通信的基本议题。

视频的应用使行业和企业通信更加丰富多彩，视频会议、实时监控，都需要利用通信网络传送视频信息到指定的站点。一套符合行业和企业应用习惯的视频会议系统，能够大

幅度提升行业和企业的工作效率，减少频繁出差的次数，节省大量的差旅成本。

制造企业的智能制造改造，需要工业物联网连接机器和产品；公交、地铁、出租车公司、物流公司，需要车联网连接车辆、货物和调度指挥系统来提高运营效率；商业企业更是因各种复杂的应用而需要物联网的支撑。因此，物联网也是行业企业的重要网络形态，这部分内容我们将在第 18 章予以介绍。

除此之外，行业企业的网络安全性等级也高于家庭通信，网络安全是行业企业通信的刚性需求。

总之，行业和企业的通信系统，少了些娱乐性，多了些专业性。行业专网和企业专网的部署，考虑的是如何提高效率和降低成本，当然，也不排除全球实力 500 强的企业采用高端通信设备部署自己的通信网，以提升企业自身形象。

图 15-1　传统行业企业的通信应用示意

行业和企业里的语音通信

1. 企业里的电话交换机

一般而言，一个单位如果拥有多部电话，相互之间的语音交流是通过电话交换机来实现的，许多人把功能简单的电话交换机称为“集团电话”。单位里的电话交换机严格意义上应该叫作 PBX，英文全称是 Private Branch Exchange，前两个单词 Private 和 Branch 分别是“专用”和“分支”的意思。

先说“专用”。一般而言，不考虑电信运营商营销策略的话，PBX 的产权应该属于行业和企业客户所有。由行业和企业自己购买、自己维护，他们只是租用电信运营商的出局电路，也就是电信运营商从电信机房拉线路连接到企业的 PBX 上，并由电信运营商统一分配电话号码，剩下的事情都由行业和企业自己解决。

再说说“分支”。每部电话都可以分配一个“小号”，这个号码不是电信运营商分配的，但是可以在企业内部的分机之间相互拨打，外部电话打进 PBX 后也可以拨这个小号接通分机号码。

PBX 有中继线接口和内线接口两部分接口。中继线接口可能是 E1 的 PRI 接口或一号信令接口（个别时候也可能是七号信令接口），可能是 FXO 的模拟电话线接口，它们通过城域内的传输网络连接到运营商的 PSTN；内线接口一般都是 FXS 接口，通过电话线连接电话机。

FXS 接口通过电话线连接传统的电话机，它能够为话机提供电流和拨号语音。FXS 也可以连接传真机。FXO 接口用来连接局端设备，可以送出双音多频（DTMF）信号与拨号

动作，所以能连接局端的电话线。这两种接口的外观是一模一样的。

这里还要讲一个有趣的概念——DTMF。想必大家都见到过拨号盘式电话机，每拨一个号码，都要用指头插在拨号盘对应数字的孔里，顺时针转动到手指被一个档杆挡住为止，转盘的旋转带动开关通断，通时高电平，断时低电平，发出脉冲信号。这些脉冲信号通过电话线传到交换机上，交换机利用脉冲信号来识别被叫号码。有了 DTMF，就不需要拨号如此“卖力”了。我们可以把拨号盘电话的脉冲理解为一种信令，那么 DTMF 是另一种信令方式。双音多频，是指一个 4×4 的矩阵，4 行中，每一行代表一个低频（行频）；4 列中，每一列代表一个高频（列频）。主叫用户每按电话机上的一个按键，电话机就发送一个高频和一个低频的正弦信号组合。比如按 1 就是 697Hz 和 1 209Hz 的组合，按 4 就是 770Hz 和 1 209Hz 信号的组合，按 3 是 697Hz 和 1 477Hz 信号的组合。8 个频率，4 个低频，4 个高频，此为“多频”；每个按键是两个频率的组合，此为“双音”。剩下的事情就容易理解了，程控交换机通过电话线接收到这些组合，利用 DTMF 解码器进行数字变换，将其识别成号码，随即进入寻址和建立电路连接的过程。DTMF 不仅仅能够发送被叫号码，我们在电话语音菜单中选择不同选项，都要通过电话按键实现，每次按键，都是一次 DTMF 的信号发送，程控交换机会识别用户发送的数字和字符，调用合适的 IVR，或者转人工服务。

企业前台一般会有一个叫作“话务台”或“总机”的管理机构。当外部电话打进来，需要某个分机接听，前台电话可以自动转接（主叫方根据提示音拨分机号码），也可以人工转接到这个分机上（前台员工帮主叫方拨分机号码）。一般的 PBX 都可以设置这项功能，比如在特定时间，优选人工转接，次选自动转接。有时候读者会很好奇，既然机器能够自动转接，为什么还要进行人工转接？这不是个技术问题，而是一种习惯。人的声音更容易让来电的人感觉有人情味儿；前台员工接听来电后，通过按键转入企业内部某个分机；如果是自动转接，来电人将听到一段语音提示，比如“欢迎您致电 ×× 公司，请直拨分机号，查号请拨 0”，当然还有更加复杂的提示音，这种提示音就是我们前面讲过的 IVR。

当然，PBX 的功能远远不止这些。接下来我们将向各位介绍一些常用的功能。

- **三方通话：**允许 3 个人同时通话。这将有助于几个人一起讨论问题。第 9 章已经介绍过该业务。
- **会议：**允许 3 个以上的人同时通话，由主席进行控制，可以根据需要增加或者踢掉某个人。加入会议的方式，可以是拉某个人进入会议室（比如通过按键操作拨通某个人的电话），也可以由会议参加人主动加入会议室（这个人通过按键操作进入某个会议室）。很多会议系统还带有复杂的控制能力，比如主席控制、分组讨论等。
- **呼叫转移：**分为呼叫前转和呼叫后转。第 9 章已经介绍过呼叫前转，这里介绍一下呼叫后转。有时候你与某个客户沟通，发现客户问题所涉及的专业，已经是你无法回答的，你需要让另外一个更专业的同事来接听，最好的方式就是在通话过程中把电话转

移到你的那个同事电话上，这就是呼叫后转——在呼叫建立后转移当前的通话。

- **IVR**：交互式语音应答，即自动提示音。企业的总机可以设置为自动语音提示，任何打企业电话的人可以通过拨按键，进入某个自动查询的系统，或者实现各种与数据信息相关的应用，如银行允许储户通过这种系统查询账户的余额等。
- **占线时的来电提醒**：正在通话过程中，另外一个电话进来，你的电话会听到连续“嘟嘟”的声音，这就是提醒你，另外一个电话在呼叫你。你可以通过按键把通话切换到新的来电。
- **录音**：可以对通话进行录音，一般的 PBX 都由录音卡来实现录音。
- **轮循组**（如图 15-2 所示）：若干分机形成一个组，在这个组中，当一个电话呼叫某个分机，该分机占线，PBX 将自动转到下一个分机，若再占线，继续转到下一个分机去，直到某个分机接听，或者所有分机均占线，提示主叫方被叫方正处于占线状态——当然，主叫方未必知道被叫方有轮循组，他的感觉仅仅是被叫方占线。如果有一组人提供同类型的电话服务，客户打到组中的任何成员都是一样的，这种情况下建立轮循组是很有必要的。

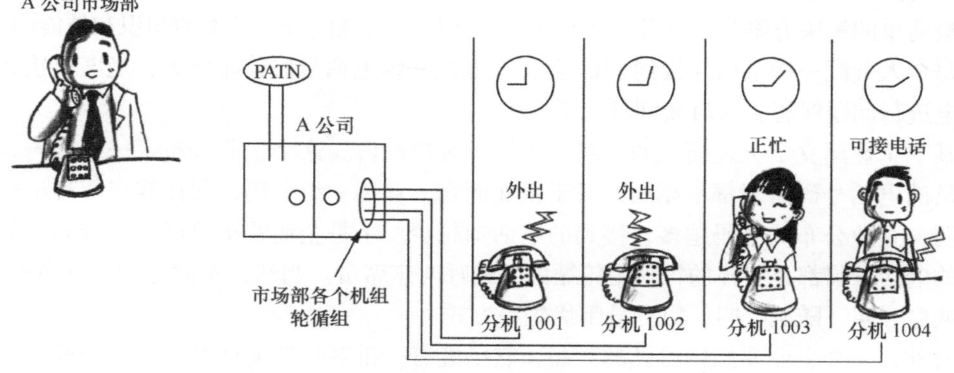

图 15-2　轮循组

- **代接组**：若干分机形成一个组，其中一个人不在座位，因而无法接听电话，别人可以操作某些按键，在自己的座位就可以代他接电话。这种组一般发生在同一个部门的情况下。当一个员工不在，客户把电话打到他的座机上去，这时候代接组就起到了作用——他的同事就可以帮他代接电话。
- **叫醒服务**：第 9 章已经介绍过这种业务。
- **调度功能**：在某些行业，交换机应具有调度功能。调度功能，顾名思义，就是能够实现调度作用，而“调度”更多的是人工控制某些呼叫逻辑，比如我们常常听到的强插、强拆功能。在公安、政府、能源、交通等行业，调度功能是交换机必不可少的功能。

传统的电路交换的 PBX 发展了几十年，技术成熟，功能稳定，但是已经很难适应新的增值服务需求。以 TCP/IP 技术为核心的互联网的高速发展，催生了大量业务。而传统的以 TDM 为核心的 PBX 很难满足新时代的需求。

从业务类型上说，PBX 只是满足企业拨打电话、分机互拨等需求，对诸如语音邮箱、录音、与 CRM 结合等需求，虽然能够通过一些专门的手段实现，但是实现复杂、稳定性差、可管理性差，这些将成为企业未来统一通信、业务融合的瓶颈。

IP 的开放性和通用性给 PBX 的演进带来了新的思路。以 IP 交换为核心的 IP-PBX，不但能够完成传统语音交换功能，实现所有传统 PBX 支持的业务，还可以实现语音邮箱、按需录音、与 CRM 等结合、IP 旁路、定制彩铃、远程分机等。最为重要的一点，在 IP-PBX 上开发新业务，速度快，效率高，通过与 NGN 的结合实现业务推送，可以实现更为丰富的增值业务，甚至可以和其他通信手段，如短信、Web、移动电话等相结合，满足企业的个性化通信需求，让企业语音通信更便捷、更自由。

2. 呼叫中心

企业销售产品，需要电话营销；卖出产品的服务和投诉，需要接听客户的电话；政府行业，需要给社会大众提供各种信息咨询、投诉、报警等服务。

最简单的解决方案是招聘几个人作为“座席员”，对他们进行基本的知识和技能的培训，并给每个人分配一部电话连接到 PBX 上，企业把一组电话号码公布出去，坐席员接听客户的来电进行问题解答。这时候问题来了。

某个企业建立了上述模式的系统用于接听客户投诉。这个企业公布了一组号码，每个座席员的电话号码可能都不相同，对于企业而言，宣传一组号码，却让客户很难记忆。实践证明，企业公布的号码越多，接到的电话却越少。于是企业希望只用一个号码，而每个座席的电话号码都是一样的，采用轮循的方式呼叫座席员。当然，轮循方式可以多种多样，如按顺序呼叫、随机呼叫、历史最闲优先等方式。

另外，一个企业要推销自己的产品，它已经有一批客户的电话号码，希望座席员能够主动打电话给客户进行产品推广。这时候，企业需要将这批电话号码按照某种方式分配给座席员（如平均分配），座席员拨打客户电话，并记录与客户的沟通情况。

人们发现，企业采用这种通信系统，能够从客户服务中获利，用这种方式推销产品也有非常高的效率。于是，顺应电话营销、咨询服务的需求，“呼叫中心”诞生了。

随着近年来通信和计算机技术的发展和融合，呼叫中心已经被赋予更新和更广泛的内容：引入 CTI 的概念，使计算机网、数据库和通信网融为一体；IVR 的使用，不仅在很大程度上替代了人工座席代表的工作，而且使呼叫中心能 24 小时不间断运营；采用分布式技术使人工座席代表不再集中于一个地方工作；人工智能的引入，座席员的很多工作都被智能语音助手取代，也就是说，客户来电听到的声音可能并不是来自一个真实的人；而是一

个由算法掌控的机器人！

呼叫中心改变了企业的经营模式。利用呼叫中心，企业可以统计客户需求、总结产品得失、挖掘新的市场需求，从而成为企业盈利的工具。可以说，呼叫中心为企业内部的管理、服务、调度和增值起到非常重要的统一协调作用。

因此，呼叫中心迅速成为企业提升服务水平和企业形象的利器。但随着分布式呼叫中心、外包型呼叫中心的兴起，越来越多的中小企业开始提供呼叫中心服务。在通信业逐步的分工细化中，还出现了呼叫中心和业务流程外包服务，简称 BPO。做外包服务的企业，建设呼叫中心系统，招聘和培训服务人员，承包给有呼叫中心需求的企业使用，并从中获取利润。

美国知名记者托马斯 · 弗里德曼在那本著名的《地球是平的》一书中，就详细讲述了印度的大型托管式呼叫中心的发展盛况。而托管式呼叫中心，恰恰成了经济全球一体化的标志。呼叫中心的合理利用，不正是让这个世界变得“平坦”么？没有阻隔、没有弯曲，任何人与人之间都能近距离地沟通和交流、答疑解惑、友好合作，这也许是呼叫中心的另一层意义吧！也正因此，呼叫中心的简称 CC（Call Center）又被升级成一个更贴切人类思维的词——Contact Center——联络中心。

呼叫中心引入了一个重要概念——自动呼叫分配（ACD，Automatic Call Distribution），俗称“排队”。ACD 是一种特殊的程控交换机功能，带有 ACD 的交换机，对外与电信机房有中继线接口（模拟线或者 E1 数字中继），对内提供与连接坐席代表话机和自动语音应答设备的内线接口。ACD 的作用就是将外界打来的电话按特定的算法分配给各个坐席代表，算法可以基于话务量、客户通过按键选择的业务类型、闲时或者忙时时长等参数来制定。

如果来电只是查询某张银行卡是否还有余额或者余额多少，可以不用增加坐席员，而采用 IVR 实现。这种情况下，呼叫中心会连接相关的信息数据库，由计算机根据客户按键选择提取数据库中的对应信息，实现自动应答。IVR 设备能识别用户通过双音频话机数字键盘输入的信息，并向用户播放预先录制好的或者利用文字转语音（TTS，Text To Speech）技术生成的语音。这样，用户就可以通过电话键盘与 IVR 设备进行交流，获取所需银行卡的余额信息了。

很多呼叫中心系统还具备一定的调度功能，包括对话路的强插、强拆、转接、代答等。

除此之外，呼叫中心还可以提供自动总机服务及留言、用户数据、计费管理、远程用户端话务台、辅助拨号、来话自动识别与显示以及话务员夜间服务等诸多功能。

在无坚不摧的 IP 技术冲击之下，呼叫中心正在经历着急剧的转变。第一种转变就是对呼叫中心所服务的市场的重新定义。在过去大多数时间内，呼叫中心一直为大公司提供服务，是“富人俱乐部”里的奢侈品。一旦呼叫中心引入 IP 技术，将中小企业拉进呼叫中心使用者阵营里，就不是一件很难的事了。

而第二种转变则是 IP 通信很容易解决的异地通信问题，因此可以将坐席分布在全世界的各个角落，由统一的机构管理——这就是分布式呼叫中心。很多人把分布式呼叫中心简称为IPCC，意即“IP-enabled Call Center”。

呼叫中心成为分布式架构有很大的社会意义。我们知道，呼叫中心是提升企业形象、提高客服和销售效率的工具，使客服体系从成本中心进化为利润中心。而采用分布式架构，可以利用全球经济发展不平衡的状况，在经济欠发达地区建设呼叫中心并雇佣坐席员，他们的待遇相对较低，经过充分培训即可上岗。

分布式呼叫中心的坐席可以根据需要在多个城市、多个国家或地区建设。每个坐席员可以根据用户的姓名、地址、电话号码、电子邮件地址、产品采购历史、服务历史、客户的地理位置或者语言偏好，采用统一消息技术统一存储到唯一的账号识别符下面，使呼叫中心管理者和座席员都能高效地管理包含在这些消息内部的信息。这种模式有能力创造统一应用集合，给呼叫模式带来巨大的灵活性。

企业IP应用

现代化企业是不可能没有IP局域网的。前文已经描述过局域网的基本原理，本章主要描述IP局域网的组网和应用。

1. 企业接入互联网

一般的企业都租赁电信运营商或网络服务提供商的专线带宽，从20多年前的X.25、DDN到帧中继再到ATM，从ISDN到ADSL再到FTTx，从传统IP网络到MPLS再到SD-WAN(第18章会详细讲述)，企业接入公网的方式不断发展。

企业的邮箱服务器一般采取微软的Exchange Server或类似的邮箱服务器系统，这种选择可能会很多，由于涉及更多的是服务器系统，这里不再赘述。

企业的Web网站可以托管在IDC机房或者公有云，也可以放在企业内部，作为企业对外联系的接口。通过搜索引擎进入企业网站，是客户寻找产品和供应商最快捷的方式。对于企业而言，网站越专业、越吸引人，越会让更多的顾客找到企业。在这个激烈竞争的商业社会里，网站的力量不可小觑！

2. 企业组建局域网

企业网内部一般是如何组网呢？如图15-3所示，企业距离网络服务提供商最近的设备是路由器，它同时可能是一台防火墙，紧随其后的是三层交换机、二层交换机或HUB。在路由器和防火墙内侧，根据各个企业情况的不同，有各种应用服务器，包括文件服务器、动态主机控制协议（DHCP，Dynamic Host Control Protocol），企业一般用DHCP服务器自动分配计算机的IP地址和DNS地址）服务器、邮箱服务器、Web服务器、录音服务器、企业云盘等。当然，很多企业都在使用ICP、云计算服务商提供的邮箱服务器、Web服务器。互联网的应用模式千差万别，服务提供商提供的模式也丰富多彩，企业网具有多种选择，

这是很自然的事。

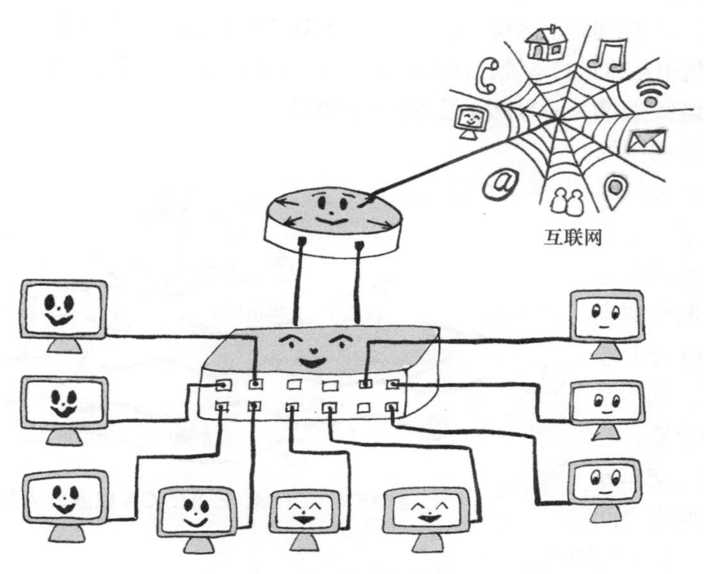

图 15-3 企业局域网的组建

从企业应用角度看，标准的企业邮箱、内容丰富而更新及时的企业网页是现代化企业必备的“门面”，这些年还有不少企业加入了公众号，抖音等 ICP 提供的展示平台。很多人都能通过企业的这些细节看出这家公司的规模和实力。

在企业网内部，每个员工的计算机都可能通过 DHCP 获取 IP 地址，也可能采用人为指定的方式分配 IP 地址。当然，人为指定 IP 地址的缺陷是容易发生 IP 地址冲突。在不同的部门或者分公司，可以分配不同的 IP 地址段，以保证各自的内部信息通畅、线路带宽充裕。VLAN 技术可以很好地解决不同部门之间的数据隔离问题，并有效防止网络风暴的发生。

一般来说，企业的防火墙用来管理企业的数据不会因外部的攻击而销毁，同时控制公司内部的各种软件的应用。比如某些企业不允许公司员工使用来自外部的即时通信工具，如 QQ 等，要解决这类问题，传统的做法只需在企业的防火墙上关闭某些逻辑端口即可，但随着深度数据包检测技术（DPI）的实践，对企业网络的控制手段越来越多，也越来越灵活，比如企业上网审计系统，能够精确地统计每个 IP 的网络访问详细日志，包括应用类型、目标内容和流量大小。还有，下一代防火墙技术（NGFW，第 12 章我们做过介绍）的发展，让企业网络对付内外各种攻击、漏洞、病毒变得得心应手。

3. 企业办公通信应用

企业是通信网络最大的客户群。企业的通信要求及时、快速、有效，那么有了电话交换机、局域网和呼叫中心，企业还有基于上述几种基本通信手段上的具体应用。

除了在IP局域网一节已经描述过的邮箱外，还有CRM、ERP、OA等办公自动化及应用系统（如图15-4所示）在网络上运行，它们可以和PBX（或IP-PBX）、呼叫中心（或IP呼叫中心）相结合，也可以是相互独立的系统，这取决于“统一通信”（第18章会介绍）的部署进程。

4．企业广域网通信——VPN及SD-WAN

VPN是虚拟专用网的简称，其功能是在公用网络上建立专用网络，这在现实生活中是很难进行比喻的，在城市的两个地点之间的公共通道基础上建立一条专用通道，既不是完全独立轨道的地铁，也不是一段一段的公交车专用道，而是在这两点之间没有任何阻碍的、加密的通道。

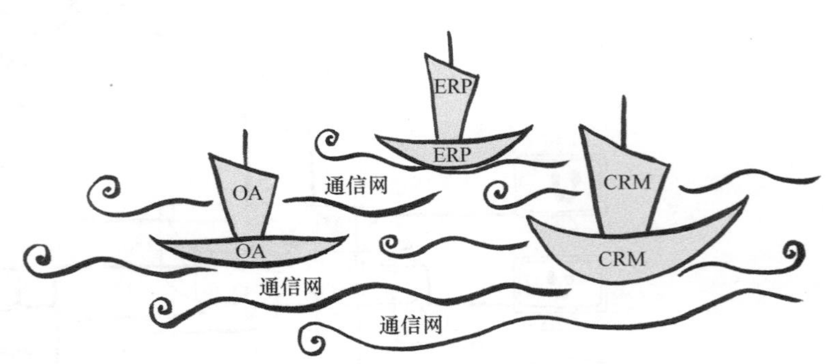

图15-4　CRM、ERP、OA以通信为基础

V，Virtual，翻译为“虚拟的”。这里的“虚拟”，是指没有一个确定的边界和实体，它应该采用虚拟电路，而不是以时隙、光纤、线路来区分的。一般来说，VPN是以连接名称，如VPI/VCI（ATM技术）、标签（MPLS技术）、IP数据包流（TCP/IP技术）来区分的。

P，Private，是指“专用的”。这个网络应该是为某个带有专有性质的机构组建或者发起的，它的建立或发起，不是用来提供公共服务，而是为特定机构服务。

N，Network，是指“网络”。这应该是一个网络的范畴，有自己的拓扑、有自己的网络参数，在网络之上可以提供业务。不少读者都认为DDN组建的网络就是VPN，其实，用DDN组建的网络，在SDH传输中的某个E1交叉连接，只是一种专用网络（PN），但是并不“虚拟”，因此不能称为VPN。也就是说，如果不是在公网上建立的专用通道，还不能称为“VPN”！

某公司员工出差到外地，他想访问企业内网的服务器资源，这种访问就属于远程访问。一个带有分支机构的企业，需要在多个分支与总部之间建立专用通道，就需要用到VPN技术。

在传统的企业网络配置中，要进行远程访问，最常见的方法是租用数字数据专线（DDN）或帧中继，这样的通信方案必然导致高昂的网络通信和维护费用。对于移动用户（移动办公人员）与远端个人用户而言，一般会通过拨号线路进入企业的局域网，但这样必然带来

安全上的隐患。

让外地员工访问到内网资源，利用VPN的解决方法就是在内网中架设一台VPN服务器。外地员工在当地连上互联网后，通过互联网连接VPN服务器，再进入企业内网。VPN服务器和客户机之间的通信数据都进行了加密处理。有了数据加密，就可以认为数据是在一条专用的数据链路上进行安全的传输，就如同专门架设了一个专用网络一样，但实际上VPN使用的是互联网上的公用链路，因此VPN称为虚拟专用网络，其实质上就是利用加密技术在公网上封装出一个数据通信的专用隧道。有了VPN技术，用户无论是在外地出差还是在家中办公，只要能上互联网就能利用VPN访问内网资源，这就是VPN在企业中应用得如此广泛的原因。

根据不同的划分标准，VPN可以按几个标准进行分类划分。

按VPN的协议类型，VPN的隧道协议有PPTP、L2TP、IPSec、GRE以及MPLS VPN。

PPTP和L2TP工作在OSI模型的第二层，所以又称为二层隧道协议，而其中的L2TP，由于其结合了其他二层隧道技术的诸多优点，具有灵活的身份验证机制、高度的安全性、具备多协议传输能力、支持RADIUS服务器验证、支持内部地址分配，因此已经成为二层隧道协议的工作标准。

IPSec和GRE是第三层隧道协议，IPSec可以为路由器与防火墙之间提供经过加密和认证的通信，虽然实现复杂一些，但安全性比其他协议完善很多，而GRE只是提供将一种网络协议封装成另一种网络协议的方法，并没有过多的安全考虑，因此GRE被采纳往往是为了对内部地址进行封装，并且经常与IPSec同时使用保障安全。

MPLS我们多次提及，MPLS VPN既可以工作在二层，也可以工作在三层。

二层隧道的集合，更像是一个多协议的传送网，整个公网对于私网设备而言相当于私网的“下层”，整个公网可以看作是一台大的以太网交换机，我们在第8章中介绍的PTN就采用二层隧道技术；三层隧道则把整个公网看作一台大的路由器，可以实现三层IP的灵活组网，第8章中的IPRAN技术就采用三层隧道技术。

二层隧道一般终结在用户网络设备上，这是网络安全事故的多发区，这给用户侧的防火墙带来了严峻挑战；而三层隧道一般都终结在运营商的边缘网关上，由运营商统一管理和控制，一般不会对用户的安全构成威胁。二层隧道将整个PPP帧封装在报文中，传输效率有所降低，PPP会话又贯穿整个隧道，这会对用户侧网络的系统负荷产生较大影响，在这方面，第三层隧道终止在运营商网内，PPP会话终结在接入服务器中，用户系统的负荷会有所减轻，这对用户网络而言是有好处的。

从应用场景角度，VPN可以分为以下几类。

（1）远程接入VPN（Access VPN）：客户端到网关，使用公网作为骨干网在设备之间传输VPN数据流量。

（2）内联网 VPN（Intranet VPN）：网关到网关，通过公司的网络架构连接来自同公司的资源。

（3）外联网 VPN （Extranet VPN）：与合作伙伴企业网构成 Extranet，将一个公司与另一个公司的资源进行连接。

SD-WAN 技术是企业广域网通信的新技术思想，是混合广域网的 SDN 升级版本，有关 SDN 和 SD-WAN 的内容，我们将在第 18 章详细介绍。前期了解以下混合广域网，对后续理解 SD-WAN 是有帮助的。

运营商提供企业网的接入，一般提供几种类型的服务：MPLS、互联网专线及数字专线。MPLS 用于承载 SLA 等级高的业务，用于企业关键数据的传送和交互（在第 6 章我们做过详细介绍）；互联网专线提供企业上网服务；数字专线则专注于分支机构互联或者与云平台的直接互连。

目前存在的问题是，MPLS 虽然质量好，但链路成本高，开通周期长，业务调度不灵活，如果用户希望不定周期租用专线，或者短时间租用高质量专线，在传统的 MPLS 业务提供商那里是很难实现的，在业务还未来得及开通时，你的需求可能已经因为时间关系而错过了，这不符合接入的灵活性原则。

而互联网专线就可以承担部分专线的职能。利用混合 WAN 技术，通过 DPI 做流量分析与分类，在多个连接路径用 VPN 打通到特定目的地的隧道，利用互联网专线的价格优势和路由可通达性优势，通过恰当的路径选择，建立和重定向到达特定目的地的流量，实现互联网专线在一定程度上替代高昂的 MPLS 专线的目标。互联网带宽是直接到云计算平台的理想选择，但安全性和质量都可能不尽如人意。但通过合理部署 POP 点，用 VPN 保障其安全性，通过广域网传输通道与云平台直接打通，打破传统运营商多层次接入网络结构的桎梏，提升用户体验，降低用户成本，实现“云加速”“云专线”等服务。这就是混合广域网的基本概念。

5. 企业存储网络

IP 技术的兴起，使企业的数据存储方式发生了根本性变革。企业网络中的存储分为直连式存储（DAS）、存储区域网络（SAN）和网络接入存储（NAS）。传统存储方式和 IP 存储如图 15-5 所示。DAS、SAN 和 NAS 如图 15-6 所示。

直连式存储（DAS）是指将存储设备通过 SCSI 接口直接连接到一台服务器上使用。这种存储模式购置成本低、配置简单，使用方法和使用本机硬盘并无太大差别，对于服务器而言，仅仅需要一个外接的 SCSI 口，这对小型企业很有吸引力。但这种模式下，服务器本身容易成为系统瓶颈，如果服务器发生故障，数据就不能被访问了。

对于同时存储在多台服务器的系统，设备分散、不便管理。当多台服务器同时使用 DAS 时，存储空间不能在服务器之间动态分配，很容易造成存储介质浪费。在用户进行数

据备份时，需要在不同服务器之间进行复杂的存取操作，尤其是关键性数据，一旦出现在存取过程中因人为因素或系统故障造成信息丢失，将会对企业经营带来诸多负面影响。因此，DAS 不是一个很好的选择。

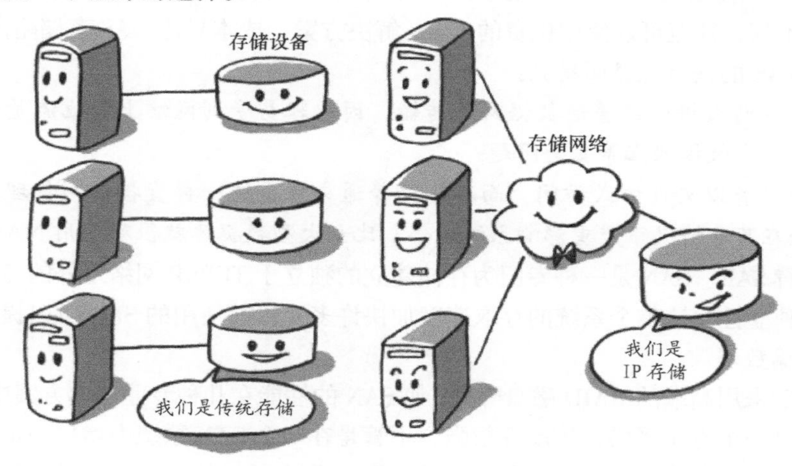

图 15-5　传统存储方式和 IP 存储

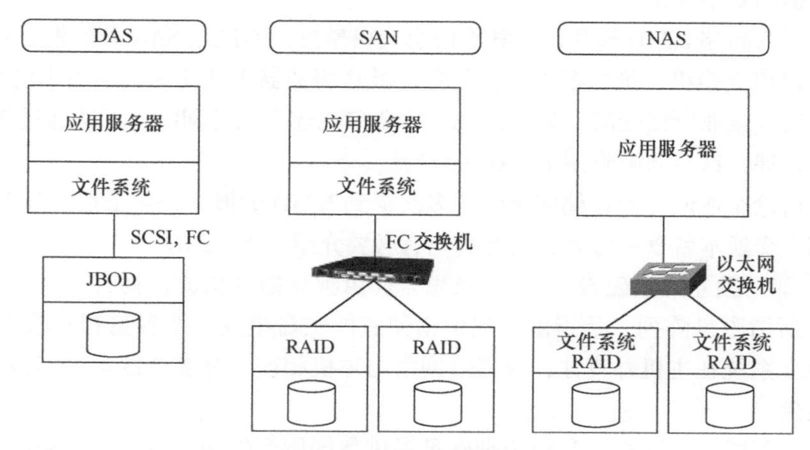

图 15-6　DAS、SAN 和 NAS

我们再看看 NAS。实际上，NAS 是一种带有网络文件服务器操作系统的存储设备。NAS 设备直接连接到 TCP/IP 网络上，网络文件服务器通过 IP 网络存取和管理数据，网络文件服务器将多块硬盘的数据统一管理和调度，规避了 DAS 的诸多不足，并且这种方式易于安装和部署，管理也非常方便，用户可以通过 Web、客户端等方式远程登录到这台服务器上进行相应操作，不同用户可以设定不同的访问权限。

同时，由于可以允许客户机不通过服务器直接在NAS中存取数据，因此对服务器来说可以减少系统开销。NAS为异构平台使用统一存储系统提供了解决方案。

由于NAS只需要在一个基本的磁盘阵列柜外增加一套瘦服务器系统，对硬件要求很低，软件成本也不高，甚至可以使用免费的Linux解决方案，成本只比DAS存储略高。

当然，NAS的缺点也显而易见：

- 由于存储数据通过普通数据网络传输，因此容易受到网络上其他流量的影响，也容易产生数据泄露等安全问题；
- 存储只能以文件方式访问，而不能像普通文件系统一样直接访问物理数据块，因此会在某些情况下严重影响系统效率，比如大型数据库就很难使用NAS。

再来看看SAN。SAN是一种专门为存储建立的独立于TCP/IP网络之外的专用网络。正是由于这种独立性，让整个系统的存取速度加快许多。目前使用的SAN可以提供高达2 ~ 4Gbit/s的传输数率。

SAN一般采用高端的RAID磁盘阵列，使SAN的性能在几种专业存储方案中傲视群雄。SAN的基础是一个专用网络，扩展性很强，不管是在一个SAN系统中增加一定的存储空间还是增加几台使用存储空间的服务器都非常方便。通过SAN接口的磁带机，可以方便、高效地实现数据的集中备份。

当然，引入高端RAID阵列，使其价格也变得昂贵，不论是SAN阵列柜还是SAN必须使用的光纤通道交换机，价格都不会太便宜，就连服务器上使用的光通道卡的价格也是不容易被小型商业企业所接受的。另外，SAN需要单独建立光纤网络，无法通过TCP/IP方便地实现异地扩展，这一问题限制了SAN的发展。

在我们讨论企业网络的存储问题时，多次提到RAID的概念，它虽然不是个电信术语，但由于存储、交换本就密不可分，因此我们有必要介绍一下RAID。

RAID，即“独立冗余磁盘阵列”，意思是，由独立磁盘构成，具有冗余能力，是一组磁盘阵列。所谓磁盘阵列，是指由一组价格便宜的磁盘组成一个容量相对较大的磁盘组，可以作为独立系统在主机外直连，或通过网络与主机相连，有多个端口可以被不同主机或不同端口连接。

将数据切割成许多区段，利用个别磁盘提供数据所产生的加成效果，来提升整个磁盘系统的效能。磁盘是易损品，当任何一个硬盘发生故障，仍应能快速地读取数据。在工程实践中，有部分常用的数据是需要经常读取的，磁盘阵列根据内部算法，查找出这些经常读取的数据，存储在缓存中，加快主机读取这些数据的速度。

RAID具有传输速率快的特点，并且可以提供数据校验及容错功能。所以，在IT系统部署中，RAID系列被广泛应用。RAID主要包含RAID 0 ~ RAID 50等数个规范，侧重点各不相同，常用的有RAID 0、RAID 1、RAID 5等。RAID 5在所有磁盘上交叉地存取数据

及奇偶校验信息，是目前使用量非常高的一种 RAID 模式。

6. 云计算

严格地讲，云计算属于 IT 系统的基础架构。但云计算的整个体系与通信有密不可分的关系。它的发展直接影响了互联网的流量模型，影响了传统运营商的接入网络，也影响了企业接入的方式方法以及路由策略。

在第 18 章中，我们将详细介绍与云计算有关的基础知识。

视频会议系统

人们对于交流的需求是全方位的，除了需要通过语音方式交流外，也希望在某些场合可以通过视频通信技术进行交流，创造一种“身临其境”或者“面对面”的感觉。与此同时，视频会议应能够实现不同区域的参与性、即时性和交互性。

通过远程视频会议系统召开网络会议的规模可大可小。对于大规模的会场型会议，使用者一般通过投影仪、电子白板或大屏幕彩电显示各个会场的图像，可以在同一屏幕显示多方的视频图像、视频和语音的清晰和流畅性来自于系统本身的性能，当然，性能又决定了价格。对于人数不多的小型会议，组织者无须建立专门的会议室，通过办公计算机加装摄像头和软件即可开会。

一个标准的视频会议系统，应该具备多点控制单元（MCU）、会议室终端、PC 桌面型终端、电话接入网关、网闸（Gatekeeper）等几个部分。各种不同的终端大都通过 TCP/IP 连入 MCU 进行集中交换，组成一个视频会议网络。

国际电联（ITU）对于视音频通信及其兼容性的技术进行了详细规范。在这些基本的协议中，同时对语音、视频、数字信号的编码格式、用户控制模式等主要内容进行了相关的规定。ITU-T 制定的适用于视频会议的标准有： H.320 协议（用于 ISDN 上的视频会议，即基于专线的会议系统）和 H.323 协议（用于局域网上的桌面视频会议）等。专业的视频会议系统一般采用 H.264 作为高度压缩的数字视频编解码器标准。

在企业中应用视频会议，可以实现总部与分支机构的工作讨论、协同办公、远程技术支持等应用。

Chapter 16

第 16 章 丰富的电信业务

2008 年 5 月 12 日，四川汶川发生 8 级地震，汶川等多个县级重灾区内通信系统全面阻断，昔日高效、便捷的通信网络遭受毁灭性打击而陷入瘫痪。当时的四大电信运营商——网通、电信、移动和联通，在灾区的互联网和通信链路全部中断。四川等地长途及本地话务量上升至日常的 10 倍以上，成都联通的话务量达平时的 7 倍，短信是平时的两倍，加上断电造成的传输中断，电话接通率是平常均值的一半，短信发送迟缓，整个灾区霎时成了“信息孤岛”。

就在这千钧一发之际，各种应急通信手段马上投入使用，立即改变了这种状况，争取到了宝贵的抗灾救灾时间，挽救了许多鲜活的生命。

无论在哪个国家和地区，应急通信都成为电信业务中一个非常重要，也非常特殊的门类。

在通信网提供的所有服务中，有属于基础电信业务的，也有属于增值电信业务的。它们是电信运营商和增值服务提供商为广大消费者或其他电信运营商和增值服务提供商制造的“产品”，这个产品无色、无味、无嗅，却色彩纷呈、亦真亦幻、千奇百怪、瞬息万变。

回到 20 年前，当人们提到电信业务，可以分门别类地把每种业务个体放到不同的网络形态中——固定网的业务、移动网的业务、数据网的业务，等等。而今天，这样的分类越来越不合时宜。网络的融合和业务的融合，让固定网、移动网、数据网甚至电视网的距离越来越近，各自独立的状况正在微妙地发生变化。科技的发展，让它们变得你中有我、我中有你。作为通信技术所有原理、规范、定义、协议的作用结果，电信业务成为通信网的产品，我们认为很有必要对这一系列产品用独立的章节予以描述。

“明知山有虎，偏向虎山行”，电信业务的健康发展离不开科学、严格的分类。因此本章，我们还得先从电信业务的分类讲起。

电信业务的定义和分类

让我们先看看“电信业务”的标准定义：为了满足特定的电信需求，由主管部门或者经过认可的经营机构向其客户提供的服务。这个定义严谨、科学，并且空洞、乏味。从学习的角度，距离用户近的电信业务更容易让大众理解；距离用户较远的，大众理解起来就会有困难。老杨就一直非常好奇，贝尔先生是如何给没有打过电话的人介绍何谓“电话业务”的。

电信业务分类的目的是管理。

比如按照服务能力分类，电信业务分为承载业务、用户终端业务和补充业务。其中，补充业务包括号码识别类、呼叫提供类、呼叫完成类、多方呼叫类、集团通信类、计费类、附加信息传递类等几种类型。业务名称的确有点让人摸不着头脑，虽然每种业务类型我们都或多或少地使用过。

承载业务的用户群可以是电信网本身，也可以是企业用户，比如用 SDH 网络承载语

音业务，DWDM 承载 IP 业务等，都属于一种技术体制“搭载”在另外一种技术体制之上，并不是直接向最终用户提供服务；而企业分支机构 PBX 的互连，一般用 DDN 实现，这也属于承载业务，但它是向最终用户——企业——提供业务的。

用户终端业务一般是指家庭、个人接入 PSTN、接入互联网、接入移动网等。这是距离最终用户最近的业务类型，比如办理了入网手续后，可以使用移动运营商提供的手机语音、短信以及无线流量。

补充业务种类繁多，并且发展迅速。来电显示、会议电话、彩铃、彩信等，它们都是语音、数据业务的附属产品，是对单调的基本通话和数据业务的“补充”。它们距离最终用户也非常近。

上述分类方式有助于我们理解电信网的架构，而对电信界的监管产生影响的分类方式，是将电信业务分为基础电信业务（主要包含固定通信业务、移动通信业务、宽带接入业务等）和增值电信业务。接下来，我们将对这两者做详细描述。

基础电信业务

基础电信业务和增值电信业务是由电信监管部门定义的，其定义处于不断的发展变化中。理解通信行业，首先要理解国家政策，不论你在中国，还是在澳洲或是在美国。哪种业务属于基础电信业务，哪些属于增值电信业务，这不是自然科学的范畴，而是根据历史进程和市场规律人为定义的。也就是说，存在这样的可能性，今天的增值电信业务，明天有可能被重新定义为基础电信业务。

好，让我们先看看原信息产业部（现在的工业和信息化部）对基础电信业务的定义吧。2003 年 4 月，原信息产业部重新调整的《中华人民共和国电信条例》所附的《电信业务分类目录》，将基础电信业务分成“第一类基础电信业务”和“第二类基础电信业务”进行管理。

第一类基础电信业务需要建设全国性的网络，影响用户的范围非常广，关系到国家安全和经济安全，国家会控制这类业务以避免重复建设。我们说，土地、能源的重要性关系到国家安全和经济安全，而第一类基础电信业务的重要性，和土地、能源属于一个级别！

第二类基础电信业务对上述因素的影响程度相对小些，政府会根据市场发展需求和电信资源有效配置等因素和原则，逐步创造条件向社会开放。

以下列举几个具体业务名称，帮助理解上述定义。

1. 第一类基础电信业务

（1）固定通信业务

固定通信业务指通信终端设备属于“固定”性质。为什么必须固定呢？是因为采用电缆、光缆方式连接，通信终端无法大范围移动——当然，把电话机从桌子这头拉到那头，那不是移动，相信不会有如此较真儿的人来质疑“固定”二字吧！这类终端有普通电话机、

IP电话终端、传真机、无绳电话机、连网计算机等电话网和数据网终端设备。

（2）移动通信业务

通信终端可以长距离移动的业务叫作移动通信业务。移动通信业务包含1G、2G、3G、4G、5G等——很多人会问了，老杨，不对吧，这哪是业务啊，这分明是移动通信历史么！是的，是历史，也是业务分类。每种业务都要有专门的执照，比如中国联通在拥有4G运营牌照以前，是不能建设和运营TD-LTE网络的。

（3）第一类卫星通信业务

好家伙！原来卫星通信也属于第一类基础电信业务！是的，卫星通信经过通信卫星和地球站组成的卫星通信网络提供语音、数据、视频图像等业务。第一类卫星通信业务包括卫星移动通信业务和卫星国际专线业务。

（4）第一类数据通信业务

数据通信业务是通过互联网、帧中继、ATM、DDN等技术体制提供的各类数据传送业务。第一类数据通信业务包括互联网数据传送业务、国际数据通信业务、公众电报和用户电报业务。

2. 第二类基础电信业务

（1）集群通信业务

这种为多个部门、单位等集团用户提供专用指挥调度的业务，属于基础电信业务。

（2）无线寻呼业务

无线寻呼业务正逐渐淡出中国通信市场，但它依然是基础电信业务。

（3）第二类卫星通信业务

这类业务包括卫星转发器出租、出售业务、国内VSAT通信业务。卫星的移动通信和国际租线是第一类基础电信业务，而卫星转发器相关的租售业务被定义为第二类业务，这其实和数据业务分为两类是类似的。

（4）第二类数据通信业务

第二类数据通信业务是指固定网国内数据传送业务、无线数据传送业务，包括拨号、ADSL、GPRS、Wi-Fi等。注意，这类业务与第一类业务的区别是它们可以开展本地经营，而不像第一类数据业务必须具备全程全网的概念。

（5）网络接入业务

网络接入业务特指无线接入业务、用户驻地网业务。

（6）国内通信设施服务业务

国内通信设施服务业务指出租、出售国内通信设施的业务。

（7）网络托管业务

网络托管业务指受用户委托，代管用户自有或租用的国内网络或设备，包括为用户提

供设备的放置、网络的管理、运行和维护等服务，以及为用户提供互连互通和其他网络应用的管理和维护服务。一般是提供给大企业客户的业务。

基础电信业务的特点，用两个字形容就是“基础”，无论从网络形态还是业务模式，都相对基础，都是满足客户基础需求的，是电信业务的“第一产业”。

增值电信业务

增值电信业务不仅仅是一个技术名词，更是一个政策名词，它是电信业务中的第二、三产业。不同国家的电信监管机构、电信运营商以及电信贸易谈判中给出的定义和范围界定都略有不同。随着电信技术和电信业务的飞速发展，增值电信业务的范围已越来越广。

我国对增值电信业务的分类如下。

（1）固定电话网增值电信业务：包括电话信息服务、呼叫中心服务、语音信箱、可视电话会议服务。

（2）移动网增值电信业务，如彩铃、彩信、来话提醒、手机报纸等。

（3）卫星网增值电信业务。

（4）互联网增值电信业务：包括IDC、信息服务、虚拟专用网、CDN、会议电视图像服务、托管式呼叫中心和其他互联网增值电信业务。

（5）其他数据传送网络增值电信业务：包括计算机信息服务、电子数据交换、语音信箱、电子邮件、传真存储转发。

有一些业务界定并不那么容易。比如基础电信业务和增值电信业务中都有移动网增值业务，那么短信属于哪种类型呢？在大部分的电信监管部门的定义中，是这样区分的：短信业务，利用移动蜂窝网络和消息平台提供的移动台发起、移动台接收的短信业务，属于基础电信业务。因此，对于客户之间通过手机直接发送短信，属于基础电信业务。

实际上，之所以要有关于基础业务和增值业务的定义，是为了区别每类电信服务商的经营范围，这有利于对电信领域的监管，规避因电信业务引起的各种社会和经济问题，而与技术实现方式的关系并不是很大。

电信业务是社会人群的喉舌和耳朵，是敏感的表达和感受器官，关系到国家的稳定和安全、社会的团结与和谐，各国政府对其进行严格的定义和规范，是非常有必要的。前面提到过，通信有助于企业提高效率并增加利润，但是这是一把双刃剑——犯罪分子也可以利用通信提高为非作歹的效率并获取不义之财，如这些年屡禁不止的通信诈骗，就是利用通信服务便捷、低成本的特点，通过非法手段骗取他人财物或者进行社会破坏活动的。

在我国，基础电信运营商（中国电信、中国移动和中国联通）和获得工业和信息化部授权的增值服务提供商、虚拟运营商等都可以提供增值业务。近年来，增值电信业务不断发展，增值服务提供商正在走向规范化，并推出了大量吸引客户的业务。

增值业务举例

从通信网诞生起，增值业务就不可避免地存在了，800、400 号业务，IC 卡、IP 卡业务、会议系统、分布式呼叫中心、移动 IM 等已经成为电信运营商和增值服务商向社会公众提供的业务。

1. 800 号业务——放心打吧，我买单！

我们家里的、办公室的电话，收费模式都是以主叫方付费，被叫方免费。而 800 电话正好相反，由被叫方付费，主叫方免费。可以想象，让被叫方付费，绝对不是“冤大头”，而是被叫方出于企业形象、服务客户的考虑，为主叫用户“买单”，这是不是有点“周瑜打黄盖——一个愿打，一个愿挨”的味道？

企业铺天盖地的广告、电视购物在电视台垃圾时间的激情宣传，图什么呢？还不是期待客户给企业打电话、购买商品吗？怎么让客户更愿意拨打企业电话呢？替客户交通话的费用，就会吸引更多的客户打电话过来，这不正好符合企业的利益吗？

800 号就是在这种需求下诞生的。

最初的 800 号，是美国编号计划为 Freephone（被叫集中付费）业务分配的业务代码，简称 800 号业务。这项业务在 1967 年就被推出了。800 号是最早出现的“智能业务”。

在技术实现上，800 号业务最初都是由运营商的智能网实现的，确切地说，智能网控制了 PSTN 的计费环节。当固定电话拨打 800 号码，主叫方不计费，而被叫方承担本应由主叫方支付的市话和长话费用。移动电话拨打 800 号码，在国内，是无法打通的。这和运营商之间结算有关。

800 号码作为企业高大上的象征，承担高额的电话费用，具有一定风险。这项业务被许多企业作为一种经营工具广泛应用于广告效果调查、顾客问询、新产品介绍、职员招聘、公共信息提供等。800 号码由固网运营商总部统一管理，由 10 位组成（如华为公司技术支持电话为 800-810-5200），任何分公司都不能修改资费、调整话务路由。

2. 400 和 95 短号码业务——我们分摊吧，我出长途费！

400 号码也是企业的形象号码，只是 400 号码给企业降低了一定的话费压力。它不是由企业全部负担，而是由主叫方和被叫方分担费用。400 号码的总长度为 10 位，比如如家快捷酒店的订房电话 400-820-3333。任何拨打 400 号码的客户只承担市话费用，而若被叫为长途，长途费用由被叫方承担。

400 号码可以由手机和固定电话拨打，这一点与 800 号电话不完全相同。400 号码开通区域广、适用的终端类型广泛，并且有效遏制了恶意呼叫（恶意呼叫者也要承担费用），

对企业的成本压力较 800 号码小，经过运营商多年的宣传攻势，越来越多的企业都在选用 400 号码。

银行、证券、保险、航空等领域的企业，可以申请 95 号段 5 位电话号码，其资费政策与 400 类似，只是每年要缴纳 15 万元功能费。95 号码更为“高端”，毕竟 95 开头的 5 位数号码只有区区 1000 个。如中国建设银行是 95533。

95 号码属于全网呼叫中心号码，在申请之前首先需要办理全网呼叫中心增值电信业务经营许可证。并且，400 号码是向电信运营商申请，而 95 号段则需要向工业和信息化部直接申请。还有一种 96 开头的 5 ~ 6 位号码，与 95 号码的最大区别是，95 短号码可以在多个省统一使用，而 96 短号码则是某一省内的。

3. Voicemail——找不到我，给我留言！

被叫无法接听的电话，可以用语音信箱将其保存，在方便的时候，被叫方通过输入相关个人信息来听取主叫方的留言。这就是 Voicemail（如图 16-1 所示），中文翻译是“语音信箱”。

Voicemail 在欧、美、韩、日应用非常广泛，在我国一直没有大规模应用，这可能和中国人的性格有关，就像短信业务曾经在中国爆发，而在欧美则没有这么流行一样。一般来说，Voicemail 是伴随着其他服务一起应用的。比如和电话轮循相结合，客户打不通某组电话中的任何一个以后，才将电话转移到 Voicemail 上。

图 16-1 Voicemail——语音邮箱

4. 一号通——“一号永逸”！

现代化都市的人，每个人都可能有几个电话号码——这种情况越来越多。而有的人在两地工作，比如老杨，有时候在北京，有时候在上海，在每个地方都有一个手机号码，而这么多的号码，无论印刷到名片上，还是让客户记录下来，都是一件烦琐的事情。还有，当一个员工从公司离职，他将带走自己的手机号码，而很多客户都是通过这个员工的手机联系该公司的，这势必会造成企业客户的流失。

“一号通”就是在这种需求下诞生的。使用该业务的人只需要公布一个电话号码，这个号码可以在不同的时段、不同的场合呼叫转移到不同的电话上去。用户可以通过多种渠道进行设置——通过网络 Portal（是一个基于 Web 的应用程序，它主要提供个性化的单点登

录门户、不同来源的内容整合以及存放信息系统的表示层）、通过电话或者手机根据语音提示等方式，随时调整通话情境模式，比如在家时、在办公室时、外出时；也可以设定时间段、节假日模式，自由设定每种来电的转接顺序和接听方式。只要做好配置，当主叫用户使用任何一个终端呼叫被叫用户时，在被叫用户上可以显示同一个主叫号码。

“一号通”的另外一种应用情景是临时号码。有时候，需要在一段时间内向公众公布一个电话号码，而过了这段时间之后，该号码将被取消。比如你有房屋要出租，在网上留下了你的号码，但是房子租出去之后，还会有不了解情况的人给你打电话。怎么办呢？一些增值服务提供商会向你提供一个临时的号码，这个号码可以呼叫转移到你现在的电话上。当你的房子租出去后，可以把该号码取消。增值服务提供商将该号码保留一段时间（比如半年到一年），再出租给其他客户。乘客在使用滴滴打车时，也会被分配一个临时号码，司机若要联系乘客，通过打车软件拨打的实际上就是这个刚刚分配的临时号码，这种方式很好地保护了客户的隐私。

5. CTI 技术及其应用——从 IVR 到呼叫中心

上一章就提到 CTI 这个词，它过去被称为 Computer Telephone Integration，“计算机电话集成”，从名字的改变可以看出行业的变迁。开始，计算机和电话系统进行简单的集成，后来计算机和电话系统的七大姑八大姨们进行集成，于是 CTI 的“T”从 Telephone 扩展到了 Telecommunication，也就是说，计算机可以和短信、彩铃、数据通信等电信领域的技术和业务配合，充分发挥信息领域和电信领域的优势，为企业办公自动化、流程信息化提供更完美的实施方案。

在大量的电信增值应用中，CTI 技术是与计算机技术结合最紧密的业务之一，它涵盖了数据通信网络及传统语音通信网络的诸多内容。

银行储户小周希望了解自己的银行卡余额，于是她拨打某行电话 9****，系统提示“普通话请按 1，English Please Press 2”——还记得这种提示音的“学名”吗？对！IVR！小周按 1 键，系统提示“请输入您的卡号，按 # 号键结束”，她输入自己的卡号并用“#”结束输入，系统提示“请输入您的密码，按 # 号键结束”，她输入自己的密码并用“#”结束输入，系统提示“输入正确。查询余额请按 1，人工服务请按 2”，下面就有两种情况：若她输入“1”，系统提示“您卡上的余额还有 345 元 4 角 8 分”；若她输入“2”，系统将自动把电话转接到某个坐席员，小周就可以向坐席员咨询更详细的有关自己银行卡的信息。这里的按键，都是通过DTMF信号（第15章我们进行过介绍）传送到接收端的，接收端将这些信号收集并识别，进入计算机系统。

这个案例中还有一个关键技术，在呼叫中心中应用也比较广泛。当客户查询自己卡上

的账号余额，系统会根据账号和密码，把数据库的对应信息提供给客户，并且使用 TTS(Text to Speech) 技术“读”给客户听。

CTI 的硬件平台一般是语音卡，以 Dialogic 等为代表的语音卡制造商开发出不同接口类型、处理能力和应用场景的语音卡，并提供完备的 API 接口函数。软件厂家利用这些 API 接口函数，制作各种中间件产品，如图 16-2 所示。

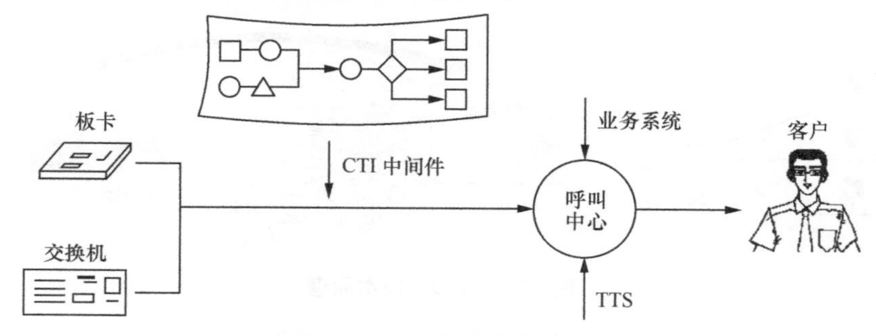

图 16-2 CTI、呼叫中心的行业价值链

CTI 应用一般都是由企业客户自己建设的。而电信运营商采用 CTI 技术，可以让客户自服务查询话费账单。别小看这 CTI 的应用啊，“以人为本”不是嘴上说说，而是要通过技术手段真正应用到我们日常的生活中来!

技术革命此起彼伏，即使把 CTI 理解为计算机与电信的集成，已经开始落伍。计算机领域已经引入了通信技术，在电信设备中也增加了计算机技术的应用，它们已经融合在一起，根本无须“集成”!

6. CDN——给互联网加速!

不同的网络所有者之间的互连互通，是人为决定的。但是用户在获取信息时，只能将自己先“就近”接入某一个 ISP 的网络。要想获取另外一个网络所有者所拥有的某台服务器的信息，必须经过这两个 ISP 之间的互连互通链路。比如在我国，运营商之间的互连互通，有商业上的各种复杂关系，未必能做到最优。就算在一个运营商内部，各省、各地市之间的网络互连带宽都未必能满足人们对带宽的狂热追求。如何能够超脱于并不富余的网间带宽的瓶颈，来保证用户高速地获取信息呢? 还有，单台流媒体服务器的处理能力是有限的，如何克服单机系统输出带宽及并发能力不足的缺点呢?

本节将为各位介绍互联网加速技术——CDN(如图 16-3 所示)，它为解决这类问题提供了优秀的方案。CDN(Content Distribution Network) 即“内容分发网络”，有时也被称作内容传递网络 (Content Delivery Network)。它作为一种提高用户访问的响应速度和命中率，特别是提高流媒体内容传输的服务质量、节省骨干网络带宽、降低网络拥塞的技术，在国内外已经得到了广泛应用。

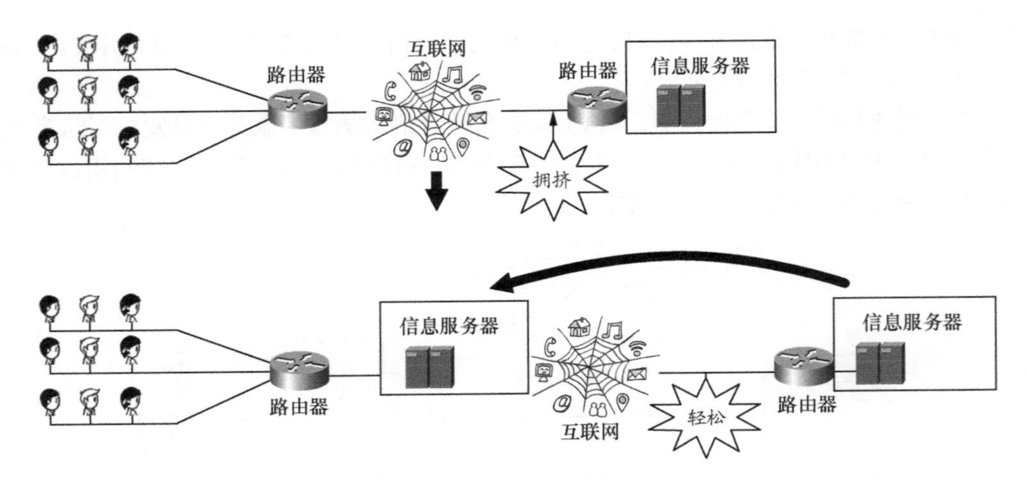

图 16-3　CDN 技术原理

CDN 网络运营商放置多台所谓的“镜像服务器”在网络的多个位置，包括不同运营商的 IDC 机房，或者同一个运营商不同区域的 IDC 机房，并通过 IP VPN 连接它们，从而组成一张内容分发的“网络”而非若干服务器的简单堆砌。镜像服务器可采用 DNS 解析或 HTTP 重定向两种工作方式，通过缓存服务器或者异地镜像站点完成内容的传送与同步更新。业内的普遍经验规律是，HTTP 重定向方式的准确率为 99% 以上，一般情况下，各缓存服务器群的用户访问流入数据量是缓存服务器到原始网站取内容的数据量的 2 ~ 4 倍，即分担 50% ~ 70% 的用户访问数据。对于互联网访问 2/8 原则，超过 80% 的用户经常访问的是 20% 的网站内容，这对整个互联网流量的均匀分布和快速扩张具有深远意义。

在 CDN 技术中，关键技术诸如内容路由技术、全局负载均衡及内容分发技术、内容存储技术、内容管理技术等，就是来解决这些问题的。因此，CDN 是策略部署的服务系统，它代表一种基于质量和秩序的网络服务模式。

受制于版权问题、服务质量问题等，CDN 服务也是一种受政府监管的业务模式，目前国内有几十家 CDN 服务商获得了运营权。

应急通信服务

我们所指的“移动通信”，并非所有组成部分都能随便移动。手机终端可以移动，但基站、光缆、交换机是无法高频次移动甚至是不能移动的，在遇到自然灾害、安全生产事故时，这些固定的设施很容易被破坏。当突发事件来临，我们常规的通信系统将不能正常工作，涉事人群将与外界失去联络。还有很多重要的节假日、会议、比赛、大型聚会等场合，

会出现一定区域的通信需求骤增。这两种情况催生了应急通信服务，通信人综合利用各种通信资源，保障救援、紧急救助和必要通信所需的通信手段和方法。这是一种具有暂时性的、为应对自然或人为紧急情况而提供的特殊通信机制。应急通信案例如图 16-4 所示。

图 16-4　应急通信

“应急通信”一词，对许多人来说可能显得陌生而专业，但在过去人们缺乏现代电信技术的情况下，除了信件之外的几乎所有通信手段都是应急通信，比如“烽火告急”“飞鸽传书”，往往传送的都是最紧急的信息，并且往往用于军事用途而非民用。我们熟悉的抗战时期采用的“鸡毛信”，也是应急通信手段，也是应用于军事领域的。

我们回顾一下互联网的诞生历史，ARPANET 不也是美国国防部为了考虑战时所需，如果网络被战争机器炸为碎片，这些分散的碎片仍能够有效实现通信吗？

基于对“应急”概念的理解，“应急通信”是应对突发事件的通信。应急通信的英文是 Emergency Communication。直译成中文则是“紧急事件通信”。这样翻译的意思大体接近，但是仍然不够确切。

从应急的概念因素分析来看，很显然，应急通信不是某一种通信方式，而是一系列支持不同应急需求，因而具有不同属性的通信方式的组合。应急通信功能结构如图 16-5 所示。

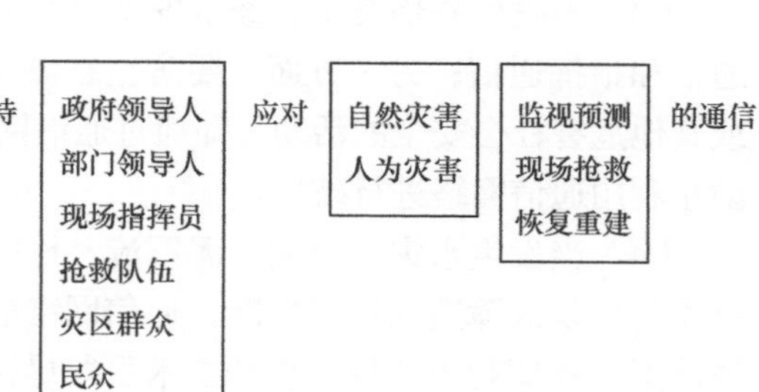

图 16-5　应急通信功能结构图

从应急通信功能结构图中可以看出，应急通信根据使用要求的不同可能分为多种应急通信系统。例如：

（1）支持国家重大突发事件监视和预测的通信系统；

（2）支持地方发现和处理突发事件的通信系统；

（3）支持灾区最高指挥员实施现场指挥的通信系统；

（4）支持现场抢救的通信系统；

（5）现场电视转播系统；

（6）灾区现场应急通信技术支持系统；

（7）灾区群众自救和呼救应急通信；

（8）灾区群众对外通信。

但是可以肯定的是，应急通信不是一种而是多种通信系统。

当今社会，日益增多的大型集会类事件给现有通信系统带来极大的压力。同时，一系列的突发事件诸如地震、火灾、恐怖事件等不断地考验着政府及其相应的职能机构（如基础电信运营商）的工作能力、办事效率。

应急通信体系在城市运转遭到突发灾害或事故时，承担着及时、准确、畅通地传递第一手信息的“先锋”角色，是决策者正确指挥抢险救灾的中枢神经。应急通信需要在突发灾害来临时，真正及时、准确、畅通地传递抢险救灾信息，而不是在紧急情况发生时成为瞎子和哑巴。也只有这样，才能把好城市安全管理的第一道关。

在不同场景条件下，人们对应急通信有着不同的要求。

（1）由于各种原因发生突发话务高峰时，应急通信要避免网络拥塞或阻断，保证用户正常使用通信业务。通信网络可以通过增开中继、应急通信车、控制交换机负荷等技术手段扩容或减轻网络压力。并且无论什么时候，都要能保证指挥调度部门正常的调度指挥等通信。

（2）当发生交通运输事故、环境污染等事故灾难或者传染病疫情、食品安全等公共卫生事件时，通信网络首先要通过应急手段保障重要通信和指挥通信，实现在自然灾害发生时的应急目的。另外，由于环境污染、生态破坏等事件的传染性，还需要对现场进行监测，及时向指挥中心通报监测结果。

（3）当发生恐怖袭击、经济安全等社会安全事件时，一方面要利用应急手段保证重要通信和指挥通信；另一方面，要防止恐怖分子或其他非法分子利用通信网络进行恐怖活动或其他危害社会安全的活动，即通过通信网络跟踪和定位破毁分子、抑制部分或全部通信，防止利用通信网络进行破坏。

（4）当发生水灾、旱灾、泥石流、地震、森林草原火灾等自然灾害时，会引发通信网络本身出现故障造成通信中断，通信网络应通过应急手段保障重要通信和指挥通信。这种情况下，就要利用各种管理和技术手段尽快恢复通信，保证用户尽快恢复通信业务，并及时向用户发布、调整或解除预警信息，同时，保证国家应急平台之间的互联互通和数据交互，疏通灾害地区通信网的话务，防止网络拥塞，保证用户正常使用。

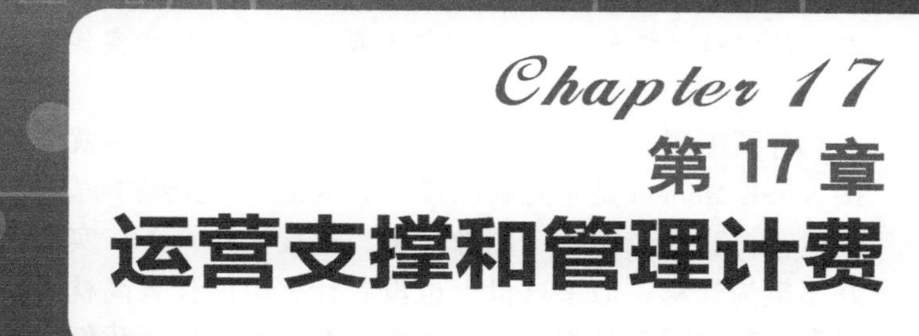

Chapter 17

第17章 运营支撑和管理计费

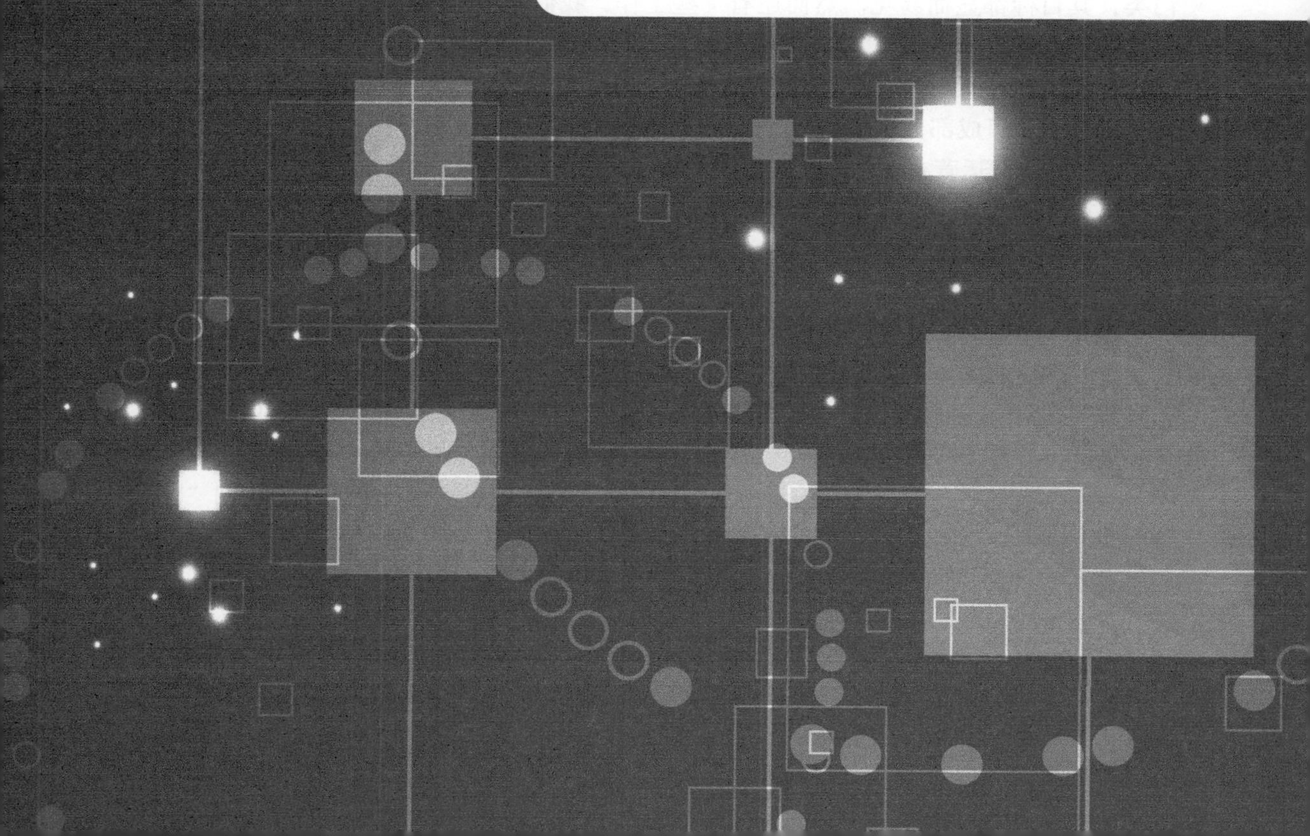

2015年4月，李克强总理在召开的一季度经济形势座谈会上提道，“流量费太高了。”话题一开，就引发了与会人士的热烈讨论。5月，李克强总理在主持召开国务院常务会议时再度明确促进“提速降费”的五大具体举措。其中包括鼓励电信企业尽快发布提速降费方案计划，使城市平均宽带接入速率提升40%以上，推出流量不清零、流量转赠等服务。

2017年5月1日起，三大电信运营商不约而同地下调了“一带一路”沿线国家和地区的漫游资费。2018年，三大电信运营商继续大幅度下调资费，贯彻国务院“提速降费”的相关要求。

2019年3月，十三届全国人大二次会议政府工作报告提出关于网络“提速降费”的要求：今年中小企业宽带平均资费再降低15%，移动网络流量平均资费再降低20%以上，在全国实行“携号转网”，规范套餐设置，使降费实实在在、消费者明明白白。

有了编码、寻址、交换、路由，电话网是不是就能把电话呼通，计算机插根网线连接ADSL Modem是不是就能接入Internet，让传输网安全、高效地传送，让交换网无阻塞地运行，让声音清晰、图像优美、连接快速？不！实际情况是，很多事情并不以人的美好愿望为转移，似乎这世上也没有什么事能让人高枕无忧。本章之前所提到的所有技术门类，其目标都显而易见。然而还有一些工作，我们未必能够想象到，即使初学者有一些了解，也往往认为是“可有可无”的。但是它们必须存在，也客观存在，没有它们，基本业务可能都无法大规模向用户提供。它们是电信网必不可少的部分，是涉及电信网络生态的重要组成部分。

它们称为“运营支撑和管理计费系统”。它们占据电信网研究和建设相当大的比重，但却极易被大众忽略。

通信网的运营支撑和管理系统必须精细而稳健。它们对于通信网，就像氮磷钾之于庄稼，维生素之于人体。

要让网络运营者能够正常经营、获取利润并扩大再生产，通信网必须能够确认用户的合法性、制定和实施计费的费率、统计服务的数量（如客户的通话时长、上网的流量、短信条数等），并提供客户用以查询服务数量的统计信息源、查询通道和缴费入口。

还有一些不大容易理解的“元器件”，如时钟。要让通信设备之间有效交互、整个通信网络步调一致地平稳运行，互连设备之间需要有一致的节奏，这时我们需要用到“网络时钟同步”。

在本章，我们要介绍几个通信网的基本支撑环节——时钟同步、认证和鉴权、网络管理和计费营账系统。

同步——让通信网有统一的时钟

通信网络的各个节点，都要有一个“钟”，每个节点都要保持时钟的一致，否则就可能造成各种错乱的现象。电信网的“钟”并不像现实生活中的钟表那样以“几点几分”为标识，而是采用技术手段保持同一个节奏，接收端和发送端保持节拍一致，不至于在发送端开始发送信息时，接收端还没有调整好节奏来接收信息。“时钟同步”是通信网调整基准“节奏”的过程。

同步网就是电信网络节点的“时钟”，它保证整个电信网（尤其是 TDM 网络）在某一个特定的“节奏”下步调一致地交互信息，而避免上文所说的“错乱”现象的发生。

我们注意一下大型乐队的指挥，无论是管弦乐器还是打击乐器都要在指挥家的统一指挥下演奏，而乐谱本身就是按照小节来写的，小节形成节奏。无论一个乐队有多少种乐器，每种乐器的音色差异有多大，都必须拥有统一的节奏，从同一时刻开始进入同步状态——注意，“同步状态”并不是“同时状态”，在乐曲中，如果你不发声，那就是“休止符”。

只有这样，一支乐队才能演奏出和谐的音乐；如果钢琴演奏快了、小提琴慢了，即使每个乐手都是顶尖高手，乐曲有多么美妙，钢琴和小提琴各自的音色多么优美，听众恐怕都要把刚吃的晚饭吐干净。在通信网中，如果没有信号传送，就传送一些“填充”比特来保证整个系统“步调一致”。

网同步技术领域主要包括实现网同步的具体技术和时钟分配网络技术两部分。

若要实现全网同步，就要在传输、复接、交换等信号传送和处理的每一个环节都要进行同步。比如在数据传输时，同步技术决定了传输信号的损伤程度（对信号的任何改变、拉伸、延误、提前都是损伤），如误码、抖动、漂移、滑动、时延等。

时钟同步的实现可以有几种方式，想想你平时是怎么知道标准时间的。

一种方法是听广播的“最后一响”。在通信中，一台设备可以取同步卫星或者原子钟、石英钟等公认的标准时钟，当然，它必须具有获取标准时钟的装置，这个装置就是“局钟设备”。

另一种方法是看手表，或者看计算机、手机的时钟，那么这些“时间”来自哪里呢？它们来自于与标准时钟“对时”（如与广播的“最后一响”对时）。在通信网中，设备可以从传输线路中“提取”时钟，就像从别人的音乐中找到节奏并跟随演奏一样，而不需要每个人都手举一个节拍器。

比如以太网物理层编码采用 FE（百兆）和 GE（吉比特）技术，平均每 4 比特就插入一个附加比特，这样在其所传输的数据码流中不会出现超过 4 个 1 或者 4 个 0 的连续码流，可有效地包含时钟信息。在以太网源端接口上使用高精度的时钟发送数据，在接收端恢复并提取这个时钟，可以保持高精度的时钟性能。

通信网中时钟分配的方式如图17–1所示。

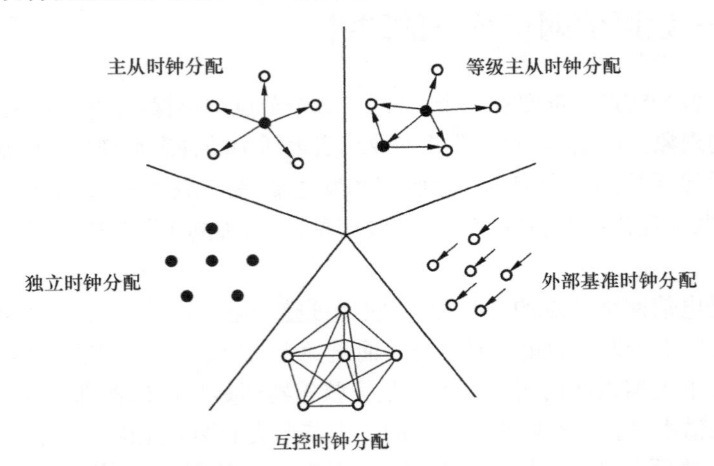

图17-1　时钟分配的方式分类

网络中的“最后一响”是由局钟发起的。局钟设备是一个高可靠性的频率综合设备，实现时钟提纯、频率变换、并行输出标准时钟等功能。其中的输入接口单元接收来自本地原子钟、石英钟或上级局钟的5MHz标准频率信号。

认证和鉴权——通信网准入策略

通信网是信息交互的媒介，并不是所有的网络路径和信息内容都要对任何人开放。企业所拥有的信息，大部分企业内部员工一般都可以无偿获取其中的一部分，外部人员不经授权是不能获取的。企业一般都拥有自己的特定地域空间（如办公室、厂房、机房等），具有天然的屏障，除了分支机构、外出办公员工通过VPN等形式与企业网互通外，其他人很难进入，因此认证和鉴权工作相对容易。

而对于公众网甚至是电信网，其中的信息并不允许任何人未经授权地使用。典型的是电信网，接受服务合同后方可使用，未签约用户是没有使用权的。那么，通信网靠什么来阻止未经授权的用户使用呢？进学校要有校徽，进考场要有准考证，进网络要有认证和鉴权！

认证是让任何希望进入企业网或者公网获取信息的用户，通过技术途径获取企业网或者公网信息的方法。我们不能说是通过合法还是非法的手段，因为从技术途径上来说，黑客进入某个企业网，他是非法的，但是他往往利用一些技术手段获得认证和鉴权，从而伪装成“合法用户”。

对于电话用户，从运营商拉来的双绞线，天生已经被认证和鉴权了，因为这条线路是

物理线路。前文我们说过，运营商在交换机上已经配置好了这根双绞线对应端口的电话号码，并且全程全网做好了路由，这种状况下，我们就不再研究其认证和鉴权机制。任何人都不可能通过电话机随意修改电话号码。

那么对于通过各种 Modem 接入网络的用户，一般采用 PPP 方式进行认证和鉴权。而对于以太网、ADSL 以及光纤入户，往往采用将 PPP 封装在以太网帧中传送认证和鉴权信息的方式，也就是 PPPoE。这在第 10 章的数据通信中，介绍 ADSL 时已经给各位读者做过详细介绍。请各位再回忆一下有关 RADIUS、BRAS 等方面的知识。拨号的认证和鉴权过程如图 17-2 所示。

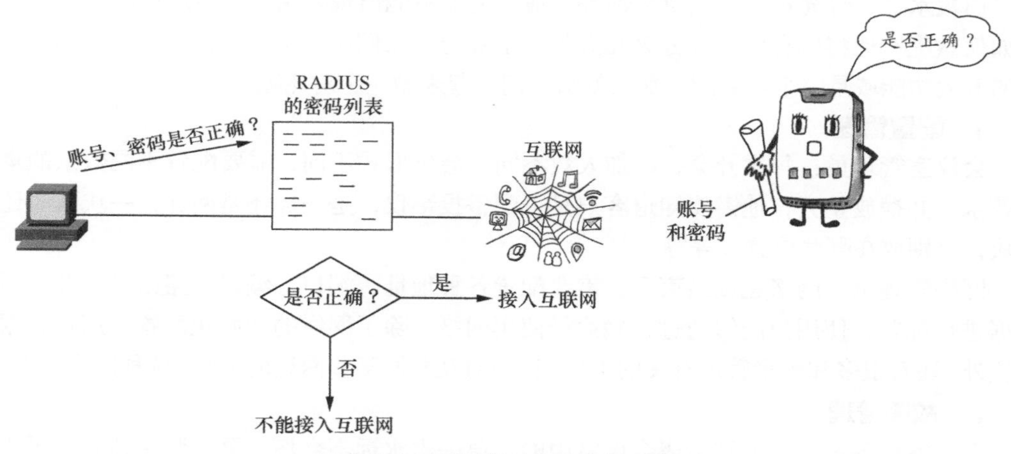

图 17-2　拨号的认证和鉴权过程

网络管理——通信网忠实守护神

当服务供应商或者网络所有者把一大堆设备安装到机房、把线缆连接好，就可以给客户提供业务了。无论是业务开通还是发生网络故障，都需要专门的人员对网络进行维护。当然也可以在每台设备旁边都配备一名高级工程师，他勤奋好学，他刻苦钻研，他锲而不舍，但新的问题接踵而至。

- 高昂的人员成本：薪金、保险、补贴、培训、差旅、通信、休假，当过家的，都知道柴米有多贵！
- 网络发生故障，每个人都要仔细查看自己维护的设备是否有故障，而判断故障谈何容易？！
- 客户要求开通业务，每台相关设备的管理人员都要对自己管辖的设备进行配置，反复组织、沟通、协调，过程烦琐！

这林林总总的问题一定会让所有服务供应商个个如热锅上的蚂蚁！怎么办？怎么办？

还好，我们的通信专家早就意识到了这个问题。当今，网络管理已成为通信网的一大课题。几乎所有的通信产品都涉及网络管理。从经验来看，网络维护的总成本，远远高于网络建设的总成本。有人拿大海中的冰山来形容通信网的建设投资，海平面以上的部分是建设成本，而海平面以下、人们不易看到的巨大冰山“底座”是网络维护的成本。如果网络规划没有做好、网管系统功能不全，其维护成本将更加高昂。

网络管理就像对会议室进行管理一样。一个会议室的管理员，要管理的物品是桌椅茶水、白板水笔、灯光投影、花草装饰等，他知道他不能出现差错，至少应该减少出错。那么如何做呢？他将所有的管理分为几大类，正好与专家们所提出的电信管理网（TMN）框架的五大功能域是完全一致的，那么就随我们一起来做一个对比吧！

1. 配置管理

会议室管理员：每次开会，参加人数不同，会议形式不同，需要配置不同数量的桌椅和茶水，并摆放整齐；他需要知道客户是否配备投影仪，是一部还是两部，一块幕布还是两块，分别放在哪些位置，等等。

网络管理员：网络建设结束后，需要配置各种地址、端口、编码、路由等，并对用户数据进行配置，使用户能够通过正确途径使用网络。除了网络的初始化配置、用户数据的配置外，还有很多和配置管理有关的工作，比如对互联网某些网址的屏蔽、各种路由调整等。

2. 故障管理

会议室管理员：千万别指望会议室中的一草一木永远不会坏，凳子腿断掉是不可避免的，水笔写不了字是不可避免的，投影仪也不是永不损坏的，发生问题要尽快找到正确的方法予以解决。

网络管理员：别指望网络设备和传输线路是永远不会坏的，光纤被挖断是不可避免的，交换机发生硬件故障是“天经地义”的，路由器某个时段CPU温度过高造成死机也是很有可能的，发生问题要尽快采取正确的处理手段。网络故障发生后，一般要经过分析、定位、排除、总结等几个步骤。

3. 性能管理

会议室管理员：要查看会议室的任何内容是否能够正常工作，并对其状态进行收集和处理，对客户参会后的评价进行分析和改进；当越来越多的客户需要更大的会议室，需要将信息汇总、分析并迅速上报；以月、季度和年为周期，对会议室的使用情况进行统计，观察哪类会议更喜欢租用这间会议室，这个结果对以后如何维护会议室、如何进行会议室出租的市场宣传是很有必要的。

网络管理员：网络管理员要定期统计每个端口的业务流量，要分析每个客户的使用情况以及平均每用户收入（ARPU，Average Revenue Per User），如果因业务增长而发生忙

时系统容量达到或超过 70%，就要向上级发送扩容警告，否则，市场活动就要暂停，否则过高的网络压力会让已经签约的客户受到影响。总之，要连续地监控、报告和估计网络单元的属性，给网络经营者提供经营依据。

4. 账务管理

会议室管理员：会议室所提供的租赁服务是要收费的，会议室的大小、来的人多少、茶歇的水果种类以及前台花篮的大小，都决定了收费的数额，你在与客户谈判费用的同时，还要商议付款方式，比如交多少订金、尾款多少，是总体打包的形式，还是每项分别列出？是否在会议淡季赠送投影仪的使用权来拉拢客户？

网络管理员：网络管理员分为两种情况，企业内部网的网络管理一般不需要内部计费，只是要与电信运营商或服务提供商对账，检查账务是否准确。而对于电信网的网络管理员，必须保证通信网能够精确计费，从而回答谁用了、用了多少。比如 PSTN 的计费，每分钟话务的价格是按照 60s 计费（俗称 60＋60）还是按照 6s（俗称 6＋6）计费？是包月还是按照流量计费？网络管理机制必须考虑这些问题并有相关设施能保证上述的计费方式准确应用。

5. 安全管理

会议室管理员：会议室管理员要保证会议室的物品不被盗窃或故意损坏，要保证正在进行的会议，不会被不法分子或者恐怖主义组织（说的有点吓人了是吧？可是有些会议室管理员不得不考虑这些问题）的干扰。

网络管理员：考虑网络是否使用良好和是否有非法用户的问题。它由一组保护网络资源访问的机制组成，如设备校准、接入控制和维护操作的安全性登录。

谁说隔行如隔山？看看上面的对比，我们发现会议室管理员和网络管理员其实所做的工作有无数的共通之处！

电信网之所以能够长期稳定的运行，与其背后法规制定者、电信管理者和维护者的辛勤劳动以及密切配合是分不开的。电信网是关系到国家安全的基础网络，没有好的网络管理，其后果可以严重到危害国家安全的程度。对于因维护不当造成的客户损失，一般来说都是比较严重的，尤其是电信基础业务（如语音和基础数据业务），若出现非不可抗力的长时间中断，相关维护部门或者与之有关的设备厂家，要负法律责任。

目前我们经常使用的网络管理协议是简单网络管理协议，不过大家一般都喜欢叫它 SNMP（Simple Network Management Protocol）。另外，ISO（我们应该对它不陌生了）制定的 CMIP（Common Management Information Protocol）也有一定的应用，但是由于 CMIP 对网络性能要求过高，因此流行度远远不如 SNMP——这又一次印证了“简单实用的东西最容易流行”这一规律。

SNMP 是基于 TCP/IP 协议族的网络管理标准，网络中被管理的每一台设备的管理信息都搜集和保存在一个管理信息库（MIB）中，通过 SNMP，网络管理系统 NMS 能够获取这些信息，被管理的设备叫作“网元”，是内置SNMP客户端的路由器、交换机、服务器、网络打印机等。NMS运行网管软件来实现监控被管理设备的功能，通过这个软件，还可以对网络设备的部分参数进行配置。

千变万化的电信计费模式

作为电信运营网组建的网络，计费是电信网不可或缺的组成部分。运营中的通信网，在其计费管理的复杂度上远远高于一般的可见商品（如餐饮、房产、日用消费品）的复杂度，也远远高于一般的服务行业（如酒店、交通、物流、出租车等）的计费管理。电信网计费很难用其他行业的计费方式进行类比，当然局部方式会有类似之处。

电信网计费，有几种基本模式。

1. 按照时长×单价的计费方式

时长×单价=费用。话音业务基本都是按照时长计费的。从双方的电话被“叫通”开始到任何一方挂机结束，这段时长被称为一个电话的“通话时间”。而若拨打对方电话，听到的任何回铃音，包括传统回铃音和彩铃，这段时间都是不计费的，直到被叫方接起电话。

通话时间过去都是按照某个单位时间计费，比如按分钟，或者按6s。

话费单价受工业和信息化部、国家物价部门的管理和监督，按照各种不同的通信手段、不同的地域差别、不同的运营商，费率会有所不同。在国务院对运营商提出“提速降费”的大背景下，这些年，通信资费不断降低，无论是固话、宽带、移动电话、移动流量的资费都在大幅度下降。比如移动通信的ARPU值（人均月通信费）已经降低到几十元，并且在2018年完全取消了国内漫游通话费，大部分流量套餐都与移动电话一起，采取包月的方式。

2. 按照数据流量计费

按照数据流量进行计费是很多通信网管理者的梦想，尤其是IP网络运营者。这里的数据流量，一般以数据量为单位，比如千位（Kb）、兆位（Mb）或者千字节（KB）、M字节（MB）等概念。

3. 按照次数计费

短信业务是典型的按照次数收费的，网内互发和网间互发在2009年1月前有区别，目前已经统一。70个字符以内的短信价格相同，如0.1元/条，如果同一条短信超过70个字符，那么就要增加计费次数了。

4. 按照带宽、端口或号码数量

目前，很多租线式业务和许多电信增值业务都采用这种方式，如帧中继业务端口租赁、IDC机房服务器托管、云服务费、宽带包月、拨号包月、VPN、卫星租线业务等。

5. 按照通信发起/接收角度计费

同一个通信过程，主叫方和被叫方的资费在电信网中经常是不一样的。

一般情况下，固话网主叫方付费，被叫方不付费。第 16 章介绍的增值业务中，800 电话主叫电话免费，被叫付费；400 电话主叫方只需缴纳市话费，被叫方承担市话和长途费用，属于主被叫分担付费。短信业务发起方交费，接收方不付费。移动通信业务比较复杂，在过去还有漫游费，也是按照时间长短收费的，随着“提速降费”行动的进行，漫游费已经完全退出历史舞台。

总之，每种业务类型都紧密结合其资费方式。

6. 按照时段进行计费调整

按照时段进行计费是长途电话经常使用的一种资费方式。比如原中国电信的“九州夜话”的费用，每日 0 时 ~ 7 时，长途话费 6 折优惠。这种方式是为了吸引客户多在这个时段打电话，来填补交换机的空闲。随着资费的降低，这种按照时间段收取不同费用的模式基本已经消失。

7. 混合型资费

在以上几种计费方式的基础上，可以有多种基本方式的组合。而目前电信领域竞争激烈，因此基本上所有的计费方案都带有一定的“混合性”。比如著名的“冰激凌”套餐，就是采用使用越多，平均资费越便宜的模式。

形形色色的价格套餐，其初衷都是为了最大化地获取利润，价格套餐，具有价格竞争的隐蔽性，能够适应不同用户对通话量多层次的需求，并且一般的套餐设计是根据运营商自身的用户结构、财务状况、赢利目标等综合因素来考量设计的，所以很难被完全复制和模仿。这是经济学范畴的问题。因此，资费套餐的设计是一项需要智慧和丰富经验的工作，它的设计既要方便用户理解和选择，从而吸引用户积极参与，又要在用户的不经意之中，实现运营商自己的设计目标。

8. 云计算的计费

虽然我们还没详细介绍云计算，但不妨先给读者介绍一下云计算的计费方法。云计算计费并没有统一标准，往往是根据行业惯例和商业机构的竞争态势，根据业务类型（IaaS、PaaS 或 SaaS，第 18 章会介绍究竟是什么概念）的不同，采用不同的计费模式。比如 IaaS 模式下，一般按照虚拟机或 CPU 的数量、性能、占用时间、内存容量、存储容量等进行计费，而虚拟机的性能不同，计费标准也不尽相同。对于 SaaS 模式的云存储服务，计费项可以包括容量、外网流量和用户请求次数等。

运营商之间的互连互通与结算

大家知道，在 20 世纪 90 年代后期，随着电信和移动“分家”，中国联通、中国网通、中国吉通、中国铁通的成立，打破了一家电信运营商（当年的中国电信）长期垄断整个市

场的格局。今天的三大电信运营商中国移动、中国电信和中国联通，已经进入白热化竞争的时代。

还有许多大行业、政府部门或单位，为满足自身进行生产组织管理、调度指挥的需要所建立的网络，这些被称为“专网”。军队、能源、政府教育、交通等领域的机构，很多也都建立了自己的交换网和长途传输网。

还有广电网络、互联网公司、IDC、ISP、虚拟运营商（VNO），他们都根据自身的业务特点和需要，建设自己的通信网络。

每个运营商、每个对外提供服务的企业，都有各自的客户群体和业务系统，它们之间相同性质的网络，无论是语音网还是互联网，都应该，也必须实现互连互通。每个专网也都有自己的“客户”群体，它们需要与外界的公网沟通，就必须和电信运营商的同质网络实现互连互通。

注意，通信网不仅仅是商业，还是政治，因为信息关系到国计民生。中国联通的手机用户，一定会拨打中国电信的固定电话，或者接听来自中国移动的手机用户；中国移动的宽带用户也一定会访问中国电信 IDC 机房里的隶属于某知名或者不知名 ICP 的内容资源；军队、石油、煤炭行业也需要与中国电信、中国移动、中国联通的客户进行语音的沟通或者数据业务的互连。

但是计费呢？不管通信网的所有者是运营商还是政府机构、企事业单位，它们之间的互连互通，都应该是买卖关系。它们是如何进行交易的呢？换句话说，如果两个运营商的通信网之间有一条光缆连接起来，这段光缆谁来支付建设费用？每个网络所有者在什么情况下算是卖东西，什么情况下算是买东西？在某个时间段内，又如何计算它们各自买了和卖了多少东西呢？这在其他行业中仿佛一目了然的问题，在通信行业却有点让人摸不着头脑。

先说专网与公网之间的连接，双方可以在国内长途电话网、国际电话网、IP 电话网、移动网、互联网等多种性质网络之间形成互连互通。单就语音网而言，目前全国所有的专网都已经实现了与公网的全自动连网，专网占用公网本地网市话号码资源，实现与公网等位拨号。从拨号方式上，专网与公网用户没有差别。互连所需中继电路若由专网单位投资建设，电信运营商免收全部入、出中继电路月租费。若中继电路由电信运营商投资建设且为双向通道，则由电信运营商向专网收取标准资费一半的月租费。专网与电信运营商的固定本地电话网、国内长途电话网互连时，专网交换机与公网交换机不在同一个营业区，互连中继电路由专网单位投资建设的，专网至公网该营业区的通话按照本地网营业区内通话费标准（市话费标准）收取。

而公网之间的互连，和上述专网与公网互连的网络性质方面区别并不大，只是公网互连互通的覆盖范围更广、应用更普及，发生矛盾的地方也更多。在语音方面的互连互通遵从以下重要原则：长途跨网情况下，在本地网进行跨网，在被叫方的网络走长途。这话说

得很绕嘴，我们举例说明：运营商 1 在 A 市的客户 a 给运营商 2 的 B 市客户 b 打电话，线路是从 a 到运营商 1 的 A 市本地网—本地互连互通—运营商 2 的 A 市本地网—长途线路—运营商 2 的 B 市本地网—客户 b，如图 17–3 所示，跨过中间虚线的地方就要进行结算。

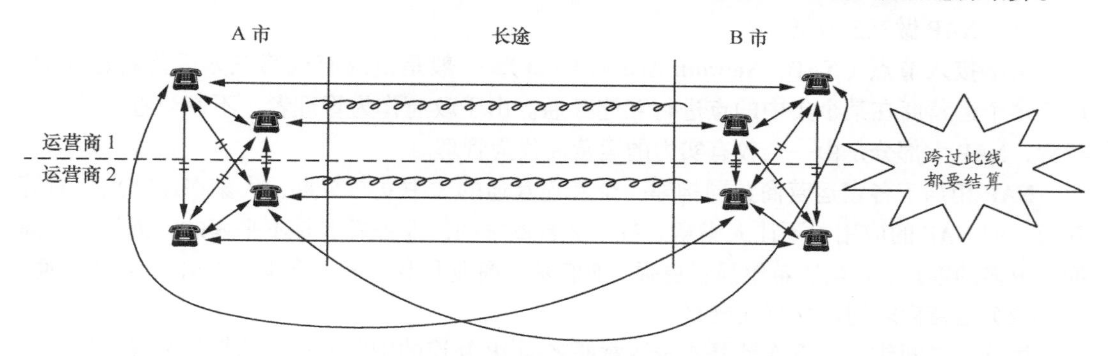

图 17-3　互连互通与结算

这种方式的定义，其初衷是为了统一，也就是说，保证所有运营商之间利润的公平性，也保证本地的话务，虽然不是本运营商发展的，但是也可以获取利润。

现在我们以公网之间的互连互通为例，讲讲语音网和 IP 网互连互通中的结算问题。

1. 语音网的网间结算

语音业务是电信网络最基本的业务。A 和 B 拥有相同的用户类型和信息类型，那么我们可以这么理解：被叫是信息源，主叫是信息需求方。那么任何一个电话用户，无论他在 A 网络上，还是在 B 网络上，都既是信息源（在作为电话被叫时）又是信息需求方（在作为电话主叫方时）。A 的用户若向 B 的用户拨通电话，虽然数据流量是双向对称的（没有哪项技术让语音通信双方按照各自说话时间长短收费），但由于 A 的用户主动发起，A 的该用户就应该承担相关费用（800、400 等特服号码除外），该用户向 A 运营商交费后，A 运营商要向 B 运营商交付“结算费用”。因此电信管理规则是，A 向 B 输送话务（A 的用户拨打 B 的用户），A 要向 B 付费。不同国家内部、不同国家之间的电话结算费用是不一样的。对于一个国家内部，一般由电信管理部门按照前文所描述的规则，制定具体的结算价格；而国家之间的结算，取决于双方的关系、距离长短以及双方国家的经济实力。

例如，全世界绝大部分国家与古巴的结算价格都非常高，就可以用上述情况进行解释。古巴与美国的关系是众所周知的，海底光缆价格昂贵，并且大都是由与美国关系不错的国家铺设的，其中到古巴的线路非常稀缺，而古巴作为一个小岛国，到全世界的出局中继数量稀少，价格自然很高。

语音业务中，A、B 之间的光缆上，双向流量是完全一样的，因此计费基本按照谁发起谁付费的方式。

2. IP网的网间结算

我们以IP业务为例，介绍数据业务互连互通后，运营商之间的结算问题。运营商的IP业务互连互通有两种方式。

（1）NAP做互连互通

网络接入节点（NAP，Network Access Point），一般是由政府或第三方运营商建立的，用于多个运营商在某个集中的点进行互连互通。由于政府作为管理者，不参与直接的生产经营，NAP大部分是由一个较有实力的运营商代为管理。

NAP相当于各家运营商共同构建一个互连互通的“中立”节点，大家在此节点上对等互通。但NAP的应用并不让人满意。各个运营商之间的业务发展是不平衡的，强势运营商拥有更多的客户，它当然希望强者更强，他们基于商业利益考虑不会重视NAP的互连互通。

（2）运营商之间建立直连链路

运营商之间建立的直连链路才是运营商之间IP互连的中坚力量。从惯例来说，运营商之间互联网的互连互通，弱势一方向强势一方付费，内容少的一方向内容多的一方付费。

长期以来，国内运营商的互连互通受到天然垄断的影响，一直处于被动局面。随着电信业改革的深入，这种状况正逐步好转。全球的电信业都出现类似的情况。美国的电信业改革自电信业开始发展至今就没有停止过，AT&T被拆分又自行部分组合就充分说明了这一点。这是电信业自身的特点，是客观存在的，作为电信业者，应该正视这一客观现实，在主导电信业改革的过程中要依托于现实，并努力改造现实中不合理的部分。

通信网的运营维护

1. 通信网运维做什么？

通信网的运营和维护是丰富而枯燥的。“君子生非异也，善假于物也”，各种仪表、仪器、网络管理、抓包工具、DPI分析都可以用来作为网络故障、网络质量的检测工具。一些通信协议自身也会带有运营维护的技术。用3个词概括，可以说运营维护是做O（Operation，操作）、A（Administration，管理）和M（Maintenance，维护）的。OAM是运营维护管理的总称。下面还用会议室管理员的例子来进行描述，看看OAM到底要干什么事情。

一般来说，一个会议室管理员所做的维护工作无非有以下几种：

- 在开会过程中以及会议结束后，不断倾听客户意见，根据客户对会议室的评价意见，评估工作得失，将相关问题反馈给市场或决策体系；
- 通过定期查看桌椅、查看花草，产生各种维护和告警信息给酒店的桌椅维护员和花草管理员；
- 处理会议中的突发事件，比如某个参与者接听电话，管理员应迅速请他到会议室

外接听，不要影响别人的正常参会；

- 把所有的问题处理过程提交酒店管理层。

对于电信领域的 OAM，运维人员将进行以下工作：

- 在网络运行过程中，不断获取客户投诉，并处理投诉；
- 不断积累经验，研究通信网的内部规律，尽可能在问题发生之前处理掉相关隐患；
- 对于重大网络故障，要第一时间进行定位和排除故障，尽量把损失控制在最小的范围内；
- 把在维护中出现的问题进行汇总，对可能涉及其他部门的问题进行总结并上报。

2. 网络运维常用名词

（1）封网

我们经常看到在一些特殊历史时期，比如重大节日、政府重要会议等，运营商将宣布“封网”，那么什么是封网呢？其实，“封网”只不过是电信企业技术人员的一句行话。“封网”是在规定时间、规定范围内停止有关电信网络的工程施工、系统割接与升级、电路调度、业务开通与调整、局数据制作、网管数据制作（不含用户数据制作与接入端设备调整）等工作。由于暂时停止了上述工作，通信网络由外力造成故障的风险几乎为零。

“封网”不是停止服务。不论发生上述哪种情况，通信网络都在正常工作，不影响对广大用户的正常服务。

（2）网络割接

“网络割接”，从名称看似乎很“残忍”。割接，要先“割”，再“接”。割什么呢？是“割”原有网络的线路、设备等；而“接”呢，是把新的线路、设备接上去（如图 17-4 所示）。正在建设的网络无所谓“割接”，只有正在运行的网络，当线路、链路、设备发生变化，要进行网络操作并可能影响原有业务时，才称为“网络割接”。在网络改造中，最后的环节，也是最关键的环节，就是“割接”。

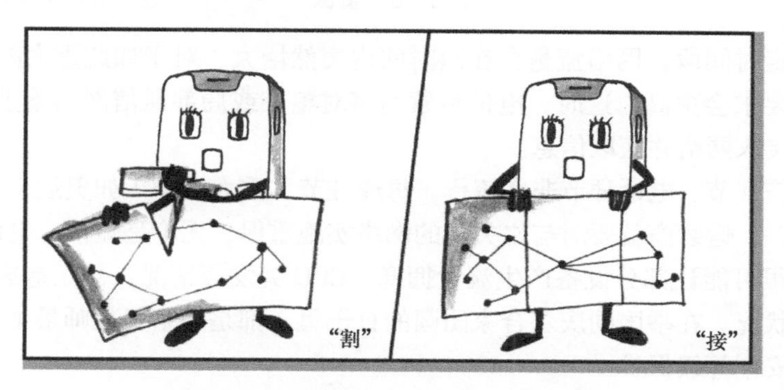

图 17-4 网络割接——“割”和“接”

既然业务正在运行，在割接之前就要准备好每个过程，分析可能发生的任何结果。很

多大网割接，都是把一次工程拆分成若干小的工程，如果割接过程中发生故障，还要考虑尽快把业务恢复到初始状态，待查明原因并处理后再进行割接。

如果必须中断业务，也要考虑把业务中断时间压缩到最短，并尽可能地选择业务量最小的时候割接。因此，一般的割接都是在业务量最小的后半夜进行。

割接操作结束后，还要观察一段时间，这段时间和网络建设初期一样，属于试运行。没有相当长时间的考验，是不能说割接后的网络已经稳定了的。究竟要试运行多长时间，要根据每种网络的复杂性而定，这需要丰富的实践经验，没有现成的理论参考。

（3）重保

在特殊历史时期的特殊保护措施，如图 17-5 所示。重保一般是在重大节日、重要会议才会有的一种维护人员重点实施网络保护的状态。

图 17-5　重保

在某些特定时间段，网络流量会在短时间内突然增大，对于如此重大的历史时刻，对网络的稳定性要求会更高。这时，电信运营商将对整个或局部通信网实施重保，确保所有客户能够顺利接入网络并获取信息。

中国人微信拜节、电话拜节非常流行。每逢佳节，重大活动（如奥运会），包括后来的“双十一购物节”，运营商就要对与之关联的网络实施重保，无论是短信、电话还是互联网，超负荷的运行很可能让部分设备产生流量拥塞、CPU 突发等情况，甚至造成系统瘫痪、网络中断等严重状况。在举国同庆、合家团圆的日子里，都是网络工程师最忙的日子。

（4）信息安全等级保护

国家重要信息、法人和其他组织及公民的专有信息以及公开信息在存储、传输、处理过程中，分等级实行安全保护，对信息系统中使用的信息安全产品实行按等级管理；对信

息系统中发生的信息安全事件分等级响应、处置，就是我们常说的“等保”。

网站如果不做等保，将要承担相关法律责任。金融行业、游戏行业、教育行业、电商、网贷、通信、能源、运输业等都要做等保。

信息系统的安全等保分为五级，从一级到五级，等级逐级增高。

运营商缴费系统

运营商的计费系统建立以后，只是建立了相关账务数据，那么如何收费呢？运营商的收费分为以下几种情况。

- 营业厅收费：在各运营商的营业厅，包括运营商自建的、与运营商合作的营业厅。每个运营商都有自己的收费营业厅。当前电信运营商的营业厅一般都采用柜台制，每个营业员面前的计算机里运行着查询和收费系统的软件。
- 银行托收：运营商通过银行托收费用，个人或者企业都可以通过与运营商合作的银行缴费。
- 预付费：在很多杂货店、书报亭以及卡市出售的充值卡，不过现在基本都可以通过互联网缴费了，可以理解为运营商以渠道的方式发展的预付费形式的收费系统。

SP 提供增值服务向客户收费，由于受到 SP 规模的限制，一般都由运营商托收费用，因此也采用上述 3 种方式。

电信运营商的那些事儿

电信网，是向社会人群和单位、机构开放的技术元素与管理元素组成的集合。电信运营商是电信网的“业主”，管理工作需要精益求精。本节，我们就说说运营商管理方面的一些事儿，从外部剖析电信运营商内部管理的复杂性问题。

电信网的管理复杂性是由下面的诸多因素造成的。

- 电信网技术发展快，“规划赶不上变化”的情况比比皆是，新技术类型的网络上马，要考虑对原有技术的利旧和原有投资的保护，还要考虑未来的扩容和扩展、技术和设备更新的便利性。电信网投入巨大，其演进不得不像搬家一样，瓶瓶罐罐，该保留的必须保留，不该保留的就要果断处理。这些需要运营商的管理者拥有高超的管理艺术和对未来技术、市场走势的远见卓识。
- 管理水平必须在实践中成长。基础电信运营商针对诈骗电话、增值服务

等的管理水平都还有待改进。从中国电信业几十年的发展过程中，我们看到了很多失败的教训。比如诈骗电话屡禁不止，移动增值业务因为管理经验不足，曾经有不少强绑客户、套费的问题，相关部门不得不多次出手打击此类违法犯罪行为。

- 电信网络建设中，采用一家供应商的产品风险很高，相同技术体制的产品一般选择多于一家供应商。但是，由此也带来了兼容性的隐患——多家产品使运营维护和管理调度难度加大，对人员的培训工作、设备故障造成的协调工作难度也都随之加大。
- 电信网都带有为公众提供应急服务的功能，因此，其稳定性要求远远高于一般的通信网络。这也给电信运营商的管理提出了诸多难题。为了保证业务不中断，各种备份机制和手段加大了运营商管理的复杂性，也不可避免地加大了运营商的投资规模。

- 国情。我国是个地域宽广、经济发展极不平衡的国家，由运营商总部负责骨干网的建设和维护，各省进行省内骨干网络的建设和维护，接着是地市、县、乡、镇、村等的接入和维护工作。总部和省公司、地市分公司、县级电信单位分布广泛，沟通、协调会存在距离感，这也会增加管理难度。
- 电信运营商的改革，网络多次被拆分、整合，也给管理带来了很多困难。竞争可能造成浪费，但不竞争又对广大消费者不利，对发展新技术、新业务不利。不竞争和过度竞争都会对信息产业的长远发展造成负面影响。如何通过宏观调控，把握竞争的有效尺度的问题，是政府主管部门面临的难题。

基于上述原因，电信网的管理复杂性在运营商日常工作中的表现就非常明显，尤其是采用新技术的网络更是如此。

一般来讲，电信网的生命周期需要有以下几个步骤：市场调研、可行性论证、设计规划、招标选型、建设、维护和业务调度、网络终止服务等。市场调研一般由运营商高层指定多个部门共同讨论；论证过程是由运营商高层指定多个部门一起参与调研，从技术、市场、商务等多个层面进行分析，最终得出明确的结论；设计规划和招标选型一般由计划建设部门牵头，包括财务、新业务发展等多个部门合作进行；建设由工程部门负责；维护由运维部门负责。业务调度的触发来自于集团客户部、政企客户部或家庭客户部等市场营销部门，而执行者一般是运行维护部，在两者之间，很多运营商增添了调度部门来统一协调；对于终止服务，各个国家都有自己的政策，一般都是由运营商高层决定的。

运营商在制定网络规划时，既要充分考虑 CAPEX(Capital Expenditure)，即资本性投资支出，计算公式为：CAPEX= 战略性投资 + 滚动性投资，资本性投资支出指用于基础建设、扩大再生产等方面的需要在多个会计年度分期摊销的资本性支出；与此同时又要考虑 OPEX(Operating Expense)，即运营成本，计算公式为 OPEX= 维护费用 + 营销费用 + 人工成本 + 折旧，运营成本主要是指当期的付现成本。这是一个非常复杂的系统工程。

那么在这一生命周期中，将存在诸多部门之间的诸多协调问题。下面我们举例说明。

- 基于对市场的调研和对新技术的理解，相关机构做出了完整的规划，但是理论上存在这种规划在招标选型过程中找不到合适产品的情况，还有一些其他状况，造成市场需求调研和具体的实施存在一定的差距。
- 招标选型部门将招标结果确定后，由工程部门与设备制造商进行配合，对电信网络进行建设，对于设备制造商承诺的诸多条款，工程部进行验收，在此过程中甲方可能还会指派专业的工程监理监督工程的实施过程，若验收结果与承诺结果不一致，需要进行协商。很多时候，制造商的实际实现情况与招标情况有差异，或者对某些基本功能的理解有不一致的地方。如果出现上述情况，更换制造商难度较大，这会造成工程部门和计划建设部门之间的矛盾。
- 电信运营商和设备供应商（厂家）之间的关系也值得分析和探讨。运营商和厂家之间的关系是设备使用和设备供应之间的关系。厂家不仅提供设备，还要提供相应的技术服务。尤其是对于智能性较高的产品，如路由器、交换机、营账计费类软件等，因为其开发所要求的技术水平较高，服务水平也要求较高。很多运营商从设备制造商这里购买服务，运营维护还是由运营商的维护工程师负责，一旦出现问题，设备制造商要承担相应责任，这就像购买汽车无须购买开车服务，但需要购买保险一样。
- 电信运营商与客户之间的关系，虽然说“顾客是上帝”，但是在买卖关系中，究竟甲方作为主导还是乙方作为主导，还是看其强弱关系。在没有竞争的时代，电信运营商是绝对的主导。比如个人客户根本无法要求电信运营商修改标准合同文本中可能存在的霸王条款。随着竞争机制在电信运营领域的引入，电信运营商的强势地位完全被弱化，今天，电信服务市场已经是充分竞争的市场，服务意识已经有大幅度提升。

虽然会有各种各样的矛盾出现，中国的电信业都一直处于高速发展中，新的需求越来越多，也越来越复杂，新的思路和新的契机也不断涌现。电信网的管理，就是这些人，就是这些事儿。套用一句流行语来结束本章的内容吧——“与时俱进、继往开来”！

Chapter 18

第 18 章 通信新热点

1943年，IBM的董事长沃森曾经预言，全世界只需要5台计算机就够了。这话被世人嘲笑了足足大半个世纪，直到2008年，年轻的互联网公司谷歌提出了一个这样的概念：将大量计算机联合起来，让用户使用其中的计算、网络、存储和应用能力，如电、自来水一样计费——这乍听起来，和当年沃森的预言不谋而合啊！看来人们都误解沃森了！

谷歌提出的概念就是云计算。就在谷歌提出这一概念的前两年，美国亚马逊（没错，就是那个从卖书开始的互联网公司）推出了著名的云计算产品——AWS（Amazon Web Service）。因此我们可以这么理解：谷歌为云计算起了个好名字，并进行了基础理论研究，亚马逊是云计算的实践者，他们都是云计算的创始企业。而云计算本身，已经成为整个ICT领域新的资源组织形式和新的生产关系，它将带来互联网产业乃至整个工业、商业等其他行业的深刻变革。

在前面章节我们系统地介绍了通信网络的基础知识，从最基础的ISO/OSI，到传输、语音、数据、无线、移动网络，再到各种基础应用及增值应用。而本章介绍的通信热点，则是通信基础架构的新趋势、新技术、新思路。也就是说，与基础通信网络密切结合的新的IT架构和新的业务形态。这些新的架构和形态，将对整个通信网络的规划、设计、部署、维护，甚至是通信网的商业模式的变革带来巨大的影响。

利用虚拟化技术，云计算将大幅度提升整个IT基础设施的使用效率，物联网使整个互联网的流量数据大幅度增加，大数据彻底颠覆了信息数据的搜集、分析方法，为人类对数据的获取和应用打开了一道新的大门，而SDN则改变了整个以及局部互联网的管理控制模式，量子互联网虽然还距离我们比较遥远，但它有望在未来改变通信网络的根本格局。

首先需要介绍的是目前炙手可热的云计算。

云计算

自然界的云由大量水珠组成，“云计算”的“云”则是由大量计算机组成的。这里的计算机，又是广泛意义上的计算机。所有具有数据提取、分析、计算、输出能力的，具有运算逻辑的机器，都是“计算机”。

一言以蔽之，网络上若干计算机，加上连接这些计算机的网络，生成一个集合，我们管这个集合叫作“云”。

计算机必须通过网络集合起来，才被称之为“云”。而云的网络，又比传统的网络更加抽象和难以理解。

1. 云计算的概念

很久以前，人们就开始购买服务器存储空间，然后把文件上传并保存，需要时再从服务器存储空间中把文件下载下来。后来有了在线的SaaS服务，比如Salesforces的CRM，用

户无须自己购买服务器和软件，只需要租用账号即可使用其软件，也无须用户进行复杂的维护、升级，节省了各项费用。这种模式被扩展开来，就有了现在的云计算服务。

云端就代表了互联网，通过网络的计算能力，取代你原本存储、安装、运行在自己计算机上的软件，转而通过网络来进行上述存储、安装、运行的操作，并存放档案资料在网络，将复杂的计算在云中进行。云计算的概念如图 18–1 所示。

就像是不论你在哪边都看得到天空，你可以在任何能够使用网络访问的地方，连接你需要的云计算服务，即便你不是在自己的计算机上。

图 18-1 云计算的概念

然而，云计算提供的服务可不仅仅是存储，还有用于计算的计算资源、用于交互的网络资源，甚至是能够直接调用的容器（Container）和无服务器方式（Serverless）的函数。

2. 云计算有哪些特点?

一台计算机总有自己处理能力、存储能力的极限，而云计算可以说能够突破这种极限。它能够实现规模超大、虚拟化、高可靠性、高通用性、高可扩展性、按需服务、极其廉价的服务。

说得简单点，从人类最原始需求的角度回答，云计算为我们提供“物美价廉”的计算和存储资源。

这就存在问题了。各位知道，经济学的原理告诉我们，“物美价廉”的商品是不存在的。那么，云计算怎么就能做到“物美价廉”呢?

这的确不是一个容易回答的问题。我们认为有两点是非常突出的。

云计算“变废为宝”。理论上，云计算可以在资源不增加的情况下，充分利用资源，将原本利用率只有 20%、30% 的服务器充分利用，使利用率达到 70%、80% 甚至更高！无论是从全社会角度还是从企业自身而言，云计算能够让 IT 设施在成本相当的情况下，效率更高、成本更低、维护更加方便、使用更加便利。只有这样，云计算才可能像自来水、电力一样，成为国民经济的基础设施。

我们有必要讲述一下统筹学的重要性，这对理解云计算非常重要。我们用一个生活中的小例子来说明。

一块铁板，一次能烤 3 块饼，而每块饼，需要正反两面各烤 2 分钟才能烤熟。在不增加铁板的情况下，用什么方法能最节约时间地烤出 4 块饼?

人的思维往往是先把 3 块饼放到铁板上，烤熟一面，翻过来，烤熟第二面，用时 4 分钟；接着，把第四块饼再放到铁板上，正反两面，又用时 4 分钟，一共 8 分钟。其实这种方式，浪费了铁板资源。

浪费的不仅仅是铁板，还有燃气、时间、效率。有什么办法能节省时间呢？

看看这个方法：把前三块饼烤第一面，用时2分钟，翻过其中两块饼，拿掉第三块，放上第四块，继续烤，又耗时2分钟，这4分钟过去了，而结果是，前两块已经熟了，第四块翻过来，把第三块不熟的一面朝下放到铁板上继续烤，2分钟后，4块饼全熟了，共耗时6分钟！节约25%的时间！

在这个例子中，我们将铁板的物理空间和时间空间进行了切分，相当于将其做了“虚拟化”操作。而云计算的技术基础之一，就是物理机的“虚拟化”。烤饼的学问如图18–2所示。

如果我们再进一步，让每家每户不用购买铁板这样的工具，而是都去统一地点烤饼，每个家庭无须建设、维护这些工具，而把精力放在“如何烤出好饼”“如何招揽更多的食客”“烤饼的原材料如何选择”这样更核心的事务上来，从而使烤饼的人工成本和消耗成本都大幅度降低，饼的质量也会愈加有保障，岂不美哉？

图18-2　烤饼的学问

云计算就是将企业原先自给自足的IT运用模式，转换为由云计算服务商来按需供给的IT运用模式。云计算服务商在建立大规模数据中心前都会充分考虑大型数据中心建造在电力资源丰富而廉价、地理条件安全而罕有灾害的地方，同时又要充分考虑到当地法律法规、是否有便利的传输资源等因素。

云计算的兴起，得益于网络和硬件的普及、先进的交付模式的产生，以及市场的不断成熟。这是一种新兴的计算模型，为信息技术产业带来了新的兴奋点，是信息产业界公认的能有效降低成本和能耗的技术，它旨在合理地利用各种策略，在降低成本的同时，及时为具体问题提供有效的解决方案。云计算还关系到企业前途、命运的敏捷性业务策略，可谓“一发不可牵，牵之动全身”。云计算作为一个几乎全自动的IT服务管理平台，因为有一个简化、易操作的用户接口，所以，处于服务底层的基础设施对用户是完全开放的。

3．云计算业务的分层结构

美国国家标准与技术研究院（NIST）根据所提供服务的基本特征，云计算分为3类，如图18–3所示。

我知道，很多人看到这种表格就会打瞌睡。为了更便于理解分层概念，我们不妨借用一个生活中的例子给各位介绍，到底云计算能提供什么服务。

老田承包了20亩地，土质肥沃，适合种各种作物，他想好好经营这块地，于是他提出了3种方案。

第一种方案，他把地租给4个人，每个人根据各自种植、收割、销售的能力分包土地，

老田提供耕地的机械，并提供统一的灌溉服务，其他事情老田一概不操心。老赵租了其中 5 亩种西瓜；老钱租了 8 亩种西红柿；老孙租了 3 亩种茄子；老李租了 4 亩种黄瓜。每个人都负责各自的土地种植，包括喷药、施肥、种植、收割，最后，老田按照每个人租的面积收费，每个人能否种出果实，老田概不负责，除非有证据表明，是老田的土地或者灌溉出了问题。对于老孙希望在这块土地上种植南方水果——菠萝的计划，老田不给任何建议，因为老田只负责租地，土地上是否会有收益，这不是老田需要考虑的问题。

<table>
<tr><td colspan="2">应用 SaaS</td><td rowspan="5">云计算</td></tr>
<tr><td colspan="2">平台 PaaS</td></tr>
<tr><td colspan="2">基础设施 IaaS</td></tr>
<tr><td colspan="2">虚拟化</td></tr>
<tr><td>服务器</td><td>数据存储</td></tr>
</table>

图 18-3　云计算的分类

第二种方案，老田依然把地租给这 4 个人，但方式有所不同。谁想种什么，只要给老田打招呼，老田带人负责喷药、施肥、种植、收割等全过程，老赵、老钱、老孙、老李只要提出条件要求老田怎么种植，并在收割后各自想办法把自己地里的果实卖出去即可，这样，老田按照自己的出工情况和种植难度进行收费，这种方案相当于老田比较深度地参与了种植过程，而不仅仅是作为土地的包租公，老田很可能也因此增加了不少收益。当然，对于老孙提出希望老田种植菠萝的要求，老田断然拒绝，这不是老田擅长的，老田推荐老孙去南方看看有没有提供此类服务的。

第三种方案，老田不再和这四位打交道，他调研市场，根据客户需求，每年都按照市场情况种植不同的作物，直接收割直接销售，没有中间商赚差价。老赵、老钱、老孙、老李要想吃到老田土地里种出来的水果，就直接去老田家门口的直销店购买即可。由于做了大部分工作，老田在这种模式下的理论收益可以达到总收获量的 50%，当然，如果当年闹了水灾、旱灾，没有收益也是完全有可能的。

上述 3 种方案，是应对不同的客户群体而建立的，在具体的商业环境里，不同的客户群体基于自身利益的考虑，会采用不同的服务模式。

这 3 种方案，分别对应云计算的 3 种服务。

（1）IaaS：基础设施即服务，类似于老田提供的第一种方案，只提供基础设施。老田提供的是农田、灌溉、耕地的机械，而 IaaS 提供的是服务器群组、供电、存储空间及计算能力。用户租赁这些"基础设施"，部署自己的操作系统，运行自己的应用，租户只要提出对基础设施的具体要求，多少存储能力、多少运算能力，按这些能力付费。这里的用户一般是商业机构，他们在基础设施的基础上安装操作系统，并部署自己的应用软件系统，为最终消费者提供诸如 Web、游戏、电子商务、CRM、ERP、网盘、直播、在线教育、远程医疗等各种类型的服务。

（2）PaaS：平台即服务，类似于老田提供的第二种方案，提供平台。这种服务模式下，用户不再控制操作系统，而是利用云计算服务商提供的操作系统和开发环境进行开发，在此基础上开发应用系统，速度快、灵活性高、迭代能力强。

（3）SaaS：软件即服务，类似于老田提供的第三种方案。云计算平台已经为用户提供了完善的应用软件，这个应用方案是由第三方独立软件供应商提供的，用户无须定制开发或安装自己的应用软件，而是用标准客户端，无论是B/S架构还是C/S架构，即可使用软件服务，如Google Docs、Salesforce等。

SaaS是云计算的最上层服务。这一层是基于应用提供服务的，也是距离最终用户最近的那一层。其实，在云计算诞生之前很多年就已经有SaaS的概念了。全球最知名的SaaS服务商之一，在线CRM的鼻祖——Salesforce，早在1999年就成立了。

所谓PaaS，实际上是指将软件研发的平台作为一种服务，提供给以应用软件供应商为主的企业用户。这些软件企业，基于云计算的PaaS平台，快速开发自己所需要的应用和产品。正因为能够快速迭代、灵活部署，基于PaaS开发的应用能更好地搭建基于面向服务的体系架构（SOA）的企业应用。

PaaS作为一个完整的开发服务，提供了从开发工具、中间件到数据库软件等开发者构建应用程序所需的所有开发平台的功能，这正如老田的第二种方案那样，提供种植操作全过程，软件开发商只需调用这些过程，形成特定的业务逻辑，即可为最终用户提供服务。

从安全性或者历史继承性角度考虑，用户会采用IaaS模式，只从云计算服务商那里获取基础架构，剩下的从操作系统到软件系统架构，都由企业自己操作。大量的传统软件供应商，已经拥有丰富的在线服务的经验，大多会采用IaaS模式的服务。

SaaS、PaaS、IaaS云计算的3层结构，都试图去解决同一个商业问题——让用户用尽可能减少CAPEX，初始的硬件、基础软件（如操作系统）甚至应用软件等的投入，获得功能、扩展能力、服务和商业价值，并尽可能减少OPEX。

4. 云计算以目标用户群为基础的分类

按照商业模式的不同，云计算一般可以分为公有云、私有云和混合云。

企业内部自建，或者为一家公司拥有，为企业内部或特定合作伙伴提供服务，而不将计算、存储或网络资源池提供给外部客户使用的场景，就是私有云。私有云的拥有者，并未放弃自己对数据中心的控制权，因此可能是昂贵的，对于小型企业而言，这并不是一个太好的选择。而对于政府机构、大型企业、银行、医疗等领域，私有云的安全性、合规性、可定制性的特点才能充分表现出来。

而公有云则完全不同，它往往由大型云计算服务商提供，用户无须自己维护复杂的数据中心内部的硬件、软件、网络，而仅仅由公有云服务商提供各类服务，可随时根据需要扩展，这对中小企业、个人用户都是性价比非常高的选择。比如你需要向客户提供购买火车票的业务，在平时火车票购买的人比较少，你需要的存储、计算资源不多；但在春节前，购买火车票的人特别多，存储、计算资源就会严重紧缺。按照传统的自建系统，你需要满

足最高要求，除非不在意客户的投诉；但有了公有云，你完全可以根据业务的实时需要，按照月、天，甚至小时来购买云计算服务，从而节省大量费用。当然，在选择公有云的同时，客户必须牺牲掉一部分安全性（哪怕是心理因素），毕竟数据是在服务商的数据中心存储着。

同时使用公有云和私有云服务，并将两者结合起来，被称为混合云。在这种模式中，私有云、公有云两种云平台组合使用，这些平台依然是独立实体，但我们可以利用一些多云管理平台（MSP）这样的技术手段实现绑定，彼此之间能够进行数据和应用的迁移。

比如一家银行，一方面，它可以建立自己的私有云，存储银行内部的业务数据，另一方面，这家银行也可以同时租用公有云，提供给用户 Web 查询服务，两者之间在账户、网络和存储实现“打通”，企业可以基于这种“混合云”模式实现多种自定义网络，比如在几分钟时间内连接多个本地数据中心和多个公有云的 VPC（虚拟 PC），自由组合成业务逻辑所需的拓扑结构，实现数据的交互，储户和营业厅柜员就能够方便地通过 Web 或客户端 App 查询账户数据，而这些账户数据都是存储在银行私有云上的，最大限度地保障了数据的安全性和私密性。

5. 虚拟化

好，让我们回到云计算的支撑技术层面，了解一下“虚拟化”的概念。

云计算能够在近 10 年来高速发展，离不开虚拟化的技术积累。虚拟化的本质就是能够让计算机的计算资源同时运行多个实例，而实例之间又互相独立。

现在的计算机本来就可以运行多个进程、多个线程，但这些都不是我们所讲的“多个实例”。我们要求一台服务器可以像多台计算机那样工作——同时多个操作系统在运行，每个操作系统上运行多个应用程序，甚至其使用权都分属不同的客户。

虚拟化的实现方式，是在操作系统和硬件之间加入一个“虚拟化软件层”，通过存储空间上的分割、CPU 时间上的分时以及模拟物理机的实现机理，将服务器物理资源“抽象”成逻辑资源，向上层操作系统提供一个与其原先期待一致的服务器硬件环境。类似于烤饼的铁板，按照物理空间被分成几个“子板”，每个“子板”可以进行独立操作。

换句话说，将计算机分裂为多个“虚拟机”，这样做的好处是，可以方便地实现 IT 资源的动态分配、灵活调度、跨域共享，提高 IT 资源利用率，如图 18–4 所示。原先平均使用率只有 30% ~ 40% 的计算机资源，通过虚拟化，可以将使用率提高到 90% 以上！这种变化，从微观角度看似微不足道，但 IDC 的大部分服务器如果都采用这种模式，IT 资源的使用成本将大幅度降低，能够真正成为社会基础设施，服务于各行各业中灵活多变的应用需求，把原来只敢想、不能做的事情变成现实！

图 18–5 所示就是一个虚拟化系统的逻辑示意图。在一台硬件上，通过虚拟机监视器（VMM，就是前面提到的“虚拟化软件层”），将物理空间、CPU 运算能力虚拟出多个虚拟机（VM），每个 VM 都可以运行独立的操作系统和应用软件，这种运行了独立操作系统的 VM 称为一个虚拟机的“实例”。

图 18-4　虚拟化示意

最常见的虚拟化平台有以下几种。

VMWare：VMWare 公司是全球虚拟化市场的领导者，其 VMM 被称为 workstation，拥有全球份额最高的虚拟化商业市场份额。

Cirix：在虚拟化商业市场排名第二。业界流程的 BYOD(自带设备办公)就是 Cirix 提出的。

KVM：基于 Linux 内核的开源的虚拟化技术，速度快，宿主操作系统必须是 Linux，目前在开源系统中使用量最大。

Hyper-V：微软公司的虚拟化技术。

App	App		
Guest OS	Guest OS	…	Mgmt
Hypervisor (VMM)			
Hardware			

图 18-5　虚拟化示意图

Xen：剑桥大学计算机实验室开发的开源项目，被广泛看作是业界最快速、最安全的虚拟化技术，但操作复杂，维护成本高，很多知名企业如腾讯、宝马都采用过 Xen 技术为基础的虚拟化项目。

虚拟化以后形成的每一个虚拟机，其生命周期全过程，包括增加、删除、启动、终止、迁移等，都是由管理平台进行管理的。虚拟化技术的普及，在很大限度上改变了传统的数据中心、接入网络、核心网络以及数据中心互联网络的流量分布，在 SDN 一节，我们将对此进行介绍。

6. 容器技术（Container）

基于上述方式的虚拟化一般称为 Hypervisor 方式的虚拟化，从应用的角度，这种方式的灵活性虽然比之前物理机的方式有所提高，但仍然不够灵活——每个虚拟机都需要安装独立的操作系统，这不仅占用存储空间、增加内存消耗、增加服务器的网络链接数量，还增大了维护人员的工作量。对于极端情况来说，如果用户同时启动上千台虚拟机，还有可能导致网络风暴的发生。从实际运行的角度来说，由此产生的沉重负载将会影响云计算的工作效率及性能表现。

容器技术的出现，有助于解决这一问题。在单台服务器当中为所有虚拟机实例使用相同的操作系统，对大部分数据中心来说并不算是难事。容器的编排管理（Orchestration）可以轻松处理这种变化。

容器技术可以同时将操作系统镜像和应用程序加载到内存当中。还可以从网络磁盘进行加载，因为同时启动几十台镜像不会对网络和存储带来很大负载。它能够在同一台服务器上创建相当于之前两倍的虚拟机实例数量，无疑将会大大降低系统总投入。也正因此，容器技术正在被越来越多的应用开发者使用。

目前最流行的容器平台是Docker。Docker是PaaS提供商dotCloud开源的一个高级容器引擎。

谷歌公司开源的容器集群管理系统 Kubernetes（绰号 k8s），是一个基于容器技术的分布式架构领先方案，它是在 Docker 技术的基础上，为容器化的应用提供部署运行、资源调度、服务发现和动态伸缩等一系列完整功能，提高了大规模容器集群管理的便捷性。目前大部分公有云商用平台都支持 k8s 的架构。

7. 无服务器技术（Serverless）

开一家商店，有以下几种方案。

方案 1：买一栋房子，自己装修、自己进货、自己销售，这就是传统的服务模式。

方案 2：租一栋房子的门面房，自己装修、自己进货、自己销售，这是虚拟机模式。

方案 3：租某商场中一个已经装修好的门面，自己进货、自己销售，这是容器模式。

方案 4：加盟某品牌连锁店，租某商场中的一个柜台，只需要雇人接受培训，统一装修、统一进货，这是无服务器模式。

虚拟机技术需要用户在 Hypervisor 上安装独立的操作系统和应用；容器技术不需要安装独立的操作系统，只需要安装应用；而 Serverless 技术则更加简单，它不仅不需要安装独立的操作系统，并且不需要安装复杂的应用，提供这种技术的云服务商将 API 接口开放给应用开发者，开发者只需要调用就可以了。

注意，Serverless 并不是“不需要服务器”，而是计算资源作为服务而不是服务器的概念出现，不需要开发人员过多地考虑服务器运行状态的问题，不需要关心运营维护的问题，也就没有了因产品快速迭代而刚刚建立起来的开发运维一体化新概念——DevOps 问题了。

2014 年，亚马逊发布了 AWS Lambda，在这之后，Serverless 开始变得流行起来，国内外各大云厂商都争相跟进。

8. 开源云操作系统框架：OpenStack

云计算基础架构的开原组织为云计算的高速发展做出了巨大贡献，而 OpenStack 则是目前最为流行的开源云操作系统框架。自 2010 年首次发布以来，经过数以千计的开发者和数以万计的使用者的共同努力，不断成长，日渐成熟；其功能丰富、配置灵活，已经在私有云、公有云、网络功能虚拟化（NFV）等多个领域得到了广泛的应用。

OpenStack由几十个子项目组成，如图18-6所示，每个子项目相互关联也相互独立，负责某个或者几个具体功能，如负责网络服务的Neutron子项目、负责计算的Nova子项目，以及负责身份认证与授权服务的Keystone子项目等。如果有需要，新的项目也会浮出水面。对私有云建设者而言，根据各自的业务需要，采用其中的一个或多个子项目，可以建立自己的云计算管理体系架构。

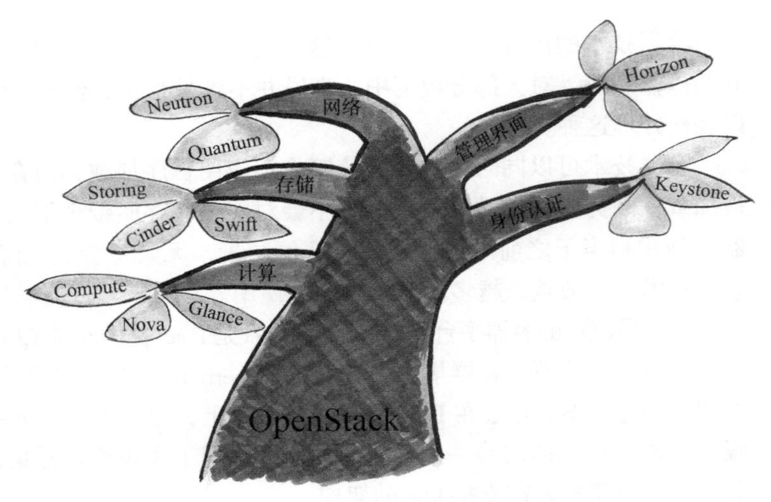

图18-6　OpenStack的主要子项目

OpenStack的社区成熟，灵活性、创新性都毋庸置疑，确保不被厂商锁定，具有广泛的、可进化的生态系统，并且已经能够实现亚马逊AWS的大部分功能。但OpenStack缺乏全面完善的文档、组件之间一致性差、自动化部署比较复杂、成熟度缺乏透明性也是不争的事实。

容器技术、SDN、混合云、PaaS、物联网和硬件加速器都是能够与OpenStack集成的热门技术。

9．云计算能为人类带来什么？

云计算将彻底打破传统IT的经营模式和商业模式。我们常常用一句话来表达云计算的目标诉求：未来让人们像用水和用电那样使用云计算。相比电力，云计算则应对于当前的知识与信息时代进行任何信息分析与处理的生产资料，用于支撑ERP、CRM、OA、BI大数据乃至金融实时交易数据处理等所有维持企业业务正常运作所需的按需获取、按需分配的关键资源。从技术角度看，有人将云计算视为自IT领域冯·诺依曼计算机架构诞生后的第三次里程碑式的变革，是对传统计算架构与计算模式的颠覆与创新。

传统的IT企业，企业自身购买计算机及所用软件，组成局域网，相互间沟通，并可访问互联网。购买服务器，托管于IDC，提供各种信息服务。购买多少，购买谁家的，如何保证先进性、节约型、可演进性？这些头痛的问题始终困扰着企业的CIO们，即使经验丰富，也不得不思考“与时俱进”，直到云计算出现，才让他们如释重负，因为他们终于可以从烦琐的底层构架中解放出来，投入到与企业本身关联性更密切、更实用、更能体现价值的服务中去。

云计算时代，IT服务出现了根本性的社会分工，出现了专业的云计算服务商，他们在传统的IDC基础上构筑庞大的计算机群组，建立标准化的数据模型和商业模型，任何企业若需要IT服务资源，包括基础设施资源、平台资源和软件资源，无须购买套装软件，无须购买和升

级昂贵的服务器，无须为业务最高峰瞬间所需要的资源做 ALL-IN 投入，而只需要通过价格低廉的硬件客户端，或者其他手持式智能终端，就可以按需取用各种 IT 资源，并按使用量缴费。所有硬件的选型、网络的架构，那是云服务商的事情；可扩展性，那是随时可以控制的事情！

以前的 IT 架构，每个企业"各扫门前雪"，各自根据需求建立自己的 IT 系统，自己服务于自己，而云计算则将计算变成一种公共资源，随着互联网海量数据的增长，采用云计算可以高效且低成本地存储和处理数据。也因此，云计算已经成为科学研究、企业管理、客户服务、新业务创新过程中不可或缺的加速器。

大数据

随着云时代的来临，大数据（Big Data）无疑是个时髦的词汇。不管是移动互联网、云计算还是物联网，都不可避免地要与大数据扯上关系。

什么是大数据？利用人们在互联网上留下的各种数据信息，以及人们在各个机构提交的可处理和分析的数据信息，将所有信息用新的处理模式统一整理，从而获取具有更强的决策力、洞察发现力和流程优化能力的海量、高增长率和多样化的信息资产。用单一常规软件工具捕捉和管理的数据，往往因为数据来源单一，无法对被分析对象形成完整的"画像"，因此很难称为"大数据"。

1. 数据单位

我们温故一下数据的单位。数据量从小到大的单位，依次为：bit、Byte、KB、MB、GB、TB、PB、EB、ZB、YB。从 Byte 开始，每阶以 1 024 倍数递增。我们可能对 GB 以上的数据量都会有些陌生，没关系，当你开始进入大数据领域，这些单位将逐渐进入你的视野。

2. 大数据产生的背景

随着网络和信息技术的不断普及，人类产生的数据量正在呈指数级增长，大约每两年翻一番，相关数据显示，这个速度在相当长的时间里会继续保持下去。这意味着人类在最近两年产生的数据量相当于之前产生的全部数据量。

在我国，2010 年新存储的数据约为 250PB，2018 年中国的数据存储量达到 1 个 YB。淘宝网站每天有超过数千万笔交易，单日数据产生量超过 50TB（1TB 等于 1 024GB），存储量 40PB（1PB 等于 1 024TB）。百度公司目前的数据总量接近 1 000PB，存储网页数量接近 1 万亿页，每天大约要处理 60 亿次搜索请求，几十 PB 数据。

资料显示，2011 年，全球数据规模为 1.8ZB，可以填满 575 亿个 32GB 的 iPad，这些 iPad 可以在中国修建两座长城。到 2020 年，全球数据将达到 40ZB，如果把它们全部存入蓝光光盘（我们以 26GB 计算），这些光盘和 424 艘尼米兹号航母的重量相当！

我相信各位在读上述资料时不得不参考前一节的数字单位，这些天文数字还在不断增

长，如一个没有任何外部压力的气球，疯狂膨胀，而随着人工智能的兴起、无人驾驶进入商用、超高清视频的普及，全球数据总规模将继续成指数级增长。

这些由我们创造的信息背后产生的数据，已经远远超越了目前人力所能处理的范畴。如何管理这些数据，如何将这些数据通过统计、整理、分析，也就是所谓“数据挖掘”，在社会生产中有效使用它们，逐渐成为一个新的领域，于是就有了“大数据”的概念（见图18-7）。

图18-7 大数据

挖掘数据的前提是有数据，需要判断数据的储藏量、储藏深度、数据的成色。在这方面，现在的电子商务应用（阿里巴巴、亚马逊、京东）、搜索引擎（谷歌、百度）、安全服务应用（如360）、社交或媒体网站（脸书、推特、新浪微博、今日头条、优酷、爱奇艺、领英、照片墙等）、金融服务（蚂蚁金服、陆金所），这些公司天生拥有海量数据。还有大量的传统企业或者政府机构，如银行、税务、工商、交通、能源、安防、医院、教育机构等，它们也先天拥有大量的行业数据。

将这些跨平台的海量数据进行科学整合，就能够对社会上的个体、群体形成精确的“画像”，其价值将不可限量。

3. 大数据的特征

业界通常用4个V来概括大数据的特征。

（1）数据体量巨大（Volume）。大数据的起始计量单位至少是PB、EB或ZB。截至目前，人类生产的所有印刷材料的数据量是200PB，而历史上全人类说过的所有的话的数据量大约是5EB。当前，典型个人计算机硬盘的容量为TB量级，而一些大企业的数据量已经接近EB量级。

（2）数据类型繁多（Variety）。数据类型的多样性让数据被分为结构化数据和非结构化

数据。相对于以往便于存储的、以文本为主的结构化数据，非结构化数据越来越多，包括网络日志、音频、视频、图片、地理位置信息等，这些信息内容无法用文字的“关键字”作为索引，需要用更复杂的技术手段进行处理和分析，比如查找圆脸型的人的集合，搜寻某时刻处于同一条街道的人的集合等，这对数据的处理能力提出了更高要求。

（3）价值密度低（Value）。价值密度的高低与数据总量的大小成反比。以视频为例，一部 1 小时的视频，在连续不间断的监控中，有用数据可能仅有 1 ~ 2s。如何通过强大的机器算法更迅速地完成数据的价值“提纯”成为目前大数据背景下亟待解决的难题。

（4）处理速度快（Velocity）。这是大数据区分于传统数据挖掘的最显著特征。预计到 2020 年，全球数据使用量将达到 40ZB。在如此海量的数据面前，处理数据的效率就是企业的生命。

4．大数据管理的开源软件：Hadoop

大数据开启了一次重大的时代转型。就像望远镜能够让我们感受宇宙、显微镜让我们看到微生物和细胞一样，大数据正在改变我们的生活和理解世界的方式。我们正处在这样一个数据指数级爆发的时代，海量数据来自于智能终端、物联网、社交媒体、电子商务等，如何收集、存储、分析海量数据，进而支持科学预测、商业决策，提升医疗和教育服务水平，提升能源效率，防范金融欺诈风险，降低犯罪率和提升案件侦破效率？开源社区和产业界给出了一个项目——Hadoop。

Hadoop 来自于 Apache 社区，是一个可水平扩展、高可用、容错的海量数据分布式处理框架，提供了简单分布式编程模型。用户可以在不了解分布式底层细节的情况下，开发分布式程序，充分利用 Hadoop 集群的巨大能力进行高速运算和存储。

Hadoop 实现了一个分布式的文件系统，称为 HDFS，具有高容错性，并用来部署在低廉的硬件上（回忆一下云计算，是不是也可以部署在低廉的硬件上）。关键一点，Hadoop 访问应用程序的数据，可以处理很高的吞吐量，适合那些 T 级、B 级、E 级甚至 Z 级的数据规模的运算和存储。HDFS 为海量的数据提供了存储能力，而另外一个模块 MapReduce 则为海量数据提供了强大的运算能力。

目前，Hadoop 生态已经日臻完善，是当下最受欢迎的大数据平台之一。

5．大数据应用范围

大数据的推广，已经渗透到公共健康、临床医疗、物联网、社交网站、社会管理、零售业、制造业、汽车保险业、电力行业、博彩业、工业发动机和设备、视频游戏、教育领域、体育领域、电信业等多个行业应用领域。

医疗行业通过大数据协助医生对病人进行更精确的诊断，保险业通过大数据达到让医生和病人只专注参加一两个可以真正改善病人健康状况的干预项目，并达到治疗效果，职业篮球教练通过比赛视频的大数据对队员的表现和比赛反应进行分析，电力行业通过电网搜集数据来预测用户的用电习惯，并推断整个电网未来的耗电量，消费品制造商通过大数据分析用户使用习惯和用户分布区域，从而推出更有价值的营销和资费策略。而未来将有更丰富和别致的应用等着人类去创造。

6. 大数据与互联网

大数据中的数据资源数量庞大，需要存储在云计算平台上，数据之间的交换和调取，需要云计算架构下的负责网络调度的子模块进行。而通信网络的智能运维需要根据互联网产生的大量流量数据、路由数据、优化数据进行分析，从而为网络提供更加有效和实时的有关网络部署的决策。

软件定义网络（SDN）技术（下面会有专门介绍），其本质是控制与转发分离，从这个角度来看，控制的核心思想是网络中有了“大脑”，通过这个智能系统对网络设备下发指令，那么这些指令又来自哪里呢？通常我们认为，这些指令来自控制器基于已有的协议、规则对网络流量和网络行为的“审判”。而这个“审判”的过程，我们称之为大数据分析。这方面与道路交通的大数据分析是类似的。

总之，互联网的发展为大数据的发展提供了更多数据、信息与资源，而大数据的发展为互联网的发展提供了更多支撑、服务与应用。近年来，移动通信与移动互联网、传感器、物联网等互联网新技术、新应用、新发展模式的推陈出新，更使互联网变得越来越“无所不在”，由此而产生的数据越来越多、越来越“大”。

物联网

物联网将网络的用户端延伸和扩展到任何物理实体，实现“万物互联”（见图 18-8）。

图 18-8 很多物体都可以连入物联网

1. 物联网的发展

20 世纪 90 年代后期，互联网的普及让人类脑洞大开，仅仅是人与人之间的互联已经不能满足人类新的欲望，人们想要偷懒，于是有了无人驾驶；人们想要降低人力成本，于是有了人工智能；人们想要便捷地控制和管理所有物品，于是，有了物联网。1989 年，宝洁公司玉兰油品牌经理凯文 · 阿斯顿教授被一款棕色口红的补货总是不及时所困扰，他希望有一种技术可以从仓储到物流再到货架，全流程追踪商品，就可以实现供应链更高效的管理。正在这时，一个供应商给他演示了用于会员卡的电子标签，一种通过射频信号自动识别目标对象并获取相关数据的非接触式识别技术——RFID。在研究这种技术时，阿斯顿意识到，既然 RFID 可以无线传输，那为何不把信息记录的芯片放到口红里，然后把芯片联网，这样就能在供应链各个环节通过自动扫描，根据口红的位置判断，就能知道是否缺货，基于这种最朴素需求的探索，他在业界最早提出了"物联网"的概念，Internet of Things，简称 IoT。

2005 年，在突尼斯举行的信息社会世界峰会上，国际电信联盟（ITU）发布了《ITU 互联网报告 2005：物联网》，报告指出，无所不在的"物联网"通信时代即将来临，世界上所有的物体，从轮胎到机床、从房屋到纸巾都可以通过互联网主动进行信息交换。

自此，物联网的概念逐渐开始被公众接受，并通过诸如射频识别（RFID）、无线数据通信这样的技术，逐渐构造出一个实现全球物品信息实时共享的实物互联网。

物联网的发展将经历 3 个阶段。第一阶段，我们要把设备能够连上网；第二阶段，当我们连接了这些终端，这些"物"，它的智能度会有所提升，它的运算能力，它对通信的要求也会进一步提升；第三阶段，整个市场的量就会扩展，出现海量化的终端接入，接着，它们的智能水平将持续提升。

2. 物联网的含义

物联网是 RFID、红外感应器、全球定位系统、激光扫描器等信息传感设备，按约定的协议，把任何物品与互联网连接起来，进行信息交换和通信，以实现智能化识别、定位、跟踪、监控和管理的一种网络。

以前我们将计算机、手机连接起来形成了互联网、移动互联网，现在，我们可以通过上述传感设备，将日常生活中我们经常用到的物品也连接起来。家庭中的家居和电器、道路上的车辆和交通设施、游乐场的游乐设备、办公室里的办公家具和电器、医院的医疗器械、电力公司渗透到千家万户的电表……这些，都可以成为物联网的"终端"。

物联网是在互联网基础上延伸和扩展的网络。和互联网的虚拟世界不同，物联网是对现实物理世界的感知和互联。物联网的核心和基础仍然是互联网，但用户端延伸和扩展到了任何物品之间。物联网主要解决物品与物品（T2T，Thing to Thing）、人与物品 （H2T，Human to Thing），人与人（H2H，Human to Human）之间的互联。但是与传统互联网不同的是，

H2T 是指人利用通用装置与物品之间的连接，从而使得物品连接更加的简化，而 H2H 是指人之间不依赖于 PC 而进行的互连。一旦终端的数量、门类发生变化，尤其是向物品类实体延伸，可支撑的服务空间立刻打开，过去我们很多不敢想、不敢做的事情，在新的技术面前立刻显得豁然开朗、水到渠成了。

另外，大家经常看到一个 M2M 的概念（在介绍 5G 时我们提到过），可以解释成为人到人（Man to Man）、人到机器（Man to Machine）、机器到机器（Machine to Machine）。本质上而言，人与机器、机器与机器的交互，还是为了实现人与人之间的更快捷和准确的信息交互。互联网技术成功的动因在于，它通过搜索和链接，提供了人与人之间异步地进行信息交互的快捷方式——人可以快速寻找到合适的物并对物进行统计、分析和控制。而有了物联网，IT 产业下一阶段的任务，就是把新一代 IT 技术充分运用到各行各业之中，具体地说，就是把感应器嵌入和装备到人类能用到和想到的所有物品中，并且被普遍连接，形成全球物品与人之间的“全互联”结构。这就是物联网的内涵。

3. 物联网构成

要架构一套完备的物联网系统，首先要让物品“开口说话”，接着要让物品说的话传送到相应的应用。因此从技术架构上讲，物联网可分为感知、网络和应用 3 个层次，如图 18-9 所示。

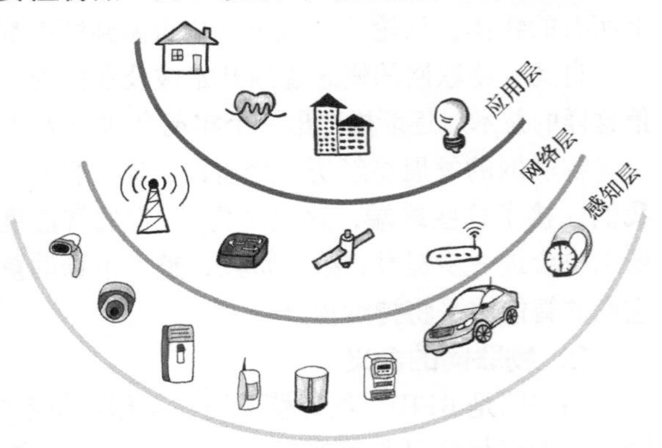

图 18-9　物联网的 3 个层次

底层是感知层，就是那个让物品说话的层次，传感器（执行器）、传感器网关是这一层的主要构件。包括浓度传感器、温度传感器、湿度传感器、激光扫描器、二维码标签、RFID 标签和读写器、摄像头、GPS 终端等信息传感设备，都能帮助物品表达自身信息。感知层的作用相当于人的眼耳鼻喉和皮肤等神经末梢，疼了胀了、酸了甜了，春江水暖还是水寒，都由这些构件负责收集和提取，变成应用层能够识别、网络层能够传送的信号。不同的应用场景，感知层说出的话也具有不同的“方言”。

网络层需要将感知层说出的话准确无误地传送到应用层。这个层次，是由各种私有网络、互联网、无线通信网、网管系统及云计算平台等组成的，相当于人的神经中枢，负责传递和处理感知层获取的信息。

其中的无线通信网是研究重点。相关协议有低功耗广域网 LPWAN 协议如窄带物联网（NB-IoT，Narrow Band-IoT）、LoRa、eMTC（在介绍 5G 的时候我们介绍过 mMTC，它们都适用于物联网场景，但侧重点稍有不同）、SigFox 等，以及短距离多用于室内的 ISA100.11a、

ZigBee和蓝牙（第8章我们进行过介绍）、WirelessHART、UWB和WIA-PA等。

LPWAN又可分为两类：一类是工作于未授权频谱的LoRa、SigFox等技术；另一类是工作于授权频谱下，3GPP支持的2G/3G/4G/5G蜂窝通信技术，如NB-IoT、eMTC等。

每种标准都有适合的场景。举例说明，NB-IoT在蜂窝授权频谱上工作，需要定时进行网络同步，会消耗一定电量，但定时同步的特性受到共享单车的热烈欢迎，可以基于此来组车辆的实时定位工作，再加上NB-IoT是运营商建网，企业自身不需要投入大量基站，适合于整个城市范围内广域网类的应用，因此对共享单车这种终端分布广的场景是再合适不过了；LoRa标准更适合局域网类应用，如厂矿、园区这样的应用场景，用户需要自己架设基站、自己管理数据。从业务出发，更是需要结合业务的特点、商业模式去选择更适合的物联网无线接入技术。

最上层的应用层是物联网和用户（包括人、组织）的接口，它与行业的具体需求结合，实现物联网的智能服务。这一层次需要负责识别物品“说出的话”，并进行归纳、分析、整理、存储、检索、调取，有的应用场景还需要使用模糊识别技术分析终端状态。在一些交互式应用中，应用层还需要发出指挥调度信号，通过网络层再下达给感知层。也就是说，感知层需要接收指令并进行相应的操作。举个例子，一个室内温控器和一组人脸识别系统，它们都属于感知层，自动感知室内温度和室内人员状况，并将详细数据通过网络层上传给应用层，应用层负有这样的使命：当温度低于多少度并且观察到屋内有60岁以上的老人，那么将发出将室温调高到25℃的指令给感知层；当室内没有60岁以上的老人，告诉感知层室温调高到23℃即可。交互式应用，需要3个层次都具备双向处理的能力。

通过以上描述，我们可以总结出物联网的基本特征，那就是全面感知、可靠传递、智能处理。

4. 物联网关键技术

（1）传感器技术

传感器技术是计算机应用中的关键技术。大家都知道，计算机处理的都是数字信号。物联网的第一要务就是通过传感器把表示物体功能、性能、指标、位置等的模拟信息转换成数字信号，物联网的其他环节才能对其进行处理。

传感网络技术使“感知”成为现实。它通过广泛分布的集成有传感器、数据处理单元和通信单元的节点，测量周边环境中的热、红外、声呐、雷达和地震波信号，从而可以探测包括温度、湿度、噪声、光强度、压力、重力感应、成分、移动物体的大小、速度和方向等物质现象。它拓宽了物品信息的自动提取方式及范围，能够全面提取物品的各类特征信息，从而使物联网成为一个可以感知现实世界的智能系统。

（2）RFID标签

RFID融合了无线射频和嵌入式系统为一体的综合技术，在自动识别、物品物流管理方面有着广阔的应用前景。

RFID技术是物联网中非常重要的组成部分。RFID标签中存储着规范而具有互用性的信息，通过无线通信网络把它们自动采集到中央信息系统，实现物品的识别，进而通过传送网络实现信息的交换和共享，从而实现对物品的管理。和必须"看见"才能识读的条码、二维码技术不同，RFID技术的优点在于可以无接触的方式实现远距离、多标签甚至在快速移动的状态下自动识别。一个规模庞大的超市，只要每件商品都贴上RFID标签，1s之内，我们就可以通过识读器搜集所有商品的完整信息，数量、价格、供应商及品牌、入库时间、食品保质期、存放位置等，"新零售"理念下的无人值守超市，就可以采用这一技术实现顾客自动买单。

（3）嵌入式系统技术

嵌入式系统综合了计算机软硬件、传感器技术、集成电路技术、电子应用技术为一体的复杂技术。经过几十年的演变，以嵌入式系统为特征的智能终端产品随处可见，小到人们身边的空气净化器，大到航天航空的卫星系统。嵌入式系统正在改变着人们的生活，推动着工业生产以及国防工业的发展。在物联网中的识读装置、分析平台，将大量采用嵌入式系统。

如果把物联网用人体做一个简单比喻，传感器相当于人的眼睛、鼻子、皮肤等感官，网络就是神经系统用来传递信息；嵌入式系统则是人的大脑，在接收到信息后要进行识别、分类等处理。

（4）IPv6技术

物联网仍然是一个网络系统，它是在互联网基础上的拓展、延伸、产生和进入生产生活的各个应用领域。物联网网络通信协议仍然以TCP/IP的分层式协议为基础。从工作原理上看，大部分物联网终端节点通过固定或移动互联网的IP数据通道与网络和应用进行信息交互。因此，物联网的发展首先需要为终端节点分配IP地址。

然而，物联网终端的数量是惊人的，物联网需要的IP地址数量无疑也是海量的。IPv4地址根本不可能满足互联网对IP地址的海量需求，对于可靠性、延时性要求非常高的应用类型，如果增加NAT设备进行地址转换，增加了网络时延，也增加了故障点和网络安全风险，因此IPv6在物联网应用中就显得尤为重要了。

（5）其他相关技术

除了上述几个核心技术外，物联网还必须利用云计算、模糊识别等其他智能计算技术，对数据分析和处理要求非常高的行业，还需要雾计算、边缘计算的支撑，这些技术的组合，将会对海量的跨地域、跨行业、跨部门的数据和信息进行分析处理，提升对物理世界、经济社会各种活动和变化的洞察力，实现智能化的决策和控制。

可以说，物联网是一个巨大的生态链，其发展和成熟的过程离不开上述诸多技术体系的发展和成熟。

5. 物联网应用

上面的描述，已经为各位读者介绍了几类物联网的基本应用场景。未来的物联网时代，应用场景之多、范围之广、影响之大，可能会超出我们每个人的想象。在未来的某一天，下面的场景就会成为现实。

货车司机老杨正在一个物流站装箱，马上准备出发。这是一辆连接了物联网的卡车，车上装载着一个大集装箱，集装箱里面整齐排列着崭新的电器设备。就在刚才，系统提示老杨，载货量已经到达超重临界线，必须严格遵守交规，否则所有经过的监控设备都将提示当地交警，违法根本不可能！还没有装车的货物在物流系统中集体向搬运站“提示”：我们需要在 48 小时内到达目的地，请尽快提供备用车辆。不等管理员电话联系，附近老王已经接到通知，开着他的空载卡车正赶往物流站。老杨刚出发，水文站的应用系统提示，前方一座桥下水位超标，为了安全起见，建议绕开这座桥。走了一小时后，老杨手机上的智能家居 App 提示，家里的门被打开了，通过车载系统，老杨看到夫人小周进了家门。小周正通过手机给孩子发语音消息，问他在干嘛，孩子回复，他正在查找图书馆书架上的书，图书馆太大，过去采用分门别类的方法，而现在，每本书都连接了物联网，书本身的排列是散乱的，但通过手机 App 查询，他快速地找到了那本 2009 年版的《大话通信》。他取了书就离开了图书馆，系统自动登记了他的借阅记录……

物联网的应用如图 18-10 所示。

图 18-10 物联网的应用

软件定义网络（SDN）

人类社会的发展，是随着社会分工的明确而逐步完善的。通信网络似乎已经做好了分工，但这种分工可以理解为横向的：性能高的放在骨干，性能低的放在边缘，再低的，就放在用户那里。

但还有一种更精细化，也更抽象的分工：假如我们把每个网络节点的设备进行逻辑拆分，一部分可以称为“控制部分”，另一部分叫作“转发部分”。

如果把这两部分拆开，再将多个设备的控制部分合并为同一个逻辑实体，这个逻辑实体既可以是一台物理机，也可以是云计算中的一个虚拟机，还可以是一个分布式结构的系统。而把性能不同的转发设备继续放在原来的位置（这样硬件性能要求也会降低不少），是不是更符合未来的发展需要呢？

我们在电话交换网一章介绍过的软交换，其实已经进行了类似分割，出现了软交换、NGN和IMS，这些技术的变革促进了新业务的高速迭代，提升了运营商业务定制的灵活度，提高了企业的综合竞争力。而将网络设备控制面和转发面分割，称为“软件定义网络”（SDN），就是本节的主角。

SDN源于斯坦福大学的OpenFlow项目，初衷非常简单：用一个“很聪明的”服务器来控制所有交换机的转发行为，让原来各自为战的、很聪明的路由器、交换机、防火墙、负载均衡、DPI设备组成的“傻乎乎的”网络，变成一张由一群协同作战的傻乎乎的转发设备组成的智能网络。最简单的转变方法就是让每台路由器都简化为一个只有转发功能的傻交换机，而原有的智能功能集中到一台控制器上。这不就是上文提到的控制与转发分离的思想吗？

这里所说的原来网络是“傻乎乎的”，并不是说原来的网络就没有任何智能，而是不同架构的设备之间只有基于通信协议的互联互通，但相互之间缺乏深度关联，任何节点都没有大局观，缺乏统一的调度和部署，各自为战，各自为各自所担负的功能疲于奔命，虽然也曾出现过MPLS这样的可以实现流量工程的技术，比如资源预留方面的考虑（如资源预留协议——RSVP），但实现复杂，调试困难，部署周期长，网络维护只能用高手，造成各项成本居高不下，于是业界普遍的认知是，MPLS仅仅作为极少数高端企业才能享受的奢侈品，数量庞大的中小企业望眼欲穿，却也无能为力去承受其高昂的费用。

SDN革命来了。

1. 传统通信设备的“3个平面”

我们知道，所有通信设备内部结构可以划分为3个平面：交换和转发平面、控制平面和管理平面。每个平面都相应的职责。

（1）交换和转发平面负责数据的转发（本节后续将数据和语音合并为“数据”，原因是它们本质上是一样的东西），在数据通信中用来进行数据报文的封装、转发，在语音网络里负责语音的交换。

（2）控制平面，用于控制各种网络协议的运行，如控制路由协议、广播协议的正常运行，或者信令的接收与处理，并在网络状况发生改变时做出及时的调整以维护网络的正常运行。

（3）管理平面，提供给网络管理人员使用telnet、Web、ssh、SNMP、RMON等方式管理设备的各种管理接口。

这3个平面相互之间具有关联性。

管理平面就是我们的各种想法，控制平面是包括大脑在内的神经系统，而交换和转发平面则是各个器官。管理平面提供了控制平面正常运行的前提，管理平面必须预先设置好控制平面中各种协议的相关参数，并支持在必要时刻对控制平面的运行进行干预。

控制平面提供了数据平面数据处理转发前所必需的各种网络信息和转发、交换的查询表项。控制平面在进行了协议交互、路由计算后，生成若干个路由表，下发到交换和转发平面。简单地说，就是控制层面让转发层面怎么干，转发层面就怎么干，只要执行就好，不要问那么多为什么。

良好的系统设计应该是使控制平面与转发平面尽量分离，互不影响，各自寻求最优化的算法。当系统的控制平面出现故障时，转发平面还可以继续工作。这样可以保证网络中原有的业务不受系统故障的影响，从而提升了整个网络的可靠性。

控制平面与转发平面可以是物理分离，也可以是逻辑分离。高端的网络设备，如核心交换机、核心路由器，一般采用物理分离。其主控板上的CPU不负责信息转发，专注于系统的控制；而业务板则专注于信息转发。如果主控板损坏，业务板仍然能够转发报文或者电路交换。对于入门级的网络设备，受限于成本，一般只能做到逻辑分离。即设备启动后，系统将CPU和内存资源划分给不同的进程，有的进程负责学习路由，有的进程负责报文转发。

2. SDN产生的背景

传统网络中，对数据的控制和转发都依赖于网络设备实现，且设备中集成了与业务特性紧耦合的操作系统和专用硬件。谁提供的设备，谁天生就提供专用硬件、操作系统、应用系统，这台设备的交换和转发，受到设备控制平面的管理，而所有的3个平面，都是这个供应商独立开发的，即使操作系统是通用的，但被裁减、修改了内核，其他供应商的应用想要嫁接其上，比登天都难。这类封闭系统，一般都是通过所谓的标准接口与其他供应商进行互联互通，即使这样，互联互通中还会存在对标准协议理解不一致的情况，设备之间的互操作变得困难重重。

但是，人们对网络控制平面上的功能要求越来越多，这种落后的生产方式不再满足发展的需要。一旦某个供应商提供不了这些需求，就要更换厂商。谁都看得出来，再往下走，道路只能越走越窄。尤其是网络规模越来越大，业务需求越来越细化后，运营商被厂商彻底“绑架”，因业务增长而造成的矛盾逐渐暴露。于是，软件定义网络（SDN，Software Defined Network）降落人间，必将成就一场轰轰烈烈的电信业的革命。

在SDN的鼓舞下，“软件定义”的思想渗入各个领域，软件定义存储、软件定义安全、软件定义广域网、软件定义数据中心等新概念纷至沓来。

3. SDN概念及应用场景

SDN希望应用软件可以参与对网络的控制管理，满足上层业务需求，通过自动化业务部署，实现全程全网的一键式运维，改变过去网络管理员一个节点、一个节点进行设备配

置、调整路由、查找故障的悲催状况，极大地提高了维护效率，简化了配置过程，减少了交付所需的时间。SDN 把控制与转发这两大功能进行“解耦”，控制部分从设备中独立出来，不从事数据转发工作，专注于如何提高控制效率。而转发部分功能简化、分片化，用通用的、标准的、廉价的硬件取代传统的专用硬件，由控制部分统一进行控制与调度。

基于 SDN 的思想，我们可以想象其应用于多种场景。

- 数据中心：包括数据中心流量工程、数据中心内部网络策略同步迁移和数据中心内部的存储网络场景。
- 传输网：在第 8 章有关传送网的章节我们介绍过的 IPRAN 和 SPN，以及软件定义传送网 TSDN。
- 城域网：包括城域网业务边缘、城域接入及家庭网络场景。
- 核心网：如 EPC（4G 移动网络中的全 IP 架构的分组核心网，包含多个种类的网元设备）的网络单功能网元分离，融合网络（NGN/IMS）控制场景。5G 核心网（5GC），采用基于服务的 SBA 架构，借用了 IT 领域的“微服务”概念，把原来具有多个功能的整体，拆分为多个具有独立功能的个体，每个个体实现自己的“微服务”。SDN、NFV 将被大量使用，以实现网络切片。
- 企业网：包括企业内部、分支机构企业广域网络场景。
- 骨干网：包括 MPLS-VPN 场景、MPLS-TE（MPLS 的流量工程）场景、端到端的协同场景、IPv4 向 IPv6 过渡的场景。

4. SDN 的属性

传统网络与 SDN 架构如图 18-11 所示。

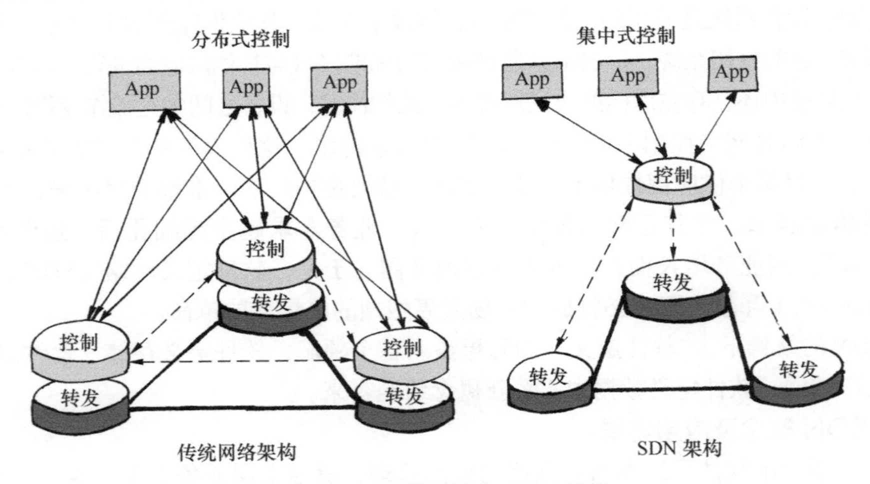

图 18-11　传统网络与 SDN 架构

（1）控制与转发分离

SDN 的特点之一就是控制平面与数据平面分离，通过集中式的“控制器”中的软件平台去实现可编程化控制转发所需的硬件。在 SDN 架构中，控制平面是逻辑集中的，通过某种协议将控制信息下发至底层的转发平面去执行。逻辑上集中的控制平面可以控制多个转发设备，也就是控制整个物理网络，因而可以获得全局的网络状态，并根据该全局网络状态实现对网络的优化控制。所以，控制平面称为 SDN 的大脑，指挥整个网络的有序运行。

（2）开放的编程接口

既然控制部件独立了，自成一体，就应该是开放的、灵活的，可以通过软件实现丰富的业务。SDN 可以通过 OpenFlow 协议控制转发层面的硬件。OpenFlow 是 SDN 体系结构中控制和转发层之间定义的第一个标准化通信接口，允许控制器直接访问和操作诸如交换机和路由器之类的物理设备，也可以操作虚拟设备，无论是物理的还是虚拟的，其转发面的开放接口使得目前封闭的网络设备变得开放起来。当然，OpenFlow 不是唯一的、必须的，现在有许多 SDN 系统不采用 OpenFlow。

5. SDN 的总体架构

根据前面的描述，我们就自然会想到，SDN 整个系统可以分为 3 个逻辑层次：物理层、控制层、应用层，如图 18-12 所示。

物理层对应转发平面，由通用化的网络转发设备组成，接受控制平面（位于控制层）的指令，执行报文的转发及网络层的操作等；控制平面就是 SDN 控制器，通过“南向接口”（控制层与物理层之间的接口）实现对转发面设备的集中管理和控制。同时，SDN 控制器更可以灵活定义网络，实现网络抽象化、虚拟化，通过“北向接口”（控制层与应用层之间的接口）为上层的应用提供网络能力调用接口，实现了网络能力的开放。

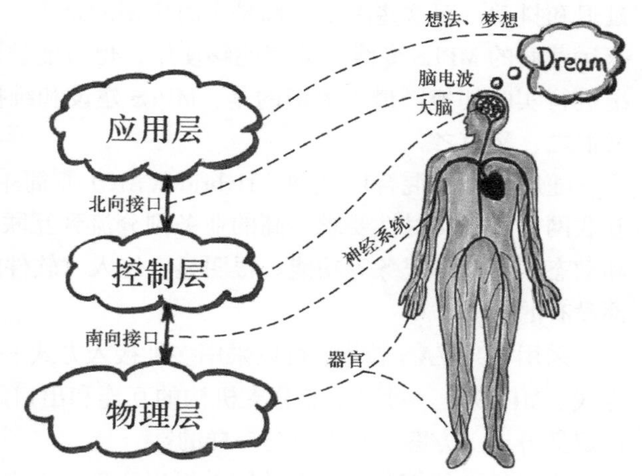

图 18-12 SDN 架构与人体器官的对比

我们继续用人体比喻 SDN 架构——物理层就是我们的器官，在大脑控制下活动，控制层是我们的大脑，负责我们身体的总体管控，应用层好比我们的各种创新和想法，驱动着我们的大脑对四肢进行指挥，而不是让四肢都安装大脑，各自为战。

SDN 的思想在诸多领域都进行了实践和落地，目前对通信网络而言，其在广域网的应用场景正受到追捧，这项技术称为软件定义广域网（SD-WAN）。

6. SD-WAN

随着接入网络的扩容，大多数企业都已经解决了出口总体带宽的问题。但这并非企业网络的全部需求。对于到达特定节点、访问特定业务所需要的带宽，永远不可能是完备的。

比如企业访问阿里巴巴、亚马逊这样的公有云服务，访问行业内、企业内的私有云服务，分支机构互连问题，将依然可能存在瓶颈。

传统解决网络瓶颈的方法，不外乎几种解决方案：带宽扩容、拉专线（如 MPLS）。分支机构到总部的带宽不足，不是分支机构的出口总带宽不足，而是骨干网的各种互联互通问题造成的；企业到云平台、SaaS 的带宽不足，可能是运营商与云平台、IDC 的互联带宽限制。如果通过扩容出口带宽，问题根本不可能得到解决；如果采用 MPLS，成本将成为另外一个瓶颈。MPLS 高昂的价格让大量企业望而却步，漫长的建设周期让 CIO 们苦不堪言。

能不能用传统的互联网接入带宽，解决专线问题？在过去，这个问题是难有答案的，但现在，有了 SD-WAN，问题将迎刃而解。

传统企业网的接入和分支机构互联，对于实时性比较高的业务，比如企业关键性的视频、数据交互业务，普遍采用 MPLS 方式，这十几年来，MPLS 一直都是电信运营商的“现金牛”业务。企业非常清楚，一旦企业的数据通过公共互联网来传输，就无法保证数据丢失、延迟和抖动，而这些因素堪称是实时应用的杀手。另外，并非企业的所有站点都使用同一家运营商的 MPLS 专线，即使能够使用，也只能被限制到一条通路上，不能根据业务流情况进行实时切换。最为关键的是，MPLS 建设和维护成本高、部署慢。可以说，企业对其又恨之、又爱之。

随后出现的混合广域网（Hybrid WAN）则简单地将企业网关设置两个出口：MPLS 和互联网，对于实时性要求不高的业务则分流到互联网出口，但并没有集中控制、智能分析和动态创建网络服务等功能。很明显，注入“软件定义”思想的 SD-WAN，具备混合广域网没有的优势。

采用 SD-WAN 技术，可以采用多种接入方式——可以是无线、有线，也可以是互联网、专线、MPLS 等。对于企业分支机构的互连和出口解决方案，有人又提出了 SD-Branch（软件定义分支）方案，其本质是一样的。

通过集中的控制器，企业网关可以实现智能选路，根据业务优先级、重要性、安全性选择不同的路由。比如，对实时性要求高、带宽占用量不太大的业务，可以选择 MPLS。而对于那些直接上云的服务，可以通过逻辑的虚拟通道（如采用 VPN 技术）直接访问到某个 POP 点，而这个 POP 有专门通达云服务的高速通路，从而避开运营商复杂的接入—汇聚—骨干三级网络的转发过程，大大降低了在其中发生拥塞的可能性，提升到达云平台的效率。对于那些需要分支机构互连的用户，分支机构的终端直接通过 VPN 管道就近到达 SD-WAN 服务商的 POP 点，POP 点之间的高速通路可以实现分支机构之间无阻塞的数据交换，

这对于几百家、上千家门店的分支机构、新零售、连锁企业而言，是分支机构和总部之间电话、视频会议、文件互传、企业云盘、SaaS 服务、私有云访问的捷径，是提升用户体验、提高企业运行效率的最佳实践方案。

而企业有了这个管道，还可以按需定制带宽需求，如每月几次的视频例会，每次两个小时，就可以根据需要定制服务，在更加便捷的系统中，企业还可以在 SD-WAN 服务商提供的抽象出来的 Overlay 网络上进行数据配置，实现更丰富、更复杂但更符合企业需求的连接和业务模型。

传统模式下，无论多么重要的业务，都要先通过最后一公里接入网，进入运营商的网络，经过层层转发到达目的地，但在今天普遍使用云计算的情况下，如果企业的实时应用托管在云端，且企业使用直通云端的 SD-WAN 解决方案，企业则能够享有其带来的巨大的成本优势。云计算服务的大鳄是乐于看到这一点的。

作为 SDN 领域内快速成熟的垂直市场，SD-WAN 的整体成长性取决于需求侧的强劲驱动，如对降低 MPLS 成本、简化 VPN、降低远程协作成本等真实需求。而伴随着企业将越来越多的应用部署在云端，并且在 IT 基础架构上采用混合云的技术架构，企业的数字化转型进程、SaaS 应用的推广也将带动 SD-WAN 市场的快速增长。传统的三级网络，企业需要先接入运营商接入网，经过边缘汇聚进入骨干网，再通过运营商与云服务商的互联互通访问云中的内容，复杂的访问路径提高了故障率，降低了网络可用性。而现在不必了，SD-WAN 服务商有可能提供了主流公有云的专门出口，实现上述的企业直连内容服务商，路由跳数减少、时延降低、费用降低，企业应用的潘多拉盒子打开，未来的发展不可限量。

SD-WAN 服务商直接向最终企业销售创新的 WAN 链路，这一价值链对电信运营商长期以来形成的既有利益链条产生了正面冲击。未来将有大量虚拟运营商向企业提供细分的 SD-WAN 解决方案，而主流的电信运营商，也在加速这方面的网络改造，避免沦为纯粹的“管道商”。

7. DCI——数据中心互联

SDN 的另一个重要应用场景就是数据中心互联（DCI）。在传统的数据中心时代，数据中心之间的互联需求基本是通过传统的传输技术满足的，利用传统的传输网络知识，已经能够解决过去的数据中心互联网问题，因此 DCI 在当时并未被专门提出来。

但云计算时代的到来，数据中心发生了根本性变化。伴随着数据中心云化及移动互联网应用的发展，复杂的交互式应用在新型的 IDC 中出现，特别是海量的数据访问和进程调度，使得单个 IDC 已经无法满足互联网应用的需要，数据中心之间大量的数据交换成为必须，多个 IDC 整合为一个统一的资源池才能满足应用的需要。

当一个新兴企业租用云计算基础设施时，他可能需要从多个节点购买多个虚拟机服务，这些跨地域的虚拟机需要组成一个大的虚拟网络。因此，作为连接 IDC 的承载网络必须支持由此产生的各种上层应用，如数据中心之间的虚拟化、虚拟机的实时迁移、跨数据中心租户的隔离等。这些变化，使数据中心之间的承载网由互联网用户访问 DC 的需求更多地向 DC 专用互联的 DCI 需求演进。

云计算出现以后，传统数据中心互联的问题集中体现在以下几个方面：

- 业务的承载单元从原有的物理机转向了虚拟机，海量的虚拟机使得现有的大二层网络（有关大二层网路，下一节在介绍 Overlay 网络时还将提及）中的 VLAN 数量受到 VLAN 技术天生的 4 096 这一数字的限制；
- 增值业务跨数据中心提供服务的能力不足；
- 广域网流量调度不灵活；
- 多租户带宽调整不灵活。

于是，基于 SDN 技术的数据中心互联技术（SD-DCI）出现了。SDN 技术提供面向应用的可编程接口，可以为每个租户、每种服务提供动态带宽调整机制。

- 首先出现了 VxLAN，将 12 位的 VLAN 标签扩展到 24 位，从根本上突破了 VLAN 扩展性的数字瓶颈。
- 在 SDN 化以后，防火墙、负载均衡、DPI 和 Cache 等功能通过虚拟化技术在廉价的硬件基础上形成一个增值业务池，通过编排器进行服务链（后文将进行专门介绍）的编排和定制，每个租户、每种业务可以根据业务特征和付费情况选择不同的服务链，IT 管理员可以灵活地调度增值业务节点，为不同的租户选择不同的服务类型。
- 借助编排器、控制器的协同，实现广域网的流量调度，根据租户订购、预设的带宽套餐和适配信息生成策略，将策略下发给数据中心网关进行流量的灵活调度，实现动态调整带宽的功能。

SDN 的理念可以很好地服务于新型的 IDC 网络，特别是 DCI 组网的复杂场景，通过 SDN 和 VxLAN 的结合，可以支持集中控制转发和 VLAN 扩展；通过服务链技术实现增值业务资源池化，可以按需定制，业务流程可随时调整；通过编排器、控制器实现综合流量调度，实现互联链路的高利用率。可以预见，基于 SDN 的 DCI 网络突破了传统基于传输网络的数据中心互联方式存在的不足，为以云计算数据中心为核心的新型承载网演进提供了新的思路和解决方案，SDN 必将是未来网络的发展潮流。

那些云计算与 SDN 演化出的新技术

1. 超融合技术

在虚拟化和分布式浪潮席卷 IT 业的情况下，超融合技术（HCI）挺身而出，快速清洗传统的存储市场，尤其是 SAN/NAS 存储市场（在第 15 章我们进行过介绍），它很可能成为

未来 5 ~ 10 年数据中心的核心架构。超融合集成系统是一种共享计算和存储资源的平台，基于软件定义存储、软件定义计算、商用平台和统一的管理接口，通过软件工具、底层硬件商业化、标准化来体现其主要价值。

超融合中的“超”，不是 Super，而是 Hyper，特指前文讲过的虚拟化，对应虚拟化计算架构。“融合”是指计算和存储部署在同一个节点上，相当于多个组件部署在一个系统中，同时提供计算和存储能力，并且有相互依赖的关系。有了虚拟化的基因，HCI 就完全不同于传统的集中共享式存储架构（如 SAN/NAS）。

HCI 既支持集中式也支持分布式，采用互联网架构，所以可以软件定义计算及存储策略，且不存在性能单点问题，计算与存储可以同时横向线性扩展，不存在资源瓶颈，整合比高，安装部署便捷。大部分的 HCI 系统都会采用一键式初始化过程，具有软件保障的自动恢复能力，无论是空间节省、能耗解决方面，都比传统存储技术要高很多。

美国 Nutanix 是 HCI 的原生态公司，也是其最早的践行者。HCI 还属于一个新兴市场，在业界还存在一定争议。资本的介入、技术的驱动、商业模式的创新、决策者的眼界和格局、市场的需求等多方面决定了产业的走向。自 2016 年以来，HCI 的概念开始被炒热，众多厂商“跑马圈地”，谁家的技术独特性越强，谁就有可能胜出。

2. 雾计算

未来的世界将是一个万物互联的时代，随着物联网行业技术标准的完善以及关键技术上的不断突破，数据大爆炸时代将越走越近。截至目前，一辆共享单车、一个摄像头，每天产生的数据量就可能超过 1TB。试想一下，如果各种家电、交通工具、工厂机器、公共设施等都相互联接起来，每一分钟，甚至是每一秒钟所产生的数据量绝对大到你难以想象！

如此海量的数据不及时被存储、分析、处理及利用起来，它们将很快变成数据垃圾。那么问题来了——我们不可能给每个终端装上一台计算机。如何解决海量数据的处理、分析问题呢？

有人讲，用云计算啊！云计算的存储和计算能力是线性扩展的，需要多少就有多少。可是，将数据从云端导入和导出实际上比人们想象得要复杂，由于接入设备越来越多，在传输数据、获取信息时，带宽就显得不够用了，这就为雾计算的产生提供了空间。

雾计算的概念在 2011 年被人提出，可以由性能较弱、更为分散的各种功能计算机组成，渗入电器、工厂、汽车、街灯及人们生活中的各种物品。雾计算是介于云计算和个人计算之间的，是半虚拟化的服务计算架构模型，强调数量，不管单个计算节点能力多么弱都可以发挥作用。

雾计算有几个明显特征：低时延、位置感知、广泛的地理分布、适应移动性的应用，支持更多的边缘节点。这些特征使得移动业务部署更加方便，满足更广泛的节点接入。

与云计算相比，雾计算所采用的架构更呈分布式，更接近网络边缘。雾计算将数据存储、数据处理和应用程序集中在网络边缘的设备中，而不像云计算那样将它们几乎全部保存在云中。数据的存储及处理更依赖本地设备，而非服务器。所以，云计算是新一代的集中式计算，而雾计算是新一代的分布式计算，这与互联网的“去中心化”不谋而合。

3. 边缘计算

与雾计算容易混淆的另一个概念是边缘计算。边缘计算是指在靠近物或数据源头的网络边缘侧，融合网络、计算、存储、应用核心能力的开放平台，就近提供边缘智能服务，满足行业数字化在敏捷连接、实时业务、数据优化、应用智能、安全与隐私保护等方面的关键需求。看，这是不是和雾计算非常相似呢?

一般而言，雾计算和边缘计算的区别在于，雾计算更具有层次性和平坦的架构，其中几个层次形成网络，而边缘计算依赖于不构成网络的单独节点。雾计算在节点之间具有广泛的对等互连能力，边缘计算在孤岛中运行其节点，需要通过云计算平台实现对等流量传输。

那么，边缘计算和云计算又有何区别？这两者都是处理大数据的计算运行方式。但不同的是，这一次，数据不用再传到遥远的云端，在网络边缘就能解决，更适合实时的数据分析和智能化处理，也更加高效而且安全。边缘计算节点与云计算中心可以看作是一个逻辑的整体。前者可以在后者的统一管控下，对数据或者部分数据进行处理和存储，用以节约资源、降低成本，以及提高效率和业务连续性，满足数据本地存储与处理等安全合规的要求。基于上述模型，人们可以将数据在边缘计算节点进行初步处理；或者由云计算中心将算法下发到边缘计算节点，由边缘计算节点提供算力对本地的数据进行处理，结果也放在本地；或者通过分布式计算技术和合理的资源调度管理，把边缘计算节点的算力、存储等资源和云计算中心统一管理起来，形成逻辑集中、物理分散的高效运转的云计算平台。

如果说物联网的核心是让每个物体智能连接、运行，那么边缘计算就是通过数据分析处理，实现物与物之间传感、交互和控制。“边缘计算”作为一种将计算、网络、存储能力从云端延伸到物联网网络边缘的架构，遵循“业务应用在边缘，管理在云端”的模式。

边缘计算还处于迅速发展和成长的阶段，不同的应用场景中，边缘计算节点和云计算中心的分工不同，协作模式不同；甚至同样的业务场景、同样的概念下，技术实现方案也可能大相径庭。要实现边缘计算与云计算中心的互联和互动，在技术方面仍然有很多问题需要解决，不同的供应商和服务商，正在利用各自优势，在边缘计算领域探寻更广阔的道路了。

4. 网络功能虚拟化（NFV）

虚拟化技术的普及，让运营商们有了新的思路，如果能够通过基于行业标准的、廉价的、通用的 X86 服务器、存储和交换设备，来取代通信网的那些私有的、专用的、昂贵的设备，是不是能够让运营商节省巨大的设备投资？并且，在此基础上可以提供开放的 API 接口，可以帮助运营商获得更多、更灵活的网络能力。

如果能够通过软硬件解耦及功能抽象，使网络设备功能不再依赖于专用硬件，资源可

以充分灵活共享，实现新业务的快速开发和部署，并基于实际业务需求进行自动部署、弹性伸缩、故障隔离和自愈等。岂不美哉？

这种把特定网络功能进行虚拟化处理的技术，叫作NFV，而虚拟化出的功能，叫作VNF——这两个词，只是字母进行了颠倒，一个是动作，一个是结果，在不同的语境中，表达的意义是不一样的。到目前为止，我们认为可以实现功能虚拟化的传统网络硬件有：广域网加速器、信令会话控制器、消息路由器、入侵检测系统（IDS）、入侵防御系统（IPS）、DPI、防火墙、运营商级NAT、移动网络的核心部件等。

从字面意义理解，NFV与SDN有很多相似之处，但它们之间还是有清晰界面的。

SDN侧重于将设备层面的控制模块分离出来，简化底层设备，进行集中控制，底层设备只负责数据的转发。目的在于降低网络管理的复杂度、协议部署的成本和灵活，以及网络创新。

而NFV则看中将设备中的功能提取出来，通过虚拟化的技术在上层提供众多的虚拟功能模块（VNF）。也就是说，NFV希望使用通用的X86体系结构的机器替代底层的各种异构的专用设备，然后通过虚拟化技术，在虚拟层提供不同的功能，允许功能进行多种形式的组合。

5. Underlay与Overlay

在云计算一节，我们介绍了云服务商在数据中心部署了大量虚拟机。在SDN一节，我们又介绍了DCI环境下的“大二层网络”结构。

公有云都要向多个租户同时提供服务。对于这种环境，所有的租户共享云服务商的物理基础设施，包括服务器、存储、网络，这是互联网创业公司的刚需。租户希望云服务商提供的网络作为自身企业网络自然地延伸和扩展。所谓“自然”，就是不需要改变自身网络配置的情况下，与云服务商提供的网络资源无缝地集成在一起。与此同时，也能够把自身企业网络承载的应用和服务自然地迁移部署到云服务商的网络上，并且需要高度的可扩展性和可伸缩性。对云服务商的数据中心来说，传统的二层、三层网络技术很难适应这个难度很高的技术挑战，必须改变已有的网络管理模式和向租户提供网络资源的方式。

连通租户这些分散在多个数据中心、多台服务器的众多虚拟机，需要网络管理员对每台设备进行相应的配置，这是极其琐碎且很容易出错的工作，需要耗费很长的时间反复调试。为了满足可扩展性和可伸缩性，连接这些计算和存储资源的网络拓扑也要随时变大、变小，无疑更加重了配置的工作。更加不幸的是，云服务提供商的数据中心要承载成千上万租户的应用！这些应用对部署的时间往往还有苛刻的要求。同时，出于安全的考虑，不同应用之间的网络还要实施严格的隔离，未经允许，不能有任何的数据交换。这么一大堆困难，就必须要有一种技术，以更加高效的、灵活的、可靠的方式向租户的应用提供动态变化的网络服务。

解决这些问题的理想方案是在传统单层网络（Underlay）基础上叠加（Overlay）一层逻辑的、虚拟的二层网络，让网络管理员只关心上层抽象的逻辑网络，而不用在每次配置时折腾下面的传统物理网络。这里的“物理网络”不是物理层网络，而是传统的二层（数据链路层）、三层（IP 层）架构的实体网络。

Overlay 网络使用 Underlay 网络点对点传递报文，而报文如何传递到 Overlay 网络的目的节点完全取决于 Underlay 网络的控制和转发能力，报文在 Overlay 网络入和出节点的处理则完全由 Overlay 网络的封装协议来决定。也就是说，Overlay 网络只考虑出发点和目的地，而 Underlay 则像传统交换机、路由器网络一样需要一站一站地转发。

以太网从最开始设计出来就是一个分布式网络，没有中心的控制节点，网络中的各个设备之间通过协议传递的方式学习网络的可达信息，由每台设备自己决定要如何转发，这直接导致了整个网络没有整体观念，不能从全程全网的角度对流量进行调控。由于要完成所有网络设备之间的互通，就需要 RFC 规定的那些网络协议作为规范，来保证整个网络世界的正常运行。Underlay 就是当前数据中心网络基础转发架构的网络，可以工作在以太网层，也可以工作在 IP 层。只要数据中心网络上任意两点路由可达即可。

而 Overlay 网络是被抽象出来的一个更高层面的虚拟网络，如图 18-13 所示，它构建在已有的实体网络，也就是 Underlay 网络基础上，由逻辑节点和逻辑链路构成，是一种网络架构上叠加的虚拟化模式，在对基础网络不进行大规模修改的条件下，实现应用在网络上的承载，并能与其他租户（或者同一个租户的其他应用）的网络做隔离。Overlay 网络具有独立的控制和转发平面，对于连接在 Overlay 边缘设备之外的终端系统来说，任何底层的物理网络都是透明的、不需要关心的。通过部署 Overlay 的“大二层网络架构”，可以实现物理网络向云和虚拟化的深度延伸，使云资源池化能力可以摆脱物理网络的重重限制，是实现云网融合的关键。这里的“大”，很明显，是指跨地域、节点多、范围广。Overlay 网络的节点通过虚拟的或逻辑的链接进行通信，每一条虚拟的或逻辑的链接对应于 Underlay 网络的一条二层或者三层路径。而这一条路径，又是由多个前后衔接的链接组成。

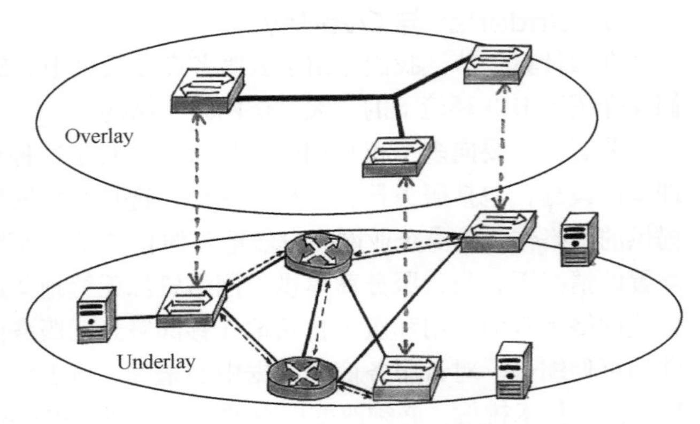

图 18-13 Overlay 网络概念图

前文介绍过的 VxLAN 技术，已经成为 Overlay 技术事实上的标准，得到了非常广泛的使用。通过使用 MAC-in-UDP 封装，VxLAN 为虚拟机提供了位置无关的二层抽象，在多

个 VxLAN 边缘设备（VTEP）之间完成 VxLAN 封装报文传输的逻辑通道，业务报文在进入隧道时进行 VxLAN 头、UDP 头、IP 头封装后，通过三层转发，透明地将封装后的报文转发给远端 VTEP。远端 VTEP 对其进行隧道解封装来处理还原数据，从而实现 Underlay 与 Overlay 网络的解耦合。位于 Overlay 边缘位置的设备，只能看到虚拟的二层连接，完全意识不到物理网络的存在，从而实现虚拟机随时随地地接入、迁移。并且不同的 Overlay 实例（这里的“实例”，就是同一个租户的同一个业务集群组成的 Overlay 大二层网络的完整场景）之间也通过 VxLAN 的标识符（VNI）实现了二层网络分段，隔离问题得以解决。而 Overlay 的控制层面，则是通过引入 SDN 控制器来实现 VxLAN 的管理和维护的。

将数据中心网络分为 Underlay 和 Overlay 两个层面，在物理网络基础上构建逻辑的虚拟网络，是在数据中心虚拟化的大背景下产生的，虽然目前 Overlay 网络更为关键，但 Underlay 网络是必不可少的物理基础。在相当长的一段时间内，两种网络形式将长期并存。

6. 服务链（Service Chain）

数据报文在网络中传递时，需要经过各种各样的业务节点，才能保证网络能够按照设计要求，提供给用户安全、快速、稳定的网络服务。当网络流量按照业务逻辑所要求的既定的顺序，经过这些业务点，包含但不限于路由器、无线接入点（AP）、流量控制、防火墙、统一威胁管理系统及广域网优化等安全或业务系统，这就是服务链（Service Chain）。

多种类型的网络服务资源在 SDN 控制器的控制下形成按需分配的资源池，在数据中心虚拟化环境中，计算资源和存储资源是以虚拟机形式为单位的，如何从网络资源池中为这些虚拟化通信分配网络服务资源呢?

比如在一个多租户的数据中心，每个虚拟化的网络切片分别为不同的租户，提供不同的网络服务需求。提供 Web 服务的服务器所在的虚拟网络和外网之间的通信需要通过防火墙、入侵防御和负载均衡，而提供虚拟机服务的虚拟网络和外网通信需要使用入侵防御和 VPN 加密……诸如此类的需求千变万化，不同的租户可能要求不同的服务组合和服务序列，这是差异化的网络服务要求，这就需要服务链来进行支撑。

在 SDN 技术诞生以前，业界也有服务链的概念，但传统网络的服务链和网络拓扑是紧密耦合的关系，部署过程相当复杂，在服务链变更、扩容时，都需要改动网络拓扑，重新进行网络设备的配置。而在云计算环境下，需要广泛使用虚拟化技术，具有动态性、高流动性、规模易变化、多租户等特点，传统网络的服务链无法满足这些需求。SDN 技术的出现，使服务链又焕发了生机。

一个服务链通常都会有入口节点和出口节点，服务链的组织顺序和服务节点的物理拓扑并没有顺序对应关系。数据报文进入服务链以后，就会按照服务链既定的顺序穿过各个服务节点。服务链的每一个节点，都知道当前服务链的下一个服务节点在哪里，并通过 Overlay 网络送达到下一个服务节点处理。在服务链的最后一个节点，也会根据数据报文最终的目的 VTEP 进行封装，完成报文的转发。

聪明的读者相信都看出来了，服务链是基于物理网络（Underlay）基础上抽象出的 Overlay 网络，那么每个服务节点在物理上就未必是固定的，可能随着扩容、升级、变迁而发生地理位置的变化，但服务链依然能够在 SDN 控制器的统一调度下，精确地通过 Overlay 网络找到下一个节点并启动相关服务。

这有点类似于医院的体检流程。每个体检套餐就是一条服务链，每个人根据自己身体状况、财务状况购买体检套餐，在体检医院走一条完整的“体检服务链”，如图 18-14 所示。

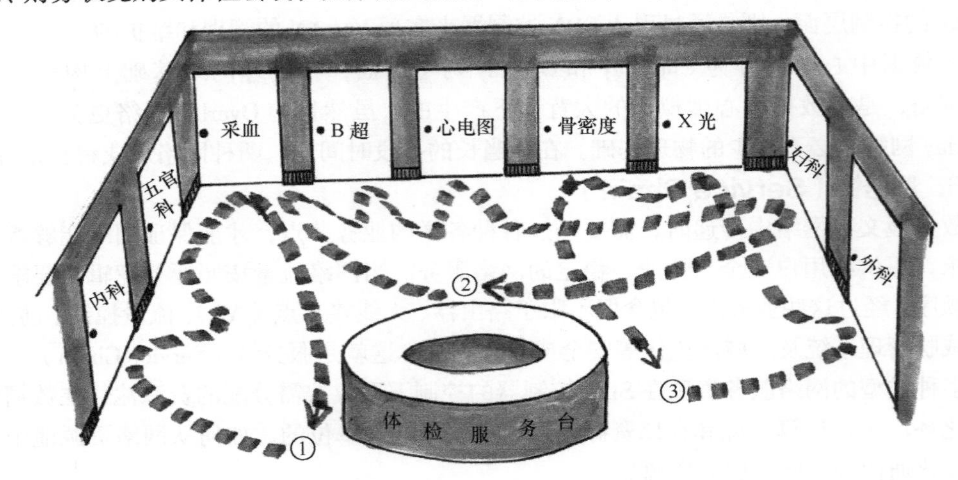

图 18-14　体检中的“服务链”

初学者很可能还是对网络资源池化的概念有些摸不着头脑。传统的网络按照物理位置、性能指标进行分类和分工，从建设角度看清晰而直观，但不易于扩展和管理，不易于多租户、多业务需求环境下的复杂应用。而在新的 SDN 架构下的网络模型，将各种资源变成了池子，需要则取，不需要则忽视，将物理设施、物理网络抽象成虚拟资源，让我们直观理解起来有些费劲，但对使用者——成千上万并且越来越多的租户而言，弹性地扩展、轻松地迁移、方便地运维、直观地调取，才成为可能。

7. 老杨有话说

为什么通信网络的书，要讲业务？为什么要讲云计算、虚拟化、大数据？其实还有许多技术，并非传统通信网络所涉及的范畴，我们在本书也不可能详细讲解，但这些概念对通信网络也将产生深远影响，如人工智能、机器学习、深度学习、态势感知等。

我们知道，存储、计算与网络是密不可分的，我们之所以需要数据网络，就是因为有数据需要传送。自然界的原始信息进行数据采集后，转化为数字信号，这些数字信号需要传送到能够计算的节点来进行加工处理，处理后的结果再通过网络传送到终端，供人们使

用。而这一过程往往是多次的、反复的，所有这些传送的过程，就需要网络。

数据网诞生之初，原始信息量小，有可能就是几个字，后来是图片，再后来是大文件、音频、视频，然后还有位置信息、控制信号等。物联网时代，人工智能时代，机器学习、深度学习、态势感知的兴起，各种我们意想不到的数据会越来越多，对数据的分析处理的形形色色的要求也越来越复杂，通信网的不断革新势在必行。可以说，数据量的急剧膨胀，是网络需要不断调整、优化的原动力。

随着网络的不断变化，各种新的技术体制和商业模式也喷薄而出。正是有了云计算，有了虚拟机之间的交互、迁移，有了虚拟机的不断产生、消失，才让整个网络结构需要发生巨大的调整，才让人们认识到对网络总体流量调度和控制的重要性，也才有了 SDN，有了 DCI，有了服务链。正是有了多租户对云计算大量、长期、实时性、不确定性的需求，才有了虚拟网络，才有了 Overlay。正是有了视频应用的爆发、有了大数据、物联网，有了海量的数据处理、分发及分析的需求，有了机器到机器、设备到设备直接通信的要求，才让存储和计算节点之间的网络互连需要适应新的形势，也才有了缓存、CDN、雾计算、边缘计算。

所以，如果我们要了解网络的演进，就不得不了解是哪些新技术体制、新思想促进了网络的演进，而通信网络则与它们一起，共同发展，共同成长！

量子通信

如果你能拥有一项超能力，你会选择什么？相信“瞬间移动”会是不少人儿时的梦想。这种超能力在物理学上并非不可能。在传统 IP 网络的基础上，科学家提出了一种新奇的网络，它能够传输宇宙间最奇特的物质，传送速度无以伦比、计算速度超乎寻常，这就是“量子互联网”，而这种奇特的物质叫作“缠结”信息。量子互联网与量子计算机都是根据量子力学的基本原理提出的设想。本节重点介绍的是量子互联网。

1900 年，德国物理学家普朗克提出了量子论学说，认为物体在辐射和吸收能量时，能量是不连续的，存在一个最小能量单元，被称为“能量子”。

也就是说，“能量”和我们常规的理解稍有区别，它竟然是个可数名词，能被人 1、2、3、4……这样数下去！

1905 年，爱因斯坦提出，光也是不连续的，提出了“光量子”，认为光是由不连续运动的“光量子”组成——也就是说，光也是一种粒子，就像很小很小的黄豆一样，可以一颗一颗地数出来，这就是光的波粒二象性中的“粒”。

随后人们发现，这些“光量子”之间可以具有交互作用，这种交互作用，可以以极快的速度连接。这种连接被称为“缠结”。

根据这一理论，可以将处于量子态的原子所携带的信息转移到一组别的原子上去，从而实现量子信息的传递，还可以将量子计算机连接起来，构成功能强大的量子互联网，进行极其高强度的数字处理，其计算速度超过当前任何理论计算速度！并且，量子互联网还有一个让人听起来相当振奋的消息：它具有绝对的安全性！由于对量子体的任何测量行为都是对量子体的一次修改，所以任何窥探量子信息的企图都会留下马脚，可以被量子信息的接收者监测到。这是微观世界中量子本身的特性造成的，人类没有可能违反最基本的物理规则。

量子纠缠就好比两个人之间具有“心灵感应”（注意，这是我们用“就好比”，而不是真的有什么心灵感应，任何打着这类旗号推广伪科学都不是靠谱的行为），甲不用说话，乙就明白意思，一旦有人偷看甲，信息立刻被修改。如果甲乙两人相距很远，那么可以想象，这样的信息传递速度有多么惊人！虽然这听起来有些玄乎，但并不妨碍1997年，奥地利的因斯布鲁克大学的研究人员突破性地提出了“量子互联网”计划。

于是，美国、中国、荷兰、瑞士、西班牙等国家的专家们开始在这一领域潜心研究，不断有消息传出，努力实现量子互联网的伟大梦想。科学家正在进行大量意义深远的实验，将量子互联网的进程向前“缓慢”地推进，目前这一领域的研究不断增热，但距离真正的最终实现还有些距离。

量子互联网并非是我们目前互联网的简单升级，它很可能会成为我们常规互联网之外的一个特殊分支，比如云计算公司将量子计算机组成的互联网作为云计算的核心部分。目前，全世界的研究团队都在研制一些能让传统计算机同量子计算机实现互联的芯片。未来的人们或许绝大部分时间仍然会使用传统计算机，只有当他们遇到一些特殊任务时，才会切换到量子网络。

但我们可以设想，有朝一日，数以亿计的量子设备会被连入同一张网络，在这个统一的网络中，任何联网设备都可以和其他设备实现互联。而大量的运算部分，都是由那些计算能力超强的量子计算机完成的，我们的传统计算机，只要做好人机交互体验及基本的运算即可。

从传统互联网到量子互联网是一种越来越神奇的力量，它是人类的一种高超的创新，既具有摧毁旧世界的力量，又具有善于建设新世界的能力。如今量子通信技术的研究正在试图从科研阶段进入试点阶段，距离真正的成功可能还需要时日，并且有关量子通信的理论，国际主流学界仍争议不断。未来究竟如何，我们拭目以待。

区块链

2008年9月，世界顶级投行雷曼兄弟宣告破产，全美金融危机爆发，席卷全球。几个月后，危机还远远没有结束，比特币创始人中本聪在其创世区块里留下一句永不可修改的话：财政大臣正处于实施第二轮银行紧急援助的边缘。这句泰晤士报头版文章的标题成为第一个区块链产生的时间标志被永久性地保留下来。

自此，区块链的概念被热炒至今。

粗浅的理解，区块链是一个分布式的公共账本。任何人都可以对这个公共账本进行核查，但不存在一个单一的用户对其进行控制。在区块链系统中的所有参与者，会共同维持账本的更新：它只能按照严格的规则和共识进行修改。要实现这一设想，背后需要有非常精巧的设计。

我们用一个合伙人企业作为例子。

一家公司有 26 个股东，分别是 A ~ Z，他们之间互相不信任（未来企业股东形式可能就是如此）。A 负责公司经营，B ~ Z 只是投资者。假如公司赚了 1 000 元钱，A 让会计把 1 000 元记为 100 元，年终分红，B ~ Z 就吃亏了。现在有了分布式账本技术，也就是我们所谓的“区块链”，每个人都有一套独立的账本，通过某种机制，每套账本中记录的内容都一模一样。当公司采购 200 元的原材料，采购员必须大吼一声，所有人的账本上都将显示“采购 200 元”，当公司签署 400 元的销售合同，并回款 300 元，他也要大吼一声，所有人账本上都将显示“签署 400 元销售合同，回款 300 元”。于是这 26 个股东每个人都成了一个节点，每次公司的交易都会被每个人（每个节点）所记录。好，有人会问，能否存在可能，某个或某几个股东恶意操作来破坏整个账本系统？比如 A 向 B 和 C 行贿，联合起来不承认别人的账本，甚至伪造自己的账本，造成每个节点中的账目不一致？再比如，股东 Z 觊觎 A 的位置已久，他就有可能造假，并且通过自媒体宣告 A 违法乱纪、资金抽逃，怎么办？这个分布式账本的好处就在这里：Z 说，我这里记录上次采购是 100 元，不是 200 元，立刻，所有 A ~ Y 的股东，都会站起来大声斥责 Z：你说的不对，根据我们的账本记录，你那条采购记录是伪造的，真实采购是 200 元！未来的股东越来越多，每个新进入者都将拷贝当前的任何一个人的账本——反正大家的账本都是一样的内容。而想要伪造，你只能游说当前每一个股东一起造假，这个妄想劝你还是放弃吧——在区块链的世界里，根本不可能做到！

区块链的诞生，看似只是采用了分布式账本这个小小的“创意”，但其衍生出来的哲学思想，将直接指引人们实现过去只能想象、无法完成的任务。比如过去我们为了办一些事情，需要证明“我妈是我妈”，因为出生证、房产证、婚姻证需要一个中心节点，比如政府的数据库来进行“背书”，大家才能承认，一旦跨境（包括跨城市、跨省、跨国），合同和证书可能失效，因为还没有一个全球性的中心认证节点。我们出国办信用卡，没有信用基础，就无法办理，即使你在国内已经财务自由。你出国开会，说自己是某个大企业老总，可国外对你的这一身份一无所知。区块链技术不可篡改的特征从根本上改变了中心化信用的创建方式。通过数学原理而非中心化信用机构来低成本地建立信用体系，最终解决全球范围内“我妈是我妈”的问题。

人是善变的，而机器不会撒谎，区块链是最有可能带领我们从个人信用、制度信任进入到机器信任的时代的。

在此基础上，互联网上传送的将不仅仅是信息，而是价值！图书音像版权、企业股权、房产所有权、遗产权、商品防伪、工业产品质量、农产品产地、物流状态、个人身份、企业信用等，都可能通过互联网的手段及区块链的思想予以价值确认。可以这么理解，过去以法律语言记录的合约，可以通过区块链技术，转变为以计算机语言、数学算法为基础的“智能合约”，过去必须签字、盖章、摁手印、打水纹都很难避免被伪造的传统技术，被区块链技术取代后，伪造诈骗的概率将接近为 0！

传统技术无法同时实现的两个特性，区块链都能实现：第一个是无法删除、篡改，只能新增，保证历史可溯性，同时作恶的成本过高并且即使有人作恶，也会被永久记录。第二个是去中心化，避免中心化因素的影响，提高了效率，也降低了中心节点出现问题的可能性。

区块链可能获得应用的领域范围非常广。

1. 金融领域

区块链在国际汇兑、信用证、股权登记和证券交易所等金融领域有着潜在的巨大应用价值。将区块链技术应用在金融行业中，可省去第三方中介环节，实现点对点的对接，从而在大大降低成本的同时，快速完成交易支付。

如 Visa 推出基于区块链技术的 Visa B2B Connect，它能为机构提供一种费用更低、更快速和安全的跨境支付方式来处理全球范围的企业对企业的交易。要知道传统的跨境支付需要等 3 ～ 5 天，并为此支付 1% ～ 3% 的交易费用。

2. 物联网和物流领域

区块链在物联网和物流领域也可以天然结合。通过区块链可以降低物流成本、追溯物品的生产和运送过程，并且提高供应链管理的效率。该领域被认为是区块链一个很有前景的应用方向。

已经有公司创建了基于区块链的新型供应链解决方案，实现商品流与资金流的同步，同时试图彻底解决假货问题。很多物流公司为企业提供供应链溯源服务，通过在区块链上记录零售供应链上的全流程信息，实现产品材料、原料和产品的起源和历史等信息的检索和追踪，提升供应链上信息的透明度和真实性。也有初创公司开发了基于区块链技术的智能锁，将锁连接到互联网，通过区块链上的智能合约对其进行控制。只需通过区块链网络向智能合约账户转账，即可打开智能锁。用在酒店里，客人就能很方便地开门了。

3. 公共管理领域

公共管理领域涉及民众生产、生活中大量息息相关的服务，目前这些领域的中心化特质也带来了不少问题，伪造身份、学历、婚姻状况等，这些都可以用区块链来改造。

4. 认证、公证领域

区块链具有先天的认证和公证功能，有公司专门利用区块链技术进行文件验证，甚至有公司与学校合作，向学生颁发电子学历证书。

5. 保险业

在保险理赔方面，保险公司负责资金归集、投资、理赔，往往管理和运营成本很高，通过智能合约的应用，既无须投保人申请，也无须保险公司批准，只要触发理赔条件，就能实现保单自动理赔。

区块链可应用的场景几乎涉及我们生产、生活的每一个领域，所以本文我们只能抛砖引玉，未来的应用，等待人们进一步挖掘和实践。总之，我们有理由相信，区块链技术是继蒸汽机、电力、互联网之后，下一代颠覆性的核心技术。如果说蒸汽机释放了人们的生产力、电力解决了人们基本的生活需求、互联网彻底改变了信息传递的方式，那么区块链作为构造信任的机器，将可能彻底改变整个人类社会的价值传递方式。

人工智能

人类是自然界已知的唯一具有“自我意识”的物种。生物界普遍的观点是，只有人才具有真正的“智能”，这种智能，包括意识、自我、思维等，但人类对自身智能的理解非常有限，对构成人的智能的必要元素也知之甚少，但这并不妨碍人类利用已经掌握的计算机、数学、心理学、哲学知识，探究模仿人类智能的机器的设计和制造。

从第一台计算机被制造出来开始，人们已经知道，能够用机器帮助人类思考一些基本问题，我们让计算机帮我们计算、存储、预测，与我们一起游戏、交流，那么如何让计算机再多做一些事情，取代人目前的工作呢？这一课题，被誉为 21 世纪三大尖端技术（基因工程、纳米技术和人工智能）。

在当前科技水平下，我们要制造一台瞬间算出十位数乘除法的计算机，非常简单。但要能造出一台瞬间辨别出一张照片是不是老杨的机器，那就有些困难了，不过人类已经实现了。今天，很多型号的智能手机都已经能够进行人脸识别。要造一台能战胜棋类世界冠军的计算机，IBM 的深蓝（国际象棋 AI）、谷歌的 AlphaGo（围棋 AI）、冷扑大师（Libratus，德州扑克 AI）已经成功了；但要造出一个能够读懂学龄前儿童的图书，并不断学习新知识、不断提高的机器人，谷歌花了几十亿美元，却仍然没有做出来。即使强如 IBM 海法研究院，做出了一款叫作 Project Debater 的机器人，也不过只能与人进行稍微复杂的辩论，距离“人格”“自学习”“自我激励”还相距甚远。

计算机科学家曾经有这个说法：人工智能已经在几乎所有需要思考的领域都超过了人类，但是在那些人类或其他动物不需要思考就能完成的事情上，还差得很远。

可以说，人工智能是处于思维科学的技术应用层次，是它的一个应用分支。从思维观点看，人工智能不仅限于逻辑思维，更要考虑形象思维、灵感思维才能促进人工智能的突破性发展。

爱迪生的名言是，天才就是 1% 的灵感加上 99% 的汗水。我们让机器做粗、笨、重的劳动，也就是那 99% 的汗水，已经成为现实；但那 1% 的灵感，如果机器能通过人类智慧赋予其自主学习能力，让它掌握并运用在现实世界里，是否能引起人类更深刻、更伟大的革命呢？

我们首先看一个人是怎么学习的。

他从出生，是一个目不识丁的婴孩儿，他除了具有吃奶、撒尿这样的本能外一无是处，然后他逐渐长大，在此过程中识字、读书，逐渐在工作生活中不断积累经验，并将这些经验应用到实践中，再不断摸索经验，如此往复。那么机器能不能也这么做呢？科学家们大胆假设、小心求证，于是，人工智能专家引入了统计学、信息论、控制论、数理逻辑等，让机器学习各种知识、经验，但收效甚微，计算机很难从“量变”到“质变”，它还是无法创造，没有“灵感”，缺乏“悟性”。这种方式称为“工程学方法”，这些方法已经在一些领域内做出了成果，如文字识别、人脸识别、计算机写作、下棋等。

还有科学家不甘心，继续进行深度研究，引入仿生学、生物学、心理学、语言学、医学等学科，他们的目标，不仅仅要看到人工智能的效果，还要求实现方法也和人类或生物体所用的方法相似或者相同。遗传算法（GA）和人工神经网络（ANN）均属后一类型。遗传算法模拟人类或生物的遗传—进化机制，人工神经网络则是模拟人类或动物大脑中神经细胞的活动方式。大自然几亿年进化的过程，人类希望通过自身智慧和思维去模仿并再创造。

为了得到相同的智能效果，两种方式通常都可使用。采用工程学方法，需要人工详细规定程序逻辑，如果规则简单，还是容易实现的；如果规则复杂，相应的逻辑就会很复杂（按指数式增长），人工编程就非常烦琐，容易出错。而一旦出错，就必须修改原程序，重新编译、调试，最后为用户提供一个新的版本或提供一个新补丁，非常麻烦。采用遗传算法或人工神经网络时，编程者要设计一个智能系统来进行控制，这个智能系统开始什么也不懂，就像初生婴儿那样（但没有本能一说），但它能够学习，能渐渐地适应环境，应付各种复杂情况。这种系统开始也经常犯错误，但它能吸取教训，下一次运行时就可能改正，至少不会永远错下去，不用发布新版本或打补丁。利用这种方法来实现人工智能，要求编程者具有生物学的思考方法，入门难度大很多。但一旦入了门，就可得到广泛应用，并且通常会比前一种方法更省力。

人工智能学科研究的主要内容包括：知识表示、自动推理和搜索方法、机器学习和知识获取、知识处理系统、自然语言理解、计算机视觉、智能机器人、自动程序设计等方面。

人工智能常被比作“大脑”，而通信则承载着“脑干”的角色，如同脑干掌控着人的呼吸、心跳等基本生命活动的有序运行，通信业支撑着数据的传输和各类人工智能硬件的正常运行。与此同时，通信本身也是被人工智能改造的行业之一。

从电报和电话的发明开始，通信业就首先进行“连接”革命，物理载体的不断进化，

使连接形式也在发生着或大或小的变化：有线、无线、电缆、光纤、电磁波，这个阶段的通信行业有着清晰的边界和使命，那就是负责人与人之间的通信连网。到了“互联网 +”的时代，“连接”概念下的通信业沦为配角，传统的信息连接在产业价值链中的主导权逐渐丧失，全世界的运营商都成了“管道商”，通信业从连接阶段进化到“感知阶段”。

“感知阶段”的通信业谋求宏观的“技术使能”，从人人互联逐步延伸到人机交互、万物互联，进而在物联网、虚拟现实等新兴领域制造新的增长奇迹。5G、云计算、物联网、人工智能、大数据技术也在加速通信行业的迭代速度。也正因此，传统的互联网内容服务商如 BATJ（百度、阿里巴巴、腾讯、京东等）们，也在推出覆盖汽车、房地产、农业、智慧城市、无人驾驶等领域的综合解决方案，而这其中必然离不开通信行业的合作伙伴，想想我们前文介绍过的诸如虚拟化、DCI、Overlay 这些技术概念，从本质上讲，都是为了“使能”多种产业形态的“互联网 +”趋势的。

显而易见，通信业必将进入人工智能和数据服务的历史新阶段，在新的业态下寻求新的商业模式。

仅仅从技术层面讲，模拟生物的方式去改造网络结构、计算方法、学习方法，让通信网去中心化、简化结构，能够自愈合、自修复，并行处理大量数据，人工智能赋能通信领域的，是网络层次的革命。这只是人工智能融入通信领域的第一层含义。

而引入人工智能更重要的变革，将会是商业层面的。过去很长一段时间，运营商都在继续着相对简单粗暴但行之有效的商业模式，即进行数据的传输，依靠“管道”建设权、运营权、服务权的价值来盈利。在完成人工智能的改造后，管道商们很可能，也很有必要转向为各行各业提供数据服务的道路上来。用户流量的大数据是一座金矿，物联网时代海量的传感器是海量数据的源泉，利用用户数据来改善服务、利用网络数据来改进运维，并利用数据来支撑创新，将是大势所趋。

未来的 5G 网络，基础建设的巨额投资和“提速降费”大背景下的收入下滑，俨然是难以调和的矛盾，解决这一矛盾的最佳方案就是数据服务。而处理规模庞大的数据，又恰恰与人工智能密不可分。从连接的普适服务向数据经营的转变过程中，需要的也恰恰是人工智能的高度嵌入。

未来的通信网，将是连接、感知、计算三位一体的新型网络——感知到流量和需求的变化，知道如何解决，并通过学习形成知识体系，实现自主进化。

虚拟现实（VR）与增强现实（AR）

我们沉浸在网络的海洋里，购物、学习、娱乐、游戏，大都是交互式的，我们将自己想象成一个在超市里购物的顾客，进入淘宝或者京东，选择合适的产品，然后鼠标点击下单，这种体验和现实中在超市里购物并不完全一致。超市购物，你可以随心所欲地徜徉在琳琅满目的货品之中，随手拿起一样物品，感受其重量、质感，拿起来反复掂量，闻一闻、听一听，甚至试用一下，这在传统的网络购物中是不可能的。不可能？不，在人类发展史的字典里，没有什么是不可能的！

有一种技术为你的生产生活提供了一种"沉浸式"的可能，它叫作"虚拟现实技术"（VR，Virtual Reality）。作为仿真技术的重要方向，VR技术是仿真技术与众多学科的综合学科。这所谓的"众多"，包括计算机图形学、人机接口技术、多媒体技术、传感技术，以及本书的主角——通信技术。

VR是一门富有挑战性的前沿学科，对其研究的焦点在模拟环境、感知、自然技能和传感设备领域。模拟环境是由计算机生成的实时动态的三维立体逼真图像；感知是指VR应该具有一切人所具有的感官感知，视觉、听觉、嗅觉、运动、触觉甚至味觉，因此也被称为"多感知"；自然技能是指人的头部转动，眼睛、手势、腿的动作或其他人体行为动作，由计算机来处理与参与者的动作相适应的数据，对用户输入做出实时响应，并分别反馈到用户的各个感知器官，从而实现VR与人的互动；传感设备是指三维交互设备。

我们用足球训练的VR系统举例。模拟环境要求系统生成一个足球场地，感知系统让人的视觉能够感受到整个球场，你的脚仿佛踏入绵软的草地，能闻到青草散发的芬芳，甚至场边还有热情的球迷摇旗呐喊，而你身边则有一枚严格的美女教练，指导你该如何传球和射门；自然技能开始，你听到哨音，开始助跑，耳畔听到呼呼的风声，距离足球60cm左右，伸出右脚，把面前的足球用脚弓传递出去，你的脚能清晰地感受到皮球的反作用力，如果吃球部位不对，球向前的方向也不对，距离你10多米远的你的队友（当然也是虚拟的）拼尽全力也没能把球接住，于是发出不耐烦的抱怨声……

有人总结VR的四大特征，从上述例子也能管中窥豹：多感知性、存在感、交互性、自主性。前三者容易理解，自主性是指虚拟环境中的物体依据现实世界物理运动定律动作的程度，你把足球传出去，你的脚、足球都要符合牛顿的运动定律，你当然可以将系统设置为不管你怎么用力，球都恰到好处地传给队友，但这就不再是虚拟现实，而是虚拟幻想了。

讲到这里，我相信读者已经插上想象的翅膀，对VR的应用场景展开大胆联想了：手术模拟、教育、游戏、娱乐、室内设计、房地产开发、网络购物、消防演练、虚拟制造、生物工程、航空航天，国民经济的每个环境都能用到VR技术。

与虚拟现实技术类似的还有增强现实技术（AR，Augmented Reality），一种将真实世界的信息和虚拟世界信息"无缝"集成的技术。简单的，比如我们拍照、视频通话时虚拟出的帽子、兔耳朵、眼泪、红脸蛋（相信大家经常能看到这类照片或者视频）；复杂的，AR可以通过多媒体、三维建模、实时视频显示及控制、多传感器融合、实时跟踪及注册、场景融合等技术手段，在多个领域发挥作用。这一点与VR技术非常相似，但由于AR是对

真实自然环境的虚拟增强，所以其应用的真实感更强。比如我们能够利用 VR 技术模拟看到一个没有到现场的歌手唱歌，但可以利用 AR 技术实现一个到现场的歌手与一个未到现场的歌手同歌一曲。已经有游戏公司制作了 AR 游戏，将位于全球不同地点的玩家，共同进入一个真实的自然场景，以虚拟替身的形式进行网络对战，比如著名的抓精灵游戏 Pokemon Go（精灵宝可梦）。

AR 目前需要解决的几个关键技术有以下几个方向。

三维注册技术：可以理解为要确定虚拟物在真实世界三维空间里的真实位置，就首先要将 AR 必需的摄像头在三维空间里的位置进行精准注册。

虚拟融合显示技术：目前增强实现虚拟融合显示设备有头盔式、手持式和投影式，这 3 种模式如何完成真实场景与虚拟对象信息的融合叠加，准确、无延时、速度快？

人机交互技术：研究各种外接设备、特定标志以及徒手交互的技术，外接设备包括各种穿戴设备、体感设备等。

AR 是充分发挥创造力的技术，为人类的智能扩展提供了强有力的手段，对我们的生产、生活方式都将产生巨大影响。AR 技术在人工智能、计算机辅助设计、图形仿真、商业服务、虚拟通信、遥感、娱乐游戏、模拟训练等领域都带来了革命性的火种。本节最前面讲到的购物体验，就是 AR 技术在商业服务领域的具体应用。

VR 技术阻挡了现实世界，让用户完全沉浸在数字体验中，而 AR 只是在真实世界之上增加了数字元素，侧重于桥接数字和物理空间。而这两者的应用，都需要 3D 场景设计开发、运算、传送、转换，需要海量的存储空间、计算资源和传输带宽，它们在诸多领域的广泛渗透，将为包括云计算、大数据、物联网、基础传送网络市场带来巨大的商业机遇。未来会怎样，让我们拭目以待！

Chapter 19

第 19 章 通信网常见设施

1957年，来自上海的24岁小伙高锟担任国际电话电报公司在其英国的子公司——标准电话与电缆有限公司的工程师，开始从事光导纤维在通信领域运用的研究。1964年，他提出在电话网络中以光代替电流，以玻璃纤维代替导线，传送的质量和容量都将大幅度提高。

1966年，高锟发表了一篇题为《光频率介质纤维表面波导》的论文，开创性地提出光导纤维在通信上应用的基本原理，描述了远程及高信息量光通信所需绝缘性纤维的结构和材料特性。简单地说，只要解决好玻璃纯度和成分等问题，就能够利用玻璃制作光学纤维，从而高效传输信息。

有人认为这一设想太匪夷所思，也有人对此大加褒扬。但在争论中，高锟的设想逐步变成现实：利用石英玻璃制成的光纤应用越来越广泛，全世界掀起了一场光纤通信的革命。在他的努力推动下，1971年，世界上第一条1km长的光纤问世，1981年，第一个光纤通信系统启用。

时至今日，光纤通信已经被公认为是有线网络通信的基本通信设施，光纤已经铺设到了千家万户。而高锟，则被人们称为“光纤通信之父”。

通信网在哪里？天上架（架空光缆、电缆、天线、基站）、地下埋（光纤等）、水里淹（海底光缆）、空中传（无线、移动）、桌上摆（计算机、电视）、手中捧（手机、PAD），当然，通信的基础设施都“存放”在通信机房里。

在本章，我们将给各位读者介绍通信网的常见设施和相关配套，比如电信机房里我们常见的监控、空调、DDF/ODF、线缆、电源、电池等。再领先的科技、再先进的设备，都需要这些设施作为配套。就像我们生活的城市，当白领和精英们坐在宽敞明亮的写字楼里办公，千万别忘了那些为这座城市的综合环境贡献力量却默默无闻的服务系统——如环卫、家政、物流、保安、城管等。对于所有进入通信业的人，无论如何都要去电信机房看一看，感受一下，这应该成为入行的“先修课”。

机房与装修

通信机房是基础电信运营商、增值服务提供商、内容服务商、数据中心放置通信设施、存储设施及配套设施的物理空间，当然也包括行业企业用于放置通信设施的中心机房，如军队、公安、电力、石油石化、煤炭、高校、政府等行业单位和相当一部分大中型企业都有自己的通信网，也都会有通信机房。通信机房是人类通信所有实践活动的主要载体之一。为了保障通信网络的安全性和稳定性，通信机房的环境应该有严格的要求。

让我们到通信机房里去看看。

通信机房的规模根据实际放置的设备体积和数量及其他特殊要求决定。对于运营商各个主要分支机构（如国内的各省电信公司的省会城市和一级城市）的主干网机房，由于涉

及全省范围甚至几个省范围的核心交换和路由，规模都很大，有的要占据几层楼，数万平方米；而有的机房，如移动基站控制器所在的机房，可能在某个住宅楼顶端，规模一般很小，只有十几平方米。

电信机房在一栋智能大厦的中间位置最为合适，因为面积以及线路的扩展性最好。正规的机房除了机柜以外，还应该具备布线系统、电源动力系统、安全监控系统、温控系统、防雷电系统以及防火、烟感应报警系统。

电信机房设备密度较高，对建筑物的承重能力要求也比较高，最好能达到 1 000kg/m^2——什么概念呢？相当于 10 个 100kg 的大胖子站在 1m^2 的正方形地面上所形成的压强。

机房内一般采用防静电地板，机房的四壁都有墙内防电磁干扰措施。机房空调采用大功率、下送风空调，具有恒温、恒湿、送风装置。很多标准的电信机房都采用先进的门禁系统、计算机控制的电子感应锁，能自动识别客户身份并记录客户进入的时间等详细资料，针对进入机房内的不同空间，还可以设置不同等级的门卡。

电信机房放置了各种机架。标准的电信级机架，高度以 2 000mm 居多，宽 482mm，深度根据具体设备而定，这被称为“19 英寸标准机架”。19 英寸是指机架的宽度——也就是 482mm。机架高度一般采用 U 来表示，每个 U 约为 4.4cm。大部分电信设备也都是标准的几个 U 高度。为了减轻自身重量，机架一般采用轻型钢制成。机架需要全部固定在楼板中，可以抵抗至少 8 级地震（汶川地震就是里氏震级 8.0Ms）。每个机架最好都具备独立风扇，正规的机房还应该采用双路 UPS 电源直接向机柜供电。为了适应用户需求的增长，除了提供足够的电力供应外，还应留出足够的电源插座。

核心设备要考虑数据的灾难备份，一般把互为备份的两套系统安装在分布于异地的两个机房内，相互之间通过光纤环路连接。

机房监控

机房监控属于工业自动化范畴，是指对机房的温度、湿度、电源动力装置、电机、消防、门禁等机房环境和设施进行监测和报告的系统的总称。机房监控一般情况下可监测的对象有：配电系统、UPS、发电机、空调、烟感器、温湿度、检测仪、漏水漏油检测器、消防系统、门禁以及其他防盗设备（如人体探头、玻璃破碎器及其他防盗传感器等）。

通过对机房动力及环境的集中监控，可以实现对机房遥测、遥信、遥控、遥调的管理功能，为机房高效的管理和安全运营提供保证。

机房监控的类型很多，一些先进的无人值守机房，可以说已经“武装到牙齿”了。比如在机房监控系统中检测到某个值超过阈值，可以通过短信、电子邮件等形式上报给管理员，管理员日常通过环境动力监控系统软件来查看机房的环境和设备参数，甚至可以在特定情况下抓拍出现问题的点，并上传到服务器供管理员下载查看。

电信设备

电信设备要长时间不间断运行，因此散热、通风都是产品设计的要点。电信设备在机架上安装或者自带机架。作为一名工程师，要将一台设备安装在电信机房中，必须研究这台设备的尺寸、安装方法、供电要求、温度和湿度范围、线缆连接规则、风扇位置和通风方式等，千万不要搬到机房找个机柜就塞进去。如果安装不符合科学要求，会在以后的维护中陷于被动。

电信级设备需要运行稳定、可靠性高，全年故障时间不能超过某个限制，比如电信级语音交换机的可靠性要求"5个9"，也就是99.999%，那么每年宕机时间不能超过5.2分钟。如果是企业级设备，要求是"3个9"或者"4个9"，那就降低很多要求，比如"4个9"就是指每年宕机时间不超过8.76小时。

电信设备必须适应常年不间断运行。与其他电子产品一样，电信设备也有其"平均无故障时间"，也就是电子产品常用的参数MTBF（Mean Time Between Failure）。

电信设备有自身的寿命，一般来说，运营商是按照5～7年的时间对通信电子设备进行折旧摊销，对电源设备按6～8年进行折旧摊销，对通信线路设备按10～15年进行折旧摊销，当然，实际寿命往往长于摊销时间，但高速发展的电信业，设备容量、性能发展很快，即使远远没到摊销年限，有些设施也已经严重"落伍"了。

工控机和服务器

工控机是一种特殊的PC服务器，一般是存放重要数据或用作设备管理的，在通信机房中和其他通信设备一样，保持24小时开机状态。正是由于工控机是专门为工业现场而设计的，而工业现场一般具有强烈的震动、灰尘特别多、电磁干扰严重等状况，这就要求工控机与一般计算机相比，需要采用钢结构，有较高的防尘、防磁、防冲击的能力，价格也比一般计算机偏贵。

工控机运行着各种操作系统，如Windows、Linux、UNIX、Solaris、CentOS、FreeBSD或者其他操作系统，并在此基础上运行各种应用软件，如管理、监控、计费、数据库、查询、搜索、备份等应用系统。

过去大多数人都觉得很神秘的服务器，已经没有想象中那么复杂了。在过去，芯片组主板、ECC内存校验、64位PCI-X接口、SCSI硬盘等专用硬件，不是一般人能够驾驭的。然而英特尔采用了开放平台的做法，IA架构服务器在技术方面并不存在什么隐私，不少中小系统集成商可以从市面上购买一些零部件，像组装个人计算机一样，组装一台服务器产

品了，这就是所谓的“白牌机”。

随着云计算、SDN 和 NFV 技术的推广和普及，价格低廉、技术成熟的白牌机服务器越来越受到追捧，承载着诸多重任。选择白牌机来减少基础设施成本，是云计算和服务供应商的常见做法，这就导致主流服务器公司的销售量下降。在过去几年，最初由 Facebook（脸书）设计的开放计算平台（OCP）一直都作为大规模数据中心计算的硬件规范而获得推动。符合 OCP 规范的白牌服务器是可以在数据中心内部署的。其优点是硬件成本低、能耗低、互操作性和兼容性好，白牌服务器制造商们从而可以使用来自于不同制造商的硬件产品。

线缆

在洲际、省份、城市之间，一般采用光缆或海底光缆。在城市内部，程控交换机通过多种方式连接用户的电话机或企业的电话交换机，如大对数电缆、光纤等。在电信机房内，设备之间的连接都采用线缆，线缆在设备、DDF、ODF 之间连接。

比较常用的线缆有：电话双绞线、以太网双绞线、光纤跳线（尾纤）、V.35 线缆、同轴电缆等（如图 19-1 所示）。

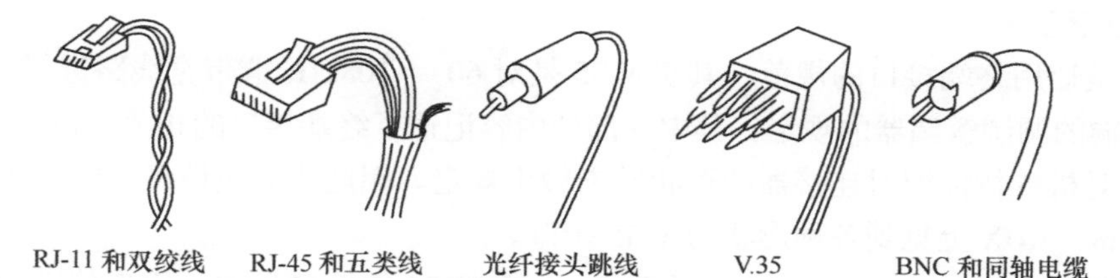

图 19-1　多种物理线缆和接头

常见物理接口和接头

编码格式决定了线路采用的电缆或者光缆的类型，而电缆或者光缆的类型又决定了设备和线缆连接处的接口和接头类型。下面介绍几种常见的物理接口和接头。

1. RJ-11

RJ-11 接口和 RJ-45 接口有几分神似，其接头部分都叫作“水晶头”，透明而结实。RJ-11 只有 4 根针脚（RJ-45 为 8 根）。在电话系统中，传统电话机（也就是第二章介绍过的 POTS）的接口就是 RJ-11 插孔，与之配套的电话线的末端是 RJ-11 的水晶头。在拨号上网和 ADSL 时代，RJ-11 接头连接拨号 Modem 和 ADSL Modem。在 IP 电话系统中，IP 电话机则一般采用 RJ-45 接口。

在通用综合布线标准中，没有单独提及 RJ-11，所有的连接器件必须是 8 针。RJ-11

和 RJ–45 的协同工作和兼容性还没有成文。

RJ 这个名称代表已注册的插孔（Registered Jack），来源于贝尔系统的通用服务分类代码。USOC 是一系列已注册的插孔及其接线方式，用于将用户的设备连接到公共网络。FCC（联邦通信委员会）代表美国政府发布了一个文档，规定了 RJ–11 的物理和电气特性。

2. RJ–45

RJ–45 是一个常用名称，指的是由 IEC(60)603–7 标准化，使用由国际性的接插件标准定义的 8 个位置（8 针）的模块化插孔或者插头。IEC(60)603–7 也是 ISO/IEC 11801 国际通用综合布线标准的连接硬件的参考标准。

因此，使用 6 针或者 4 针接插件（比如 RJ–11）从此不被通用解决方案支持。为了使超五类双绞线达到性能指标和统一接线规范，国际上又制定了两种国际标准线序，常用的一种叫 T568B，其线序为：白橙，橙，白绿，蓝，白蓝，绿，白棕，棕。

网络工程师在制作网线时，常常需要考虑水晶头与网线如何连接的问题。

双绞线中 4/5、7/8 这 4 根线没有定义。而具体施工时，往往不注意就接成了 1、2、3、4。10Mbit/s 网络相对而言带宽窄、连通性好，故连接成 1、2、3、4 也没有什么问题。但是 100Mbit/s 甚至更高带宽，再连成 1、2、3、4 就不能很好地工作了。

3. V.35

V.35 是通用终端接口的规范，其实 V.35 是对 60 ~ 108kHz 群带宽线路进行 48kbit/s 同步数据传输的调制解调器的规定，其中一部分内容记述了终端接口的相关规范。

V.35 对机械特性即对连接器的形状并未做出规定。因此我们应该经常能够在低端路由器、Modem、MUX 上见到各种形状的 V.35 接口。

路由器中的 V.35 接口，一般采用 DB34 或者 DB25 的接口类型，用来传送同步的 $N\times$64kbit/s 数据。随着以太网的普及，V.35 接口使用得越来越少。

4. RJ–48

RJ–48 是 E1/T1 接口的连接器标准，和 RJ–45 接头外观极其相似，但正规的 RJ–48 接口在第八线侧的外壁有一个小突起与 RJ–45 区分，但目前基本都混合使用。电子市场购买的 8 芯水晶头，采用不同线序，就成了不同的接口类型，RJ–48 或者 RJ–45。

RJ–48 通常是指 RJ–48C，用于 E1/T1/ 语音接口，用 1/2/4/5 针。

5. BNC

BNC 接头是一种用于同轴电缆的连接器，全称是 Bayonet Nut Connector，即刺刀螺母连接器，这个名称形象地描述了这种接头的外形，又有人将其称为 British Naval Connector，即英国海军连接器，可能是英国海军最早使用这种接头，或者叫作 Bayonet Neill Conselman，即 Neill Conselman 刺刀，这种接头是一个名叫 Neill Conselman 的人发明的。

同轴电缆是一种屏蔽电缆，可以屏蔽掉传送过程中的多种噪声信号，因此传送距离长，

信号也非常稳定，于是被大量用于通信系统中。如网络设备中的 E1 接口就可以用两根 BNC 接头的同轴电缆来连接。在高档的监视器、音响设备上，BNC 接头也经常用来传送音频、视频信号。

实际应用中的 BNC 接口种类极多，据不完全统计有 200 多种，形状各异，制作方法也不尽相同。

6. 光纤连接器

光纤连接器是光纤与光纤之间进行可拆卸（活动）连接的器件。光纤的外形有很多种，光纤连接器也不尽相同，有 MTRJ 型、MPO 型、MD 型和 MPX 型等，其中 MPO 型、MD 型、MPX 型主要用于连接带状光纤，也称带状光纤连接器，最高可以实现单个连接器出 24 根光纤。光纤连接器如图 19-2 所示。

序号	类型	光纤外形	光纤连接器
1	ST		
2	FC	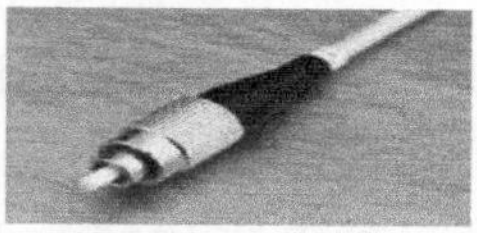	
3	SC		
4	LC		
5	MU		
6	MTRJ		

图 19-2 光纤连接器

序号	类型	光纤外形	光纤连接器
7	MPO		
8	MPX		
9	MD		

图 19-2　光纤连接器（续）

7. 光模块

光模块（Optical Module）由光电子器件、功能电路和光接口等组成，光电子器件包括发射和接收两部分。

光模块的作用就是光电转换，发送端把电信号转换成光信号，通过光纤传送后，接收端再把光信号转换成电信号。

光模块按照封装形式分类，常见的有吉比特的 SFP、SFF、GBIC 等，十吉比特的 SFP+、XFP，25G 接口的 SFP28，40G 接口的有 QSFP+、CFP 等，100G 接口的有 QSFP28、CFP、CFP2 等。光模块需要适应各种光波的各种波长，一般可选的有 850nm、1 310nm、1 270nm、1 330nm、1 490nm、1 550nm，还有 CWDM（粗波分）和 DWDM（密波分），可以支持多种波长。

8. AV 接口

AV 接口是声音和视频的混合端口，A 即 Audio（声音），V 即 Video（视频），通常都是成对的白色音频接口和黄色的视频接口，它通常采用 RCA（俗称“莲花插座”）进行连接，使用时只需要将带莲花头的标准 AV 线缆与相应接口连接起来即可。在许多音箱、DVD 机上你会看到这样的接口。

9. S 端子

S 端子也是我们常见的接口，其全称是 Separate Video。S-Video 连接规格是由日本企业开发的，它将亮度和色度分离输出，避免了混合视讯信号输出时亮度和色度的相互干扰。S 端子实际上是一种 5 芯接口，由两路视亮度信号、两路视频色度信号和一路公共屏蔽地线共 5 条芯线组成。在电视机、DVD 机上能看到 S 端子。

10. HDMI 接口

HDMI 是一种全数字化视频和声音发送接口，可以发送未压缩的音频及视频信号。目前，HDMI 广泛应用于数字机顶盒、DVD 播放机、个人计算机、电视游乐器、数字音响与电视机等设备。HDMI 可以同时发送音频和视频信号，由于音频和视频信号采用同一条线材，大大简化了系统线路的安装难度。

HDMI 接口有 A、B、C、D 4 种类型，比较常见的 D 接口，外形小巧，其尺寸相当于 USB 接口，可为相机、手机等便携设备带来最高 1080p 的分辨率支持及最快 5GB 的传输速度。

DDF、ODF 与 MDF

数字配线架（DDF，Digital Distribution Frame）用于电缆的转接。不同的 DDF 架会有不同的接头类型，比如电话线、BNC 或 RJ-48。两台电信设备之间 E1 的连接，一般都不是用线缆直接将两个接口连接起来，而是把设备的接口都通过线缆连接到 DDF 架上，在 DDF 架上用“跳线”将所需连接的端口“对接”起来。

光配线架（ODF，Optical Distribution Frame）用于光纤的转接。ODF 的接头有单模和多模之分。相比于 DDF，所有带有光接口的设备，其光接口之间一般也不是直接连接起来的，而是先都连接到 ODF 架上，在 ODF 架上用“跳线”将所需连接的端口“对接”起来。

这样做看似浪费，但方便查询和维护，便于调换电路，并且分工界面明晰，容易明确建设和维护的责任。对于两台不同供应商的设备，每台设备的端口都连接到 DDF 或 ODF 上，会避免其中一家供应商的调试人员因为线缆的连接而牵扯另外一个厂家的设备，避免不必要的纠纷。DDF 示意如图 19-3 所示。

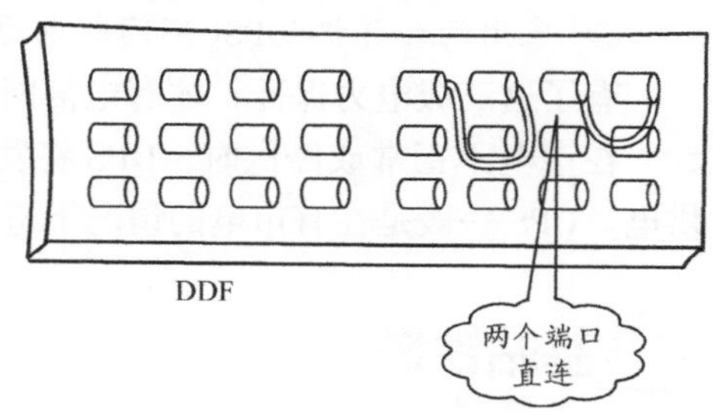

图 19-3 DDF 示意

总配线架（MDF，Main Distribution Frame）适用于大容量电话交换设备的配套，用以接续内、外线路，还具有测试、保护局内设备和人身安全的作用。

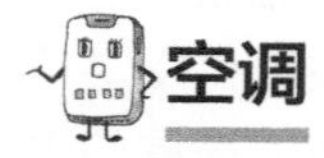

空调

我们知道，电信机房中的设备是由大量的微电子、精密机械设备组成，而这些设备使用了大量的易受温度、湿度影响的电子元器件、机械构件和材料。对半导体元器件而言，室温在规定范围内每增加 10℃，其可靠性就会降低 25%；而对于电容，温度增加 10℃，其使用时间将下降50%！

湿度对通信设备的影响同样明显。在湿度较高的环境中，水蒸气在电子元器件或电介质材料表面形成水膜，容易使电子元器件之间出现形成通路；而湿度过低同样有问题，很容易带来较高的静电电压，如果相对湿度只有5%，静电电压可能会达到2×10^4V！这么高的静电电压，对通信设备的影响将非常大。

因此，在电信机房中营造恒温恒湿的环境是非常必要的。

核心通信机房的空调一般都是大型专用的精密空调。为了保证机房温度、湿度在合适的范围内，精密空调需要7×24小时长时间运行。对于大部分机房，空调都需要有严格的备份措施，如果一台发生故障，其他空调还能稳定地工作，这样可保证工程维护人员有充足的时间修复发生故障的空调。

电源、电池与UPS

通信机房的设备都需要供电，而供电采用的方式就是电源或者电池。电源是任何通信设备的生命线，但谁也不能保证任何的供电是100%稳定的。为了让电信设备不会因电源问题受到影响，一般情况下，电信机房都采用三级电力保障：

- 引入电应采用两路不同局向的市电专线；
- 应采用二路四冲程柴油发电机（俗称“油机”）；
- 采用两台并机UPS（不间断电源），容量足够大，后备支持4小时以上。

有了这三级电力保证，才有电信网络的稳定！

在市电不正常或停供时，UPS将发挥其作用，“该出手时才出手”，以保证重要设备的供电。UPS一般是在有市电的情况下进行充电储能，在市电断供的情况下释放电量。

基站铁塔

对普通人来说，唯一能够经常见到的局端通信设施就是铁塔，以及铁塔上架设的密密麻麻、层层叠叠的基站。

基站的覆盖面受制于周边环境。根据各种场景的地形地貌、建筑特点及传播模型，一般将基站的主要覆盖场景分为密集市区、郊区乡镇、道路、旅游区、农村等几类。

根据技术模型计算基站的覆盖半径，可以计算基站之间的站间距和基站的高度的上下极限。基站之间的站间距一般设定为基站覆盖半径的1.5倍，因此在密集市区，铁塔可以建在10层以内楼房的房顶，站间距达300 ~ 600m，天线最低挂高约25m。而郊区乡镇，楼顶塔、地面塔都是可以选择的，站间距为700 ~ 1 000m，天线高度为35 ~

40m。在高铁、国道、省道、客运铁路周边，一般只能建设地面塔，站间距为 1 200 ~ 1 500m，天线最低挂高在 25 ~ 35m。农村情况非常复杂，我国幅员辽阔，地质条件复杂，在平原，站间距在 2 000m 以内的，天线最低挂高 25m；站间距在 2 000m 以上的，天线最低挂高 35m；对于丘陵、山地，可以利用地形提高相对高度，并根据覆盖范围合理设置铁塔高度。

铁塔的形状各有不同。为了美化环境，尽量不把铁塔制造得过于粗笨、显眼，在密集市区，铁塔一般采用灯杆塔、美化塔（如美化成一颗大树）的方式；而在郊区、农村、道路等场景，我们经常能够看到三管塔、单管塔，并在塔上配置多个平台，一家运营商划分一个平台，平台之间有 3 ~ 5m 的间隔。

在过去，运营商都是各自建设自己的铁塔，安装自己的基站，挖自己的管道，拉自己的光纤，各自为战，结果是重复投资问题突出，网络资源利用率普遍偏低。2014 年，三家基础电信运营商共同出资中国通信设施服务股份有限公司，并更名为中国铁塔股份有限公司（简称“铁塔公司”）。铁塔公司的经营范围主要是基站铁塔的建设、维护和运营。

截止到 2018 年年底，我国运营商已经建设了 300 多万座基站铁塔，占全世界铁塔总量的 70% 以上，移动通信可以服务于城市、农村、平原、山地、河谷、高原、森林、海岛，这在世界上任何其他国家都是不可想象的。

老杨有话说——献给通信网中的“小草”们

“没有花香，没有树高，我是通信行业被人忽视的小草！”

的确，本章所介绍的通信网常见的一些设施，无论是机架还是空调，无论是电源还是线缆，都不是通信网的主体，它们不能交换、无法路由，更不懂什么是信令、什么是帧结构。但是没有它们，通信网就无法正常工作，这是不争的事实。

通信网真是一个受人宠让人疼的家伙：机房包容了它，线缆连接了它，接口点缀了它，空调舒适了它，机架托起了它，监控保护了它，电源点亮了它。然而这个娇贵的家伙，生在福中不知福啊！哪个环节有点问题，都可能对它造成影响，有些影响甚至是致命的！作为利用通信网为人类服务的通信人，你只有努力掌握它的性格和特点，才能更好地驾驭它，并让它为你服务。初学者千万不要把通信网本身的技术捧为“花朵”而忽略了它周边的“小草”。

人们最容易忽略的，往往是弥足珍贵的。你忽略它们，它们很可能在未来的某个时候“报复”你。所以，一定要多花点时间去研究它们！

Chapter 20 第20章 通信产品开发基础

1925年年初，AT&T总裁华特·基佛德收购了西方电子公司的研究部门，成立一个叫作“贝尔电话实验室公司”的独立实体，后改称贝尔实验室。

贝尔实验室的工作可以大致分为3个类别：基础研究、系统工程和应用开发。在20世纪二三十年代，贝尔实验室的研究人员推出了远距离电视传输和数字计算机，领导了有声电影和人工喉的开发。两项信息时代的重要发明——晶体管和信息论（前面介绍过香农）都是贝尔实验室在20世纪40年代研究出来的。20世纪五六十年代，贝尔实验室又发明了太阳能电池、激光的理论和通信卫星。后来的密集波分复用、电子语音合成装置、C、C++、UNIX等，均出自贝尔实验室。可以说，最近的100年，人类迈向文明的每一步都与贝尔实验室息息相关。

贝尔实验室的经验，对后来的通信企业，甚至对正处于高速发展的中国，提供了宝贵的历史经验。基础研究是通信业乃至所有高科技产业的根基，是关系国家生死存亡的关键。

通信是一门应用科学，通信产品的形态多种多样，形成多个分支，相互间替代性很强，有些概念模糊而难以描述，有些概念则似是而非难以把握，这些状况造成通信产品的表述变得困难，加上通信产品最终要进入社会生活和生产的应用流程，本就复杂的技术与本就不断变化的现实世界密切结合，更让通信产品笼罩着一层神秘的光环。如果要我们将通信产品非常科学而严格地划分种类，一定要清楚出于什么样的目的。本章对通信产品开发的讲解，将根据其开发侧重点和所采用技术基础的不同，把它们分为非智能型产品和智能型产品。注意，本节只涉及通信网中所用产品，而不涉及芯片及其他元器件的开发、纯IT产品的开发。

智能性与产品开发

有些通信产品没有智能，它们一旦被制造出来就只可能有两种状态——可供使用和不可供使用，没有任何可供配置的参数，也不能参与智能活动，并且使用场合单一、机械。这类产品的典型代表诸如线缆、接头、机柜等，开发这些产品，更多的应该是材料、工艺等纯粹物理层面的设计。这些我们姑且定义一个名称——“非智能产品”。

有些产品具有一定的智能，比如电源、普通的电话机等，其电气控制部分的开发是具有较高技术含量的。有的具有高度的智能，如交换机、路由器、手机、计费系统、SDH、智能话机、各种PC软件、高级测试仪表等，其产品开发的技术含量极高，往往代表了通信技术的最高水平，这类产品往往被冠以“高新技术”之名，其特点是高风险、高投入，如果产品开发成功，市场机遇到来，将会给通信设备制造商带来高回报和高收益率。当然，

如果市场机遇不好，新技术体制的产品代替了这种产品，或者研发失败，那么带来的损失也是巨大的。这些都属于“智能产品”。

“智能产品”的智能程度不同，在开发的理念上也会有所区别，开发的侧重点也会有不同。对于具有高度智能性的通信设备，如交换机、路由器、防火墙、负载均衡、语音交换机、传输设备、部分测试仪表、SDN 的控制器，属于嵌入式系统开发的范畴；而即时通信软件、网络管理和控制软件、运营支撑系统、CTI 中间件、高级测试仪表的开发，属于基于 PC 和服务器的开发。当然，这两者之间的区别正在逐步模糊，基于 Intel-Linux 架构的防火墙、DNS、高性能 NAT、DPI、软交换系统，则处于两种类型的共同部分。

下面，我们主要针对具有高度智能的通信产品，描述与开发有关的基础概念。

嵌入式与非嵌入式系统

首先来了解什么是“嵌入式系统”。

传统意义上讲嵌入式系统就是指非 PC 系统，有计算机功能但又不称为计算机的设备或器材。比较专业的说法，嵌入式系统是以应用为中心、软硬件可裁减的、适应业务系统对功能、可靠性、成本、体积、功耗等综合性严格要求的专用计算机系统。也就是说，普通的PC或者服务器是通用软件平台，而嵌入式系统是“专用”的应用平台。何谓“专用”呢?有的 PC，采用 Intel X86 系列或者同类型的 CPU，可以运行多种应用软件，如文字编辑软件、图形图像编辑软件、办公自动化软件、多媒体播放软件、游戏软件、网页浏览器等。而专用系统，就是专门为某一种或者几种需求而开发的，它功能单一，但是效率极高，它的形状也要随着使用场合而有所不同。比如要播放多媒体，曾经有专业的 DVD 播放平台，比如我们曾经使用过的 DVD 机；基于 IP 技术的监控，摄像头需要被控制，需要进行视频编解码；要专业玩游戏，常见的有 SONY PS2、PSP 或者微软 XBox。而在通信领域，专业进行传输、交换、媒体处理、编解码、复用、路由、控制等，都采用专用 CPU、专用主板和专用操作系统等。它们不是承载“通用”业务的平台，而是专门为特定应用设计的平台。当然，这里的“专用”并不是专门为某个产品定制一个操作系统或者 CPU，而是与 PC、服务器相对而言的。我们身边越来越多的家电、家居，如微波炉、洗衣机、电冰箱、电饭锅、电动窗帘、汽车、共享单车，都已经属于嵌入式系统。

当然，Intel 也将自己的若干款 CPU 称为嵌入式 CPU，可以在某个专用领域发挥其作用，也可以将产品供货期从原来的十多个月提高到若干年（普通 PC 的 CPU 供货周期在 18 个月，嵌入式系统供货周期要长很多）。应该说，时代在发展，概念也都在进步，我们站在发展的角度去看问题，是一件富有激情也充满压力的事情。

言归正传，嵌入式系统主要由嵌入式微处理器（CPU）、外围硬件设备（以上两部分总

称为嵌入式系统硬件）、嵌入式操作系统（含“板级支持软件”——BSP）以及用户的应用程序4个部分组成，它是集软硬件于一体的可独立工作的“器件”。

嵌入式系统开发包括硬件开发和软件开发两个部分；而非嵌入式系统因为使用现成的硬件（PC或服务器），主要就是应用软件和一部分驱动（如特殊外设）的开发。这个区别导致设备供应商在开发通信系统中采用的方式方法、对开发人员的组织架构、素质要求完全不同，由此也造成如下现象：嵌入式系统开发者，即便不是硬件开发工程师，也需要具备一定的硬件方面的基础知识，因为嵌入式操作系统、应用软件等都会受硬件的影响，甚至一部分故障出现时，开发工程师需要首先判断这是由硬件引起，还是软件引起的。

那么，通信产品中，哪些做成了或者应该做成嵌入式系统？哪些做成了或者应该做成非嵌入式系统？一般情况下，需要特殊接口，或者特殊数量的接口，就需要做成嵌入式系统；如需要一组GE口的，需要若干快速以太网接口的，一般PC或者服务器实现不了，专业的系统开发工程师会建议你做成嵌入式系统；网络层以及以下的设备大多做成嵌入式的，而应用层设备以非嵌入式居多；需要特别高性能的，尤其是数据处理性能、媒体处理性能，如IP数据包转发、视频压缩和交换等，一般选择嵌入式开发；需要体积非常小、成本特别低的（如ADSL Modem等通信终端），也做成嵌入式设备（比一台PC成本低很多），但这也都不绝对。换个角度，在如今的通信世界中，程控交换机、信令设备、网关、Modem、路由器、以太网交换机、可视电话、传输系统、MCU、无线基站、手机……大多是嵌入式设备，而大部分流媒体服务器、计费系统、网管系统等，是基于PC或者服务器的非嵌入式系统。

以下我们分别对非嵌入式系统和嵌入式系统开发中最基础的内容进行介绍。

基于PC或者服务器的通信产品开发基础

大量的通信应用软件，是基于PC或者专用高性能服务器开发的，如电信支撑系统（BOSS）、网页服务器（Web Server）和网页浏览软件、软电话、IM及其服务器端、应用服务器（如彩铃、彩信平台、短信网关）、软交换等。

我们采用的计算机绝大部分都是Intel、AMD等品牌的基于PC或者服务器的CPU，采用Windows、Linux、UNIX这样的操作系统。Windows和Linux都是我们较为熟悉的操作系统，因此这种形式的开发，距离我们较近，更容易理解。

一般采用的语言为C、C++、C#、Delphi和Java，还有Python、Go、Ruby、Perl、PHP、Node.js、Elixir。如果要把其中任何一种语言讲清楚，那都将是一套厚厚的书，这并不是本书的重点。我们更希望向各位介绍这些语言的历史和基本原理，历史有助于读者对软件类的通信产品有更深入的认识，原理有助于读者触类旁通和举一反三。需要注意的是，在嵌

入式操作系统中，也会出现 C、C++、C# 和 Java，它们在跨平台操作上都有上佳的表现，尤其是 Java。我们在此提醒读者，不要以为这几种语言只能基于 PC 或者服务器进行软件开发，它们的应用范围其实很大。

1. C 语言简介

C 语言的原型是 ALGOL 60 语言（也称为 A 语言）。1973 年，美国贝尔实验室的 D. M. Ritchie 在 A 语言基础上设计出了一种新的语言，这就是大名鼎鼎的“C 语言”。20 世纪 80 年代，美国国家标准研究所（ANSI）为 C 语言制定了一套 ANSI 标准，成为现行的 C 语言标准。

C 语言简洁紧凑、灵活方便、运算符和数据结构丰富、采用结构化的语言、对语法限制不太严格、程序设计自由度大、允许直接访问物理地址，C 语言程序生成代码质量高、程序执行效率高、适用范围大、可移植性好，这使得 C 语言快速进入软件业主流社会。

C 语言也有其缺点，主要表现在数据的封装性上。它的语法限制不太严格，对变量的类型约束比较宽松，这会影响程序的安全性。从应用的角度来看，C 语言比其他高级语言较难掌握。“指针”是 C 语言的一大特色，可以说 C 语言优于其他高级语言的一个重要原因就是因为它有指针操作，可以直接进行靠近硬件的操作。有得必有失，C 的指针操作也给它带来了很多不安全的因素。

2. C++ 语言简介

C++ 语言是一种优秀的“面向对象”的程序设计语言，它在 C 语言的基础上发展而来，但比 C 语言更容易为人们学习和掌握。C++ 以其独特的语言机制在计算机科学的各个领域中得到了广泛的应用。“面向对象”的设计思想是在原来“结构化”程序设计方法基础上的一个质的飞跃，C++ 完美地体现了面向对象的各种特性。

C++ 程序设计语言是由来自贝尔实验室的另外一个人——Bjarne Stroustrup 设计和实现的。与 C 语言一样，C++ 的标准化工作由 ANSI 以及后来加入的 ISO 负责。1998 年 C++ 语言的国际标准被正式发布。

面向对象的编程（OOP，Object Oriented Programming），是一种计算机的编程架构。OOP 的一条基本原则是，计算机程序由单个单元或对象组合而成。每个单元或对象描述一个事物的基本特征和对外部可能输入信息的反应，这种“反应”的主要表现形式是处理数据和向其他对象发送信息。OOP 达到了软件工程的 3 个主要目标：重用性、灵活性和扩展性。

世界上任何事物被定义为某个类型后，就可以继承这个类型的所有规则或特征。比如我们定义动物中有“昆虫类”，昆虫类必须具备六条腿和有翅膀的特征，那么当我们要描述蝴蝶，只要从“昆虫类”继承所有特征后再加上蝴蝶特有的特征，就能够唯一标识“蝴蝶”这个种群。这样做的好处是，让人更容易理解和记忆某个种群，不需要在看到任何一个新的物种后从头开始描述它，从而节省了描述时间（这在编程中就节省了大量重复代码的编写时间）。面向对象的编程也是一样的道理，任何一个“对象”，如果能明确是从某个“类”

中继承而来，有助于理解这个“对象”的特征，并可以对这个“对象”进行符合这些特征的操作。OOP 强调对象的“抽象”“封装”“继承”“多态”，都是为了在编程过程中更加便捷地重用代码，从而提高效率。我们讲程序设计是由“数据结构” + “算法”组成的。从宏观的角度讲，OOP 下的对象是以编程为中心的，是面向程序的对象。

一个有趣的现象是，C 语言和 C++ 语言的发明者和发展者，很多都是通信行业的人，“贝尔实验室”这个名词在它们的历史上被多次提起。要知道在若干年前，绝大部分人都认为通信和计算机分属两个毫不相干的行业，只是在少数情况下它们有共同的交集。

C++ 语言和 C 语言的区别，如果单纯从语法上讲，恐怕看不到新的东西。在大型的编程中，C++ 的魅力无可比拟。当你彻底理解了“面向对象”之后，才能真正理解 C++ 的现实意义。

3. Perl 简介

Perl 是在 1987 年提出来的（各位注意，比 Linux 还要早 4 年），作者 Larry Wall 发布了 Perl 1.0 版。由于 C、awk、sed、Bourne Shell 没有一个广泛性的协调，UNIX 管理员常常为了一点点事情大费周折，Larry Wall 希望有一种技术兼容以上诸多语言的优点，因此 Perl 被创造出来了。Perl 目前的最新版本是 Perl 6.0。

Perl 语言拥有自己的文化，这可能是因为 Larry Wall 本人也是一个语言学家，他设计 Perl 语言时使用了很多语言学的思维。相对 C、Pascal 这样的高级计算机语言，Perl 直接提供泛型变量、动态数组、哈希表，同时 Perl 借鉴了这些语言的优点，使程序员可以快速完成任务。也正是这些过于自由和灵活的语法，使得 Perl 获得了 write-only（只读语言）的荣誉。但其实 Perl 可以把代码写得更优雅！

如果要用一句话来概括 Perl 的优点，那就是“TMTOWTDI”：

There’s More Than One Way To Do It.（不只一种方法来做这件事！）

4. Java 与 JavaScript 简介

Java 与通信的关系不可谓不密切。让程序员像喝爪哇岛的咖啡一样编写程序，这就是 SUN Microsystems 公司提出 Java 的唯一理由。

Java 诞生于 1995 年，这是互联网高速发展的前夜。用 Java 实现的 HotJava 浏览器（支持 Java applet）显示了 Java 的巨大魅力：跨平台、动感的 Web、Internet 计算。从此，Java 被广泛接受并推动了 Web 的迅速发展。

Java 平台有两个组成部分：Java 虚拟机和 Java API。Java API 为 Java 应用提供了一个独立于操作系统的标准接口，利用这个接口，只要在任何操作系统和硬件平台上安装一个 Java 虚拟机，Java 应用程序就可以运行了——这有点类似于街机版的电子游戏在计算机上运行，因为在这种情况下，计算机上也要安装一个虚拟机，这样，玩家就可以在自己的 PC 上玩街机版的电子游戏了。我们平时所使用的计算机，在 IE 里面都已经运行了 Java 平台。实际上，Java 平台目前已经嵌入到几乎所有的操作系统。从理论上说，Java 程序只编译一次，

就可以在各种系统中运行。这是 Java 最吸引人之处（见图 20-1）。

Java 语言还有诸多优点，比如它是支持网络计算的 OOP(面向对象程序设计）语言、支持多线程程序设计、网络通信和多媒体数据控制、语言语法简单，并提供了用于网络应用编程的类库。Java 的远程方法激活（RMI，Remote Method Invocation）机制也是开发分布式应用的重要手段。

图 20-1　Java 受到全世界热烈欢迎

另外，Java 语言的稳健性、安全性、体系结构中立性、高性能等特点，也是编程员津津乐道的。特别是 Java 企业 API 为企业计算及电子商务应用系统提供了有关技术和丰富的类库。JDBC、EJB、RMI、IDL、JNDI、JMAPI、JMS、JTS 等诸多工具以及值得关注的 JavaBeans(很多人将其称为"Java 豆")，让 Java 的世界丰富多彩。

有一种与 Java 名称非常相似的语言叫作 JavaScript(简称 js)，我们之所以把这两者放在一节进行讲解，就是因为名字有相似之处而本质完全不同（就像雷锋与雷峰塔的区别一样大)，甚至其设计者都不是一家企业。JavaScript 是 Netscape 公司的杰作。

js 是一种脚本语言，被数百万计的网页用来改进设计、验证表单、检测浏览器、创建 cookies，以及更多的应用，它是互联网上最流行的脚本语言。作为一种基于对象和事件驱动的编程语言，js 提供了非常丰富的内部对象供设计人员使用。与 Java 不同的是，js 在浏览器中，源代码在发往客户端执行之前不需要经过编译，而是将文本格式的字符代码发送给客户，由浏览器解释执行，而 Java 则在传递到客户端执行之前，必须经过编译，因而客户端必须具有相应平台上的仿真器或解释器，可以通过编译器或解释器实现独立于某个特定平台编译代码的束缚。

5. Python 语言

Python 是一种面向对象的解释型计算机程序设计语言，由荷兰人范 · 卢瑟姆于 1989 年发明。Python 是纯粹的自由软件， 源代码和解释器 CPython 遵循 GPL 许可。Python 具有丰富和强大的库。它常被昵称为"胶水语言"，能够把用其他语言制作的各种模块（尤其是 C/C++）很轻松地联结在一起。常见的一种应用情形是，使用 Python 语言快速生成程序的原型（有时甚至是程序的最终界面)，然后对其中有特别要求的部分，用更合适的语言改写，比如 3D 游戏中的图形渲染模块，性能要求特别高，就可以用 C/C++ 重写，而后封装为 Python 可以调用的扩展类库。需要注意的是，在您使用扩展类库时可能需要考虑平台问题，某些可能不提供跨平台的实现。

Python 是一个高层次的、结合了解释性、编译性、互动性和面向对象的脚本语言，具有很强的可读性，相比其他语言经常使用英文关键字、其他语言的一些标点符号，它具有比其他语言更有特色的语法结构。作为解释性语言，Python 开发过程中没有编译这个环节。类似于 PHP 和 Perl 语言。作为交互式语言，程序员可以在一个 Python 提示符下，直接互动执行程序。对初级程序员而言，Python 是一种不可思议的语言，它支持广泛的应用程序开发，从简单的文字处理到 WWW 浏览器再到游戏。

6. Go 语言

Go 语言是谷歌 2009 年发布的开源编程语言。可以在不损失应用程序性能的情况下降低代码的复杂性。

Go 语言专门针对多处理器系统应用程序的编程进行了优化，使用 Go 编译的程序可以媲美 C 或 C++ 代码的速度，而且更加安全、支持并行进程。当下的软件产品，没有连网功能的软件还有多少呢？ Go 提供了良好的网络通信方面的支持。

Go 作为一门语言致力于使事情简单化。它并未引入很多新概念，而是聚焦于打造一门简单的语言，它使用起来异常快速并且简单。

当然，Go 是一个年轻的语言，很多人认为，Go 没有一个主要框架，错误处理方面也存在容易丢失错误发生的范围，软件包管理也不够完美，但 Go 结合了强大的生态系统、易于上手，也有超快的表现、高度支持并发性、富有成效的编程环境，使其成为一种不错的选择。

看了上面这么多的新奇名词，大家会问：这和通信有关系吗？有的！通信技术和计算机技术的高度融合，已经是不争的事实，通信产品和计算机产品，除了外观的不同外，其基本要素已经越来越趋于统一——操作系统、协议、API、人机界面等，未来更加智能的通信产品，无论是终端类还是系统类，都不可避免地采用与计算机的架构类似或者相同的硬件体系架构，也不可避免地应用与计算机的软件架构类似的软件体系架构。无论硬件还是软件，都正在向同一个方向演进——智能性。计算机和通信产品的智能，都是由程序软件控制的，而如何更加方便、快捷地对控制软件进行编写，更加有效地控制每个通信的逻辑部件，则是 C、C++、Java 这类编程语言的事了。

嵌入式系统的开发

1. 嵌入式系统的开发步骤

概括而言，嵌入式系统产品开发的大致步骤如下：

- 硬件主板研制，包括设计（布板）、调试、测试等；
- 操作系统的选定，BSP 编程；
- 上层应用程序的开发。

2. 嵌入式系统硬件的方方面面

我们可以将嵌入式系统硬件简单理解为“基于 RISC CPU 的专用业务数据处理的计算机系统”，与通用计算机——PC 系统——相对应，是一类为实现一组特定的功能而设计和优化的计算机系统，其硬件一般由两个主要部分组成：

- 嵌入式 CPU 模块，相当于通用计算机的主机部分，随着 CPU 能力的逐渐强大，它所负责的工作也越来越多；
- 更加专用的业务数据处理模块，相当于通用计算机的外设部分，这部分协助 CPU 处理一些专用功能，如 DSP、接口处理等。

对于复杂的系统，可能存在以上结构的嵌套。

嵌入式 CPU 模块，主要芯片就是若干 CPU，加上内存（各种 RAM）、非易失内存（ROM）等，主要功能是完成系统加载、运行应用软件等。嵌入式设备一般不会去选用价格昂贵的通用 CPU，而是采用具有特定控制功能的专用嵌入式 CPU，它被称为采用精简指令集（RISC）的 CPU。

业务数据处理模块对于不同通信产品可能有很大的差异，可以进行特定业务的实现，比如信令处理、媒体压缩和解压缩等，一般都由 ASIC 芯片、DSP、NP、FPGA 等组成，高智能通信产品的业务数据处理模块中一般也带 CPU。

（1）根据复杂度对 CPU 分类——RISC 和 CISC CPU

RISC 是轻装上阵的 CPU，不是通才，而是专才。怎么理解 RISC 呢？为了适应各种应用，通用 CPU 往往要考虑多种需求，因此其中的指令集变得极为复杂。但是如果希望某种 CPU 只处理某种或者某几种需求，我们并不需要这颗 CPU 过于复杂，那么 CPU 设计者就可以剔除通用 CPU 中大量的指令集，这种 CPU 就称为 RISC。RISC 和 Complexed Instruction Set Computer，即复杂指令集计算机（CISC）相对应。普通 PC 的 CPU 就属于 CISC。

CISC CPU 指令集丰富，但一条指令的执行需要若干机器周期才能完成，由此造成的后果是，CPU 结构复杂，但完成复杂功能时，只需要少数的软件代码。

RISC CPU 指令集小，指令本身也简单，但指令执行快，所以我们不难推理出 RISC CPU 结构相对简单，但完成复杂功能时，代码量大（因此需要高效的编译系统）。

CISC CPU 构成的通用计算机功能强大，尤其是对于复杂计算、图形、图像处理等操作。但对于通信类设备，CISC 的很多优势难以发挥。

目前绝大多数嵌入式系统使用 RISC CPU，主要原因是 RISC CPU 的功耗低、散热要求低、可靠性高、体积小、成本低。

RISC CPU三大代表性类型是PowerPC、MIPS和ARM，性能大体上是从高到低顺序排列的。但每一种类型中又都包括了性能高低不等的系列型号。MIPS被称为“无内部互锁流水级的微处理器”——这个名字够奇特吧！

- PowerPC：20世纪90年代，IBM、Apple（苹果公司）和Motorola公司成功开发PowerPC芯片，并制造出基于PowerPC的多处理器计算机。PowerPC架构的特点是可伸缩性好、方便灵活。好，现在我们要问问大家，Power是什么意思？是“力量”吗？也可以这么理解，但是最初，IBM们的初衷却是Performance Optimized With Enhanced RISC（性能优化的加强版RISC）的缩写。
- MIPS：MIPS科技（这家公司也叫MIPS，和下面的ARM公司一样，都是先有公司名称，后有以该公司名称命名的技术体制。该公司曾经被SGI公司收购，但几年后又脱离出来）为数字消费品、连网、安全等应用提供可供选择的内核。该公司把它的知识产权授权给半导体公司、ASIC开发商、系统OEM商（Original Equipment Manufacture）等，常见的供应商有Bercis、Atheros、Broadcom、TI等。
- ARM：ARM是Advanced RISC Machines的简称，是微处理器行业的一家知名企业，设计了大量高性能、廉价、耗能低的RISC处理器、相关技术及软件。技术具有性能高、成本低和能耗低的特点。ARM是移动芯片的霸主，物联网时代的芯片IP垄断者，占据了移动终端IP核99%的市场份额，被用于各式各样的现代设备，其中包括智能手机、电视机、汽车、智能家居产品、智能城市和可穿戴科技产品。值得一提的是，2016年，日本软银公司（因投资阿里巴巴而出名）收购了ARM公司。

（2）专用集成电路及实现技术——ASIC、CPLD和FPGA

应特定用户要求、为实现特定功能而设计、制造的完全专用的集成电路称为ASIC（Application Specific Intergrated Circuits）。ASIC芯片本身不运行任何形式的代码，它一经制造出来，其功能就完全不能增加或改变，但并非所有内容都一成不变——开发人员可以利用改变管脚高低电平修改寄存器来配置功能参数。

各式各样的通信产品中使用了各式各样的ASIC芯片。ASIC芯片是硬件逻辑，具有高效的特点，往往能达到“线速”处理。每一种ASIC芯片的研发、制造一次性投入极高，但后期每生产一片的成本则相对较低（芯片的主要组成元素是硅，地球蕴藏量丰富，泥土中就含有大量的硅元素）。因此只有那些具备相当数量的需求，并且功能稳定、不需要经常变化的芯片，才会被制成ASIC。ASIC常应用于物理层和数据链路层，按类型分为MAC、PHY、SAR、Framer、Switch等，这些都是通信设备中经常用到的ASIC。

如果对芯片功能灵活性要求高，或者用量非常有限的情况下，一般采用通用可编程器件通过编程来实现特定的功能，CPLD和FPGA是这些可编程器件中的佼佼者。

FPGA（Field Programmable Gate Arrays）称为“现场可编程门阵列”，它是为处理特定功

能而优化的可定制的芯片。FPGA 通过编程可实现用户的功能。具体的操作方法是对 FPGA 内部的逻辑模块和输入 / 输出模块进行重新配置，这种“编程”不同于软件编程的概念。但运行时，FPGA 类似于 ASIC，实际性能也挺高的！FPGA 适用于找不到合适的 ASIC，而用量又比较小的情况。FPGA 较多应用于数据链路层和网络层。

复杂可编程逻辑器件（CPLD，Complex Programmable Logic Device）是一种更为复杂的可编程逻辑器件，它可以在制造完成后由用户根据自己的需要定义极为复杂的逻辑功能。

CPLD 和 FPGA 都可以根据开发者需要进行编程，以满足各种相对个性化的功能需求，但两者在集成度、速度以及编程方式上具有各自的特点。用 CPLD 和 FPGA 来进行 ASIC 设计是最为流行的方式之一。CPLD、FPGA 的代表厂家有 Xilinx、Altera、Lattice 等。

ASIC 作为集成电路技术与特定用户的整机或系统技术紧密结合的产物，与通用集成电路相比具有体积更小、重量更轻、功耗更低、可靠性提高、性能提高、保密性增强、成本降低等优点，缺点是功能扩展性较弱。基于 CPLD 和 FPGA 的功能开发，受限于其基础模块本身的一些特性，要想做一些“异想天开”的事情，就没那么容易了！

（3）数字信号处理器

数字信号处理是利用计算机或专用处理设备，以数字形式对信号进行采集、变换、滤波、估值、增强、压缩、识别等处理，以得到符合人们需要的信号形式。数字信号处理的作用非常广泛，生活中常用的 DVD、机顶盒、MP3、MP4、视频终端、VoIP 网关等都大量使用 DSP 技术。

DSP 芯片是专用的处理器，通过运行其中的复杂代码来完成各种对信号进行处理的功能，擅长数值计算（也就是上面说到的数字信号处理功能），尤其擅长编解码、数字滤波、图形处理等，但在网络包处理方面很弱，这与网络处理器（NP）正好相反。这类专用处理器就像人类中的某些天才，比如某个人在数学方面悟性极强而在语言方面秉性极差，在传统教育制度中被称为“严重偏科”。DSP 编程对开发者要求非常高，一般由芯片厂商或者其第三方合作伙伴（而不是一般的通信设备厂商）来提供 DSP 上的算法。

DSP 结构类似于 CPU，它针对数字信号处理的需要而优化，和普通的 CPU 比较，差别最大的就是它有单指令完成乘加的功能。

最成功的 DSP 芯片当数美国德州仪器公司（TI，Texas Instruments）的一系列产品。

DSP 应用程序一般用汇编语言写，这增加了 DSP 的开发难度。因此，考虑选用 DSP 的一个关键因素是，是否有足够多能够较好地适应 DSP 处理器指令集的程序员。

（4）为通信网络定制的处理器——网络处理器（NP）

网络处理器（NP，Network Processor）。根据国际网络处理器会议的定义，网络处理器是一种可编程器件，它专门应用于通信领域的各种任务，如数据包处理、协议分析、路由查找、声音 / 数据的汇聚、防火墙、QoS 等。网络处理器不但可为系统提供类似 ASIC 的处理速度，而且可以提供类似通用处理器的灵活性，商用产品于1999年正式面世后，主要用于处理线速数据。

与ASIC和FPGA相比，NP的功能更容易定制，但性能往往会打折扣。网络处理器常应用于数据链路层和网络层，位于物理接口处理器和交换架构之间。

网络处理器为了达到实至名归的目的，在设计时就加入了大量与其他处理器不同的特性。因此，与通用处理器相比，网络处理器在网络分组数据处理上优势明显。

目前，提供NP芯片的厂家有很多，主要有Intel、SiByte等。国内使用比较广泛的是Intel公司的IXP系列。不同IXP系列处理器的RISC型号和主频不同，微引擎的个数也有所不同，在性能上也有很大差别。

（5）嵌入式的发展趋势——SoC

随着设计与制造技术的发展，集成电路设计从晶体管的集成发展到逻辑门的集成，现在又发展到IP（Intellectual Property，智能属性，注意啊，这里的IP可不是Internet Protocol）的集成，即SoC设计技术。

SoC源于20世纪90年代中期，因使用ASIC实现芯片组受到启发，人们萌生应该将完整计算机所有不同的功能块一次直接集成于一颗芯片上的想法，这种芯片，就叫作SoC（System on a Chip），直译的中文名是“系统级芯片”。

SoC的定义，经过多年争论后，其应具备如下几个特征：

- SoC是实现了复杂系统功能的超大规模集成电路（VLSI），应由可设计重用的IP核组成，IP核是具有复杂系统功能的、能够独立出售的VLSI块；
- SoC中使用一个以上嵌入式CPU/数字信号处理器（DSP）；
- IP核应采用先进的“超深亚微米以上”工艺技术；
- 外部可以对芯片进行编程。

SoC技术的一大关键优势是它可以降低系统板上因信号在多个芯片之间进出带来的延迟而导致的性能局限，也提高了系统的可靠性和降低了总的系统成本。此外，在PCB板空间特别紧张和将低功耗视为第一设计目标的应用（如手机）中，SoC常常是唯一的高性价比解决方案。

SoC的其他应用包括智能通信终端、智能电视、视频监控、物联网、人工智能等。

（6）GPU

GPU是图形处理器的缩写，是一种专门在个人计算机、工作站、游戏机和一些移动设备（如平板计算机、智能手机等）上进行图像运算工作的微处理器。

GPU的用途是将计算机系统所需要的显示信息进行转换驱动，并向显示器提供行扫描信号，控制显示器的正确显示，是连接显示器和个人计算机主板的重要元件，也是“人机对话”的重要设备之一。显卡作为计算机主机里的一个重要组成部分，承担着输出、显示

图形的任务，对于从事专业图形设计的人来说，显卡非常重要。

GPU 的主要制造商有 NVIDA、Intel、AMD 和 Matrox 等。

（7）红花还要绿叶配——其他芯片介绍

如果说 CPU、DSP、FPGA、ASIC、GPU 是嵌入式通信产品开发中的“红花”，那么还有大量的“绿叶”级芯片，它们在通信产品中同样担当着重要角色。我们就把通信产品中经常遇到的其他类型的芯片简单列举如下。

- 存储芯片：分为内存 RAM（包括 SDRAM、SSRAM、ASRAM）和非易失存储器 ROM 两大类。
- 以太网芯片：主要包括以太网 MAC、PHY 和交换芯片等。
- 接口处理芯片：主要包括各种接口（如 E1、STM−1、STM−4、STM−16 等）的 Framer 和时隙交换（TS Switch）等。
- 语音处理芯片：包括用户接口电路 SLIC、编解码 CODEC 芯片等。

各种器件还有很多，“学海无涯”，这里先列举一部分，如果将来在通信产品开发中需要用到，要再去深入学习。

（8）典型产品的架构分析

下面以路由器和防火墙的架构设计举例，来看看哪种类型的 CPU 更加适合路由器、防火墙的开发。

基于 Intel CPU 的，也称为基于软件的路由器和防火墙设计。路由和交换如果由 Intel 的 CPU 来处理，是勉为其难的；基于 X86 架构的防火墙，受到 CPU 处理能力和 PCI 总线速度的制约，在实际应用中，尤其在小包情况下，这种结构的万兆防火墙往往达不到万兆的转发速度，难以满足万兆骨干网络的应用要求。

基于 NP 的特点：高性能与灵活性兼备，但缺点是开发较复杂。NP 完全支持编程，编程模式简单，一旦有新的技术或者需求出现，可以很方便地通过微码编程实现。提供了更快的技术、功能跟进和更加灵活的扩展能力，特别是在新规格、新标准的支持上。采用 NP 架构的防火墙，各种算法可以通过硬件实现，在实现复杂的拥塞管理、队列调度、流分类和 QoS 功能的前提下，还可以达到极高的查找、转发性能，实现“硬转发”。

基于 ASIC 的特点：纯硬件的 ASIC 防火墙缺乏可编程性，这使得它缺乏灵活性，从而跟不上路由器和防火墙功能的快速发展。虽然现代的 ASIC 技术提高了可编程性，但从开发难度、开发成本和开发周期方面看，仍然困难重重。

（9）芯片之间的通信——“总线”

总线（Bus）是计算机各种功能部件之间传送信息的公共通信干线，它是由导线组成的传输线束。通信设备中常用的总线类型有以下几种。

PCI（Peripheral Component Interconnect）：通用总线，唯一标准，数据格式自定义。PCI 总

线是 Intel 公司于 1991 年下半年首先提出的，并与 IBM、Compaq、AST、HP、DEC 等 100 多家公司联合成立了 PCI Special Interest Group（PCI SIG），于 1992 年 6 月推出了 PCI 总线标准 1.0 版。2017 年，PCI-SIG 组织发布了全新的标准：PCI-e 4.0，传输速率定义为 16GT/s，据悉，下一代的 5.0 将翻番到 32GT/s。PCI 以它的诸多优点，成为现代微机中的主流总线。

SCSI（Small Computer System Interface）：小型计算机系统接口，是一种用于计算机及其周边设备之间（硬盘、软驱、光驱、打印机、扫描仪等）系统级接口的独立处理器标准。SCSI 标准定义命令、通信协议以及实体的电气特性（换成 OSI 的说法，就是占据物理层、链接层、套接层、应用层），最大部分的应用是在存储设备上（如硬盘、磁带机）。

Local：通用总线，若干标准，数据格式自定义，用于多种场合。

PCM、TDM：专用总线，若干标准，传输时分信号数据，可用于 PSTN 交换机、PBX、MUX、DDN 节点机等。

MII：专用总线，唯一标准，传输以太网包数据，用于以太网交换机。

CPCI：Compact PCI，紧凑型 PCI，是以 PCI 电气规范为标准的高性能工业用总线。适用于 3U 和 6U 高度的电路插板设计。CPCI 电路插板从前方插入机柜，I/O 数据的出口可以是前面板上的接口或者机柜的背板。它的出现解决了多年来电信系统工程师与设备制造商面临的棘手问题，如传统电信设备总线 VME 与工业标准 PCI 总线不兼容的问题。

3. 嵌入式操作系统

（1）综述

如果把嵌入式系统的芯片作为物质基础，那么嵌入式系统所采用的操作系统则可以算作是精神和灵魂。它通常包括与硬件相关的底层驱动软件、系统内核、设备驱动接口、通信协议、图形界面、标准化浏览器等部分。嵌入式操作系统称为实时操作系统（RTOS）——细心的读者会有疑惑：为什么说它是“实时”的，难道 Windows 不实时吗？

和 RTOS 对应的还有一种“分时操作系统”，从名字中我们就能看出一点点差距。没错，分时操作系统是按照相等的时间片调度进程轮流运行，由调度程序自动计算进程的优先级，而不是由用户控制进程的优先级。既然不能由用户控制优先级，可以推断，这样的系统无法实时响应外部的突发事件，因此主要应用于科学计算和实时性要求不高的场合。Windows 这样的操作系统正是分时操作系统。

实时操作系统则能够在限定的时间内执行完所规定的功能，并能在限定的时间内对外部的突发事件做出响应。这不正是网络产品所需要的吗？处理速度快、优先级等级森严的过程控制、数据采集、信令交互、多媒体信息处理等时间敏感的场合，RTOS 将大显身手！

如果说上述的语言过于理论化，那么我们举个简单的例子。有 24 个人值班进行某个网络的维护，每个人负责 1 个小时，那么每天就有 24 个人轮流值班了。对于客户来电的不同处理手段，我们分为“分时”维护和“实时”维护。分时维护的方案，是给每个人发一部电话，

当某客户有了故障，会给任意一个人打电话，如果这个人正在处于值班期，那么他将立刻处理故障，但是如果他不处于值班期，则需要等到他值班的时间，才能处理这位客户的故障。实时维护则不同，这 24 个人只有一部电话，只要客户来电，负责值班的人立刻接听电话、处理故障。

说到这里我们就明白了，通信产品一般对实时性要求很高，所以绝大部分的通信硬件产品都采用 RTOS。

嵌入式操作系统具有通用操作系统的基本功能，如能够有效管理越来越复杂的系统资源；能够把硬件虚拟化，使得开发人员从繁忙的驱动程序移植和维护中解脱出来；能够提供库函数、驱动程序、工具集以及应用程序。与通用操作系统相比，嵌入式操作系统在系统实时高效性、硬件的相关依赖性、软件固态化以及应用的专用性等方面居功至伟！

下面来看一些代表性的 RTOS，进一步了解嵌入式操作系统，它们的名字都可以用“大名鼎鼎”来形容：经典实时操作系统代表 VxWorks；抢占多任务实时内核 μC/OS-II；因开源而引人注目的嵌入式 Linux；微软在统治了桌面后不满足于现状而期望将控制力延伸到嵌入式系统的嵌入式 Windows；全球智能手机装备的第一大操作系统 Android。

（2）RTOS 的经典代表——VxWorks

VxWorks 是美国 WindRiver 公司于 1983 年设计开发的一种嵌入式 RTOS，支持各种工业标准，包括前面提到的 ANSI C 和 TCP/IP 等。VxWorks 以其良好的可靠性和卓越的实时性、良好的持续发展能力以及友好的用户开发环境，被广泛地应用在通信、军事、航空、航天等高精尖技术及实时性要求极高的领域中，如卫星通信、军事演习、弹道制导、飞机导航等。在美国的 F-16、FA-18 战斗机，B-2 隐形轰炸机和爱国者导弹上，甚至连在火星表面登陆的火星探测器上也使用到了 VxWorks（这里补充一句，中国的登月车采用的是 Linux 系统）。全世界装有 VxWorks 系统的智能设备数以亿计，在互联网、电信和数据通信等众多领域曾应用极为广泛。

VxWorks 以短小精悍著称。内核最小仅 8KB，即便加上其他必要模块，所占用的空间也很小，但其巧妙的设计，让这个“小个子”尽显实时、多任务的特性。由于这一操作系统具有高度灵活性，用户可以很容易地对它进行定制或适当开发，来满足自己的实际应用需要。基于 VxWorks 的产品开发，如绿茵场上的马拉多纳，传球、配合、过人、射门轻巧灵活，一气呵成！

（3）uClinux

uClinux 是一种优秀的嵌入式 Linux 版本，其全称为 micro-control Linux，从字面意思看是指微控制 Linux。同标准的 Linux 相比，uClinux 的内核非常小，但是它仍然继承了 Linux 操作系统的主要特性，包括良好的稳定性和移植性、强大的网络功能、出色的文件系统支持、标准丰富的 API，以及 TCP/IP 网络协议等。因为没有 MMU 内存管理单元，所以其多任务

的实现需要一定的技巧。

（4）OpenWRT

OpenWRT是一个高度模块化、自动化的嵌入式Linux系统，拥有强大的网络组件和扩展性。同时，它还提供了100多个已编译好的软件，而且数量还在不断增加。

OpenWRT不同于其他许多用于路由器的发行版，它是一个从零开始编写的、功能齐全的、容易修改的路由器操作系统。实际上，这意味着开发者能够使用他想要的功能而不加进没必要的内容。因此，OpenWRT常常被用于工控设备、小型机器人、智能家居、路由器的开发中。

（5）手机操作系统中的明星——Android和IOS

Android是一种基于Linux的自由及开放源代码的操作系统，主要用于移动设备，如智能手机和平板计算机，由谷歌公司和开放手机联盟领导及开发。中国大陆地区较多人使用“安卓”。

安卓操作系统最初由Andy Rubin（安迪·鲁宾）开发，主要支持手机。2005年8月由谷歌收购注资。2007年11月，谷歌与84家硬件制造商、软件开发商及电信营运商组建开放手机联盟，共同研发、改良安卓系统。随后谷歌以Apache开源许可证的授权方式，发布了安卓的源代码。第一部安卓智能手机发布于2008年10月。

目前，Android已扩展到平板计算机及其他领域上，如电视、数码相机、游戏机、网关等，在2017年谷歌I/O大会上，谷歌宣布全球已经拥有超过20亿Android设备。

与之对应的，著名的苹果公司拥有自己封闭的操作系统IOS，iPhone、iPad、iPod用户对此都不会陌生。安卓与IOS是全球两大手机操作系统，分别拥有85%和15%的用户，其他手机操作系统，如Windows Phone、塞班（Symbian）、黑莓（blackberry）、Ubuntu、Mozilla的Firefox OS、诺基亚和英特尔合作的MeeGo，则几乎可以忽略不计了。

（6）为嵌入式硬件选择操作系统

嵌入式实时操作系统在目前的嵌入式应用中越来越广泛，尤其在功能复杂、系统庞大的应用中显得愈来愈重要。

- RTOS提高了系统的可靠性。在控制系统中，出于安全方面的考虑，要求系统起码不能崩溃，而且还要有“自愈”能力——你可以不接受一个信号，但是不能被这个信号所伤害，操作系统的崩溃就像人心理底线的崩溃一样可怕。长期以来的前后台系统软件设计在遇到强干扰时，运行的程序产生异常、出错、跑飞，甚至死循环，瞬时，樯橹灰飞烟灭！而实时操作系统必须做到处变不惊，即使干扰力很强，也只造成局部的破坏，而整个系统必须安然无恙。处变不惊，才是智者的处世风范。
- RTOS有助于提高开发效率，缩短开发周期。在嵌入式实时操作系统环境下，开发一个复杂的应用程序，通常可以按照软件工程中的“解耦原则”，将整个程序分解为多个任务模块。每个任务模块的调试、修改几乎不影响其他模块。商业软件

一般都提供了良好的多任务调试环境。

当我们在设计通信设备或者手机终端软件等嵌入式产品时，RTOS 的选择至关重要。在选择嵌入式操作系统时，可以遵循以下原则。总的来说，就是“做加法还是做减法”的问题。

- 市场进入时间：制定产品时间表与选择操作系统有关系，实际产品和一般演示是不同的。
- 可移植性：操作系统具有良好的软件移植性，是指软件可以在不同平台、不同系统上运行，与操作系统无关。
- 可利用资源：产品开发不同于学术课题研究，它以快速、低成本、高质量地推出适合用户需求的产品为目的。集中精力研发出产品的特色，其他功能尽量由操作系统提供或采用第三方产品，因此操作系统的可利用资源对于选型是一个重要的参考条件。
- 系统定制能力：信息产品不同于传统 PC 的 Wintel 结构的单纯性，用户的需求是千差万别的，硬件平台也都不一样，所以对系统的定制能力提出了要求。要分析产品是否对系统底层有改动的需求，这种改动是否伴随着产品特色功能的不断涌现。
- 成本：操作系统的选择会对成本有什么影响呢？Linux 免费，某些商业系统需要支付许可证使用费，但这都不是问题的答案。成本是需要综合权衡以后进行考虑的——选择某一系统可能会对其他一系列的因素产生影响，如对硬件设备的选型、人员投入、公司管理以及与其他合作伙伴的共同开发之间的沟通等许多方面的影响。
- 中文内核支持：国内产品需要对中文的支持。由于操作系统多数是采用西文方式，是否支持双字节编码方式，是否遵循各种国家标准，是否支持中文输入与处理，是否提供第三方中文输入接口，是针对国内用户的嵌入式产品必须考虑的重要因素。

比如用 Windows +X86 研发嵌入式产品是减法，这实际上就是所谓“PC 家电化”，有人就拿一台 PC 主机当 DVD 机而不是单买一台 DVD；另外一种做法是加法，利用家电行业的硬件解决方案（绝大部分是非 X86 的）加以改进，加上嵌入式操作系统，再加上应用软件。这是所谓“家电 PC 化”的做法，这种加法的优势是成本低、特色突出，缺点是产品研发周期长、难度大（需要深入了解硬件和操作系统）。如果选择这种做法，Linux 是一个好的选择，它让你能够深入到系统底层，如果你愿意并且有能力。

4．板级支持包——BSP

BSP 是板级支持包，是介于主板硬件和操作系统之间的一层，应该说是属于操作系统的一部分，主要目的是为了支持操作系统，使之能够更好地运行于硬件之上。BSP 是相对于操作系统而言的，不同的操作系统对应于不同定义形式的 BSP，如 VxWorks 的 BSP 和 Linux 的 BSP 相对于某一 CPU 来说，尽管实现的功能一样，可是写法和接口定义是完全不同的，所以一定要按照该系统 BSP 的定义形式来写（BSP 的编程过程大多数是在某一个成型的 BSP 模板上进行修改），这样才能与上层操作系统保持正确的接口，良好地支持上层操作系统。

BSP 开发处于整个嵌入式开发的前期，是后面系统上应用程序能够正常运行的保证。BSP 部分在操作系统和上层应用程序之间，所以这就要求 BSP 程序员对硬件、软件和操作系统都有一定的了解，这样才能做好 BSP 编程。

5. 嵌入式系统上层应用软件开发

对于一个嵌入式系统，设计好了硬件，选好了操作系统，BSP 也搞定了，那么最后一个环节——上层应用开发就可以开始了，只剩这一个环节就可以大功告成。但别高兴得太早，通常这个环节将占据整个开发工作量的 60% ~ 90%！

嵌入式系统的应用层开发是个宽泛的话题，总体来说，做过 PC 应用开发的工程师，如果又能学习一下《×× 嵌入式操作系统编程指南》的话，都可以做嵌入式系统上层应用开发。当然最重要的一点是，你必须知道，你准备开发的通信产品是干什么的？准备支持哪些协议？需要达到何种性能？等等。也就是说，你需要建立通信的概念。准备从事通信产品开发的人应该记住，纯粹从软件编程技巧而言，嵌入式通信产品应用软件很简单。它唯一不简单的地方在于对“通信”概念的理解和实现，比如说那些通信过程、通信协议、各种通信封包格式的变化、对某些字段是否正确的检查及出错情况下的正确处理等。所以，功夫应该下在“通信”上，这也是本书除本章以外其他章节都在试图引领大家去理解的那些概念。

当然，在通信产品应用软件中，有时也需要实现非常复杂，或者非常高效的算法，这时往往也需要编程的人具备数据结构、数字信号处理等学科的深厚基础。

至于其他问题，比如嵌入式系统应用软件通常采用什么编程语言？简单一说，大家就都明白了。用得比较多的，一个是 C 语言、另一个是 C++。

C 语言的设计目标，是既具有汇编语言的效率，又具有高级语言的易编程性。从 20 世纪 80 年代中期 C 语言涉足实时系统后，就受到了普遍欢迎。C++ 在支持现代软件工程、面向对象编程（OOP）、结构化等方面对 C 进行了卓有成效的改进，但在程序代码容量、执行速度、程序复杂程度等方面比 C 语言程序性能差一些。在一些大型通信系统中，使用 C++，将具有更好的封装性，程序显得概念更清晰，但我们为此必须准备更高性能的 CPU，或者降低设备对性能的要求。世界上的事情往往如此，鱼和熊掌从来不能“兼得”。

其他语言，比如汇编、比如 Java，都只在特殊的情况下运用，不再过多地描述了。

对于通信产品的开发，有一句流行语，“10% 的代码是处理正常流程的，90% 是用于进行异常处理的”，这是许多拥有大量通信开发经验教训的专家们挂在嘴边的话。在通信世界中，经常是各家的设备互相联系，它们之间通过各种标准化的通信协议来互相握手、互相

理解，虽说是“智能设备”，但终究是没有思维的，不具有模糊推理之类的能力。所以，什么话都要说得毫不含糊，该是“一二三”，绝不能说“四”，如果有人说了“四”，怎么办？那么就得在标准中规定，给对方回个“五”，表示的意思是“你说四是不应该的”。如果你突然收到了一个“五”，但又没有说过“四”，那怎么办？你就得再进行相应的处理，查查自身问题，再想想可能发生了什么状况。总之，在通信软件中，容不得半点似是而非或者似非而是，需要严格地对各类异常进行恰当的处理。通常 90% 的开发工作就消耗在这些处理上了。

不信你可以试一试，比如，你是个通信专业的学生，觉得某个协议可能挺简单的，自己就编了些代码，觉得协议的功能都实现了，自己仿照两个设备拿它进行通信，也能行。但如果你把它放到网上去用，你可能会焦头烂额—— 一会儿工作挺好，一会儿又死活不通，或者今天接在思科路由器下跑得倍儿欢，明天连到 D-LINK 交换机下又始终没点反应……后来你毕业参加工作，来到了某知名通信设备制造企业，参与一个通信产品的开发，在那里你发现这个协议是公司花钱买来的（商用协议软件），花了很多钱。再将那些代码一看，哇，好大的棉花糖！哦，不，是软件包！代码量可能是你当初所编代码的 100 倍，其中还有些超级复杂的数据结构和算法……但就是因为这样，这家知名通信设备制造企业的产品才能把产品卖到全世界每个市场触及的角落！而你在学校写的那个，只能当作你年轻时青涩的记忆了。很多通信企业的市场人员，对客户提出的需求总喜欢百依百顺，因为客户和市场人员都不进行开发，不知道开发的辛苦，总觉得这点东西应该 3 天能解决，前期的过度承诺很可能造成实施后的四处救火。对于大型产品的开发，一个人花 3 天时间，几乎做不了什么事情！

通信产品的开发，说简单也简单，说难也真难！

关于产品的认证

通信产品要进入市场并获得应用，要获得机构的认证。全球范围内的各种认证繁多，比较知名的如国际上的 FCC（美国）、CE（欧洲）、RoHS（欧洲）等，还有各个国家自己的认证，如 GS（德国）、MPRII（瑞典）、MEMKO（挪威）等。而在国内市场，产品要获得应用，往往要通过 3C 和中华人民共和国工业和信息化部的测试并获得“入网证”。

1. 3C

3C 认证就是“中国强制性产品认证”的简称，它对强制性产品认证的法律依据、实施强制性产品认证的产品范围、强制性产品认证标志的使用、强制性产品认证的监督管理等进行了统一的规定。

国家对强制性产品认证使用统一的标志，标志名称为“中国强制认证”，英文全称“China

Compulsory Certification”，英文缩写可简称为“3C”标志。3C是自2002年8月1日开始实施的。

2. FCC

FCC是美国联邦通信委员会的简称，它是美国政府的一个独立机构，直接对美国国会负责。FCC通过控制无线电广播、电视、电信、卫星和电缆来协调国内与国际的通信。为确保与生命财产有关的无线电和电信产品的安全性，FCC的工程部负责委员会的技术支持，同时负责设备认可方面的事务。许多无线电应用产品、通信产品和数字产品要进入美国市场，都要求FCC的认可。

美国连续多年都是我国的第二大贸易伙伴，贸易额逐渐增加，对美国的出口不容小觑。出口美国的通信产品，一定要获得FCC认证。

3. CE

CE是一种安全认证标志，被视为制造商打开并进入欧洲市场的“护照”。CE代表欧洲统一（Conformite Europeenne）。凡是贴有CE标志的产品都可在欧盟各成员国销售，无须符合每个成员国的要求，从而实现了商品在欧盟成员国范围内的自由流通。

在欧盟市场，CE标志属强制性认证标志，加贴CE标志，可表明产品符合欧盟《技术协调与标准化新方法》指令的基本要求。这是欧盟法律对产品提出的一种强制性要求。

4. RoHS

首次注意到电气、电子设备中含有对人体健康有害的重金属，是在2000年，荷兰在一批市场销售的游戏机的电缆中发现重金属——镉（Cd）。事实上，电气、电子产品在生产中大量使用的焊锡、包装箱印刷的油墨都含有铅等有害重金属。欧盟议会和欧盟理事会于2003年1月通过了RoHS指令，意思是“在电子电气设备中限制使用某些有害物质指令”，也称2002/95/EC指令。2005年欧盟又以2005/618/EC决议的形式对2002/95/EC进行了补充，明确规定了6种有害物质的最大限量值。RoHS一共列出6种有害物质，包括铅（Pb）、镉（Cd）、汞（Hg）、六价铬（Cr6+）、多溴二苯醚（PBDE）和多溴联苯（PBB）。

RoHS于2006年7月1日开始强制执行，并随后扩展了RoHS指令范围，这是最严格的环境认证之一。它是一种宣告式认证，设备制造商开发的硬件产品（不仅仅是通信产品），每个零部件和芯片都需要有RoHS认证，这样，这款产品就可以宣告支持RoHS，一旦出现问题，则可以追根溯源。

5. ISO 9000

ISO 9000是ISO推出的质量管理体系标准，它不是指一个标准，而是一族标准的统称，包含了ISO 9001、ISO 9002等在内的一系列质量管理体系标准。

ISO 9000详细规定了制造企业和服务企业如何加强内部管理、如何以客户为本、如何进行质量控制和过程管理、如何强化领导者作用、如何持续改进、如何采用基于事实的决

策方法等。它不从产品的最终状态入手（那是技术细节所决定的），而是从企业管理和过程控制角度，为企业提供一揽子的管理解决方案，期望从根本上提高全球企业的产品质量和服务水平。

ISO 9000 的推出，本质上是为了加强品质管理。为适应品质竞争的需要，全球的企业家们纷纷采用 ISO 9000 系列标准在企业内部建立品质管理体系，申请品质体系认证，很快形成了一个世界性的潮流。目前，全世界已有 100 多个国家和地区正在积极推行 ISO 9000 国际标准。

通信产品开发的思路

通信产品的开发，是一个长的价值链条，有芯片开发、成品开发、OEM，等等。很多通信产品的制造商，并没有自己的核心技术，而是采用芯片供应商提供的套片和解决方案，直接进行生产。而大量的设备制造商，需要自己开发相关的软件、硬件、网管等产品。

通信产品的开发周期一般都较长，而市场竞争激烈、市场变化快，因此必须有较深入的对市场的理解、自身团队有较强的技术功底和一定的市场机遇，才能真正开发成功一款产品。客观地说，真正的高科技产品，都是具有高风险的，失败者多，成功者少，是这个行业的普遍规律。如果哪类产品大家开发都成功了，说明其技术含量不高，竞争优势不够明显。

通信产品的开发需要根据国际、国内标准来进行，并不断创新。当然，个别的在市场上有话语权的企业，会定义自己的标准，并垄断一部分市场。思科的 EIGRP 是自己的私有协议，但是由于互联网大量采用思科设备并使用该协议，无形中就制造了一个其他厂家很难迈过的门槛。这种门槛，让强者越强、弱者越弱。当然也有反垄断的法律法规限制过度垄断的行为。

俗话说，“思路决定出路”，那么我们就来看看，通信产品开发要获得更大的成功可能性，应该有哪些思路。

通信行业的产品开发，一般要经历如下过程。

- 市场调研：市场调研也可以说是动向预测，包括设计方向、设计思路及成本分析。对于非完全新型的产品，可选择同类名牌产品作为调研对象，改进产品的目前成本与预测它的实际成本。理论上需要市场部、项目管理（PM）部门及 R&D（研发）部门共同研究决定，并制定“研发计划书”。市场调研是产品开发周期中最早开始的，但并不是开始开发后就立刻结束的，而是贯穿于通信产品的整个生命周期，必须不断了解客户需求、通信标准制定过程，才能做出符合市场需求的可销售的产品。市场调研是一个富有挑战性的工作，不同经历的人对市场的表现都有各自的预期，

未来市场将如何，难以精确预测，有时候不仅仅是市场需求，还要考虑政策面、法律法规面的一些信息。说高新技术企业是“高投入、高产出、高风险”，尤其是最后的这个“高风险”，就是指未来是人最难以把握的。

- 产品可行性研究和设计定型：经过市场调研后，开始根据市场需求和自身能力制定产品功能、性能等参数。可行性研究包括功能设定、技术难度、外观、成本预算及计划周期等。在此阶段，开发人员应当大体确定为满足设计要求需要用到哪些操作系统、元器件，通过什么样的方式进行开发、加工和装配等。产品设计定型，一般通信企业要反复研究、权衡利弊，这里面最容易让人产生失误的地方是，对市场了解清楚后，对自身实力不够了解，过高或者过低地评价了自身队伍，从而造成在后续的产品开发过程中，明明是好东西，却遇到重大技术难题而难以攻克。在产品设计定型过程中还要大概计算开发成本、开发周期、公司资金状况和销售预期，尽可能避免因预算偏差较大而带来的后续开发乏力的状况。
- 产品开发过程：根据产品设计，进行产品开发。这是核心环节。
- 内部测试：在开发过程中持续进行内部测试并不断修改bug；这个过程应该在产品定型阶段就规划好大体时间，并有条不紊地进行，如果出现当初预期和实际偏差极大，应该迅速找到原因并进行时间、资金、人力上的调整。有些企业的开发由于当初的预测出现偏差，造成开发周期拖延，甚至形成“无底洞”或“马拉松”的局面，而又不及时调整开发进度和资金准备，霸王硬上弓，强行进行市场推广，这对产品的成熟是非常不利的，因产品不成熟造成市场口碑不好，可能会给企业带来很大的负面影响！
- 小批量试生产和小规模试验局：联系一些典型客户，建立试验局（欲称“小白鼠”），在试验局建立过程中摸索规律，并向客户咨询使用效果、意见和建议。试验局是一个典型的闭环反馈型过程，在这个阶段，要重视你的每一个客户和每一个应用细节。要知道，在实验室中测试和在用户现场测试，情况是不完全相同的，很多兼容性测试、稳定性测试和高压力测试，都要在试验局中进行。再好的测试仪表，都不可能100%真实地模仿现场情况——有经验的工程师都对这句话有着深刻的认识。在这个阶段，你要着手入网和各种认证的工作了！
- 小规模试销：在特定地区进行产品的小规模试销，根据产品状况和前期产品设计制定销售模式和销售价格。
- 大规模商用：在产品达到市场对功能、性能和稳定性的要求后，可进行大规模商用。

当然，在国内实际市场中，许多设备制造商（尤其是实力强大的厂家）都超前承诺产品的功能、性能指标，尤其是销售给主流电信运营商的一些高端产品，超前承诺现象是业内的“潜规则”。本书只关心相关通信技术，对这种现象就不进行评论了。

老杨有话说——关于中国自主知识产权的“一声叹息”

中国在努力改变自己在知识产权方面的欠缺，为此，政府和企业都付出了巨大的代价。尤其是芯片和软件产业，中国人的教训是惨痛的！

我们在撰写本节内容时，心情极为复杂。我们试图在本章内容中加入中国人在核心芯片、编程语言、操作系统方面的贡献，但是很遗憾，几乎没有！这个世界的经营和管理，绝大部分都在用软件来做支撑，可是 14 多亿人口的泱泱大国，我们在芯片、软件基础研究方面，没有哪一项处于国际领先地位！中国人在软件方面发展了 30 年时间，更多的是定制化的、移动互联网应用类的软件。这种现状，让我们这代人备感焦急、充满压力！在此，让我们对中国的 ICT 界进行一下反思。

- 中国 ICT 领域必须有自己的基础研究，而不仅仅是应用开发，除了把计算机的机箱做成各种形状外，我们还要看看人家的 CPU、内存、FPGA、GPU 是怎么做的；除了把别人的芯片拿来组装一堆产品拿出去卖以外，还要去研究新的芯片领域是否有机会介入。看看 C 语言和 C++ 语言的创造者，看看贝尔实验室，他们对基础科学研究孜孜不倦，从而收获累累硕果，这对我们应该有所启发！
- 中国 ICT 行业必须有大量自主知识产权的技术和产品，必须拥有自己的标准，才能在发展中不受束缚。在通信领域，这十多年，由中国人发起或为主导的通信标准越来越多，比如 TD-SCDMA、AVS、WAPI、4G、5G 标准，打破了西方国家的垄断地位，这是一个好的开端。
- 看到不足的同时，也要看到进步、看到希望，需要年轻的通信人时时去研究别人成功的“秘诀”，“他山之石，可以攻玉”，中国的通信人以至整个 ICT 界，应在逆势中奋起，为国家、为民族做出自己的贡献！
- 我们不应该否定“社会化大分工”，因为这种分工是社会的进步、人类文明发展的标志，但是并不是所有的社会化分工都是平等、对等的，现实的不平等必须通过加倍的努力去改变！中国人应该力求在社会分工中获得更高的收益和更广泛的尊重，最起码，在社会分工中应该享有与西方发达国家对等谈判的机会！

我们希望，在我们子孙后代的通信教科书上，写满中国人的名字！

Chapter 21 第21章 通信行业价值链简介

1949年，“邮电部”作为一个国家机构宣布正式成立。

1951年，人民邮政和电信统一纳入邮电部，邮政、电信才实现了第一次合并。

1969年，邮电部被撤销，分别成立邮政总局和电信总局。

1973年，邮电部恢复。邮政和电信进行了第二次合并，又统一归国家邮电部。

1994年，吉通通信有限责任公司、中国联合通信有限公司分别挂牌成立。

1995年，电信总局以“中国邮电电信总局”的名义进行企业法人登记。其原有的政府职能转移至邮电部内其他司局，逐步实现了政企责任分开。

1998年，具有悠久历史的邮电部被拆分。在原电子工业部和邮电部的基础上，成立了“信息产业部”，主管全国电子信息产品制造业、通信业和软件业，推进国民经济和社会生活信息化。

1999年，中国国际网络通信有限公司挂牌成立。

2000年，中国电信集团公司和中国移动通信集团公司分别挂牌成立。

2001年，中国卫星通信集团公司、中国铁道通信系统有限公司分别挂牌成立。

2008年，信息产业部合并为工业和信息化部（简称工信部）。工信部、发改委和财政部联合发布公告：中国联通和中国网通合并，同时中国卫通的基础电信业务并入中国电信，中国铁通并入中国移动。自此，三大电信运营商格局延续至今。

2016年，中国铁塔公司成立。自此，中国基础电信运营商格局延续至今。

通信是一个大行业，是国民经济的基础性、战略性、支柱性产业。在通信行业的价值链条上，大家各司其职，共同协作，他们各自的角色如何呢？我们平时所说的电信运营商、设备制造商、系统集成商等，他们的作用和功能是什么？他们有哪些用户群体？会有什么样的发展空间？他们的利润来源是什么？这对通信人了解行业背景很有价值。我们就先从价值链条说起吧。

通信行业的价值链条

通信行业的任何产品和服务，最终是面向大众消费者的。通信行业中任何产品、服务、资金、技术的输送过程，就好像物理学中物体的“内力”和“外力”，通信企业之间的销售和服务过程，是“内力”，而向外部广大用户的销售和服务过程，则应该是“外力”。

比如说电话机，是卖给家庭、企业的，但是仅仅有电话机是不够的，还要有电信运营商提供电话业务，而“电话业务”如何解释呢？它不像电话机本身能看得到、摸得着。它是一种通过电信运营商建设网络、实现大众客户互相通电话的能力。

信息产业的主管部门是工业和信息化部，通信行业的所有行为都受工信部管理。下面是通信行业的主要组成部分。

1. 基础电信运营商

电信运营商提供基础电信服务和增值电信服务给企业、家庭、个人等，也可将自身的基础电信网络租赁给增值服务提供商或者虚拟运营商，由他们进行进一步的业务整合，向客户提供服务。电信运营商一般不会亲自开发相关的软件和硬件，他们更多的是购买（个别也是合作）设备制造商的产品来进行组网，或者搭配自己的资费政策一起销售（如手机、电话机、ADSL、PON、PBX 等终端类应用），他们可能会成立自己的研究机构来对用户业务进行开发而非设备本身的开发。电信运营商的商业模式就是通过提供服务收取合理的费用，从而创造相应的利润。

2. 设备制造商

设备制造商开发出各种通信产品，销售给电信运营商和行业、企业客户以及最终用户，也可能销售给其他设备制造商。

比如移动网络，基站、手机、交换机、线缆等设备，都是由设备制造商开发、制造出来的。设备制造商将基站、交换机、线缆等产品销售给电信运营商，电信运营商组网后向大众提供手机互拨业务。而手机的设备制造商开发、制造出手机后，销售给最终用户。如何销售呢？有的通过电信运营商的营业厅，采用手机资费套餐的形式，就是说设备制造商与电信运营商合作，将话费和手机结合起来，销售给大众；有的手机是电信运营商赠送给客户的，而客户必须交足额的话费押金，而对电信运营商来说，这些话费押金带来了充足的现金流，其利润又可以支付给手机制造商相应的手机成本。有些设备制造商销售的产品，不带自身品牌，而是由有市场能力的公司贴牌销售，这些设备制造商被称为 OEM 供货商。

与之相似的是原始设计制造商（ODM，Original Design Manufacturer）。ODM 的特征是：技术在外，资本在外，市场在外，只有生产在内。当然，目前国内的大量实际情况是，有技术实力的原始设计制造商将自己的产品出售给有市场能力的、有品牌的设备供应商，让它们销售自己的品牌。国内很多知名的大型企业都用这种方式来补充自己的产品线，而这些产品的核心技术并不属于这些大型企业。这种 OEM 的方式，反倒激活了一大批有思想、有技术实力、小规模的通信设备制造企业。

华为、中兴、华三、贝尔、烽火、普天、思科都属于设备制造商行列。

另外一种设备制造商，是芯片或芯片方案供应商。中国的芯片制造能力处于国际比较落后的地位，重要的芯片或芯片方案，都是西方国家制造的，如 CPU、内存、DSP、交换芯片等。国内只能制造一些技术含量较低的芯片，比较有名的有大唐微电子（SIM 卡中国份额最高的厂家）、上海贝岭、珠海炬力（知名的 MP3 芯片的价格杀手）等。华为、中兴等企业正在研发具有自主知识产权的芯片，随着中国经济的迅猛发展，相信不久的将来，国产芯片的应用会越来越广泛。

还有一种设备制造商，叫作“中间件”供应商。中间件是一种独立的系统软件或服务程序，分布式应用软件借助这种软件在不同的技术之间共享资源。中间件位于客户机 / 服务器的操作系统之上，管理计算机资源和网络通信，是连接两个独立应用程序或独立系统的软件，将具有不同接口的、相连接的、系统通过中间件交互信息。执行中间件的一个关键途径是信息传递，通过中间件，应用程序可以工作于多平台或多操作系统环境中。国际知名的IBM、BEA、Oracle，国内的金蝶、东方通等，都是此类制造商中的佼佼者。

3. 系统集成商

系统集成商是设备制造商和行业企业客户、运营商之间的"黏合剂"。系统集成商一般以解决方案的形式向客户销售。多种产品可能由多个设备制造商制造出来，由统一的系统集成商根据客户的需求进行组合并完成项目实施的工作。有的系统集成商自己也开发一些产品来弥补组网方案中的缺失部分。系统集成商的价值就体现在对客户群体资金实力、技术实力和实际需求的了解，对产品、方案的深入了解，向客户提供完善的一站式服务。亚信科技、神州数码等，都属于老牌的通信行业系统集成商。

4. 代理商

设备制造商向其客户群体销售自己的产品过程中，可能会遇到两类困难：首先，很多设备制造商具备很强的产品开发能力，但缺乏对具体客户的熟悉，当然这并不是说设备制造商都不了解市场需求，而是缺乏足够的销售队伍针对目标客户群的每个客户进行销售。另外一种情况是，设备制造商没有足够的资金实力来大批量制造产品。那么设备代理商就出现了。他们了解客户群体，了解设备制造商的产品，有足够的资金实力可以对设备进行一定量的库存。如果一个设备制造商能够有10家设备代理商，那么其市场只要面对这些代理商即可。

电信服务商也会有自己的代理商，他们可以利用这些代理商扩大自己的客户群体。比如中国移动发展大量代理商来向客户提供号码销售、手机销售和充值等服务。

5. 增值服务提供商和虚拟运营商

增值服务提供商就是常说的SP（Service Provider）。SP的作用是利用基础电信运营商的网络资源的一部分（如带宽、端口、VPN、内容等），为用户提供各种增值服务。比如短信类的SP，以提供天气预报、新闻、股票等有价值信息给客户来获取利润；小区短信业务，就是在特定人群中发送特定的短消息，这是近年来比较火爆的一种SP增值业务；漏话通业务，将因为手机关机或者不在服务区而漏掉的电话，通过接收短信的形式获取。

虚拟运营商（VNO，Virtul Network Operator）拥有诸如技术、设备供应、市场在内的某种或者某几种能力，与电信运营商在某项业务上形成合作关系，运营商按照一定的利益分成比例，把业务交给VNO去发展，其自身腾出力量去做更重要的工作。所以，VNO更像是基础电信运营商的"代理商"或者"服务转售商"，他们租用一部分网络资源，拥有自身熟悉的客户群体，提供特定的增值服务。工信部在2013年开始陆续向多家民营企业颁发了VNO的试点牌照，并于2018年由试点转为正式商用。

6. 管理机构和产业联盟

官方的组织机构，包括国家机关和事业单位，对整个通信行业起到规范、监管作用，比如工业和信息化部就是中国电信行业的管理机构，肩负着标准制定、运营牌照发放、对互连互通的监督和协调等职责。

各种行业还有各自的产业联盟，这些属于非政府组织，如 TD-SCDMA 产业联盟等，是民间的、企业间的沙龙形式的松散联盟，并没有太多的法律约束要求联盟的成员必须如何做，往往是提出一些希望企业都可以遵循的倡议。

7. 标准化组织

ITU 是对全球电信界都有巨大影响的标准化组织，这在第 21 章已经介绍过了。国内通信界最权威的标准化组织是 2002 年在北京成立的“中国通信标准化协会”（CCSA）。该协会是国内企事业单位自愿联合组织起来的、以开展通信技术领域标准化活动为目的的非营利性法人社会团体。

协会的主要任务是更好地开展通信标准研究工作，把通信运营企业、制造企业、研究单位、大学等关心标准的企事业单位组织起来，公平、公正、公开地制定标准，进行标准的协调、把关，把高技术、高水平、高质量的标准推荐给政府，把具有我国自主知识产权的标准推向世界，支撑我国的通信产业，为世界通信做出贡献。

8. 研究院所

中华人民共和国成立以后，国内建立了一个复杂的电信行业的研究院所体系。受历史的影响，研究院为政府、电信运营商、设备制造商以及通信行业所有的参与者提供面向未来的科技研究、政策制定、标准探讨、入网检测、专家和研究生培养等服务。中华人民共和国工业和信息化部电信研究院是中国政府唯一的国家级电信研究机构，其前身为创建于 20 世纪 50 年代中叶的原邮电部邮电科学研究院，由原来的邮电部传输所、规划院、情报所、通信计量中心、工业标准化所等单位组成。曾经的大唐电信科技产业集团，同时是“电信科学技术研究院”；曾经的烽火科技，同时是“武汉邮电科学研究院”；如今，两者合并为中国信科集团。

9. 电信规划设计院

在我国电信行业，各级电信规划设计院为运营商提供网络规划建设和工程实施咨询、评估、设计和实施，如中国移动通信集团设计院、北京电信规划设计院和江苏邮电规划设计院等。

工业和信息化部

通信行业的主管部门是工业和信息化部，于 2008 年由包括原信息产业部在内的多个部

委合并成立。

我们经常听说新产品拿到了入网证、运营商之间网间结算政策、语音通信最高资费标准、企业信息化的发展推进、对某个频段的无线频率的分配、运营商之间的拆分和整合等，都与工业和信息化部有着密切的关系，其中很多方面是由该部全权负责的。

工业和信息化部所辖的与电信管理有关的业务部门有电信管理局、无线电管理局、通信发展司、信息安全协调司、科技司、电子信息司、信息化推进司、国际合作司等。各省、直辖市、自治区都有各自的地方电信行业管理机构。电信行业实行中华人民共和国工业和信息化部与所在省、自治区、直辖市人民政府的双重领导。

主要电信运营商

2008 年电信运营商的大改革，对中国电信业发展的影响将是深远的。经过整合，多家运营商合并为中国电信、中国移动和中国联通 3 家，2016 年，又将多家运营商相关资源整合成立了中国铁塔，如图 21-1 所示。

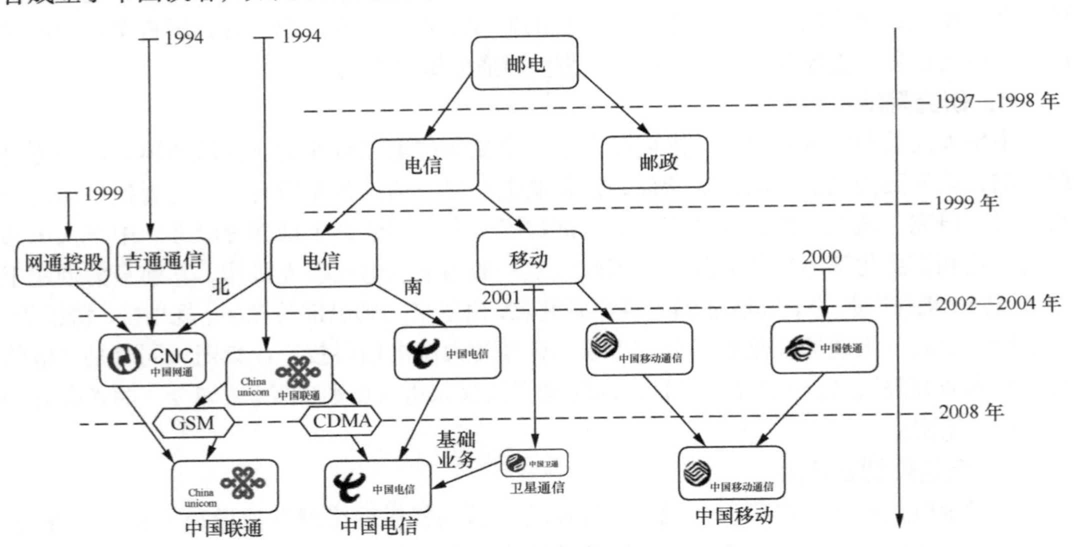

图 21-1　电信体制改革的历史

1. 中国电信

原中国电信品牌成立于 1950 年，多次拆分、组合，2002 年新的中国电信成立，2008 年更新的中国电信整合了原中国联通的 CDMA 网络后成立，目前主要经营国内、国际各类固定、移动电信网络设施，包括本地无线环路；基于电信和移动网络的语音、数据、图像

及多媒体通信与信息服务；进行国际电信业务对外结算，开拓海外通信市场；经营与通信及信息业务相关的系统集成、技术开发、技术服务、信息咨询、广告、出版、设备生产销售和进出口、设计施工等业务。中国电信目前拥有 cdma2000 的 3G 牌照，以及 TD-LTE、LTE-FDD 的 4G 牌照。

2. 中国移动

中国移动年轻、富有朝气，自 1998 年从原中国电信拆分出来后，主要经营移动语音、数据、IP 电话和多媒体业务，并具有计算机互联网国际联网单位经营权和国际出入口局业务经营权。除提供基本语音业务外，还提供传真、数据、IP 电话等多种增值业务，拥有“全球通”“神州行”“动感地带”等知名服务品牌，网络规模和客户规模全球第一。2008 年铁通合并进入中国移动，成为中国移动的固网部门。中国移动目前拥有 TD-SCDMA 的 3G 牌照，以及 TD-LTE 的 4G 牌照。

3. 中国联通

前中国联通曾打破中国电信运营商由电信一家垄断的局面，并同时拥有两张移动网（GSM 和 CDMA）和一张全国范围的数据网，曾经在天津、成都和重庆拥有固网运营资格，但是并没有广泛开展业务。

前中国网通是由 1993 年回国创业的田溯宁等人创办，随后重组为中国网络通信（控股）有限公司，以宽带为主要业务方向。2002 年 5 月 16 日，根据国务院《电信体制改革方案》，中国网通在原中国电信集团公司及其所属北方 10 省（区、市）电信公司、网通控股、吉通通信基础上组建而成。

2008 年前中国联通将 CDMA 网络出售给中国电信后，与前中国网通合并，成立新的中国联合网络通信有限公司。

中国联通目前拥有 WCDMA 的 3G 牌照，以及 TD-LTE、LTE-FDD 两张 4G 牌照。

4. 中国铁塔

2016 年，中国通信设施服务股份有限公司进行工商变更登记手续，正式命名为“中国铁塔股份有限公司”，成立中国铁塔，有利于减少电信行业内铁塔以及相关基础设施的重复建设，提高行业投资效率，进一步提高电信基础设施共建共享的水平，缓解企业选址难的问题，增强企业集约型发展的内生动力，从机制上进一步促进资源节约和环境保护。同时有利于降低中国移动的总体投资规模，有效盘活资产，节省资本开支，优化现金使用，聚焦核心业务运营，提升市场竞争能力，加快转型升级。

铁塔公司的主要经营范围有：铁塔建设、维护、运营；基站机房、电源、空调配套设施和室内分布系统的建设、维护、运营及基站设备的维护。

在定价上，铁塔公司承诺采取“三低一保”的策略，即价格租赁低于国际同类公司，低于当下市场公共价格，低于 3 家互联互通、共建共享的价格，但要保证能够覆盖成本。

值得一提的是，铁塔公司对未来物联网的建设也具有了天然优势，中国铁塔推出的“一塔多用”“一杆多用”的解决方案，将视频监控、气象监测、大气监测、土地环境检测、海洋监测、地震应急救援、智能 Wi-Fi、北斗导航、路灯照明、地震应急救援等整合于一体。

Chapter 22

第22章 相关国际标准化组织

1928年，美国、英国、加拿大等7国标准化机构成立了国际标准化协会（ISA）。第二次世界大战的爆发，迫使ISA停止工作。战争结束后，大环境为工业恢复提供了条件，1946年，来自25个国家标准化机构的领导人在伦敦聚会，讨论成立国际标准化组织的问题，并把这个新组织称为ISO。会议一致通过了ISO章程和议事规则。1947年ISO开始正式运行，中央办事机构设在瑞士的日内瓦。

中国既是ISO的发起国，又是首批成员国。

我们经常看到某标准由某机构提出的文字。这些文字中，往往只会提及这些国际组织的英文字母简写，如ISO、IETF、IEEE，这些由几个英文字母组成的简写到底代表着什么呢？这一章，就让我们来揭开它们神秘的面纱。其实，任何标准都是人制定的，都代表了一定的利益集团，作为通信人，要了解这些标准化组织，了解其背后的利益集团的代表，这对中国人的自主知识产权非常重要。

ISO　　中文名称：国际标准化组织
　　　　英文名称：International Organization for Standardization
　　　　组织性质：非政府组织

1. 简介

ISO是一个全球性的非政府组织，成立于1947年，是全球范围内权威性国际标准化机构中的老大。ISO的目的和宗旨是“在全世界范围内促进标准化工作的发展，以便于国际物资交流和服务，并扩大在知识、科学、技术和经济方面的合作”。它的主要活动是制定国际标准，协调世界范围的标准化工作，组织各成员国和技术委员会进行情报交流，以及与其他国际组织进行合作，共同研究有关标准化问题。这些工作由全体大会、理事会、政策发展委员会、ISO中央秘书处、特别咨询组、技术管理局、标样委员会、技术咨询组、技术委员会等完成。

ISO的成员分为团体成员和通讯成员。团体成员是指国家级的标准化机构，每个国家只能有一个代表机构参加，也都是由政府派遣代表机构。通讯成员是指没有建立国家级的标准化机构的发展中国家（或地区）。通讯成员属于观察员性质，可以了解情况，但不参加ISO技术工作，属于“列席”。等条件成熟了、合格了，可转为团体成员，就像员工到企业上班有个“转正”过程一样，不过这个过程一般需要若干年的时间。

国际标准是ISO成员团体达成共识的结果。它可能被各个国家采用而成为国家标准。标准的形成过程一般分为6个阶段，即提案、准备、委员会、询问、批准和出版。

2. 名称的典故

关于ISO，我们看到一件奇怪的事情：按照我们常规的理解，英文的缩写方式应该是

首字母的组合，可国际标准化组织（International Organization for Standardization）的全名和简称ISO却存在差异，为什么不是IOS呢？这里面有一个小典故呢。

其实ISO是一个词，它源于希腊语，意为“相等”，现在有一系列用它作前缀的词，诸如“Isometric”（意为“尺寸相等”）、“Isonomy”（意为“法律平等”）。从“相等”到“标准”，内涵上的联系使“ISO”成为组织的简称。

3. ISO与中国

1946年，中国与其他24国的共64名代表在伦敦集结，正式表决通过建立国际化标准组织。1947年，国际标准化组织ISO正式成立。1978年，我国以中国标准化协会的名义，重新加入ISO。1982年9月，我国当选并连任理事国。

ITU　　中文名称：国际电信联盟
　　　　英文名称：International Telecommunication Union
　　　　组织性质：官方，联合国下属机构

1. 简介

ITU是电信界最权威的标准制订机构，成立于1865年，目前是联合国的一个专门机构，总部设在瑞士日内瓦。ITU的3个主要部门分别是电信标准化部门（就是本书我们经常提到的ITU-T，承担着实质性标准制订工作）、无线电通信部门和电信发展部门。

ITU成员由各个国家和地区电信主管部门组成，同时也接纳那些经过主管部门批准、ITU认可的私营电信机构、工业和科学组织、金融机构、开发机构和从事电信的实体参与活动。

2. ITU与中国

中华人民共和国成立后，我国的合法席位一度被非法剥夺。

1972年5月30日，国际电信联盟第27届行政理事会正式恢复了我国在国际电信联盟的合法权利和席位。我国由主管部门（现为中华人民共和国工业和信息化部）代表中国参加国际电信联盟的各项活动。

IETF　　中文名称：互联网工程任务组
　　　　英文名称：Internet Engineering Task Force
　　　　组织性质：国际民间机构

1. IETF简介

IETF是松散的、自律的、志愿的民间学术组织，于1985年年底成立，它的主要任务是负责互联网相关技术规范的研发和制定。

它是一个由为互联网技术工程及发展做出贡献的专家自发参与和管理的国际民间机

构，汇集了与互联网架构演化和互联网稳定运作等业务相关的网络设计者、运营者和研究人员，并向所有对该行业感兴趣的人开放，是互联网行业精英的“集大成者”。IETF 大会每年举行 3 次，规模均在千人以上。IETF 没有严格的“成员”概念，也不设理事会和委员，这仿佛与互联网的“开放性”交相辉映。

IETF 大量的技术性工作都是由它们内部的各类工作组协作完成。这些工作组按不同类别，如路由、传输、安全等专项课题而分别组建。IETF 的交流工作主要是在各个工作组所设立的邮件组中进行，这也是 IETF 的主要工作方式。IETF 的工作成果，以 RFC 的形式对外发布。但 RFC 并不为 IETF 所独有。下面给各位简单介绍一下大名鼎鼎的 RFC。

2. RFC 简介

请求评议（RFC，Request for Comments）是一系列以编号排定的文件。文件收集了有关互联网相关资讯，以及 UNIX 和互联网社群的软件文件。目前 RFC 文件是由 Internet Society（ISOC）赞助发行。基本的互联网通信协议，如 TCP/IP、PPP、RADIUS 等我们已经熟知的术语，都在 RFC 文件内有详细说明。RFC 文件还额外在标准内加入许多的论题，例如对于互联网新开发的协议及发展中所有的记录。几乎所有的互联网标准都收录在 RFC 文件之中。RFC 文件只有新增，不会有取消或中途停止发行的情形。但是对于同一主题而言，新的 RFC 文件可以声明取代旧的 RFC 文件。RFC 文件是纯 ASCII 文字档格式的，可转档成其他档案格式。RFC 文件有封面、目录、页首、页尾和页码，章节用数字标示，如 1969 年第一个文档 RFC 1。RFC 1 000 是 RFC 的指南。

如果你想成为网络方面的专家，那么 RFC 无疑是最佳的教材之一，所以 RFC 享有“网络知识圣经”之美誉。通常，当某家机构或团体开发出了一套标准或提出对某种标准的设想，想要征询外界的意见时，就会在 Internet 上发放一份 RFC，对这一问题感兴趣的人可以阅读该 RFC 并提出自己的意见。绝大部分网络标准的制定都是以 RFC 的形式开始，经过大量的论证和修改过程，由主要的标准化组织（如 ITU-T）所制定，但在 RFC 中所收录的文件并不都是正在使用或为大家所公认的，也有很大一部分只在某个局部领域被使用或并没有被采用，一份 RFC 具体处于什么状态都在文件中做了明确的标识。

3. IETF 的组织与使命

虽然说 IETF 是民间机构，有别于像 ITU 这样的传统意义上的标准制定组织。但实质上 IETF 已成为全球互联网界最具权威的大型技术研究组织。

IETF 的参与者都是志愿人员，他们大多是通过 IETF 每年召开的 3 次会议来完成该组织的如下使命。

- 鉴定互联网的运行和技术问题，并提出解决方案。
- 详细说明互联网协议的发展或用途，解决相应问题。
- 向 IESG 提出针对互联网协议标准及用途的建议。

- 促进互联网研究任务组（IRTF）的技术研究成果向互联网社区推广。
- 为互联网用户、研究人员、行销商、制造商及管理者等提供信息交流的论坛。

IEEE	中文名称：电气和电子工程师学会 英文名称：Institute of Electrical and Electronic Engineers 组织性质：国际学术组织

1. IEEE 简介

IEEE成立于1963年，由美国电气工程师学会（成立于1884年）和无线电工程师学会（成立于1912年）合并组成的。总部设在美国纽约。1999年会员达35万人，分布在150个国家和地区，是一个国际性学术组织。

IEEE的宗旨是促进计算机工程、生物医学、通信、电力、航天、用户电子学等技术领域的科技和信息交流，开展教育培训，制定和推荐电气、电子技术标准，奖励有科技成就的会员等。

2. IEEE 与中国

IEEE在中国大陆陆续设置了上海分会、南京分会、成都分会、北京分会、西安分会、哈尔滨分会和武汉分会。

EIA	中文名称：电子工业协会 英文名称：Electronic Industries Association

EIA成立于1924年，成立之初，并不叫"美国电子工业协会"，而是叫"无线电制造商协会"（RMA，Radio Manufacturers' Association），在当时，是一个只有17名成员的组织，而今，EIA成员已超过500名，成为纯服务性的全国贸易组织，总部设在美国弗吉尼亚州的阿灵顿。EIA广泛代表了设计生产电子元件、部件、通信系统和设备的制造商以及工业界、政府和用户的利益，在提高美国制造商的竞争力方面起到了重要的作用。

ETSI	中文名称：欧洲电信标准学会 英文名称：European Telecommunications Standards Institute

欧洲电信标准学会是欧洲地区性标准化组织，创建于1988年，其宗旨是为贯彻欧洲邮电管理委员会（CEPT）和欧共体委员会（CEC）确定的电信政策，满足市场各方面及管制部门的标准化需求，实现开放、统一、竞争的欧洲电信市场而及时制定高质量的电信标准，以促进欧洲电信基础设施的融合；确保欧洲各电信网间互通；确保未来电信业务的统一；实现终端设备的相互兼容；实现电信产品的竞争和自由流通；为开放和建立新的泛欧电信

网络和业务提供技术基础；并为世界电信标准的制定做出贡献。

由于ETSI对一些重要课题采取聘请专家集中进行研究的方式，使得标准的制定程序加快。如GSM就是采用专家组的方式进行研究的，因此比ITU超前，并对ITU标准的制定工作产生促进作用。

ANSI　　中文名称：美国国家标准学会
　　　　英文名称：American National Standard Institute

美国国家标准学会是美国非营利性民间标准化团体，成立于1918年，总部设在纽约，有250多个专业学会、协会、消费者组织以及1 000多个公司（包括外国公司）参加，联邦政府机构的代表以个人名义参加其活动，不接受政府的资助。

ANSI经联邦政府授权，作为自愿性标准体系中的协调中心，其主要职能是：协调国内各机构、团体的标准化活动；审核批准美国国家标准；代表美国参加国际标准化活动；提供标准信息咨询服务；与政府机构进行合作。理事会是ANSI的决策机构，由各大公司、企业、专业团体、研究机构、政府机关的代表组成。理事会休会期间，由执行委员会代行其职能。

我们熟悉的C语言和C++语言标准就是由ANSI负责制定和管理的。

3GPP/3GPP2　　中文名称：第三代合作伙伴计划/第三代合作伙伴计划2
　　　　　　　英文名称：3GPP/3rd Generation Partnership Project
　　　　　　　　　　　　3GPP2/3rd Generation Partnership Project 2

重点讲一下3GPP这个组织。

近20年来，我国在国际通信标准事务中最引人关注的事情之一，就是TD-SCDMA标准经过国际电联的审核而被采纳成为全球四大3G标准之一。这是中国百年电信史上第一个完整的通信系统国际标准。

那么其他标准是谁制定的呢？就是我们下面要介绍的3GPP和3GPP2。

3GPP是在1998年12月由欧洲的ETSI、日本的ARIB和TTC、韩国的TTA以及美国的ATIS 5个标准化组织发起的，后来又加入了中国通信标准化协会（CCSA）和印度的TSDSI。这个来头可不小，虽然不是代表国家，但发起者本身都是地区性标准领域的龙头老大，他们联合起来成立一个标准组织，影响力可想而知！它与国际电联（ITU）是可以分庭抗争的。国际标准之争可能是国家政治之争，也可能是企业利益之争。3GPP里的阵营主要是根据厂商类型形成的阵营，因为他们有更多的共同利益。比如说，联发科、英特尔、高通等芯片厂商主要考虑的是手机芯片的实现，很多时候就很容易达成共识。日本DoCoMo和中国移动同为运营商，主要考虑的是网络的运营，他们就经常形成同一阵线，

并不能说，同一个国家的厂家就应该站在一起。事实上他们之间的利益冲突可能非常尖锐。

开始，3GPP 致力于为第三代移动通信系统制定一套全球性的技术规范，该规范基于 GSM 的核心网络技术和 3GPP 成员支持的无线技术，如 UTRA、GPRS、EDGE 等，这个规范就是 WCDMA。也就是说，3GPP 实现了欧洲人创造的 GSM 的演化，但那个高通持有的 CDMA 专利技术能善罢甘休?

1999 年，北美以芯片巨头高通为首的一群公司创立了 3GPP2，与 3GPP 形成竞争关系。只不过后来高通的高额专利费策略让欧洲、亚洲的众多运营商苦不堪言，尽可能不采用 CDMA 技术，于是高通受到巨大的市场压力，放弃了 CDMA 向 4G 演进的路线，3GPP2 逐渐被边缘化。得道多助的 3GPP 则一路高歌猛进，逐渐壮大。

到了 LTE，也就是 4G，各大运营商开始接受 TD-LTE 和 FDD-LTE 两种制式，3G 标准的领头人 3GPP 跳将出来，说你们这个制式不满足我的要求，LTE 只有 3.9G，你们能叫 4G，这让运营商很尴尬，最后四舍五入，3.9G 最多是“约等于”4G！

虽然一直按 4G 叫了，其实未被 3GPP 认可，国内的 4G 网按 3GPP 的话说，那不过是“约等于”的 4G 而已。

后来运营商无奈，按照 3GPP 对于 4G 的标准推出了升级版的 LTE Advanced，这才满足国际电信联盟对 4G 的要求，直到后来的 LTE-A 才叫作 4G。

转眼到了 2017 年，3GPP 不断扩大并且由成员驱动，涉及数百家公司的大量工作和协作，包括网络运营商、终端制造商、芯片制造商、基础设施制造商、学术界、研究机构、政府机构，参与者突破 6 000 多人——虽然名字没改，但大家心里都清楚，未来 5G 标准还得靠 3GPP 这位领头人！

对于未来的 5G，3GPP 提前打好预防针，告诉大家：你们必须按照我的要求制定 5G，要不然我还是不承认。

到底是什么要求呢？3GPP 说，5G 必须要提高速率和降低时延，并规定，5G 网络用户体验传输速率至少需符合 100Mbit/s（12.5MB/s）下载速率、50Mbit/s（6.25MB/s）上传速率，网路延迟时间不得超过 4ms，并且在时速 500km 的高速列车上也能维持稳定的网络连接。大家纷纷赞同，并答应必须执行到位。3GPP 还要求，5G 无线网络时代不能仅涉及数据服务和语音服务，要拓展移动生态系统，普及到无线回程、本地环路，无人驾驶等关键业务型服务、数字电视广播、汽车服务、M2M/ 物联网服务等，并且定义了三大场景：eMBB、mMTC 和 uRLLC（回顾一下第 13 章我们讲到的内容），对应所涉及的领域。

2018 年 6 月，3GPP 批准 5G 标准独立组网功能的冻结。目前，5G 已经完成第一阶段全功能标准化工作，进入了产业全面冲刺新阶段。

中国企业在 3GPP 中的话语权越来越重，这一点已经是毋庸置疑的了。在 5G 标准制定中，来自中国的力量起到了重要作用。中国通信企业贡献给 3GPP 关于 5G 的提案，占到了全部提案的40%；中国专家也占到了各个5G工作组的很大比重，如在RAN1，作为定义5G物理层的工作组，华人专家占到了60%。

CCSA　中文名称：中国通信标准化协会
英文名称：China Communications Standards Association

中国通信标准化协会（CCSA，China Communications Standards Association）于2002年在北京正式成立。该协会是国内企、事业单位自愿联合组织起来，经业务主管部门批准，国家社团登记管理机关登记，开展通信技术领域标准化活动的非营利性法人社会团体。

中国通信标准化协会由会员大会、理事会、技术专家咨询委员会、技术管理委员会、若干技术工作委员会和分会、秘书处构成。

技术工作委员会下设若干工作组。工作组下设若干子工作组/项目组。

CCSA由会员大会、理事会、技术专家咨询委员会、技术管理委员会、若干技术工作委员会（目前是10个）和秘书处组成。其中主要开展技术工作的技术工作委员会（简称TC）目前有10个。

TC1：互联网与应用。

TC3：网络与业务能力。

TC4：通信电源和通信局工作环境。

TC5：无线通信。

TC6：传输网与接入网。

TC7：网络管理与运营支撑。

TC8：网络与信息安全。

TC9：电磁环境与安全防护。

TC10：物联网。

TC11：移动互联网应用和终端。

除技术工作委员会外，还适时根据技术发展方向和政策需要，成立特设任务组（ST），目前有ST2（通信设备节能与综合利用）、ST3（应急通信）、ST7（量子通信与信息技术）、ST8（工业物联网）、ST9（导航与位置服务）5个ST。

后记

初心不改，砥砺前行

我至今很清楚地记得，我们第一版后记的题目是“在快乐中学习”，承蒙读者厚爱，在2009年年初，《大话通信》出版以后，销量一直不减，每过一段时间，编辑就来给我报喜：

10 000册了！

20 000册了！

50 000册了！

……

我感觉这喜报，比我在哪个项目上中标，或者公司新产品发布还要高兴。中标和产品发布，对我来说是有利益的，而《大话通信》的热销，对我来说，对整个行业是有利益的。

写这本书的初衷，我们在10年前第1版的序言和后记中写得很清楚，是让从业同仁在快乐中学习，而10年过去了，我们还是那句话，希望新一代的通信人，仍然在快乐中学习。我们初心不改。

这10年，是中国高速发展的10年，也是中国通信业高速发展的10年。

华为赶超多个设备提供商，成为全球行业的“龙头大哥”。

中国人自己制定的通信标准越来越多地被ITU-T认可通过。

移动互联网应用，中国已经走在了世界前列。

通信改变了我们的生活和工作。

短信用得少了，能用微信就用微信了。

现金用得少了，能用支付宝就用支付宝了。

满地是共享单车，满楼是电商的快递，送餐的车辆穿梭于大街小巷。

互联网订餐、网约出租车、订阅知识付费节目成为城市白领的标配行为。

10年前，很多CIO们在讨论企业如何建设网络让速率更快，而今天则更多地在讨论用哪家云更安全和便捷。

这都是通信带给我们的改变。

10年前刚毕业的年轻人，如今已经成为各个公司的骨干，很多已经走上了领导岗位。

10年来的读者，不断有人给我们来信，或者指出书中错误，或者希望获得我们的指导。

这一切，都正中我们的下怀。我们的目的达到了。

让更多的人懂通信，让更多的人参与这个行业，让更多的人不被名词吓怕，让更多的人知道该学习什么，让更多的人知道，中国的通信业发展是多么艰辛！

10年过去了，技术的发展日新月异，通信行业，永远不会改变的就是不断需要改变。勤劳、智慧的中国通信人，会在下一个10年做出什么更大的成就吗？对此，我们信心十足！

再次把这本书，献给为中国的通信事业做出贡献和即将做出贡献的通信工作者！